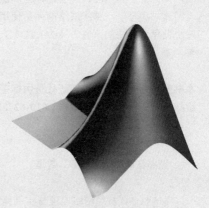

MATLAB

神经网络原理与实例精解

陈明　等编著

清华大学出版社

北　京

内 容 简 介

本书结合科研和高校教学的相关课程，全面、系统、详细地介绍了 MATLAB 神经网络的原理及应用，并给出了大量典型的实例供读者参考。本书附带 1 张光盘，收录了本书重点内容的配套多媒体教学视频及书中涉及的实例源文件。这些资料可以大大方便读者高效、直观地学习本书内容。

本书首先简要介绍了 MATLAB 软件的使用和常用的内置函数，随后分门别类地介绍了 BP 网络、径向基网络、自组织网络、反馈网络等不同类型的神经网络，并在每章的最后给出了实例。在全书的最后，又以专门的一章收集了 MATLAB 神经网络在图像、工业、金融、体育等不同领域的具体应用，具有很高的理论和使用价值。全书内容详实、重点突出，从三个层次循序渐进地利用实例讲解网络原理和使用方法，降低了学习门槛，使看似神秘高深的神经网络算法更为简单易学。

本书适合学习神经网络的人员使用 MATLAB 方便地实现神经网络以解决实际问题，也适合神经网络或机器学习算法的研究者及 MATLAB 进阶学习者阅读。另外，本书可以作为高校相关课程的教材和教学参考书。

图书在版编目（CIP）数据

MATLAB 神经网络原理与实例精解 / 陈明等编著. —北京：清华大学出版社，2013.3（2023.10重印）
ISBN 978-7-302-30741-9

Ⅰ. ①M… Ⅱ. ①陈… Ⅲ. ①人工神经网络-Matlab 软件 Ⅳ. ①TP18

中国版本图书馆 CIP 数据核字（2012）第 284169 号

责任编辑：夏兆彦
封面设计：欧振旭
责任校对：胡伟民
责任印制：丛怀宇

出版发行：清华大学出版社
　　　网　　　址：http://www.tup.com.cn, http://www.wqbook.com
　　　地　　　址：北京清华大学学研大厦 A 座　　　邮　　编：100084
　　　社　总　机：010-83470000　　　邮　　购：010-62786544
　　　投稿与读者服务：010-62776969，c-service@tup.tsinghua.edu.cn
　　　质　量　反　馈：010-62772015，zhiliang@tup.tsinghua.edu.cn
印　装　者：三河市铭诚印务有限公司
经　　销：全国新华书店
开　　本：185mm×260mm　　　印　　张：28　　　字　　数：715 千字
　　　　　附光盘1张
版　　次：2013 年 3 月第 1 版　　　印　　次：2023 年 10 月第 15 次印刷
定　　价：69.00 元

产品编号：049797-01

前　言

人工神经网络是一种类似于人类神经系统的信息处理技术，可以视为一种功能强大、应用广泛的机器学习算法，广泛应用于实现分类、聚类、拟合、预测、压缩等功能，在高校研究和工程实践中均有应用。它模仿生物神经元的工作过程，建立起了一套用于处理计算问题的数学模型。神经网络的发展经历了兴起——低潮——复兴的过程，20 世纪 80 年代后人工神经网络的发展十分迅速，其中应用最广的是 BP 神经网络。此外，还有径向基网络、自组织网络、反馈网络等其他神经网络形式，分别适用于不同的场合。

神经网络作为一种网络模型，它的具体使用必须依赖某种实现方式。部分反馈神经网络可以使用电子电路来实现，但更通用的实现方法是利用计算机编程语言。MATLAB 就是一个非常好的选择，利用它可以方便地实现网络结构模型。MATLAB 是美国 MathWorks公司推出的科学计算软件，在科研和工程实践中获得了广泛的应用。MATLAB 编程形式自由，可以方便地实现神经网络算法，且自带了神经网络工具箱，用户直接调用工具箱中的函数，即可使用神经网络模型解决实际问题。

目前国内有一些介绍 MATLAB 神经网络的书，但是随着 MATLAB 版本的更新，工具箱中函数不断变化，整体结构已经调整，市面上的书却没有跟上变化，与实际需求脱节。编写本书的目的，便是为了让读者了解神经网络的最新发展进程，并学会在最新的MATLAB 版本中实现神经网络，并应用神经网络工具箱来解决实际问题。

本书是一本神经网络原理与实践相结合的书，涵盖了大部分主流的神经网络。它尽量以浅显易懂的语言讲解，让读者能理解神经网络的原理，并学会在 MATLAB 中实现神经网络。MATLAB 版本逐年更新，神经网络工具箱中函数的结构安排已经改变，本书使用最新的 MATLAB 版本，使读者掌握应用工具箱解决实际问题的能力。本书讲解时附带了大量实例，对于简单的例子，本书除了使用工具箱函数外，还用手算的方式给出了自己的实现，便于读者理解神经网络的具体实现细节。

本书特色

1. 提供配套教学视频，高效、直观

为了便于读者高效、直观地学习本书中的内容，作者对每章的重点内容都特意制作了教学视频，这些视频和本书的实例源文件一起收录于配书光盘中。

2. 软件版本较新，函数较新

MATLAB 每年更新两次，神经网络工具箱也随之更新换代，许多旧的函数已经废弃不用，同时又有新的函数补充进来。已经出版的图书和网上的很多资料是旧版本的工具箱。本书基于 MATLAB R2011b，介绍了新版本下的神经网络工具箱的使用方法。

3．内容全面，重点突出

神经网络根据结构的不同可以分为不同种类，本书内容涵盖从最简单的感知器到复杂的自组织竞争网络等类型的神经网络，对其原理进行了全面的介绍。在实际应用中，大部分场合使用的网络都是 BP 神经网络（多层感知器），而部分生僻的网络则在 MATLAB 中没有对应的工具箱函数。本书结合实用性，对常用的网络进行了重点讲解。

4．实例丰富，贴近实际

本书提供了大量的实例，每个例子都经过精挑细选，有很强的针对性。在实战篇中还提供了多个贴近工程实践的案例，便于读者了解实际应用。

5．循序渐进，先易后难，由浅入深

本书先介绍 MATLAB 编程基础，然后介绍神经网络及其工具箱函数。对每一种网络在三个层次上用实例讲解：介绍工具箱函数时用简单的实例，让读者了解函数的调用规则；在每章最后一节给出几个复杂一些的应用实例，并且用手算的方式给出网络内部的计算流程，让读者理解网络的运行规则；在本书的最后一章列举了若干个具体的应用案例，重点讲解如何对实际问题进行抽象，再选取恰当的神经网络解决该问题。

6．语言通俗，讲解详细，图文并茂

本书在讲解上力求详细，在原理分析上力求通俗易懂，且在一些简单的实例演示中，用纯 MATLAB 编程实现了部分简单的神经网络，有利于加深读者对神经网络的理解。为了增加可读性，本书给出了大量的代码及其实际运行生成的效果图。书中的代码力求完整，注释丰富，使读者一目了然。配书光盘中详细列出了书中的函数和脚本文件，方便读者运行、调试。

7．给出了大量的阅读和经验点拨

本书讲解时给出了大量需要读者注意的关键知识点和经验点拨，并在单独的模块中用不同的字体呈现出来，便于提醒读者注意，加深读者的印象。

8．提供"在线交流，有问必答"网络互动答疑服务

国内最大的 MATLAB&Simulink 技术交流平台——MATLAB 中文论坛（www.iLoveMatlab.cn）联合本书作者和编辑，一起为您提供与本书相关的问题解答和 MATLAB 技术支持服务，让您获得最佳的阅读体验。具体参与方式请详细阅读本书封底的说明。本书"有问必答"交流板块网址：www.iLoveMatlab.cn/forum-222-1.html。

本书主要内容

第1篇　入门篇（第1～第3章）

第 1 章　神经网络概述。主要介绍了神经网络的发展历程、神经网络的应用领域、网

络模型原理及训练方式。

第 2 章　MATLAB 快速入门。截至本书完稿，MATLAB 的最新版本为 MATLAB R2011b。这一章介绍了 MATLAB 的集成开发环境，使读者可以迅速上手。MATLAB 语言简单易学，这一章从数据类型、流程控制、运算符、M 文件编辑器等角度概述了 MATLAB 的特点。通过这一章的学习，读者可以利用 MATLAB 编写简单的程序。

第 3 章　MATLAB 函数与神经网络工具箱。MATLAB 具有丰富的内置函数。这一章给出了 30 个常用的函数的使用方法，并简要介绍了神经网络工具箱。

第2篇　原理篇（第4～第11章）

第 4 章　单层感知器。单层感知器是最简单的神经网络，尽管其功能可以通过其他复杂的网络实现，但依然有极佳的理论学习价值。

第 5 章　线性神经网络。线性神经网络又称 Adaline，能解决线性可分的问题。对于线性不可分的问题，可使用其他网络模型，或者使用 Adaline 的变形形式。

第 6 章　BP 神经网络。BP 网络是神经网络理论中最精华的部分，也是实际应用中最常见的网络，它引入了误差反向传播算法，是一种多层前向网络。

第 7 章　径向基函数网络。径向基网络是一种三层前向网络，具有极强的非线性映射能力，且收敛速度明显快于 BP 神经网络。这一章包含普通的径向基网络和广义回归网络、概率神经网络。

第 8 章　自组织竞争神经网络。自组织神经网络往往使用无监督学习算法，用于解决聚类问题。其网络模型中包含竞争网络层，使用了竞争学习的学习方式。

第 9 章　反馈神经网络。反馈神经网络是与前向神经网络相对的一种网络形式，输出端的信息以反馈的形式返回到输入端构成输入的一部分。适用于联想记忆、数据预测等场合。

第 10 章　随机神经网络。随机网络主要指 Boltzmann 机，其原理实际上与模拟退火算法相同。模拟退火算法是一种模拟退火过程的最优化算法，可用于求解函数极值。

第 11 章　用 GUI 设计神经网络。MATLAB 提供了可视化神经网络工具 nntool 和 nctool （分类聚类工具）、nftool（拟合工具）、nprtool（模式识别工具）、ntstool（时间序列工具）。

第3篇　实战篇（第12、第13章）

第 12 章　Simulink。Simulink 是 MATLAB 软件提供的一个可视化仿真工具，用户可以在 Simulink 中通过简单的鼠标操作实现一个神经网络模型。

第 13 章　神经网络应用实例。这一章给出了 7 个具体的应用实例，涉及 BP 网络、径向基网络、反馈网络、概率神经网络、自组织神经网络，解决了图像、工业、金融、体育等领域的不同问题。

适合阅读本书的读者

❑　神经网络的初学人员和提高者；
❑　神经网络或机器学习算法的研究者；
❑　MATLAB 进阶学习者；

❏ 高等学校相关课程的学生；
❏ MATLAB 爱好者和研究人员。

本书作者

本书由陈明主笔编写。其他参与编写和资料整理的人员有武冬、郅晓娜、孙美芹、卫丽行、尹翠翠、蔡继文、陈晓宇、迟剑、邓薇、郭利魁、金贞姬、李敬才、李萍、刘敬、陈慧、刘艳飞、吕博、全哲、佘勇、宋学江、王浩、王康。

阅读本书的过程中，若发现本书有任何错漏或者对书中内容有任何疑问，您都可以通过电子邮件和我们取得联系。电子邮箱地址：bookservice2008@163.com。

编著者

目　　录

第 1 篇　入门篇

第 2 篇 原理篇

第 3 篇　实战篇

第 1 篇　入门篇

▶▶ 第 1 章　神经网络概述

▶▶ 第 2 章　MATLAB 快速入门

▶▶ 第 3 章　MATLAB 函数与神经网络工具箱

第 1 章   神经网络概述

人工神经网络是一种类似于人类神经系统的信息处理技术。事实上，神经网络包括很多种，最常用的一种被称为 BP 神经网络，它是一种以误差反向传播为基础的前向网络，具有非常强的非线性映射能力。尽管统称"神经网络"，但其他类型的神经网络也各有其内部的机制和原理，如自组织神经网络使用无监督学习，反馈神经网络属于与前向网络相对的反馈网络。

本章将概述神经网络的功能和基本原理，使读者对其曲折的发展历程和学习机制有一定的认识。不同的神经网络采用不同的网络模型和学习机制。

1.1   人工神经网络简介

人工神经网络（Artificial Neural Network，ANN），通常简称为神经网络，是一种在生物神经网络的启示下建立的数据处理模型。神经网络由大量的人工神经元相互连接进行计算，根据外界的信息改变自身的结构，主要通过调整神经元之间的权值来对输入的数据进行建模，最终具备解决实际问题的能力。

通常，人类自身就是一个极好的模式识别系统。人类大脑包含的神经元数量达到 10^{11} 数量级，其处理速度比当今最快的计算机还要快许多倍。如此庞大、复杂、非线性的计算系统时刻指挥着全身的获得。当视野中出现一张熟悉的人脸时，只需数百毫秒的时间即可正确识别。尽管许多昆虫的神经系统并不发达，但仍表现出极强的识别能力。蝙蝠依靠其声纳系统搜集目标的位置、速度、目标大小等信息，最终实现声纳的回声定位以极高的成功率捕捉目标。

一般认为，生物神经并不是一开始就具备这样的识别能力的，而是在其成长过程中通过学习逐步获得的。人类出生后的几年间，大脑接收了大量的环境信息，随着经验的积累，神经元之间的相互关系不断变化，从而完成智能、思维、情绪等精神活动。

与其他细胞不同，神经元细胞由细胞体、树突和轴突组成。其中树突用于接收信号输入，细胞体用于处理，轴突则将处理后的信号传递给下一神经元，如图 1-1 所示。

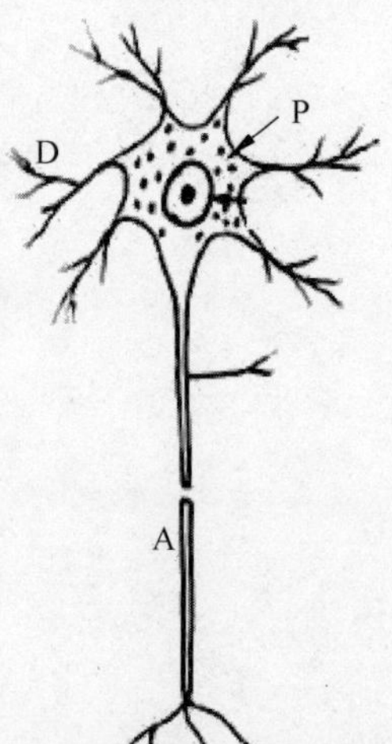

在图 1-1 中，A 为轴突，D 为树突，P 为细胞体。在大脑中，每个神经元大约与 10^4 个其他神经元相连接。神经元之间的连接是依靠突触实现的，信号从一个神经元的轴突传递通过突触传递到另一神经元时是正向传播，不允许逆向传播。因此，神经网络可以看作一种有向图，在有向图中，节点之间的连接是有方向性的。图 1-2 为单层感

图 1-1   神经元细胞

知器的结构，图 1-3 为反馈神经网络的结构图，信号仅沿着箭头所指的方向流动。

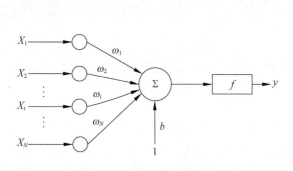

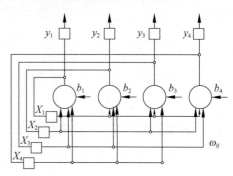

图 1-2　单层感知器结构　　　　　　图 1-3　反馈神经网络结构

在人类刚刚出生时，其神经元存储的信息相当于一张白纸。在环境中各种输入信号的刺激下，神经元之间的连接关系逐渐发生了改变，最终对信号做出正确的反应。人工神经网络模型就是模仿生物神经网络建立起来的，但它是对生物神经网络的抽象，并没有也不可能完全反映大脑的功能和特点。事实上，神经网络不可能也没有必要达到大脑的复杂度，因为生物大脑的训练过程是该生物的整个生命周期，即使建立了与之复杂度相当的网络模型，训练所花费的成本也会令其输出的一切结果失去应有的价值。

在人工神经网络中，最重要的概念莫过于神经元节点与权值。节点对应有向图中的节点，权值表示节点间相互连接的强度。人工神经网络的可塑性表现在，其连接权值都是可调整的，它将一系列仅具有简单处理能力的节点通过权值相连，当权值调整至恰当值时，就能输出正确的结果。网络将知识存储在调整后的各权值中，这一点是神经网络的精髓。

1.2　神经网络的特点及应用

人工神经网络具有强大的模式识别和数据拟合能力，不同类型的神经网络适用于不同的问题。如自组织网络适用于解决聚类问题，广义回归网络适用于拟合问题。

1.2.1　神经网络的特点

神经网络的一般特点可以概括为以下几个方面。

1．自学习和自适应性

自适应性是指一个系统能够改变自身的性能以适应环境变化的能力。当环境发生变化时，相当于给神经网络输入新的训练样本，网络能够自动调整结构参数，改变映射关系，从而对特定的输入产生相应的期望输出。因此，神经网络比主要使用固定推理方式的专家系统具有更强的适应性，更接近人脑的运行规律。

2．非线性性

现实世界是一个非线性的复杂系统，人脑也是一个非线性的信号处理组织。人工神经元处于激活或抑制状态，表现为数学上的非线性关系。从整体上看，神经网络将知识存储于连接权值中，可以实现各种非线性映射。

3．鲁棒性与容错性

神经网络具有信息存储的分布性，故局部的损害会使人工神经网络的运行适度减弱，但不会产生灾难性的错误。

4．计算的并行性与存储的分布性

神经网络具有天然的并行性，这是由其结构特征决定的。每个神经元都可以根据接收到的信息进行独立运算和处理，并输出结果。同一层中的不同神经元可以同时进行运算，然后传输到下一层进行处理。因此，神经网络往往能够发挥并行计算的优势，大大提升运算速度。

5．分布式存储

同样由于神经元之间的相对独立性，神经网络学习的"知识"不是集中存储在网络的某一处，而是分布在网络的所有连接权值中。

1.2.2　神经网络的应用

神经网络优秀的非线性逼近性能使得它在众多领域中都有出色的表现。

1．模式分类

模式分类问题在神经网络中的表现形式为：将一个 n 维的特征向量映射为一个标量或向量表示的分类标签。分类问题的关键在于寻找恰当的分类面，将不同类别的样本区分开来。现实中的分类问题往往比较复杂，样本空间中相距较近的样本也可能分属不同的类别。神经网络良好的非线性性能可以很好地刻画出非线性分类曲面，带来更好的模式识别能力。

2．聚类

聚类与分类不同，分类需要提供已知其正确类别的样本，进行有监督学习。聚类则不需要提供已知样本，而是完全根据给定样本进行工作。只需给定聚类的类别数 n，网络自动按样本间的相似性将输入样本分为 n 类。

3．回归与拟合

相似的样本输入在神经网络的映射下，往往能得到相近的输出。因此，神经网络对于函数拟合问题具有不错的解决能力。

4．优化计算

优化计算是指在已知约束条件下，寻找一组参数组合，使由该组合确定的目标函数达到最小值。BP 网络和其他部分网络的训练过程就是调整权值使输出误差最小化的过程。神经网络的优化计算过程是一种软计算，包含一定程度的随机性，对目标函数则没有过多的限制，计算过程不需要求导。

5．数据压缩

神经网络将特定知识存储于网络的权值中，相当于将原有的样本用更小的数据量进行表示，这实际上就是一个压缩的过程。神经网络对输入样本提取模式特征，在网络的输出端恢复原有样本向量。

以上仅列举了神经网络在部分领域的应用。上述技术能够在各行各业中发挥作用。1988 年，《DARPA 神经网络研究报告》列举了神经网络在不同行业中的应用实例。

- ❑ 航空航天：高性能飞机自动驾驶仪、飞行航线模拟、飞行器控制系统、自动驾驶增强、飞机构件模拟、飞机构件故障检测。
- ❑ 汽车业：汽车自动驾驶系统、保单行为分析。
- ❑ 银行业：支票和其他文档读取，信用卡申请书评估。
- ❑ 信用卡行为分析：用于辨认与遗失的信用卡相关的不寻常的信用卡行为。
- ❑ 国防工业：武器制造、目标跟踪与识别、脸部识别、新型传感器、声呐、雷达、图像处理与数据压缩、特征提取与噪声抑制。
- ❑ 电子：编码序列预测、集成电路芯片版图设计、过程控制芯片故障检测、机器人视觉、语音合成非线性建模。
- ❑ 娱乐：动画、特效、市场预测。
- ❑ 金融业：房地产评价、贷款指导、抵押审查、集团债务评估、信用曲线分析、有价证券交易程序、集团财政分析、货币价格预测等。
- ❑ 工业：预测熔炉产生的气体，取代复杂而昂贵的仪器。
- ❑ 保险：政策应用评估，产出最优化。
- ❑ 制造业：制造业过程控制、产品设计与分析、过程及机器诊断、实时微粒识别、可视化质量检测系统、焊接质量分析、纸质预测、计算机芯片质量分析、化学产品设计分析、机器保养分析、工程投标、经营与管理、化学处理系统的动态建模等。
- ❑ 医学：乳腺癌细胞分析、EEG 和 ECG 分析、假体设计、移植时间最优化。
- ❑ 石油天然气：勘探。
- ❑ 机器人：行走路线控制、铲车机器人、操纵机器人、视觉系统等。
- ❑ 语音：语音识别、语音压缩、元音分类、文本-语音合成。
- ❑ 有价证券：市场分析、自动债券评价、股票交易咨询系统等。
- ❑ 电信业：图像与数据压缩、自动信息服务、实时语言翻译、用户付费处理系统等。
- ❑ 交通：卡车诊断系统、车辆调度、行程安排系统等。

近年来，随着神经网络的迅猛发展，人工神经网络将在越来越多的行业中发挥重要作用，应用前景更加广阔。

1.3　人工神经网络的发展历史

神经网络经历了曲折的发展历程。它诞生于 20 世纪 40 年代，但在 20 世纪 70 年代后逐渐陷入了萧条。幸运的是，仍有一部分学者没有放弃，20 世纪 80 年代后，随着 Hopfield 反馈网络和自组织网络的提出，神经网络又迎来了发展的春天。

神经网络起源于精神病学家和神经元解剖学家 McCulloch 与数学天才 Pitts 开创性的工作。他们在生物物理学会期刊上发表的文章提出了神经元的数学描述与结构，这里的神经元假设遵循"全或无"法则。McCulloch 和 Pitts 证明，从理论上说，只要有足够的简单神经元，在这些神经元相互连接且同步运行的情况下，网络能够计算任何已知的函数，这就是 M-P 模型。

1949 年，生理学家 Hebb 出版了《The Organization of Behavior》（行为组织学）一书，他在书中第一次鲜明地阐述了神经元连接权值的 Hebb 调整规则。Hebb 提出脑中神经元的连接方式在感官学习不同任务时是连续变化的，引入了著名的学习假说，即两个神经元之间的重复激活将使其连接权值得到加强。Hebb 的书后来成为学习系统和自适应系统设计的灵感源泉。后来的试验表明，Hebb 的思想再加上抑制理论成功地实现了简单的模式分类。

1952 年，Ashby 在《Design for a Brain：The Origin of Adaptive Behavior》（脑的设计：自适应行为的起源）一书中提出了这样的思想，即自适应行为是从后天学习中得来的，而非与生俱来的。

1954 年，Minsky 撰写了一篇题为《Theory of Neural-Analog Reinforcement Systems and Its Application to the Brain-Model Problem》的文章。1961 年，Minsky 又发表了论文《Steps Toward Artificial Intelligence》，文中包括了现代神经网络的大部分内容。1976 年，Minsky 出版了《Computation：Finite and Infinite Machines》一书，第一次以书的形式扩展了 McCulloch 和 Pitts 在 1943 年的研究成果，并将其置于自动机理论和计算理论的背景中。

1954 年，早期通信理论的先驱和全息照相的发明者 Gabor 提出了非线性自适应滤波的思想，通过把随机过程样本及希望机器产生的目标函数一起提交给机器来进行学习。

1957 年，Rosenblatt 提出了感知器（Perception）的概念。Rosenblatt 在他有关感知器的研究中提出了解决模式识别问题的监督学习新方法。名为"感知器收敛定理"的理论获得了巨大的成功。Widrow 和 Hoff 引入了最小均方误差（LMS）准则，并由此构成了 Adaline（Adaptive Linear Element）的基础。这个准则现在也被称为 Widrow-Hoff 准则。最早的具有多个自适应元件的可训练的分层神经元网络之一是 Widrow 及其学生提出的 Madaline（Multi-Adaline）。1967 年 Amari 将随机梯度法用于模式分类。在整个 20 世纪 60 年代，感知器是如此流行，以至于人们认为它可以完成任何事。他们认为只要将感知器互连成一个网络，就可以由此模拟人脑的思维。

盲目乐观的情绪并没有持续太久。1969 年，Minsky 和 Papert 的《Perception》一书出版了。该书从数学上证明了单层感知器存在着致命的局限性，指出感知器的处理能力有限，甚至无法解决像异或这样简单的非线性问题。而在多层感知器的讨论中，作者认为单层感知器所具有的局限性在多层感知器中无法被完全克服。神经网络的研究自此进入了萧条期。

然而，对神经网络的研究并未就此停止。1972 年 Teuvo Kohonen 和 James Anderson 各自独立发展了用于记忆的新神经网络。Amari 独立提出了一个神经元的附加模型，并将其用于研究随机连接类神经元的元件的动态行为。Wilson 和 Cowan 推导了包括兴奋和抑制模型神经元的空间局部化的群体动力学耦合非线性微分方程。1977 年 Anderson Silverstein，Ritz 和 Jones 提出了盒中脑（Brain State in a Box，BSB）模型，这是一个耦合非线性动力学的简单联想网络。1980 年 Grosserg 在早期对竞争学习研究的基础上，创立了自适应共振理论（Adap Resonance Theory，ART）。该理论包括自下而上的认知层和自上而下的生成层。如果输入模式与学习反馈模式相匹配，则系统产生"自适应共振"的动力状态。

20 世纪 60 年代神经网络遭受的质疑均于 20 世纪 80 年代被攻克，此后神经网络再次进入了兴盛时期。此时，引领这个潮流的主要有两个模型：Hopfield 网络和用于训练多层感知器的误差反向传播算法。

1982 年，Hopfield 用能量函数的思想提出了一种新的计算方法，他引入了含有对称突触连接的反馈网络。他还将该反馈网络与统计物理领域的 Ising 模型相类推，为大量的物理学理论和许多物理学家进入神经网络领域铺平了道路。Hopfield 第一次清楚地阐述了如何在动态的稳定网络中存储信息。同一年另一个重大进展是 Kohonen 的自组织图理论，其中用到了一维或二维的晶体结构。

1983 年，Kirkpatrick、Gelatt 和 Vecchi 提出了模拟退火算法，用于求解组合优化问题。Barto、Sutton 和 Anderson 则发表了关于强化学习的理论，将强化学习应用于实际，并验证了其可行性。

1984 年，Hopfield 使用电子线路实现了他提出的神经网络，指出神经元可以用运算放大器实现。他用电子线路构成的网络成功解决了旅行商（TSP）问题，成为神经网络发展历史上的里程碑。Braitenberg 出版了《Vehicles: Experiments in Synthetic Psychology》（工具：综合心理学实验）一书，提出了目标导向的自组织行为原则。

1986 年，Rumelhart、Hinton 和 Williams 等人带来了反向传播算法。同一年，Rumelhart 和 McClelland 出版了著作《Parallel Distributed Processing: Explorations in the Microstructures of Cognition》（并行分布式处理：认知微结构的探索），指出在通用的多层感知器中进行训练的算法，有力回击了 Minsky 等人的质疑。

1988 年，Linsker 在感知器网络的基础上提出了一种新的自组织理论，它用于保持输入行为模式的最大信息，并受突触连接和活动范围的限制，形成了最大互信息理论。这篇论文激发了将信息理论运用到神经网络中的研究兴趣。同一年，Broomhead 和 Lowe 使用径向基函数（Radial Basis Function，RBF）设计多层前馈网络。其思想方法可以追溯到 Bashkirov、Braveman 和 Muchnik 提出的势函数方法。1990 年 Poggio 和 Girosi 利用正则化理论进一步丰富了 RBF 网络理论。

20 世纪 90 年代早期，Vapnik 和他的合作者提出了具有强大模式识别能力的网络，称为支持向量机（Support Vector Machine，SVM）。这种新方法是基于有限样本学习理论的结果，它以一种自然的方式包含了 Vapnik-Chervonenkis（VC）维数。VC 维数是神经网络学习能力的一种度量。

关于神经网络的研究自此蓬勃发展，1987 年美国电气和电子工程师学会 IEEE 在圣地亚哥召开了大规模的神经网络国际学术会议，国际神经网络学会也随之诞生。从 1988 年开始，国际神经网络学会和 IEEE 每年联合召开一次国家学术年会。

1.4　神经网络模型

尽管神经网络的起源与生物神经有密不可分的联系，但神经网络是对生物神经网络的抽象和简化，与计算智能无关的部分均被丢弃。神经网络模型包含节点和连接权值，可以分为不同的种类。

根据网络结构的不同，可分为前向网络和反馈网络。单层感知器与线性网络均属于单层前向网络，多层感知器、径向基函数网络均属于多层前向网络。Hopfiled 网络和 Elman 网络则属于反馈网络。在前向网络中，数据只从输入层经过隐含层流向输出层，而反馈网络的输出值又回到输入层，在整个网络中循环流动，直到达到稳定状态。前向网络的结构如图 1-4 所示，反馈网络的结构见 1.1 节的图 1-3。

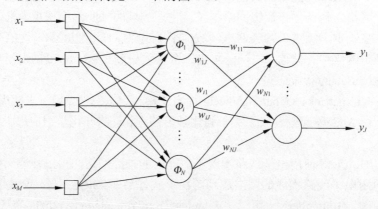

图 1-4　径向基网络结构（前向网络）

根据学习方式的不同，可以分为有监督学习网络和无监督学习网络。BP 网络、径向基网络、Hopfield 网络均属于有监督学习网络，需要人为地给出已知目标输出的样本进行训练。而大部分自组织网络则属于典型的无监督学习网络，只需将待求的样本输入网络即可得到结果。

另外，还有竞争神经网络，它将竞争机制引入到竞争层神经元中，遵循"胜者为王"的规则。最简单的竞争网络结构如图 1-5 所示。

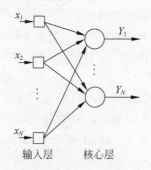

图 1-5　竞争网络结构

在图 1-5 中，核心层为竞争层，其中的节点相互竞争，获胜的神经元节点输出值为 1，其余节点输出值均为零。

此外，随机神经网络认为神经元以随机的方式进行工作，节点的兴奋或抑制以随机的方式进行，其概率大小与输入样本有关。

以上所述的各种神经网络模型构成了本书的主要章节，本书共介绍了单层感知器、线性网络、BP 网络、径向基网络、自组织竞争网络、反馈网络、随机神经网络等神经网络模型。

1.5　神经网络的学习方式

当神经网络的类型和层数确定以后，就可以输入样本进行训练了。这也是神经网络自适应性的源泉，网络可以根据环境变化不断学习，改变自身的权值。一般而言，训练指的是外界将样本输入到神经网络中，使其权值发生调整的过程，是外界的行为；而学习指的是神经网络进行自适应调整的行为，是网络自身的行为。但一般情况下对这两个概念不做区分，可以混用。

如上文所述，神经网络的学习主要分为有监督学习和无监督学习，又可称为有教师学习和无教师学习。

- □ 有监督学习。有监督学习中的每一个训练样本都对应一个教师信号，教师信号代表了环境信息。网络将该教师信号作为期望输出，训练时计算实际输出与期望输出之间的误差，再根据误差的大小和方向对网络权值进行更新。这样的调整反复进行，直到误差达到预期的精度为止，整个网络形成了一个封闭的闭环系统。误差可以使用各输出节点的误差均方值来衡量，这样就建立了一个以网络权值为自变量、以最终误差性能为函数值的性能函数，网络的训练转化为求解函数最小点的问题。有监督学习往往能有效地完成模式分类、函数拟合等功能。

- □ 无监督学习。在无监督学习中，网络只接受一系列的输入样本，而对该样本应有的输出值一无所知。因此，网络只能凭借各输入样本之间的关系进行权值的更新。例如，在自组织竞争网络中，相似的输入样本将会激活同一个输出神经元，从而实现样本聚类或联想记忆。由于无监督学习没有期望输出，因此无法用来逼近函数。

以上两种学习方式又对应如下多种具体的学习规则。

- □ Hebb 学习规则。Hebb 规则是神经网络中最古老的学习规则，由神经心理学家 Hebb 最先提出。其思想可以概括为：如果权值两端连接的两个神经元同时被激活，则该权值的能量将被选择性地增加；如果权值两端连接的两个神经元被异步激活，则该权值的能量将被选择性地减小。在数学上表现为，权值的调整量与输入前一神经元输出值和后一神经元输出值的乘积成正比。假设前一神经元的输出为 a，后一神经元的输出为 b，学习因子为 η，则权值调整量为

$$\Delta \omega = \eta ab$$

- □ Widrow-Hoff 学习规则。又称 Delta 学习规则或纠错学习规则。假设期望输出为 d，实际输出为 y，则误差为 $e = d - y$，训练的目标是使得误差最小，因此权值的调整量与误差大小成正比：

$$\Delta \omega = \eta ey$$

- □ 随机学习规则。也称为 Boltzmann 学习规则，其思想源于统计力学，由此设计的神经网络称为 Boltzmann 机，Boltzmann 机事实上就是模拟退火算法。

- □ 竞争学习规则。网络的输出神经元之间相互竞争，在典型的竞争网络中，只有一个获胜神经元可以进行权值调整，其他神经元的权值维持不变，体现了神经元之间的侧向抑制，这与生物神经元的运行机制相符合。

第 2 章　MATLAB 快速入门

20 世纪 80 年代，美国新墨西哥大学（University of New Mexico）的 Cleve Moler 博士为了方便学生学习线性代数，利用业余时间编写了使用 LINPACK 和 EISPACK 子程序库的接口程序，并将其命名为 MATLAB（MATrix LABoratory），即矩阵实验室。从此 MATLAB 在工程领域大放异彩，发展至今，已是 MathWorks 公司出品的，与 Mathematica、Maple 并称的三大数学软件之一。本章主要介绍 MATLAB 的功能与发展历史、MATLAB 2010b 开发环境，重点介绍 MATLAB 中的路径设定和 MATLAB 语言的基础知识。

2.1　MATLAB 功能及历史

随着 MATLAB 的发展演化，其功能逐渐完善，拥有强大的数值计算、符号处理、仿真调试功能，也可以方便地实现图形绘制、文件管理等功能。

2.1.1　MATLAB 的功能和特点

MATLAB 是一款功能强大的数学软件，将数值分析、矩阵计算、可视化、动态系统建模仿真等功能集成在一个开发环境中，为科研和工作提供了强大支持。

MATLAB 的基本数据单位是矩阵，一切运算都以矩阵为基础，其核心是一个基于矩阵运算的快速解释程序。MATLAB 可以交互式地接收用户输入的命令，也可以运行大型程序或进行系统仿真。具体地说，它有如下功能：

❑ 矩阵运算功能，这是其他功能的基础；
❑ 数据可视化功能；
❑ GUI 程序设计功能；
❑ Simulink 仿真功能；
❑ 大量的专业工具箱功能。

在这里不得不提到 Simulink，Simulink 是 MATLAB 软件的两大产品（MATLAB 与 Simulink）之一。Simulink 是一种基于 MATLAB 框图设计环境的可视化仿真工具，用于系统动态建模，在数字信号处理、通信系统、数字控制系统等领域中有广泛应用。

MATLAB 还包括了丰富的预定义函数和工具箱。为某种目的专门编写一组 MATLAB 函数，放入一个目录中，即可组成一个工具箱，因此，从某种意义上说，任何一个 MATLAB 的用户都可以成为 MATLAB 工具箱的作者。在本书中我们主要使用的是 MATLAB 软件自带的神经网络工具箱，也会少量涉及一些知名学者编写的、在业界被广泛承认和使用的工具箱。一般来说，工具箱比预定义函数更为专业，在数值分析、数值和符号计算、控制系统的设计仿真、数字图像处理、数字信号处理、通信系统设计仿真、财务与金融分析等多个专业领域中发挥着重要作用。

综上所述，MATLAB 产品族可用于以下领域：

❑　数值和符号计算；

❑　信号处理；

❑　数据分析；

❑　控制、通信系统设计、仿真；

❑　工程与科学绘图；

❑　图像用户界面程序设计；

❑　财务领域。

MATLAB 语言与其他计算机高级语言相比，有着明显的优点。

1．简单易用

MATLAB 是解释性语言，书写形式自由，变量不用定义即可直接使用。用户可以在命令窗口输入语句直接计算表达式的值，也可以执行预先在 M 文件中写好的大型程序。MATLAB 允许用户以数学形式的语言描述表达式，是一种类似于"演算纸"的语言，它是用 C 语言开发的，流程控制语句几乎与 C 语言一致，有一定编程基础的人员掌握起来更为容易。

2．平台可移植性强

解释型语言的平台兼容性一般要强于编译型语言。MATLAB 拥有大量的平台独立措施，支持 Windows98/2000/NT 和许多版本的 UNIX 系统。用户在一个平台上编写的代码不需修改就可以在另一个平台上运行，为研究人员节省了大量的时间成本。

3．丰富的预定义函数

MATLAB 提供了极为庞大的预定义函数库，提供了许多打包好的基本工程问题的函数，如求解微分方程、求矩阵的行列式、求样本方差等，都可以直接调用预定义函数完成。另外，MATLAB 提供了许多专用的工具箱，以解决特定领域的复杂问题。系统提供了信号处理工具箱、控制系统工具箱、图像工具箱等一系列解决专业问题的工具箱。用户也可以自行编写自定义的函数，将其作为自定义的工具箱。

4．以矩阵为基础的运算

MATLAB 被称为矩阵实验室，其运算是以矩阵为基础的，如标量常数可以被认为是 1×1 矩阵。用户不需要为矩阵的输入、输出和显示编写一个关于矩阵的子函数，以矩阵为基础数据结构的机制减少了了大量编程时间，将繁琐的工作交给系统来完成，使用户可以将精力集中于所需解决的实际问题。

5．强大的图形界面

MATLAB 具有强大的图形处理能力，带有很多绘图和图形设置的预定义函数，可以用区区几行代码绘制复杂的二维和多维图形。MATLAB 的 GUIDE 则允许用户编写完整的图形界面程序，在 GUIDE 环境中，用户可以使用图形界面所需的各种控件以及菜单栏和工具栏。

2.1.2 MATLAB 发展历史

20 世纪 70 年代末，美国新墨西哥大学计算机系主任克里夫·莫勒尔（Cleve Moler）利用 FORTRAN 开发了两个子程序库——EISPACK 和 LINPACK。这两个子程序库是用来求解线性方程组的，但 Moler 在教学实践中发现，学习线性代数的学生使用这两个子程序库有些困难，主要问题是接口程序不好写，非常浪费时间。为了减轻学生编程的负担，Cleve Moler 独立编写了 EISPACK 和 LINPACK 的接口程序，成为第一个版本的 MATLAB。这个版本的 MATLAB 只能进行简单的矩阵运算，例如矩阵转置、计算行列式和特征值。在当时，MATLAB 作为免费软件在大学里流传，深受学生喜爱。

1984 年，杰克·李特（Jack Little）、Cleve Moler 和斯蒂夫·班格尔特（Steve Bangert）合作成立了 MathWorks 公司，将 MATLAB 推向市场。MATLAB 最初是由莫勒尔用 FORTRAN 编写的，李特和班格尔特花了约一年半的时间用 C 语言重新编写了 MATLAB，并增加了一些新功能。C 语言版的面向 MS-DOS 系统的 MATLAB 1.0 第一份订单只售出了 10 份拷贝，而到了现在，全球已有超过一百万工程师和科学家在使用 MATLAB。

经过近 30 年的发展，MATLAB 已成为进行高效研究与开发的首选开发工具。MATLAB 的各版本如表 1-1 所示。

表 1-1　MATLAB版本沿革

版 本 编 号	建造编号	发布时间
MATLAB 1.0		1984
MATLAB 2		1986
MATLAB 3		1987
MATLAB 3.5		1990
MATLAB 4		1992
MATLAB 4.2c	R7	1994
MATLAB 5.0	R8	1996
MATLAB 5.1	R9	1997
MATLAB 5.1.1	R9.1	1997
MATLAB 5.2	R10	1998
MATLAB 5.2.1	R10.1	1998
MATLAB 5.3	R11	1999
MATLAB 5.3.1	R11.1	1999
MATLAB 6.0	R12	2000
MATLAB 6.1	R12.1	2001
MATLAB 6.5	R13	2002
MATLAB 6.5.1	R13 SP1	2003
MATLAB 6.5.2	R13 SP2	2003
MATLAB 7.0	R14	2004
MATLAB 7.0.1	R14 SP1	2004
MATLAB 7.0.4	R14 SP2	2005
MATLAB 7.1	R14 SP3	2005
MATLAB 7.2	R2006a	2006
MATLAB 7.3	R2006b	2006

续表

版 本 编 号	建造编号	发布时间
MATLAB 7.4	R2007a	2007
MATLAB 7.5	R2007b	2007.10
MATLAB 7.6	R2008a	2008.3
MATLAB 7.7	R2008b	2008.10
MATLAB 7.8	R2009a	2009.3
MATLAB 7.9	R2009b	2009.9
MATLAB 7.10	R2010a	2010.3
MATLAB 7.11	R2010b	2010.9
MATLAB 7.12	R2011a	2011.4
MATLAB 7.13	R2011b	2011.9

MATLAB 7.2 以后，建造编号以年份来命名，上半年推出的用 a 表示，下半年推出的用 b 表示。

2.2　MATLAB R2011b 集成开发环境

MATLAB 的所有功能都被集成到它的开发环境中了。本节将简要介绍 MATLAB 的安装和集成开发环境中的各窗口及其作用，并特别介绍搜索路径的设定问题。

2.2.1　MATLAB 的安装

下面以 WindowsXP 系统下 MATLAB R2011b 的安装为例介绍 MATLAB 的安装方法，下文假设读者已准备好 MATLAB R2011b 的安装光盘。

（1）将 MATLAB R2011b 的安装光盘放入计算机中，光盘将会自动运行，如果没有自动运行，读者可自行找到光盘目录，双击打开 setup.exe 运行安装程序，跳过欢迎界面后，将会出现图 2-1 所示的界面。

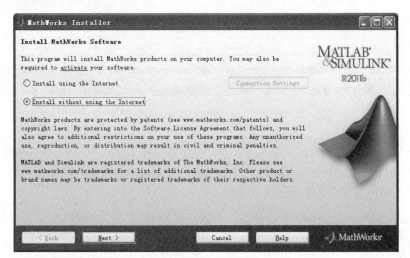

图 2-1　MATLAB R2011b 安装界面

（2）考虑到读者可能无法连接网络，这里选择 Install without using the Internet，单击 Next 按钮，出现如图 2-2 所示界面。

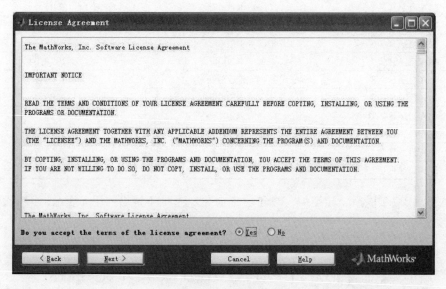

图 2-2　安装协议

（3）单击 Yes 按钮接受安装条款，再单击 Next 按钮，进入如图 2-3 所示界面。

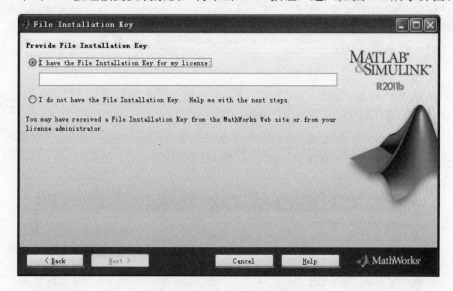

图 2-3　输入 File Installation Key

（4）这里需要输入 File Installation Key。选择第一项 I have the File Installation Key，然后在下面的编辑框输入 File Installation Key 即可。正确输入后，单击 Next 按钮继续，进入如图 2-4 所示界面。

（5）选择典型安装还是自定义安装。在自定义安装中，用户可以按个人需要选择安装的组件，如图 2-5 所示。这里选择 Typical，即典型安装，单击 Next 按钮，进入如图 2-6 所示界面。

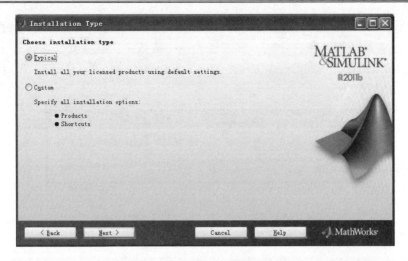

图 2-4　典型安装或自定义安装

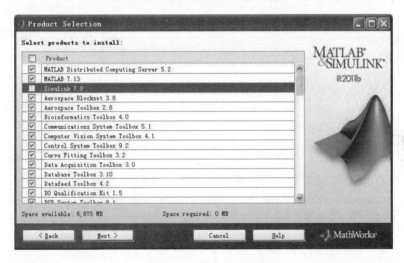

图 2-5　选择安装的组件

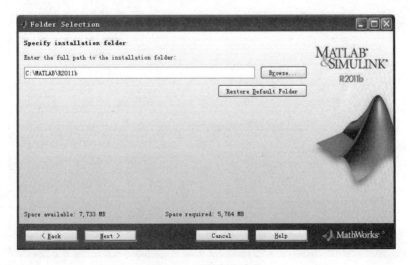

图 2-6　设置安装路径

（6）设置 MATLAB 的安装路径。用户可以单击 Browse 按钮浏览目录，或直接输入安装路径名。注意路径应不包含中文，只能包含英文或数字，默认安装目录是 C:\Program Files\MATLAB\R2011b。单击 Next 按钮继续，如果输入的路径原先并不存在，会弹出如图 2-7 所示对话框。

图 2-7　确认对话框

单击 Yes 按钮继续，进入如图 2-8 所示界面。

图 2-8　确认安装

（7）单击 Install 按钮，出现如图 2-9 所示界面，这样，就开始安装了。

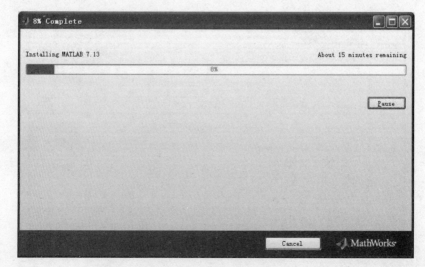

图 2-9　MATLAB 正在安装

（8）进度条显示为 100%时，将会进入如图 2-10 所示界面。

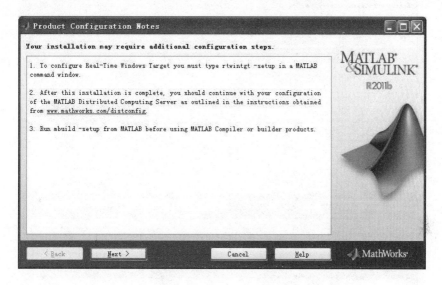

图 2-10　MATLAB R2011b 安装界面

（9）单击 Next 按钮，出现如图 2-11 所示界面，开始激活 MATLAB R2011b。

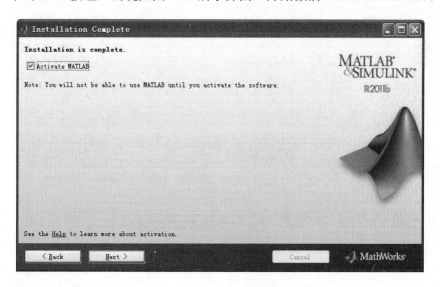

图 2-11　激活 MATLAB R2011b

（10）确保 Activate MATLAB 复选框勾选上，单击 Next 按钮，该窗口就会关闭，并出现如图 2-12 所示的界面。如果该界面长时间没有弹出，用户自行找到 MATLAB 安装目录，在 bin 目录下找到并双击 matlab.exe 应用程序文件，即可弹出该窗口。

（11）由于第一步选择不需要网络，所以这里应选择 Activate manually without the Internet 单选按钮。单击 Next 按钮，进入如图 2-13 所示界面。

（12）单击 Browse 按钮，选择正确的 license 文件，单击 Next 进入如图 2-14 所示界面。

（13）单击 Finish 按钮，完成 MATLAB R2011b 的安装与激活。

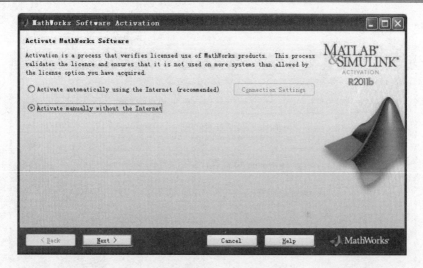

图 2-12　激活 MATLAB

图 2-13　指定 license 文件

图 2-14　激活完成

2.2.2　MATLAB 集成开发环境

1．启动与退出MATLAB。

MATLAB R2011b 安装完成后，如果系统没有在桌面创建快捷方式，用户可自行找到 MATLAB\R2011b\bin 目录下的 matlab.exe 文件，在其上下文菜单中选择"发送到"|"桌面快捷方式"命令，即可在桌面创建快捷方式。

用户双击 MATLAB 的桌面快捷方式，或在开始菜单中单击 MATLAB 命令，即可启动 MATLAB R2011b，进入 MATLAB 集成开发环境，如图 2-15 所示。

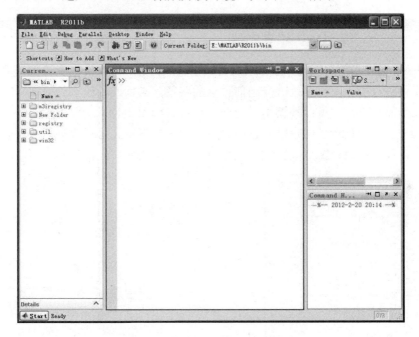

图 2-15　MATLAB 集成开发环境

MATLAB 的退出有以下方法：
- ❑ 单击 MATLAB 主窗口右上方的关闭按钮；
- ❑ 在主窗口的 File 菜单中选择 Exit MATLAB；
- ❑ 使用 Ctrl+Q 快捷键；
- ❑ 在命令窗口输入 exit 或 quit 命令。

2．MATLAB的窗口。

MATLAB 开发环境包括 MATLAB 主窗口、命令窗口（Command Window）、工作空间（Workspace）窗口、命令历史（Command History）窗口和当前目录（Current Folder）窗口。

命令窗口是 MATLAB 中的主要交互窗口。MATLAB 是解释性语言，可以逐句交互式运行。用户在命令窗口中输入命令，系统接收命令加以处理，在命令窗口中显示除图形外的所有结果。命令窗口以">>"为提示符，如图 2-16 所示。

MATLAB 命令窗口和 M 脚本中的变量保存在工作空间中。在工作空间窗口中，用户可以查看、编辑、导入、保存和删除变量，不同类型的变量对应不同的图标，如图 2-17 所示。

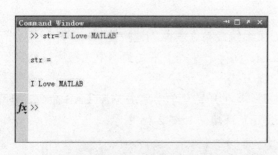

图 2-16　MATLAB 命令窗口　　　　　　图 2-17　工作空间窗口

　　MATLAB 还有当前目录窗口，在当前目录窗口中，用户可以像在资源管理器中一样对文件夹和文件进行操作，也可以改变当前目录的路径。脚本或函数必须处在 MATLAB 搜索路径或当前路径下，才可以被调用。当前目录窗口如图 2-18 所示。

　　命令历史窗口则记录了用户输入过的命令，供用户查看、保存或重新执行。双击某一条历史命令，可以在命令窗口重新执行该命令。命令历史窗口如图 2-19 所示。

图 2-18　当前目录窗口　　　　　　图 2-19　命令历史窗口

　　用户如果需要帮助，可以借助 MATLAB 完善的联机帮助系统和命令窗口查询帮助系统。

❑ doc/helpwin/helpdesk 命令，打开联机帮助系统，其中 doc 命令最为常用；

❑ doc funcName，在联机帮助系统中查询函数 funcName 的用法；

❑ help funcName，在命令窗口查询系统中查找 funcName 的用法，系统将结果显示在命令窗口中；

❑ lookfor funcName，查找关键字包含 funcName 的函数，结果显示在命令窗口中。

如果用户想观看演示，可以通过以下方式打开演示系统：

❑ 在联机帮助窗口菜单中选择 "MATLAB" | "Demos"；

❑　在主窗口 Help 菜单下选择 Demos 命令；

❑　在命令窗口中输入 demo。

联机帮助系统和演示系统分别如图 2-20 和图 2-21 所示。

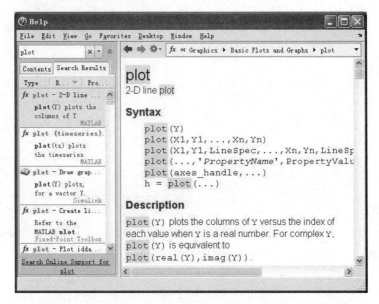

图 2-20　MATLAB 联机帮助系统

图 2-21　MATLAB 演示系统

2.2.3　搜索路径设定

第 2.2.2 节提到了 MATLAB 的搜索路径。在 MATLAB 中，脚本或函数只有在当前路径或搜索路径中才是可被调用的。搜索路径是 MATLAB 系统中预先设定的一系列路径，用户也可以进行添加、修改或删除。

在 E:\MATLAB\R2011b 下，输入以下命令：

```
>> sin(1)          % 调用预定义函数 sin 计算 1 的正弦值
ans =
    0.8415
>> sin=1;          % 将 sin 定义为工作空间中的变量
>> sin
sin =
    1
>> sin(1)          % sin(1) 的形式返回矩阵变量 sin 的第一个元素，依然为 1
ans =
    1
>> clear sin       % 清除 sin 变量
>> sin(1)          % sin(1) 的调用形式计算 1 的正弦值
ans =
    0.8415
```

可以看到，工作空间中的变量可以覆盖 MATLAB 系统自带的预定义函数。在当前目录下新建一个脚本 sin.m：

```
% sin.m
a=1:10             % 定义变量 a，并直接在命令行显示出来
```

脚本的内容非常简单。然后在命令行中输入：

```
>> sin             % 系统执行了当前目录的 sin.m 脚本
Warning: Function E:\MATLAB\R2011b\sin.m has the same name as a MATLAB
builtin. We suggest you rename the function to avoid a potential name
conflict.
a =
    1    2    3    4    5    6    7    8    9    10

>> sin(3)          % 系统执行了预定义函数，计算 3 的正弦值
Warning: Function E:\MATLAB\R2011b\sin.m has the same name as a MATLAB
builtin. We suggest you rename the function to avoid a potential name
conflict.
ans =

    0.1411
```

在这个例子中，对于 sin 命令，系统自动做出了选择，有时调用当前目录下的 M 脚本文件，有时调用预定义函数。

已知路径 E:\MATLAB\R2011b\bin 属于搜索路径，且在该路径下有一个自定义的 M 函数文件 sin1.m：

```
function a=sin1(b)
% E:\MATLAB\R2011b\bin\sin1
% bymyself
a=b;
```

当前目录为 E:\MATLAB\R2011b，在命令行中输入以下命令：

```
>> a=1:10;
>> b=sin1(a)       % 调用函数文件 sin1.m
b =
```

```
        1      2      3      4      5      6      7      8      9     10
```

可以看到，尽管 sin1.m 不在当前路径中，但由于它所在路径被设置为了搜索路径，因此也能被调用到。

通常，在执行命令窗口或 M 文件的某一条命令时，对于其中出现的标识符，系统会按照一定顺序寻找相关文件以确定该标识符的含义。搜索的顺序如下：

（1）检查该命令是不是一个变量；

（2）检查该命令是不是一个预定义函数；

（3）检查该命令是不是当前目录下的 M 文件；

（4）检查该命令是不是 MATLAB 搜索路径中其他路径下的 M 文件。

在 MATLAB R2011b 中，第二条和第三条规则区分得不是很明显，系统具备了一定的自动识别能力，能够根据用户的不同输入给出尽量合理的调用方案，同时给出关于命名冲突的警告。对于用户自定义的 M 文件，当前路径优先于搜索路径。例如，在上面的例子中，路径 E:\MATLAB\Rb\bin 属于搜索路径，且在该路径下有一个自定义的 M 函数文件 sin1.m，现于当前路径 E:\MATLAB\R2011b 下新建一个 M 脚本文件 sin1.m，内容如下：

```
% E:\MATLAB\R2011b\sin1.m
b=[1,2;3,4]
```

在命令窗口中输入：

```
>> a=1:10;
>> sin1(a)         % 优先调用当前目录的 M 脚本，脚本不需要参数，报错
Warning: Function E:\MATLAB\R2011b\sin.m has the same name as a MATLAB
builtin. We suggest you rename the function to avoid a potential name
conflict.
Attempt to execute SCRIPT sin1 as a function:
E:\MATLAB\R2011b\sin1.m

>> sin1            % 没有参数，执行脚本 sin1.m
Warning: Function E:\MATLAB\R2011b\sin.m has the same name as a MATLAB
builtin. We suggest you rename the function to avoid a potential name
conflict.

b =
     1     2
     3     4
```

当前目录的脚本 sin1.m 就覆盖了其他路径下的函数 sin1.m。

因此，用户在定义变量或新建 M 函数、M 脚本时应注意命名冲突问题。由于变量的优先级最高，因此它有可能覆盖掉系统预定义的或用户自定义的函数、M 脚本文件，在定义变量时应避开这些有可能产生冲突的变量名。用户自定义的函数、第三方编写的工具箱中的函数也应与预定义函数区分开。台湾大学林智仁教授编写的支持向量机工具箱 libsvm 中有一个函数 svmtrain，而 MATLAB 自带工具箱中完成类似功能的函数也命名为 svmtrain，因此使用 svmtrain 时有可能发生错误。

另外，用户在编写程序遇到错误时，除了检查程序的语法和语义外，还应注意是否由于命名冲突，导致系统实际调用的函数与程序设定的不一致，而导致差错。

由于将目录加入到搜索路径就可以使系统找到相应的函数，因此用户只要将自定义的函数放在某个目录中，再将该目录的路径加入到搜索路径，即可方便地在不同当前路径下

调用该函数，MATLAB 的工具箱就是这样制作完成的。

可以使用函数或菜单来将路径添加到搜索路径。使用 path 命令，可以将 C:\root 目录加入搜索路径，通过在命令窗口输入 path(path,'C:\root')实现。也可以使用 addpath 命令：addpath('C:\root')。直接输入 path 并按 Enter 键，可以在命令窗口打印出当前搜索路径包含的所有路径。

在 File 菜单中选择 Set Path 命令，或在命令窗口中输入 pathtool 并按 Enter 键，可以打开路径设置对话框，如图 2-22 所示。单击 Add Folder 按钮可以添加一个目录作为搜索路径，单击 Add with Subfolders 可以加入指定目录及其以下的所有子目录作为搜索路径。设置完成以后单击 Save 按钮保存就可以关闭对话框了。

图 2-22　路径设置对话框

两种方法的区别是，使用 path 或 addpath 函数添加的路径，只在本次 MATLAB 运行期间有效，所做的改变不会保存，下一次启动 MATLAB 后搜索路径又恢复到了设置之前的路径。而使用菜单操作所做的改变是永久性的，除非手动删除，否则所添加的路径一直属于 MATLAB 搜索路径。

2.3　MATLAB 语言基础

MATLAB 语言可读性强、形式自由。MATLAB 主要使用 C 语言编写完成，在语法上也与 C 语言比较相近，因此有一定编程基础的读者掌握起来会更加得心应手。本节从标识符、数组、数据类型、运算符、流程控制等角度介绍 MATLAB 语言。

2.3.1　标识符与数组

标识符是用户编程时使用的名称，用来表示变量、函数等。MATLAB 中标识符的命名

有如下规则:

- ❑ 标识符应由字母、数字和下划线组成,且必须以字母开头。
- ❑ 在 MATLAB R2011b 中,标识符长度不超过 63 个字符,超过部分将被忽略。这意味着如果声明了两个变量,变量名只有第 64 个字符之后是不同的,那么这两个变量将被视为同一个变量。
- ❑ MATLAB 的标识符大小写敏感,因此 Book 与 book 可以定义为两个不同的变量。
- ❑ 标识符不得使用 MATLAB 语法中的关键字。

MATLAB 是用 C 语言开发的,语法风格也接近于 C,但 MATLAB 与 C 语言有显著区别。C 语言属于强类型语言,变量在使用之前必须声明;而 MATLAB 属于弱类型语言,通过赋值即可创建变量,变量类型取决于创建时的类型,而不需要前置强制声明。

数值计算以矩阵为基础是 MATLAB 最大的特点和优势。一般来说,所有的数据都是矩阵或数组,标量可视为 1×1 矩阵,向量可视为 $1 \times N$ 或 $N \times 1$ 矩阵。二维数组称为矩阵,二维以上称为多维数组,有时矩阵也可以指多维数组。在 MATLAB 中可以通过赋值直接创建矩阵:

```
>> a=1:5              % 行向量
a =

    1    2    3    4    5

>> b=[0,1,2;3,4,5]    % 2*3 矩阵
b =

    0    1    2
    3    4    5

>> c=b(:,2)           % 取 b 的第 2 列
c =

    1
    4
>> s=input('请输入一行字符串: ','s');
请输入一行字符串: I Love MATLAB
>> s                  % 用 input 函数输入字符串
s =

I Love MATLAB
```

在这里用到了[ ]和冒号(:)操作符。也可以用预定义函数创建矩阵,input 就是一个预定义函数。MATLAB 中用于创建数组或矩阵的部分函数如表 2-2 所示。

表 2-2 创建数组或矩阵的函数

函　数　名	功　　能
zeros(m,n)	创建 m 行 n 列零矩阵
ones(m,n)	创建 m 行 n 列全 1 矩阵
eye(m,n)	创建 m 行 n 列单位矩阵
rand(m,n)	创建 m 行 n 列服从 0~1 均匀分布的随机矩阵
randn(m,n)	创建 m 行 n 列服从标准正态分布的随机矩阵
magic(n)	创建 n 阶魔方矩阵

续表

函 数 名	功 能
linspace(x1,x2,n)	创建线性等分向量
logspace(x1,x2,n)	创建对数等分向量
diag	创建对角矩阵

MATLAB 除了提供大量实用的预定义函数外，还提供了一些预定义变量。这些预定义变量大部分为常量，或者是在系统中有特殊含义和用途的变量。表 2-3 列举了部分常见的预定义变量。

表 2-3　常见的预定义变量

预定义变量名	含 义
ans	保存运算结果。用于没有指定运算结果名称时，将结果赋给 ans
eps	MATLAB 定义的正的最小值，表示精确度
pi	圆周率的值
NaN	Not-a-Number，非数，无法定义的一个数
i/j	虚数单位，sqrt(-1)
nargin	函数的输入参数个数
nargout	函数的输出参数个数
realmax	最大的正实数
realmin	最小的正实数

在使用中，预定义变量尽量不要成为左值。所谓左值就是在赋值表达式左边接受赋值的值。预定义变量在被赋值之后就成为新的值，只有当该变量被清除时才恢复预定义变量本身的含义，示例如下：

```
>> pi=4          % 将 pi 赋值为 4，覆盖圆周率的值
pi =

    4

>> 2*pi^2        % 用新的值参与计算
ans =

   32

>> clear pi      % 清除变量 pi
>> pi            % pi 的值恢复为圆周率的值
ans =

   3.1416
```

在编写循环时，用户往往习惯使用 i、j 作为循环变量，此时要注意不要与虚数单位混淆。

MATLAB 中矩阵或数组元素的访问有三种方法：

❑ 全下标方式，全下标方式使用形如 a(m,n,p…)的方式访问数组元素，m、n、p 是元素在各个维度上的索引值。

❑ 单下标方式，单下标是以列优先的方式将矩阵的全部元素重新排列为一个列向量，再指定元素的索引，形如 a(index)。

❑ 逻辑 1 方式，逻辑 1 方式是建立一个与矩阵同型的逻辑型数组，抽取该数组等于 1 的位置对应的元素。

```
>> rand('seed',2)
>> a=rand(2,2)              % 2*2 矩阵
a =
    0.0258    0.7008
    0.9210    0.1901

>> a(2,1)                   % 全下标方式
ans =

    0.9210

>> a(2)                     % 单下标方式
ans =

    0.9210

>> b=a>0.8
b =
    0    0
    1    0

>> a(b)                     % 逻辑 1 方式
ans =

    0.9210
```

矩阵的操作中，还可能用到 ":" 操作符、end 函数和空矩阵[ ]。其中，冒号操作符表示抽取一整行或一整列，end 函数表示下标的最大值，即最后一行或最后一列，空矩阵可以充当右值，用于删除矩阵或矩阵的一部分。右值就是赋值表达式中位于等号右边，赋值给其他变量或表达式的值。

```
>> rand('seed',2)
>> a=rand(3,4)             % 3*4 矩阵
a =

    0.0258    0.1901    0.2319    0.0673
    0.9210    0.8673    0.1562    0.3843
    0.7008    0.4185    0.7385    0.9427

>> a(2,:)                  % 矩阵的第 2 行
ans =

    0.9210    0.8673    0.1562    0.3843

>> a(2,2:end)             % 矩阵的第 2 行中从第 2 个元素到最后一个元素
ans =

    0.8673    0.1562    0.3843

>> a(3,:)=[]              % 删除矩阵的第三行
a =

    0.0258    0.1901    0.2319    0.0673
    0.9210    0.8673    0.1562    0.3843
```

2.3.2　数据类型

MATLAB 的数据类型可以从几个层次来理解：

基本的数值类型有整型和浮点型，其中整型可分为若干种细分的类型，如 uint8、int16、表示不同的字节数和符号，浮点型则分为 double 型和 single 型，表示双精度浮点数与单精度浮点数。此外，还有字符型、逻辑型、函数句柄、Java 对象等类型。

与数组有关的类型有结构体和细胞数组，这两种类型可以将其他不同类型的数据结合在一起。MATLAB 的数据类型如图 2-23 所示。

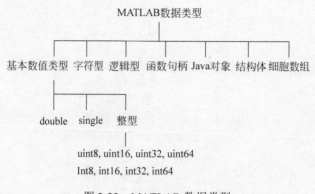

图 2-23　MATLAB 数据类型

用户可以在命令窗口中输入 help datatypes 查看 MATLAB 包含的数据类型。

1．基本数值类型

整型从字节数、有符号还是无符号两个方面可以分为 int8、uint8、int16、uint16、int32、uint32、int64 和 uint64 等几种细分的类型。首字母为 u 表示无符号，末尾的数字表示所占的比特数。因此 MATLAB 能提供 1~4 字节宽度的有符号或无符号整数。如 int8 表示一个字节长度的有符号整数。uint8 表示一个字节的无符号整数，常在图像处理中表示一个像素的颜色或亮度值。整型数之间的运算是封闭的，整型数相除，结果四舍五入为新的整型数。不同细分类型的整型数之间不能直接运算。例如：

```
>> a=uint8(9)        % a 为无符号一个字节整数
a =

    9

>> b=int16(8)        % b 为有符号两个字节整数
b =

    8

>> a/b               % 无法直接运算
Error using  ./
Integers can only be combined with integers of the same class, or scalar
doubles.

>> b=uint8(8)        % b 改为无符号一个字节整数
```

```
b =

    8

>> a/b                    % 此时可以运算，除法运算只保留整数部分
ans =

    1
```

浮点数包括单精度浮点数（single）和双精度浮点数（double）。realmax('double')和 realmax('single')分别返回两者能表示的最大值。

```
>> a=realmax('double'),b=realmax('single')      % 双精度和单精度浮点数的最大值
a =
  1.7977e+308
b =
  3.4028e+038
>> a=realmin('double'),b=realmin('single')      % 双精度和单精度浮点数的最小值
a =
  2.2251e-308
b =
  1.1755e-038
>> class(pi)                                     % 常数数字的默认数据类型为 double 型
ans =
double
>> class(2)
ans =
double
```

class 函数返回输入参数的数据类型，可以看出，没有预先声明的变量类型默认为 double 型。

2．其他数据类型

字符在 MATLAB 中用一对单引号分隔，字符串存储为字符数组。如 s='I Love MATLAB'，s 即为 1 行 13 列的字符向量。多个字符串可以形成矩阵，但每个字符串长度必须相等，在命令窗口输入 a=['MATLAB';'C++']，由于第一行与第二行长度不相等，系统将会报错。解决方法是人为加入空格，使矩阵的各行对齐，即 a=['MATLAB';'C++   ']，也可以使用 char 函数：a=char('MATLAB','C++')。这两种形式是等效的。

字符串操作在任何一种语言中都非常重要。常用的字符串函数如表 2-4 所示。

表 2-4　字符串常用函数

字符串函数	功　　能
blanks(n)	返回 n 个空字符
deblank(s)	移除字符串尾部包含的空字符
strfind (s1,s2)	在 s1 中寻找 s2，返回 s2 第一个字符所在的位置索引
ischar(s)	判断是否为字符串
isletter(s)	判断是否为字母
lower(s)	字母转换为小写
upper(s)	字母转换为大写
strcat(s1,s2,...sn)	连接各字符串

续表

字符串函数	功　能
strcmp(s1,s2)	按字典顺序比较两个字符串
strncmp(s1,s2,n)	比较字符串中的前 n 个字符
strrep(s1,s2,s3)	s1 中的 s2 部分用 s3 替换

逻辑型（logical）变量只能取 true（1）或 false（0），在访问矩阵元素时可以使用逻辑型变量，取出符合某种条件的元素。

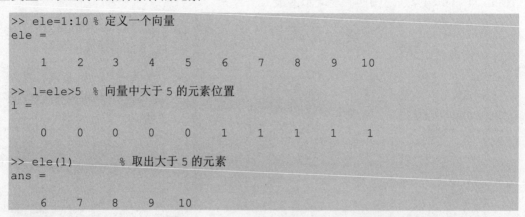

```
>> ele=1:10 % 定义一个向量
ele =

    1    2    3    4    5    6    7    8    9   10

>> l=ele>5  % 向量中大于 5 的元素位置
l =

    0    0    0    0    0    1    1    1    1    1

>> ele(l)        % 取出大于 5 的元素
ans =

    6    7    8    9   10
```

函数句柄可以方便函数名称的管理，也可以加快程序运行的速度。使用函数句柄可以提高运行速度的原因是，将一个函数名称赋值给某函数句柄，则使用该函数句柄时，关于该函数的信息已经载入到工作空间中了，系统不需要在每次调用时重新搜索一遍路径，而是在函数句柄包含的信息里直接可以找到函数的路径，因此，对于一个经常使用的函数，函数句柄可以提高程序的运行速度。另外，也正因为函数句柄包含了路径信息，因此在系统切换工作路径时，不需要将函数文件复制过来就可以使用该函数。

函数句柄中包含函数的路径、函数名、类型及可能存在的重载方法等信息，可以用functions(function_handle)来显示函数句柄所包含的函数信息。

句柄的声明可以用如下方法：

❏ 直接使用@符号声明函数句柄，形式为：变量名=@函数名。

❏ 用 str2func 函数，形式为：变量名=str2func('函数名')。

❏ 声明匿名函数句柄，形式为：变量名=@(输入参数列表)函数表达式。

这里的函数可以是预定义函数，也可以是用户自定义的函数。声明函数句柄以后，就可以像使用函数名一样使用该函数句柄了。如声明 h=@sin，就可以使用 h(pi)代替 sin(pi)。

```
>> x=[1,2,3,4]                      % 向量 x
x =
    1    2    3    4
>> ha=@sum                          % 直接声明 ha 为 sum 函数的句柄
ha =
    @sum
>> hb=str2func('sum')               % 用 str2func 声明 hb 为 sum 函数的句柄
hb =
    @sum
>> functions(ha)                    % 函数句柄 ha 包含的信息
ans =
```

```
       function: 'sum'
          type: 'simple'
          file: ''
>> functions(hb)                          % 函数句柄 hb 包含的信息
ans =
       function: 'sum'
          type: 'simple'
          file: ''
>> sum(x)                                 % 使用 sum 求和
ans =
      10
>> ha(x)                                  % 使用 ha 代替 sum
ans =
      10
>> hb(x)                                  % 使用 hb 代替 sum
ans =
      10
>> feval('sum',x)                         % 不使用函数句柄，使用 feval 函数求和
ans =
      10
```

函数句柄中的函数可以是自定义函数。定义一个名为 myfunc 的函数，声明其句柄如下：

```
>> hc=@myfun
hc =
    @myfun
>> functions(hc)                          % 句柄包含的信息
ans =
       function: 'myfun'
          type: 'simple'
          file: 'E:\MATLAB\R2011b\bin\myfun.m'    % 函数路径
```

匿名句柄的例子：

```
>> hd=@(x,y)x^(-2)+y^(-2);                 % 定义匿名函数句柄
>> functions(hd)                          % 函数句柄包含的信息
ans =
       function: '@(x,y)x^(-2)+y^(-2)'
          type: 'anonymous'
          file: ''
      workspace: {[1x1 struct]}
```

Java 对象用于在 MATLAB 中使用 Java 语言。Java 是一种可以开发跨平台应用软件的面向对象的程序设计语言。从 MATLAB 5.3 起，Java 虚拟机就被包含进来了。可以在命令窗口查看当前的 Java 虚拟机（JVM）版本：

```
>> version -java
ans =

Java 1.6.0_17-b04 with Sun Microsystems Inc. Java HotSpot(TM) Client VM mixed
mode
```

3. 结构体和细胞数组

普通的矩阵只能包含同一种数据类型的数据，且矩阵的行、列必须对齐。结构体包含若干字段，字段的值可以是任意数据类型和任意维度的变量，也可以是另一个结构数组。

细胞数组的元素也可以是任意数据类型、任意维度的数据。与矩阵不同，细胞数组引用元素时使用"{}"操作符，此时得到的数据的类型是元素本身的类型，而使用"[]"操作符引用元素时，得到的是一个小一些的细胞数组。细胞数组的内存空间是动态分配的，因此更加灵活，但运行效率欠佳。

细胞数组可以直接创建，也可以使用 cell 函数创建。结构类型数据的创建也有两种方法，一种是直接创建，一种是利用 struct 函数创建。

创建细胞数组：

```
>> a={1,2,3}                                % 1×3 细胞数组
a =
    [1]    [2]    [3]
>> b=[{zeros(2,2)},{uint8(9)};{'Matlab'},{0}]  % 2×2 细胞数组
b =
    [2x2 double]    [9]
    'Matlab'        [0]
>> c=b(3)                                   % c=b(3)，c 是一个小一些的细胞数组
c =
    [9]
>> class(c)
ans =
cell
>> d=b{3}                                   % d=b{3}，d 为 uint8 型整数
d =
    9
>> class(d)
ans =
uint8
>> A=cell(2,3)                              % 用 cell 函数创建空的细胞数组
A =
    []    []    []
    []    []    []
>> A{1}=zeros(2,2);
>> A{2}='abc';
>> A(3)={uint8(9)};
>> A
A =
    [2x2 double]    [9]    []
    'abc'           []     []
```

创建结构体：

```
>> book.name='MATLAB';                      % 直接创建结构型数组
>> book.price=20;
>> book.pubtime='2011';
>> book
book =
      name: 'MATLAB'
     price: 20
   pubtime: '2011'
>> book2=struct('name','Matlab','price',20,'pubtime','2011');
                                            % 用 struct 函数创建结构数组
>> book2
book2 =
      name: 'Matlab'
     price: 20
   pubtime: '2011'
>> whos
```

```
Name        Size            Bytes  Class      Attributes
book        1x1              400   struct
book2       1x1              400   struct
```

字段完全相同的结构体常常放在一起构成数组，成为结构数组。此时，可以用"[]"抽取出不同结构体的同一字段值，构成单独的数值数组。

```
>> for i=1:10,...                        % 包含10条记录、3个字段的结构数组
books(i).name=strcat('book',num2str(i));...
books(i).price=20+i;...
books(i).pubtime='2011';
end;
>> books
books =
1x10 struct array with fields:
    name
    price
    pubtime
>> books(1)
ans =
      name: 'book1'
     price: 21
   pubtime: '2011'
>> price=[books.price]                    % 用[]运算符抽取出 price 字段形成新的向量
price =
   21    22    23    24    25    26    27    28    29    30
```

与结构数组相关的函数如表 2-5 所示。

表 2-5　结构数组相关函数

函　数　名	功　　能
struct(field1,value1,field2,value2,…)	创建结构或将其他数据类型转换为结构
fieldnames(s)	获得结构数组 s 的字段名
getfield(a,fieldname)	相当于 ans=a.fieldname
setfield(a,fieldname,v)	相当于 a.fieldname=v
rmfield(a,fieldname)	删除 a 中由 fieldname 指定的字段
isfield(a,fieldname)	判断 fieldname 是否为 a 的字段
isstruct(a)	判断 a 是否为结构数组，返回 0 或 1
orderfields	按字典顺序排列字段
structfun	对一个标量结构体，对其中的每一个字段应用某函数

与细胞数组操作相关的函数如表 2-6 所示。

表 2-6　细胞数组相关函数

函　数　名	功　　能
cell(m,n,p)	创建 m×n×p 的空细胞数组
iscell(c)	判断 c 是否为细胞数组
celldisp(c)	显示细胞数组 c 所有元素的内容
cellplot(c)	用图形方式显示细胞数组 c 的内容
cell2mat(c)	将细胞数组转换为普通数组
cell2struct(c,field,dim)	细胞数组 c 沿着 dim 维度转换为结构数组

函　数　名	功　　能
cellfun(func,c)	对细胞数组 c 中的每一个元素执行函数 func
cellfun	对细胞数组中的每一个元素应用某函数

这里的 structfun、cellfun 和与普通数组处理有关的函数 arrayfun，可以对数组或结构体中的元素单独处理，常用来代替循环。循环一般比较耗时，因此熟练掌握这几个函数的用法是提高程序效率的方法之一。

2.3.3　运算符

MATLAB 语言的运算符主要有算术运算符、关系运算符、逻辑运算符及其他运算符。

1. 算术运算符

算术运算符可分为矩阵的运算符和数组的运算符两大类。矩阵运算是按线性代数的规则进行的计算，而数组运算是在矩阵或数组中的对应元素之间进行的运算。

矩阵运算和数组运算的运算符如表 2-7 所示。

表 2-7　矩阵运算和数组运算的运算符

运算符	运算符类型	功　　能	运算符	运算符类型	功　　能
+,-	矩阵运算	矩阵加减运算	+,-	数组运算	数组元素的加减运算
*	矩阵运算	矩阵相乘	.*	数组运算	矩阵或数组中的对应元素相乘
/	矩阵运算	矩阵相除	./	数组运算	矩阵或数组中的对应元素相除
\	矩阵运算	矩阵左除，左边为除数	.\	数组运算	矩阵或数组中的对应元素左除
^	矩阵运算	矩阵的乘方	.^	数组运算	矩阵或数组中的每一元素的乘方
'	矩阵运算	取共轭转置	.'	数组运算	取转置

进行矩阵运算时应注意矩阵大小必须符合特定要求。如矩阵加减中，矩阵大小必须相同，A*B 中，矩阵 A 的列数必须等于矩阵 B 的行数。标量与矩阵进行的运算，是标量与矩阵中每个元素进行的数组运算。转置与共轭转置运算的区别是，共轭转置会在对矩阵取转置的同时取每一个元素的共轭。

矩阵相乘：

```
>> a=[1,2,3;4,5,6]'  % a 为 3*2 矩阵
a =

   1    4
   2    5
   3    6

>> b=[1;2]           % b 为 2*1 矩阵
b =

   1
   2
```

```
>> a*b              % 矩阵相乘，得 3*1 矩阵
ans =

    9
   12
   15
```

矩阵左除与数组左除：

```
>> a=[2,1;1,1]                    % 线性方程组 2x1+x2=1，x1+x2=1，即 ax=b
a =
    2    1
    1    1
>> b=[1,0]'
b =
    1
    0
>> c=a\b                          % 利用矩阵左除求解线性方程组
c =
   1.0000
  -1.0000
>> a=3;b=2;
>> c=6;
>> d=a/b\c                        % c÷(a÷b)
d =

    4

>> a\c/b                          % (c÷a)÷b
ans =

    1
```

如上所示，矩阵左除可以用来求解线性方程组：$A \backslash B$ 相当于 $A^{-1}B$；数组左除是通常的除法运算，但操作数含义与右除相反：$a \backslash b$ 表示 $b \div a$。

转置与共轭转置：

```
>> a=[1+i,2-3i;5-2i,i]            % a 是复数矩阵
a =
  1.0000 + 1.0000i   2.0000 - 3.0000i
  5.0000 - 2.0000i        0 + 1.0000i
>> a'                             % a 的共轭转置
ans =
  1.0000 - 1.0000i   5.0000 + 2.0000i
  2.0000 + 3.0000i        0 - 1.0000i
>> a.'                            % a 的转置
ans =
  1.0000 + 1.0000i   5.0000 - 2.0000i
  2.0000 - 3.0000i        0 + 1.0000i
```

对于一个实数，其共轭等于它本身；对于一个复数，取共轭时实部不变，虚部等于原来的相反数。

2. 关系运算符

关系运算是同型数组对应元素之间进行的运算，运算结果是一个同型的逻辑数组。关

系运算符如表 2-8 所示。

表 2-8　关系运算符

运算符	功　能	运算符	功　能
<	小于	>=	大于等于
<=	小于等于	==	等于
>	大于	~=	不等于

关系运算符的含义非常容易理解，常用于选择结构（如 if-end 语句）和 while 循环的判断中。"=="和"~="运算符需要同时比较复数的实部与虚部，其他关系运算符均忽略虚部。

3. 逻辑运算符

MATLAB 的逻辑运算符可分为一般逻辑运算符和先决逻辑运算符，如表 2-9 所示。

表 2-9　逻辑运算符

运算符	功　能	运算符	功　能
&(and)	逻辑与	xor	逻辑异或
|(or)	逻辑或	&&	先决与
~(not)	逻辑非	||	先决或

逻辑运算是一种二值运算，所有非零值被当作 true（1），零值被当作 false（0）。表格中，"&&"与"||"是先决逻辑运算符，与普通逻辑运算符的区别为：

❑ 一般逻辑运算符可以对标量或数组进行运算，先决逻辑运算符则只能对标量进行计算。

❑ 如果计算了一部分参与运算的表达式，就可以确定整个表达式的值，先决运算符就不会接下去计算其他剩下的运算表达式，这种方式提高了执行效率，也可以避免一些错误。如在逻辑与运算中，如果用于符号连接的各个表达式中，有一个为 false，那么剩下的表达式就不必计算了，整个表达式的值必为 false。

```
>> a=2
a =
    2
>> b=1
b =
    1
>> a&b                   % 与运算
ans =
    1
>> c=0;
>> x=(c&&(b/c>2))         % 先决与。由于c=0，故不计算(b/c>2)，直接返回0
x =
    0
```

另外，由于浮点数存在误差，"=="与"~="的使用常常会出现意想不到的结果，这种错误通常称为 round off 错误。此时可以设定一定的精确度范围，忽略小于精确度值的误差。对浮点数做关系运算要有精度的概念。

```
>> 0==sin(pi)              % 返回 0，表示系统认为 sin(pi) 不等于 0
ans =
     0
>> sin(pi)                 % sin(pi) 的值的确不等于零
ans =
  1.2246e-016
>> (sin(pi)-0)<1e-14       % 设定精确度为 1e-14，误差小于精确度，认为两者相等
ans =
     1
```

4．其他运算符

MATLAB 中其他重要的运算符如表 2-10 所示。

表 2-10　其他运算符

运 算 符	功 　 能
[]	生成向量或矩阵
{}	生成细胞数组
…	续行符
=	赋值
'	字符串的标记
.	结构数组的域访问
%	注释
@	函数句柄
;	禁止命令窗口中显示结果

当一条命令占据多行时，应在行的末尾使用续行符。对于赋值语句来说，如果在语句末尾有"；"，那么不会在命令窗口输出计算结果。如果没有"；"，就会以"左值=计算结果"的形式输出，若没有左值，就用预定义变量 ans 代替。

"="被用作赋值运算符，而不是按数学习惯表示相等（相等关系用"=="），是因为赋值运算使用的频率远高于相等关系用到的频率，用较短的符号作为赋值运算符在编程时间上更经济。

```
>> a=[1,2,3;...  % 使用续行符，分两行输入。没有"；"，以"左值=计算结果"的形式输出
4,5,6]
a =

   1    2    3
   4    5    6

>> a(1,2)         % 没有左值，也没有"；"，以"ans=运算结果"的形式输出
ans =

   2
```

2.3.4　流程控制

结构化程序设计包括三种结构：顺序结构、选择结构、循环结构。与 C 语言类似，MATLAB 也采用 if、else、switch、for 等关键字来实现选择结构和循环结构。不同的是，C 语言用一对花括号{}来标记一个语句块，而 MATLAB 则使用 end 关键字来标记语句块

的结束。

1．选择结构

MATLAB 的选择结构有 if 语句和 switch 语句两种实现形式。if 语句最为常用，switch 语句则适用于选择分支比较整齐、分支较多、没有优先关系的场合。对 if 语句来说，只有一种选择是其中最简单的一种，格式如下：

```
if expression
    do task1
end
```

当 expression 为真（true 或 1）时，就执行 if 与 end 之间的语句。当有两种选择时，格式如下：

```
if expression
    do task1
else
    do task2
end
```

如果 expression 为真（true 或 1），则执行 do task1，否则执行 do task2。如果程序需要有三个或三个以上的选择分支，可以使用如下的语句格式：

```
if expression1
    do task1
elseif expression2
    do task2
elseif expression3
    …
else
    do taskN
end
```

在这种格式的语句中，else 语句可有可无，程序遇到某个表达式为真时，即执行对应的程序语句，其他的分支将被跳过。if 语句是可以嵌套的，如：

```
if expression1
    do task1
else
   if expression2
      do task2
   end
end
```

选择结构也可以由 switch 语句实现，在多选择分支时使用 switch 语句更为方便。使用格式如下：

```
switch expression
    case value1
        do task1
    case value2
            do task 2
    …
    otherwise
        do task N
end
```

如果 expression 等于 case 中的某一个表达式，则执行相应的程序语句。当 expression 与所有表达式都不相等时，就执行 otherwise 所对应的程序语句，但 otherwise 语句并不是必需的。

建立 M 脚本文件，输入以下内容：

```
% if_test.m
value=input('请输入一个正整数：');        % 从键盘接收输入
if value>=100
    fprintf('三位数以上\n');
elseif value>=10
    fprintf('两位数\n');
else
    fprintf('个位数\n');
end
```

按命令行提示，输入 67：

```
>> if_test
请输入一个正整数：67
两位数
```

命令窗口输出的结果为：

```
Today is Friday
输入的数字是偶数！
```

switch 语句的例子：

```
% switch_test.m
value=input('请输入一个 0~9 的整数：');     % 从键盘接收输入
switch value,                      % switch 语句
    case {1,3,5,7,9},
        fprintf('输入的数字是奇数!\n');
    case {0,2,4,6,8},
        fprintf('输入的数字是偶数!\n');
    otherwise
        fprintf('输入的不是 0~9 的整数!\n');
end
```

按命令窗口中的提示输入 5：

```
>> swich_test
请输入一个 0~9 的整数：5
输入的数字是奇数！
```

2．循环结构

与 C 语言类似，MATLAB 中有两种循环结构的语句：for 循环和 while 循环，但 MATLAB 没有 do-while 语句。for 循环格式一般采用如下形式：

```
for i=表达式
    循环体程序
end
```

i 是一个向量，向量长度代表循环执行的次数。对 i 中的每一个元素值，程序都执行一遍循环体程序。i 也可以是字符串、字符串矩阵或字符串构成的细胞数组。for 循环会自动

遍历 i 中的每一个元素，不需要手动修改，因此在循环体程序中，应避免人为修改循环变量 i 的值，以免造成错误。

for 循环使用实例：

```
% for_test.m
for i=1:5        % 计算 1,2,3,4,5 的 1 到 N 之和
    x=0;
    for j=1:I    % 计算 i 的 1 到 N 之和
        x=x+j;
    end
    fprintf('从 1 到%d 的整数和为 ',i);
    disp(x)
end
```

命令窗口输出：

```
>> for_test
从 1 到 1 的整数和为      1

从 1 到 2 的整数和为      3

从 1 到 3 的整数和为      6

从 1 到 4 的整数和为     10

从 1 到 5 的整数和为     15
```

这段程序的作用是求从 1 到 N 的所有整数之和，这里 N 的取值为 1,2,3,4,5，采用两重 for 循环实现。循环变量使用 i、j，覆盖了预定义变量中的虚数符号，如果计算涉及复数，应尽量避免使用 i、j 作为循环变量。循环的另一种实现形式为 while-end 语句，它比 for 循环更加自由，不限定循环重复的次数，循环变量的更新也需要用户自己完成。形式为：

```
while expression
    do task
end
```

当 expression 值为 true（1）时，程序就执行循环。如果表达式的值总为 true，程序就永远不会退出循环，形成死循环，因此 while 循环必须有在循环体中使表达式值为 false 的情况。

while 循环使用实例如下：

```
% while_test.m
i=1;
while i<=5,               % 计算 1,2,3,4,5 的阶乘
    s(i)=1;
    j=1;
    while j<=i            % 内层循环用于求阶乘
        s(i)=s(i)*j;
        j=j+1;
    end
    i=i+1;
end
s
```

命令窗口输出的结果为：

```
>> while_test
s =

     1     2     6    24   120
```

除了 if 语句、switch 语句、for 语句和 while 语句以外，MATLAB 还有其他流程控制命令：

❑ break，break 通常与 if 语句一起使用，用于在一定条件下跳出循环的执行。在有多重循环时，只能跳出 break 所在的最里层循环，无法跳出整个循环。

❑ continue，continue 用于结束本次 for 或 while 循环，紧接着程序开始执行下一次循环，并不跳出整个循环的执行。continue 命令也常常与 if 一起出现。continue 与 break 的区别是，continue 只结束本次循环，而 break 则跳出该循环。

❑ return，return 命令可以直接结束程序的运行，并返回到上一层函数。

❑ echo on/off，执行 M 文件时，显示/关闭显示文件中的命令。

❑ pause，pause 指令用于暂停程序，等待用户按任意键继续，pause(n) 则暂停 n 秒后继续执行。

2.3.5　M 文件

在 MATLAB 命令窗口中，输入命令系统就会立刻执行，属于命令驱动模式。当命令较多时，采用命令驱动模式比较繁琐，不易保存和管理，此时就应使用 MATLAB 的 M 文件驱动模式。M 文件扩展名为“.m”，是一种文本文件，可以用记事本打开，又分为脚本文件和函数文件。MATLAB 的 M 文件编辑器提供了一个编辑、运行和调试程序的集成环境。创建 M 文件的方法如下：

（1）在 File 菜单下选择 New，再选择 Script 或 Function，即可创建 M 脚本文件或 M 函数文件。

（2）在工具栏中单击新建按钮，即新建了一个 M 脚本文件。

（3）在命令窗口输入 edit，并按 Enter 键，即新建了一个 M 脚本文件。edit 后加文件名，可以新建指定文件名的 M 文件或打开已存在的 M 文件。

1．M 脚本文件

M 脚本文件是一系列命令的集合，运行时，其中的变量保存于工作空间中。因此，它可以使用工作空间原有的变量。但反过来，不需要使用原有工作空间中的变量时，这种机制可能会造成不可预知的错误。因此，规范的脚本文件往往以 clear、close all 等命令开头，以清除变量，关闭其他图形窗口。

脚本文件名注意不要与预定义或用户自定义的函数文件重名，以免发生错误。执行脚本文件有以下几种方法：

❑ 在 M 文件编辑窗口中单击工具栏上的运行按钮；

❑ 在 M 文件编辑窗口中按 F5 键；

❑ 在 MATLAB 命令窗口中输入脚本文件名并按 Enter 键。

用 M 脚本文件对一组数据作线性回归，并绘图，代码如下：

```
% 清理工作空间、图形窗口和命令窗口
clear all, close all;
clc;
% 输入数据 x 和 Y
x = [143, 145, 146, 148, 149, 150, 153, 154, 157, 158,...
    159, 160, 162, 164]';
Y = [11, 13, 14, 15, 16, 18, 20, 21, 22, 25, 26, 28, 29, 31]';
X = [ones(length(x), 1), x];

% 线性回归分析
[b, bint, r, rint, stats] = regress(Y, X);

% r2 越接近 1, F 越大, p 越小 (<0.05), 回归效果越显著
r2 = stats(1)
F = stats(2)
p = stats(3)

% 绘制原始数据和拟合的直线
z= b(1) + b(2) * x;
subplot(2,1,1);
plot(x, Y, 'o', x, z, '-');

% 绘制残差图
subplot(2,1,2);
rcoplot(r, rint);
```

命令窗口的执行结果为:

```
r2 =
   0.987340213922265
F =
   9.358833154301610e+002
p =
   9.337698118544159e-013
```

得到的图形如图 2-24 所示。

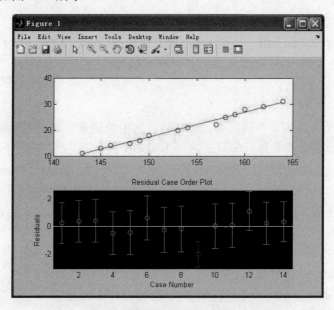

图 2-24　线性回归执行结果

2．M函数文件

M 函数文件与 M 脚本文件的区别在于，M 函数文件有一定的格式。M 函数文件的文件名与函数名必须相同，系统根据文件名调用该函数。

M 函数文件的组成部分如表 2-11 所示。

表 2-11　M函数文件的组成部分

组 成 部 分	描　　述
函数定义行	定义函数名和输入/输出变量
帮助文本（注释）	跟在函数声明行后，可以用 help 命令调出，描述函数功能
函数体	实现函数功能的代码
代码中的注释	穿插在函数体中，解释函数代码的意义

创建一个函数 d_func，如果输入参数只有一个 x，则返回 x；如果输入参数有两个（x、y），则返回 $sqrt(x^2+y^2)$。代码如下：

```
function b=d_func(x,y)
% d_func.m
%
% distance function
% if nargin=1,return x
% if nargin=2,return sqrt(x^2+y^2)

if nargin==1
    b=x;
else
    b=sqrt(x.^2+y.^2);
end
```

保存为 d_func.m，在命令窗口调用 myfun 函数：

```
>> d_func([3,4])        % 只有一个输入参数[3,4]
ans =

    3    4

>> d_func(3,4)          % 有两个输入参数3,4
ans =

    5

>> help d_func          % 使用help，显示注释内容
  d_func.m

  distance function
  if nargin=1,return x
  if nargin=2,return sqrt(x^2+y^2)
```

3．M文件技巧

M 文件编辑器集成了很多方便实用的功能，与注释有关的有：

（1）选中一块区域，按 Ctrl+R 组合键可以将此区域变为注释。实现原理是在每一行的行首添加百分号注释符%。

（2）选中一块区域，按 Ctrl+T 组合键可以将此区域由注释转为非注释。实现原理是去掉每一行出现的第一个百分号%（如果有的话）。但如果一行中包含多个百分号，则只能去掉第一个。

（3）由"%{"开始，"%}"结束，可以作为段落的注释，相当于 C 语言中的/*、*/。

（4）使用 cell 模式。如果需要对 M 文件中的一段进行反复修改，可以考虑使用 cell 模式。cell 模式相当于将代码复制到命令窗口中运行，在代码上方用两个%后接一个空格符即定义了一个 cell。将输入光标放在 cell 中，背景颜色会发生改变。在 cell 中按 Ctrl+Enter 组合键将直接执行 cell 中的代码。

另外，选择 M 文件中的代码语句，在其上下文菜单中选择第一项 Evaluate Selection 或按 F9 键，也相当于将该语句复制到命令窗口中运行。

几种不同的注释形式如下：

```
% comment_example.m
%%
clear,close all;
clc

%% 打开文件
fid=fopen('data.txt','rb');

%% 读取内容
data=fread(fid, 10, 'uint8');      % 读取 10 个数据
d=data.^2;

%{
plot(data,d);
title('散点图');
xlabel('x');
ylabel('y');
%}
%% 关闭文件
fclose(fid);
```

第 3 章　MATLAB 函数与神经网络工具箱

第 2 章介绍了 MATLAB 的概况和 MATLAB 语言的入门知识。MATLAB 包含大量实用的预定义函数，不熟练掌握一些常用函数的用法，在使用 MATLAB 的过程中是寸步难行的。本章将分类讲解部分基本的 MATLAB 函数，并给出简单易懂的例子。这些函数中的一大部分在后面的章节中有可能会涉及。另外，本章还将系统地介绍 MATLAB 神经网络工具箱，在后面的各章中，再对涉及的工具箱函数做详细讲解。

3.1　MATLAB 常用命令

本节给出 MATLAB 使用过程中出现频率最高的部分命令，并结合实例进行说明。表 3-1 列举了部分 MATLAB 的常用命令。

表 3-1　MATLAB部分常用命令

命令	功　能
clear	清除工作空间中的所有变量
clf	清除图形窗口的内容
close	关闭图形窗口
clc	清除命令窗口中的内容，光标返回屏幕左上角
home	光标返回屏幕左上角
who	列出工作空间的变量
whos	列出工作空间的变量及其详细信息
pack	整理工作空间的内存
format	设置浮点数的输出格式
echo	显示 M 文件中所执行的命令
save	保存工作空间的变量到文件
load	从文件加载变量到工作空间
help	在命令窗口查询函数或命令
doc	打开联机帮助系统
demo	运行演示程序
lookfor	在帮助系统中查找关键词
what	列出当前目录下与 MATLAB 有关的文件
which	查找函数与文件所在的目录
type	列出文件的内容
delete	删除文件

命令	功　能
path	设置或查询 MATLAB 搜索路径
quit/exit	退出 MATLAB
edit	打开 M 文件编辑器
ver	查看 MATLAB、Simulink 和工具箱的版本
cd	进入某一目录
ls/dir	列出当前目录的文件和文件夹
pwd	显示当前目录
dos	执行 dos 命令并返回结果
exist	指定变量或文件是否存在
fprintf	打印文本到文件或命令窗口
sprintf	格式化字符串

下面举例说明命令的用法。

1. clear命令

clear 命令用于清除工作空间中的变量。最常用的使用形式是 clear 或 clear var，前者清除工作空间所有的变量，后者清除名为 var 的变量。可以使用通配符，如 clear my*，清除以 my 开头的所有变量。

下面这个例子清除工作空间中以 my 开头的所有变量：

```
>> my_func=@sin          % my_func 是函数句柄
my_func =

    @sin

>> my_m=magic(3)         % my_m 是 3*3 矩阵
my_m =

    8    1    6
    3    5    7
    4    9    2

>> your_m=[1,2;3,4]      % your_m 是 2*2 矩阵
your_m =

    1    2
    3    4

>> whos                  % 列举工作空间中的变量
  Name          Size           Bytes  Class                Attributes

  my_func       1x1              16   function_handle
  my_m          3x3              72   double
  your_m        2x2              32   double

>> clear my*             % 清除my 开头的变量
>> whos                  % 再次列举工作空间中的变量，只剩 your_m
  Name          Size           Bytes  Class      Attributes

  your_m        2x2              32   double
```

2．clf/close命令

这两条命令与图形有关。clf 用于清除某图形窗口中的内容，close 用于关闭该图形窗口。

- ❑ clf：清除当前图形窗口的内容。
- ❑ clf(fid)：清除句柄为 fid 的图形窗口中的内容。
- ❑ close：关闭当前图形窗口。
- ❑ close(h)：关闭句柄为 h 的图形窗口。
- ❑ close all：关闭 MATLAB 的所有打开的图形窗口。
- ❑ close('name')：关闭以 name 为窗口名的图形窗口。

3．clc/home命令

clc 和 home 命令都可用于将光标定位在命令窗口的左上角。其区别为：clc 的功能为清除命令窗口，清除之后再将光标定位在窗口左上角，之前窗口中显示的内容不可恢复；home 的功能仅限于定位光标，之前的内容还可以通过滚动命令窗口的滚动条查看。

用实例比较 clc 与 home 命令的区别：图 3-1 为执行 home 命令后的结果，滚动垂直滚动条，之前命令窗口的内容还看得到；图 3-2 为继续执行 clc 命令后的结果，命令窗口中的内容已被清除。从命令历史窗口中可以看到，刚刚执行了 home 命令和 clc 命令。

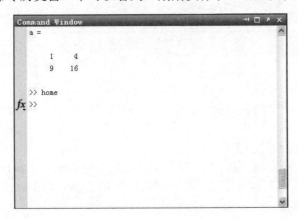

图 3-1　home 命令执行结果

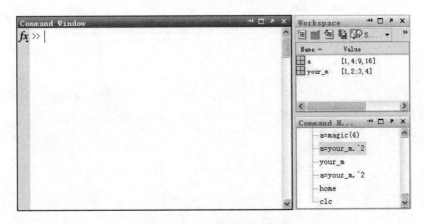

图 3-2　clc 命令执行结果

4．who/whos命令

who 和 whos 命令用于列出工作空间中的变量。who 仅列出变量名称，whos 则以列表的形式列出变量名称、大小、所占字节数、数据类型和属性等详细信息。

```
>> a=magic(3)          % 定义两个变量
a =

    8    1    6
    3    5    7
    4    9    2

>> b=1:8;b=reshape(b,2,4);b=uint8(b)
b =

    1    3    5    7
    2    4    6    8

>> who           % who 命令列出变量名称
Your variables are:

a  b

>> whos           % whos 命令列出变量名称和详细信息
  Name      Size             Bytes  Class     Attributes

  a         3x3                 72  double
  b         2x4                  8  uint8
```

5．format命令

format 用于设置数字的显示格式。该命令只影响显示，不影响数字的实际精度。最常用的调用方式有：

❑ format，恢复默认的精度；

❑ format short，浮点数短格式精度，此时圆周率值显示为 3.1416；

❑ format long，浮点数长格式精度，此时圆周率值显示为 3.141 592 653 589 793。

此外还有 format hex 和 format +等形式，分别设置为十六进制显示和显示正负号。以下是十六进制格式的例子：

```
>> a=magic(3)            % a 为 3*3 矩阵
a =

    8    1    6
    3    5    7
    4    9    2

>> format hex            % 设置显示格式为十六进制
>> a                     % a 为十六进制显示
a =

  4020000000000000   3ff0000000000000   4018000000000000
  4008000000000000   4014000000000000   401c000000000000
  4010000000000000   4022000000000000   4000000000000000

>> format                % 恢复原来的格式
>> a
```

```
a =

    8    1    6
    3    5    7
    4    9    2
```

6．save/load命令

save 和 load 命令用于保存和加载数据。一般使用 MAT 文件作为保存文件，有时也可用 TXT 文件。使用的格式为：

- ❏ save(filename)，将工作空间的所有变量保存在 filename 指定的文件中，如果不指定文件名，默认文件名为 matlab.mat；
- ❏ save(filename,var1,var2)，将工作空间中的变量 var1、var2 存入 MAT 文件 filename 中；
- ❏ save(filename,var,'-append')，将变量 var 以添加的方式保存到 filename 指定的 MAT 文件中，这种方式不会删除 filename 文件中原有的变量；
- ❏ load(filename)，将 filename 中的变量全部加载到工作空间中；
- ❏ load(filename,var)，将 fielname 中的 var 加载到工作空间。

使用 save/load 命令的实例：

```
>> a=magic(3)            % 定义变量 a
a =

    8    1    6
    3    5    7
    4    9    2

>> save abc a            % 将 a 保存在 abc.mat 文件中
>> clear                 % 清除工作空间中的变量
>> a
Undefined function or variable 'a'.
 >> load abc             % 再次载入变量 a，此时 a 才有定义
>> a
a =

    8    1    6
    3    5    7
    4    9    2
```

save 和 load 命令既可以采用函数式的调用形式 save('abc','a')，也可以采用命令式的调用形式 save abc a。

7．ls/dir/what

ls 是 UNIX/Linux 系统中用于列出文件的命令，dir 则是 Windows 系统中用于列出文件的命令。在 MATLAB 中，两者都可用于列出某个目录下的文件（默认为当前目录），但其返回值有一定的区别。What 则用于列出与 MATLAB 相关的文件。

- ❏ ls/dir：列出当前目录中所有的文件和文件夹，用"."表示当前目录，用".."表示上级目录；
- ❏ ls/dir path：列出 path 目录下的文件和文件夹；
- ❏ what：列出当前目录下与 MATLAB 相关的文件，如 M 文件、MAT 文件等；
- ❏ what path：列出 path 目录下与 MATLAB 相关的文件。

三条命令返回值的内容和格式各不相同。

　　s=ls：s 返回一个 m×n 矩阵，是一个包含文件或文件夹名的矩阵。m 是目录下的文件和文件夹的个数，n 是所有文件或文件夹名称长度的最大值。不足此长度的用空格填充。

　　s=dir：s 返回一个结构数组，每一个结构体表示一个文件或文件夹，包含 name、date、bytes、isdir、datenum 共 5 个字段。

　　s=what：s 返回一个结构体，有一个字符串字段 path，包含路径信息，其余字段视情况而定，是与 MATLAB 有关的文件的扩展名。如当前目录包含 M 文件，则使用 s=what 命令得到的结构体 s 中就包含 m 字段。

```
>> ls *.m              % 用 ls 命令列出当前目录下的所有 M 文件
Untitled13.m      m_file.m
chapter2_3_1.m    q.m
chapter2_3_2.m    swich_test.m
chapter2_3_3.m    test.m
comment_example.m use_d_func.m
d_func.m          while_test.m
for_test.m
if_test.m

>> ls_s=ls;            % ls_s 包含 ls 命令的返回值
>> dir_s=dir          % dir_s 包含 dis 命令的返回值
dir_s =

45x1 struct array with fields:
   name
   date
   bytes
   isdir
   datenum

>> what_s=what         % what_s 包含 what 命令的返回值
what_s =

     path: 'E:\MATLAB\R2011b\bin'
        m: {14x1 cell}
      mat: {2x1 cell}
      mex: {0x1 cell}
      mdl: {0x1 cell}
        p: {0x1 cell}
  classes: {0x1 cell}
 packages: {0x1 cell}
```

　　ls、dir、what 的返回结果分别如图 3-3、图 3-4 和图 3-5 所示。图 3-4 显示了结构数组的一个元素各字段的值。图 3-5 显示了结构体 m 字段的值。

图 3-3　ls 命令返回结果

图 3-4　dir 命令的返回结果

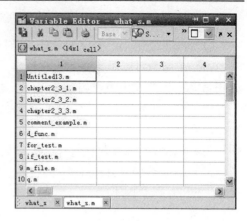

图 3-5　what 命令返回值

8．cd/pwd命令

cd 命令用于切换当前目录，pwd 用于显示当前路径。

- ❑ cd：显示当前路径；
- ❑ pwd：显示当前路径；
- ❑ cd ..：切换到上层目录（注意 cd 与两个小黑点之间有一个空格）；
- ❑ cd path：切换到 path 指定的目录。

下面的例子显示当前目录，并将当前目录添加到搜索路径中：

```
>> s=pwd                    % 显示当前路径
s =

E:\MATLAB\R2011b\bin

>> addpath(s)               % 将当前路径添加到搜索路径
```

9．help/doc命令

这两个命令在第 2 章介绍帮助系统时曾有所涉及，这里再简略介绍一下。help func 命令在命令窗口中返回帮助信息，doc func 在联机帮助系统中查找帮助信息。一般来说联机帮助系统中信息比较全面，但也不尽然。

注意，对于有多个重载形式的函数，在联机帮助系统中，会在页面顶部给出提示，在命令窗口查询系统中，也会给出 Overloaded methods 列表。如果没有找到所需要的重载形式，可以在这里寻找。另外，在 See Also 中会给出相关的其他函数，用户可以对比，辨析相关函数用法的区别。

10．sprintf/fprintf命令

这两个函数用于将数据以一定格式写入字符串（sprintf）或文件（fprintf）。调用形式如下：

- ❑ str=sprintf(format,A,…)，将 A 等数据按 format 指定的格式写入到字符串 str 中；
- ❑ fprintf(fileID,format,A,…)，将 A 等数据按 format 指定的格式写入到 fileID 句柄所指定的文件中；

❑ fprintf(format,A,…)，不指定文件句柄，数据直接显示在命令窗口中；

❑ N=fprintf(…)，返回写入的字节数。

sprintf 函数可以用来格式化字符串，fprintf 可以用来写入数据到文本文件，也可以代替 disp 函数用来输出内容到命令窗口。与 disp 相比，使用 fprintf 函数有两个优点：

（1）disp 函数默认换行。fprintf 函数如果要换行，需要手动添加\n 符号。在不需要换行的场合只能使用 fprintf。

（2）fprintf 可以输出格式化数据，更灵活、自由。

但 disp 函数仍有 fprintf 不能替代之处：disp 的参数可以是矩阵或其他数据，函数原样输出，fprintf 函数则不行。

字符串格式化的例子：

```
>> w=what;                                      % 返回与MATLAB有关的文件
>> s=sprintf('当前目录%s 包含%d 个 M 文件', pwd, length(w.m));  % 格式化字符串
>> s

s =

当前目录 E:\MATLAB\R2011b\bin 包含 14 个 M 文件
```

如果目的是将字符串显示在命令窗口中，可以直接使用 fprintf 函数：

```
>> w=what;                                      %返回与MATLAB 有关的文件
>> fprintf('当前目录%s 包含%d 个 M 文件', pwd, length(w.m))% 打印出格式化的字符串
当前目录 E:\MATLAB\R2011b\bin 包含 14 个 M 文件>>          % fprintf 函数不自动换行
>>
```

3.2　矩阵生成和基本运算

矩阵是 MATLAB 的基本运算单元，掌握矩阵生成和运算，是在 MATLAB 下进行神经网络研究的基础。

3.2.1　zeros 生成全零矩阵

zeros 函数用于生成全零矩阵，调用格式如下：
❑ A=zeros(m,n,p,…)或 A=zeros([m,n,p,…])，生成 m×n×p×… 全零矩阵；
❑ A=zeros(…,classname)，classname 是表示数据类型的字符串，如'int8'，指定生成的矩阵元素的数据类型。

【实例】用 zeros 生成一个 3×4 的 uint16 型全零矩阵。

```
>> a=zeros(3,4,'uint16')          % 生成全零矩阵

a =

    0    0    0    0
    0    0    0    0
    0    0    0    0
```

```
>> class(a)                    % 变量 a 的数据类型

ans =

uint16
```

3.2.2　ones 生成全 1 矩阵

ones 函数用于生成全 1 矩阵，调用格式与 zeros 函数类似：

- ❑ A=ones(m,n,p,…)或 A=ones([m,n,p,…])，生成 m×n×p×… 全 1 矩阵；
- ❑ A=ones(…,classname)，classname 是表示数据类型的字符串，如'int8'，指定生成的矩阵元素的数据类型。

【实例】用 ones 生成一个与矩阵 a 同型的全 1 矩阵。

```
>> a=magic(3)                 % a 是 3×3 魔方矩阵
a =

     8     1     6
     3     5     7
     4     9     2

>> b=ones(size(a))            % 生成与 a 同型的全 1 矩阵
b =

     1     1     1
     1     1     1
     1     1     1
```

3.2.3　magic 生成魔方矩阵

magic 函数用于生成魔方矩阵，魔方矩阵的输入是一个大于 2 的整数 N，函数返回一个 N×N 矩阵，在这个矩阵中，每一行、每一列及对角线元素之和都相等。其矩阵元素为 $1 \sim N^2$ 之间的整数。调用格式如下：

A=magic(N)，N >2。

【实例】生成一个魔方矩阵，计算其每行、每列元素之和。

```
>> a=magic(4)                 % a 为 4×4 魔方矩阵
a =

    16     2     3    13
     5    11    10     8
     9     7     6    12
     4    14    15     1

>> sum(a,2)                   % 计算矩阵每一行之和
ans =

    34
    34
    34
    34
```

```
>> sum(a,1)                    % 计算矩阵每一列之和
ans =

    34    34    34    34

>> trace(a)                    % 计算矩阵主对角线之和
ans =

    34
```

3.2.4　eye 生成单位矩阵

在矩阵乘法中，单位矩阵的作用相当于数乘中的 1。单位矩阵是方阵，它除了主对角线元素为 1 以外，其余元素均为零。对于单位矩阵 E，有

$$AE = EA = A$$

其中 A 为与 E 同型的矩阵。MATLAB 中的函数 eye 就能产生单位矩阵。

❑ A=eye(N)：产生 N×N 单位矩阵。

❑ A=eye(m,n)：产生 m×n 矩阵，对角线元素为 1，其余元素为零。

eye 函数产生的矩阵虽然对角线元素为零，但不限于方阵。

【实例】产生 3×3 单位矩阵和 3×2 对角线为 1 的矩阵。

```
>> eye(3)              % 3×3 单位矩阵
ans =

    1    0    0
    0    1    0
    0    0    1

>> eye(3,2)              % 3×2 对角线为 1 的矩阵
ans =

    1    0
    0    1
    0    0
```

3.2.5　rand 生成均匀分布随机数

rand 函数在本书中多次用到，该函数是概率相关的函数中使用频率最高的一个函数。rand 返回的矩阵元素服从 0 到 1 之间的均匀分布,如果需要 a 到 b 之间的均匀分布随机数,可以通过运算得到。rand 函数调用格式与 zeros 类似：

❑ rand(m,n,p,…)或 rand([m,n,p,…])，生成 m×n×p×…0 到 1 之间均匀分布的随机数。

❑ rand(…, 'double')或 rand(…, 'single')，指定产生的随机数的数据类型为双精度或单精度浮点数。

随机数需要种子，保存随机数的种子，可以在下次运行程序时产生完全相同的数据，便于数据和功能的再现。设置或保存随机数种子有多种方法，对于 rand 函数，可以用以下方式设置种子：

❑ rand('seed',a)，使用 MATLAB v4 随机数生成器。

❑ rand('state',a)，使用 MATLAB v5 随机数生成器。

❑ rand('twister',a)，使用 Mersenne Twister 随机数生成器，Mersenne Twister 算法能快速产生高质量的伪随机数。

❑ rng(a)，新版本 MATLAB 推荐使用的形式，使用 Mersenne Twister 算法。rng 可以用 rng(a,'v4') 的形式代替 rand('seed',a)，用 rng(a,'v5uniform') 的形式代替 rand('state',a)。

❑ rng('default')，将种子设为默认值。

【实例】产生 3×3 均匀分布的随机矩阵，并转化为 10~100 之间均匀分布的随机数。利用随机数种子完全再现这一过程。

```
>> rng(2);              % 利用 rng 函数设置随机数种子
>> a=rand(3,3)          % 产生 3×3 随机矩阵
a =

    0.4360    0.4353    0.2046
    0.0259    0.4204    0.6193
    0.5497    0.3303    0.2997

>> b=a*(100-10)+10      % 转为 10~100 之间的随机数矩阵
b =

   49.2395   49.1790   28.4184
   12.3334   47.8331   65.7344
   59.4696   39.7301   36.9689

>> rng(2);              % 重新设置随机数种子
>> a=rand(3,3)          % 产生与上次运行相同的随机数
a =

    0.4360    0.4353    0.2046
    0.0259    0.4204    0.6193
    0.5497    0.3303    0.2997
```

3.2.6　randn 生成正态分布随机数

randn 函数用于产生正态分布随机数。正态分布又称高斯分布，是最常见的一种分布，由均值和方差两个参数确定。其概率密度函数为

$$f(x)=\frac{1}{\sqrt{2\pi}\sigma}\mathrm{e}^{-\frac{(x-\mu)^2}{2\sigma^2}}$$

randn 函数产生的是标准正态分布随机数，均值为 0，方差为 1。

randn 函数的调用格式与 rand 函数类似，不再赘述。如果要产生均值为 u、标准差为 d 的正态分布随机数，可以采用如下形式：

A=u+d*randn(m,n,p,…)

可以用以下方式设置 randn 函数的随机数种子：

❑ randn('seed',a)，使用 MATLAB v4 随机数生成器。

❑ randn('state',a)，使用 MATLAB v5 随机数生成器。

❑ randn('twister',a)，使用 Mersenne Twister 随机数生成器，Mersenne Twister 算法能快速产生高质量的伪随机数。

❑ rng(a)，新版本 MATLAB 推荐使用的形式，使用 Mersenne Twister 算法。rng 可以用 rng(a,'v4') 的形式代替 randn('seed',a)，用 rng(a,'v5normal') 的形式代替 randn('state',a)。

❑ rng('default')：将种子设为默认值。

【实例】验证 randn 函数设置种子与 rng 函数的等价性。产生 2*3 均值为 1，标准差为 10 的随机矩阵，利用随机数种子完全再现这一过程。

```
>> randn('seed',2)           % 用 seed 做种子
>> randn(2,3)
ans =

    0.5987   -0.4552   -0.1506
    1.0410    0.1050   -1.7339

>> rng(2,'v4')               % 与 seed 对应，参数使用 v4
>> randn(2,3)                % 产生的随机数与 seed 方式产生的相同
ans =

    0.5987   -0.4552   -0.1506
    1.0410    0.1050   -1.7339

>> randn('state',2)          % 用 state 做种子
>> randn(2,3)
ans =

    1.7491    0.3252    0.3149
    0.1326   -0.7938   -0.5273

>> rng(2,'v5normal')         % 与 state 对应，参数使用 v5normal
>> randn(2,3)                % 产生的随机数与 state 方式产生的相同
ans =

    1.7491    0.3252    0.3149
    0.1326   -0.7938   -0.5273

>> a=1+randn(2,3)*10         % 产生均值为 1，标准差为 10 的正态分布随机数
a =

   10.3227  -19.4567   18.4107
   12.6466   -5.4437    5.8677
```

3.2.7　linspace 产生线性等分向量

linspace 函数用于产生线性等分向量，线性等分向量是一个元素均匀增大或减小的向量。相邻元素之间的差值相等，相当于等差数列。调用格式如下：

❑ linspace(a,b)，产生 1*100 的向量，向量元素值从 a 均匀变化到 b。

❑ linspace(a,b,N)，产生 1*N 的向量，向量元素值从 a 均匀变化到 b。

其中 a、b 不限定大小。要产生类似的向量，还可以使用冒号操作符或 colon 函数。

❑ a:b 或 colon(a,b)，产生从 a 到 b，以 1 为步进值均匀增加的向量。由于步进值为 1，因此 a<b。如果 a>b，应采用 a:step:b 的形式。

❑ a:step:b 或 colon(a,colon,b)，产生从 a 到 b，以 step 为步进值均匀增加的向量。

【实例】linspace 可以用 N 显式地控制向量长度，colon 或冒号操作符则用 step 显式地控制步进长度，使用时可根据不同需要选用。用 linspace 和 colon 产生相同的线性等分向量。

```
>> a=colon(1,0.5,10)      % 用 colon 产生线性等分向量
a =

 Columns 1 through 10

   1.0000    1.5000    2.0000    2.5000    3.0000    3.5000    4.0000
4.5000    5.0000    5.5000

 Columns 11 through 19

   6.0000    6.5000    7.0000    7.5000    8.0000    8.5000    9.0000
9.5000   10.0000

>> N=length(a)           % 向量的长度
N =

   19

>> b=linspace(1,10,N)    % 用 linspace 产生相同的线性等分向量
b =

 Columns 1 through 10

   1.0000    1.5000    2.0000    2.5000    3.0000    3.5000    4.0000
4.5000    5.0000    5.5000

 Columns 11 through 19

   6.0000    6.5000    7.0000    7.5000    8.0000    8.5000    9.0000
9.5000   10.0000
>> colon(1,-1)           % 当 a>b 时，应采用 colon(a,step,b) 的形式，否则返回空矩阵
ans =

 Empty matrix: 1-by-0
```

3.2.8 logspace 产生对数等分向量

linspace 函数用于产生线性等分向量。类似地，logspace 函数用于产生对数等分向量。对数等分向量中的元素取对数后，是一个等差数列。调用格式如下：

❑ logspace(a,b)，产生 1*50 的向量，向量元素值从 10^a 均匀变化到 10^b；

❑ logspace(a,b,N)，产生 1*N 的向量，向量元素值从 10^a 均匀变化到 10^b。

【实例】其中 a、b 不限定大小。比较 linspace 和 logspace 产生的向量，图 3-6 在线性坐标下显示两个向量，图 3-7 在对数坐标下显示两个向量。

```
>> a=linspace(1,100,50);          % a 为线性等分向量
>> b=logspace(0,2,50);            % b 为对数等分向量
>> plot(a,a,'o');                 % 在线性坐标下绘制两者的示意图
>> hold on;
>> plot(a,b,'r+')
>> legend('linspace','logspace');title('线性坐标下')
>> figure;                        % 在对数坐标下绘制两者的示意图
```

```
>> semilogy(a,a,'o');
>> hold on;
>> semilogy(a,b,'r+')
>> legend('linspace','logspace');title('对数坐标下')
```

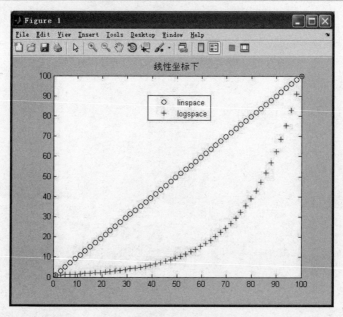

图 3-6　线性坐标下显示

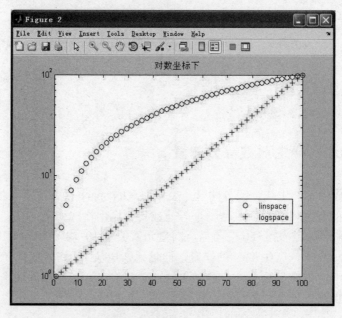

图 3-7　对数坐标下显示

3.2.9　randperm 生成随机整数排列

在 MATLAB 中生成整数随机数最常用的函数有 randperm 和 randi，其中 randperm 主要用于生成唯一无重复的整数。randi 函数将在下一小节加以介绍。调用格式如下：

❑ P=randperm(N)，函数返回向量 $[1, 2, \cdots, N]$ 的一个随机排列，向量中的元素为 1~N 之间的整数，每个数字出现且仅出现一次；

❑ P=randperm(N,K)，返回长度为 K 的向量，其中的元素取自 1~N 间的整数，元素无重复。K 小于或等于 N。

【实例】产生向量 $[1, 2, \cdots, N]$ 的一个随机排列。perms 函数能产生一个向量的所有排列形式。

```
>> randperm(10)              % 1~10 整数的随机排列
ans =

    2    1    9   10    3    5    6    4    7    8

>> perms(1:3)               % 向量[1,2,3]的所有排列，共有 3*2*1=6 种
ans =

    3    2    1
    3    1    2
    2    3    1
    2    1    3
    1    2    3
    1    3    2
```

3.2.10　randi 生成整数随机数

randi 用于生成均匀分布的随机整数，与 randperm 函数的区别是 randi 可以产生重复数字。使用格式如下：

❑ R=randi(IMAX,N)，返回一个 N*N 随机矩阵，矩阵中的元素为 1~IMAX 之间的均匀分布随机整数。IMAX 为大于 1 的整数。

❑ R=randi(IMAX,M,N)或 R=randi(IMAX,[M,N])，返回 M*N 随机矩阵。

❑ R=randi([IMIN,IMAX],...)，产生 IMIN~IMAX 之间的随机整数。

【实例】用 randi 函数和 rand 函数产生随机整数。

```
>> rng(2)              % 设置随机数种子
>> randi(6,3,3)        % 用 randi 产生 1~6 的随机数矩阵
ans =

    3    3    2
    1    3    4
    4    2    2

>> rng(2)              % 设置相同的随机数种子
>> a=rand(3,3)*6       % 用 rand 函数间接产生随机数
a =

    2.6160    2.6119    1.2279
    0.1556    2.5222    3.7156
    3.2980    1.9820    1.7979

>> ceil(a)             % 取整后的结果与 randi 产生的随机数相同
ans =
```

```
    3    3    2
    1    3    4
    4    2    2
```

3.2.11　range　向量的最大/最小值之差

range 用于计算数据的变化幅度，即最大/最小值之差。几种使用格式如下：

❑　Y=range(X)，如果 X 为向量，函数返回其最大/最小值之差，即 max(X)-min(X)，如果 X 为矩阵，函数将计算每一列的最大/最小值之差，返回一个行向量。对于多维数组，则沿着第一个维数大于 1 的维度进行计算。

❑　Y=range(X,DIM)，沿着 DIM 指定的维度进行计算。如果 X 为矩阵，DIM=2，则函数计算每行的最大/最小值之差，返回一个列向量。

【实例】range 函数忽略矩阵或数组中遇到的 NaN。下面的例子沿着不同维度计算向量和矩阵的最大/最小值之差。

```
>> rng(2);              % 设置随机数种子
>> a=randi(9,3,4)       % 创建矩阵 a
a =

    4    4    2    3
    1    4    6    6
    5    3    3    5

>> range(a)             % 沿着每列计算
ans =

    4    1    4    3

>> range(a,2)           % 沿着每行计算
ans =

    2
    5
    2

>> range(a(:))          % 将 a 转为向量再计算
ans =

    5
```

3.2.12　minmax 求最大/最小值

minmax 用于计算向量的最大/最小值，因此事实上 range 函数可以用 minmax 间接实现。minmax 主要在神经网络中用到，也可以在其他场合使用。调用格式如下：

Y=minmax(X)

Minmax 函数默认针对行向量进行计算，因此如果 X 是 m×n 矩阵，Y 返回一个 m×2 矩阵，每行元素分别为矩阵 X 对应行的最小值和最大值。X 还可以是以矩阵为元素组成的细胞数组。

【实例】计算矩阵和细胞数组的最大/最小值。

```
>> rng(2);                    % 设置随机数种子
>> a=rand(3,4)                % 产生 3*4 矩阵
a =

    0.4360    0.4353    0.2046    0.2668
    0.0259    0.4204    0.6193    0.6211
    0.5497    0.3303    0.2997    0.5291

>> minmax(a)              % 计算矩阵每行的最大/最小值，第一列为最小值，第二列为最大值
ans =

    0.2046    0.4360
    0.0259    0.6211
    0.2997    0.5497

>> x = nndata([1;2],3,4)     % 产生矩阵构成的细胞数组
x =

    [1x3 double]    [1x3 double]    [1x3 double]    [1x3 double]
    [2x3 double]    [2x3 double]    [2x3 double]    [2x3 double]

>> mm = minmax(x)            % 计算细胞数字的最大/最小值
mm =

    [1x2 double]
    [2x2 double]

>> mm{1}
ans =

    0.0653    0.8540

>> mm{2}
ans =

    0.1272    0.9646
    0.1069    0.7766
```

3.2.13   min/max/mean 求最大/最小值

min 函数用于求最小值，max 函数用于求最大值，mean 函数用于求平均值。在调用格式上三个函数大同小异。

```
max(X)/min(X)/mean(X)
```

如果 X 为向量，则无论它是行向量还是列向量，函数都将返回向量的最值或均值。如果 X 为矩阵，则默认对每一列进行计算，如果 X 为多维数组，则函数沿着第一个维数大于 1 的维度进行计算。

此外，max 和 min 还允许输入两个参数：

```
max(X,Y)/min(X,Y)
```

X 和 Y 是同型矩阵，或其中有一个是标量。如果 X、Y 均为 m×n 矩阵，则函数比较对应位置的元素值，返回一个 m×n 最小值矩阵；如果其中一个为标量，则标量扩展为与另一矩阵同型的矩阵，再进行计算。

max、min、mean 函数都可以指定求最值或均值的维度：

❑ max(X,[],DIM)，沿着 DIM 指定的维度计算 X 的最大值；

❑ min(X,[],DIM)，沿着 DIM 指定的维度计算 X 的最小值；

❑ mean(X,DIM)，沿着 DIM 指定的维度计算 X 的平均值。

此外，max 和 min 还可以返回最大值或最小值在 X 中的位置索引值：

```
[Y,I]=max/min(X)
```

如果 X 中含有一个以上相同的最大值或最小值，函数将返回第一个值的位置索引。

【实例】计算矩阵沿着不同维度的最值和均值。

```
>> a=1:15                    % 向量 a
a =

     1     2     3     4     5     6     7     8     9    10    11    12    13
    14    15

>> a=reshape(a,3,5)          % 向量 a 转化为 3×5 矩阵
a =

     1     4     7    10    13
     2     5     8    11    14
     3     6     9    12    15

>> max(a)                    % 求矩阵 a 每一列的最大值
ans =

     3     6     9    12    15

>> min(a,2)                  % 求矩阵 a 与 2 的最小值
ans =

     1     2     2     2     2
     2     2     2     2     2
     2     2     2     2     2

>> min(a,[],2)               % 求矩阵 a 每行的最小值
ans =

     1
     2
     3

>> mean(a,2)                 % 求矩阵 a 每行的平均值
ans =

     7
     8
     9
```

3.2.14　size/length/numel/ndims 矩阵维度相关

本小节介绍几个与矩阵维度相关的函数，功能如表 3-2 所示。

表 3-2　函数信息

函数名称	功　　能
size	返回数组每个维度的大小
length	返回最大的维度
numel	返回元素个数
ndims	返回维度的个数

下面介绍各函数的调用格式。size 函数是其中最基本的函数，其他三个函数可以由 size 函数计算而来。

- ❑ D=size(X)：对于 m×n 矩阵，D=[m,n]，对于多维数组，返回一个行向量，行向量中的元素包括了各个维度的大小。
- ❑ [M,N]=size(X)：对于 m×n 矩阵，M=m，N=n。对于多维矩阵，若维度为 m*n*p，则 M=m，N=n*p。
- ❑ [M1,M2,…,MN]=size(X)，返回 X 的前 N 个维度的维数。若 X 含有超过 N 个维度，则最后一个输出值 MN 包含了剩下所有维度维数的乘积。若 X 的维度个数不足 N，则超出的输出参数将被赋值为 1。
- ❑ M=size(X,DIM)，返回数组 X 第 DIM 个维度的大小。

length 函数则简单得多。length 函数用于求向量的长度，如果输入的是矩阵或多维数组，则函数返回维数最大的那一个维度的维数，即 length(X)=max(size(X))。调用格式很简单：

```
N=length(X)
```

numel 函数用于求输入矩阵或数组的元素个数，有两种调用形式：

- ❑ N=numel(A)，返回数组 A 中的元素个数；
- ❑ N=numel(A,index1,index2,…)，返回数组 A 中由 index1 等索引值限定的元素的个数。

numel 函数与 size 函数的关系为：numel(A)=prod(size(A))。

ndims 函数调用形式为

```
N=ndims(X)
```

函数返回数组 X 中的维度个数。ndims 与 size 函数的关系为：ndims(X)=length(size(X))。由于标量被当作 1*1 矩阵，因此 ndims 的返回值总是大于等于 2。

【实例】演示 size、length、numel、ndims 函数的用法。

```
>> z=zeros(3,2,4);        % z 为 3 维数组
>> s=size(z)              % size 函数的几种返回结果
s =

    3    2    4

>> [d1,d2]=size(z)
d1 =

    3

d2 =
    8
```

```
>> [d1,d2,d3]=size(z)
d1 =

     3


d2 =

     2


d3 =
     4

>> z1=size(z,2)
z1 =

     2
>> l=length(z)                    % length 函数返回 2,3,4 中的最大值
l =

     4
>> max(size(z))
ans =


     4

>> l=length(z(:,:,1))            % z(:,:,1) 为 3*2 矩阵，因此返回 3
l =

     3

>> n=numel(z)                    % 元素个数为 3*2*4=24 个
n =

    24

>> prod(size(z))
ans =

    24

>> ndims(z)                      % ndims 返回 z 的维度个数
ans =

     3

>> length(size(z))
ans =

     3
```

3.2.15　sum/prod　求和或积

sum 与 prod 函数调用形式相似、功能相近。sum 函数用于向量或矩阵求和，prod 函数用于求乘积。sum 的调用格式如下：

❑ S=sum(X)，如果 X 为向量，S 返回该向量的和。如果 X 为矩阵，则 S 沿着列的方向对每列求和，返回一个行向量。如果 X 为多维数组，则函数沿着第一个维数大

于 1 的维度求和。

❏ S=sum(X,DIM)，整数 DIM 指定求和的维度。

❏ S=sum(X,'double')或 S=sum(X,DIM,'double')，无论输入的矩阵 X 中元素的类型为 double 型、single 型或非浮点数类型，返回值均为 double 型。

❏ S=sum(X,'native')或 S=sum(X,DIM,' native')，如果输入的矩阵 X 中元素的类型为浮点型（double 或 single），则输出值 S 的类型与 X 保持一致。如果 X 中元素值为非浮点类型，则输出值 S 的类型为 double 型。

prod 函数的调用格式与 sum 类似，但更简单：

❏ P=prod(X)，如果 X 为向量，则 P 返回该向量元素的乘积。如果 X 为矩阵，则 S 沿着列的方向对每列求乘积，返回一个行向量。如果 X 为多维数组，则函数沿着第一个维数大于 1 的维度求积。

❏ P=prod(X,DIM)，整数 DIM 指定求积的维度。

【实例】对一个拥有三个维度的矩阵求和、求积。

```
>> a=ones(2,3,2,'uint8');    % a 为 2*3*3，uint8 型全 1 矩阵
>> s1=sum(a)                 % 对第一个维度求和
s1(:,:,1) =

    2    2    2


s1(:,:,2) =

    2    2    2

>> s2=sum(a,2)               % 对第二个维度求和
s2(:,:,1) =

    3
    3


s2(:,:,2) =

    3
    3

>> whos                     % 列出工作空间中的变量，s1、s2 均为 double 型
  Name      Size            Bytes  Class     Attributes

  a         2x3x2             12  uint8
  s1        1x3x2             48  double
  s2        2x1x2             32  double

>> a=single(a);             % 将 a 转为 single 型浮点数
>> s3=sum(a,'native')       % 添加 native 参数求和
s3(:,:,1) =

    2    2    2


s3(:,:,2) =

    2    2    2
```

```
>> whos                          % 列出工作空间中的变量，s3 保持 single 型不变
  Name        Size            Bytes  Class      Attributes

  a           2x3x2              48  single
  s1          1x3x2              48  double
  s2          2x1x2              32  double
  s3          1x3x2              24  single
>> prod(a)                        % 对第一个维度求乘积
ans(:,:,1) =

    1     1     1


ans(:,:,2) =

    1     1     1

>> prod(a,2)                      % 对第二个维度求乘积
ans(:,:,1) =

    1
    1


ans(:,:,2) =

    1
    1
```

3.2.16 var/std 求方差与标准差

var 函数用于统计方差，std 用于求标准差。对于同一组数据，如果使用相同的参数，方差等于标准差的平方。

通常对于一组向量 $\mathbf{x} = [x_1, x_2, \cdots, x_N]$，方差公式为

$$\sigma^2 = \frac{\sum_{i=1}^{N}\left(x_i - \overline{x}\right)^2}{N}$$

其中，$\overline{x}$ 为向量均值

$$\overline{x} = \frac{\sum_{i=1}^{N} x_i}{N}$$

把向量视为从某一总体中抽取的样本，这样求得的方差是总体方差的有偏估计。在概率统计中，无偏估计性能优于有偏估计，方差的无偏估计用以下公式求得：

$$\sigma^2 = \frac{\sum_{i=1}^{N}\left(x_i - \overline{x}\right)^2}{N-1}$$

改 N 为 $N-1$，即成为无偏估计。

var 函数的调用格式如下：

❑ Y=var(X)，如果 X 为向量，则 S 返回该向量的方差。如果 X 为矩阵，则 S 沿着列

的方向对每列求方差，返回一个行向量。如果 X 为多维数组，则函数沿着第一个维数大于 1 的维度求方差。这种形式求得的方差采用无偏估计的方差公式，除非向量长度为 1，此时由于 1-1=0，0 不能作为除数，故做除法时改为除以 1。var(X,0) 相当于 var(X)。

❑ Y=var(X,1)，与 Y=var(X)类似，但采用有偏估计方差公式，即在公式中算得平方和后除以 N。

❑ S=sum(X,W,DIM)：W 为 0 或 1，整数 DIM 指定求方差的维度。

std 的调用格式与 var 函数相同，相当于调用 var 函数后再开根号。在 MATLAB 命令窗口中输入 type 命令，查看 std 函数的 M 文件，在文件的最后，可以看到 std 的实现代码：

```
% Call var(x,flag,dim) with as many of those args as are present.
y = sqrt(var(varargin{:}));
```

实例：服从 $a \sim b$ 之间均匀分布的随机数，其均值为

$$\frac{1}{2}(b-a)$$

方差为

$$\frac{1}{12}(b-a)^2$$

【实例】用 var 函数求均匀分布随机数的方差，验证以上公式。

```
>> rng(3)                    % 设置随机数种子
>> a=rand(5,100);            % 产生 5×100 矩阵，元素服从 0~1 之间均匀分布
                             % 平均值应在 0.5 附近，方差应在 1/12 附近
>> mean(a,2)                 % 求每一行的均值
ans =

    0.4967
    0.5040
    0.4765
    0.4997
    0.4980

>> v1=var(a,0,2)             % 求每一行的方差
v1 =

    0.0794
    0.0776
    0.0722
    0.0881
    0.0814

>> v1*12                     % 方差*12，约等于 1
ans =

    0.9529
    0.9311
    0.8669
    1.0569
    0.9768

>> v2=var(a(:))              % 所有元素的方差
v2 =
```

```
    0.0792

>> v2*12                         % 所有元素的方差*12
ans =

    0.9504
```

3.2.17　diag 生成对角矩阵

diag 函有两种用法：由对角线元素生成矩阵；由矩阵生成对角线元素。

由向量生成矩阵：

❑ X=diag(V,K)，V 是一个向量，K 指定向量 V 在生成的矩阵中的位置。当 K=0 时，返回一个以 V 为主对角线的方阵，当 K>0 时，V 是矩阵主对角线上方的第 K 条对角线，当 K<0 时，V 是矩阵主对角线下方的第|K|条对角线。

❑ X=diag(V)，相当于 diag(V,0)。

由矩阵生成向量：

❑ V=diag(X,K)，X 是一个矩阵，函数返回一个列向量 V，V 为矩阵 X 的第 K 条对角线。当 K=0 时，返回矩阵的主对角线，当 K>0 时，返回矩阵主对角线上方的第 K 条对角线，当 K<0 时，返回矩阵主对角线下方的第|K|条对角线。

❑ V=diag(X)，返回矩阵 X 的主对角线。

【实例】抽取矩阵的几条对角线，形成新的矩阵。

```
>> a=1:5;
>> a=a';a=repmat(a,1,5)          % 原始 5×5 矩阵 a
a =

    1    1    1    1    1
    2    2    2    2    2
    3    3    3    3    3
    4    4    4    4    4
    5    5    5    5    5

>> s1=diag(a,0)                  % s1 为 a 的主对角线
s1 =

    1
    2
    3
    4
    5

>> s2=diag(a,1)'                 % s2 为 a 的主对角线上方的第一条对角线
s2 =

    1    2    3    4

>> s3=diag(a,-1)'                % s3 为 a 的主对角线下方的第一条对角线
s3 =

    2    3    4    5
```

```
>> ss1=diag(s1)                    % 由 s1 作为主对角线生成新矩阵 ss1
ss1 =

     1     0     0     0     0
     0     2     0     0     0
     0     0     3     0     0
     0     0     0     4     0
     0     0     0     0     5

>> ss2=diag(s2,-1)                 % 由 s2 为主对角线下方第一条对角线生成新矩阵 ss2
ss2 =

     0     0     0     0     0
     1     0     0     0     0
     0     2     0     0     0
     0     0     3     0     0
     0     0     0     4     0

>> ss3=diag(s3,1)                  % 由 s3 为主对角线上方第一条对角线生成新矩阵 ss3
ss3 =

     0     2     0     0     0
     0     0     3     0     0
     0     0     0     4     0
     0     0     0     0     5
     0     0     0     0     0

>> s=ss1+ss2+ss3                   % 叠加 ss1、ss2、ss3，形成矩阵 s
s =

     1     2     0     0     0
     1     2     3     0     0
     0     2     3     4     0
     0     0     3     4     5
     0     0     0     4     5
```

3.2.18　repmat　矩阵复制和平铺

repmat 函的功能为复制矩阵，形成更大的矩阵或数组。调用格式如下：

❑ B=repmat(A,[m n])或 B=repmat(A,m,n)，矩阵 A 是待复制的矩阵，函数将 A 视为一个元素，按 m*n 的形式复制、拼接为新的矩阵 B。size(B)返回[size(A,1)*m, size(A,2)*n]。

❑ B=repmat(A,[m n p…])，返回一个大的多维数组 B，B 包含 m*n*p 个矩阵 A，其大小为[size(A,1)*m, size(A,2)*n, size(A,3)*p, …]。

如果 A 为标量，则 repmat(A,m,n)相当于 ones(m,n)*A，两种方法在结果上是一样的。在创建大矩阵时，如采用 zeros 函数创建较大的矩阵，换用 repmat 实现可以获得一定的效率提高。

【实例】平铺一个 2×3 矩阵；验证 repmat 用于创建矩阵时的效率优势。

```
>> a=[1,2,3;4,5,6]                 % 原始 2×3 矩阵 a
a =

     1     2     3
     4     5     6
```

```
>> a1=repmat(a,2,1)                    % 按 2×1 方式平铺
a1 =

    1     2     3
    4     5     6
    1     2     3
    4     5     6

>> a1=repmat(a,2,2)                    % 按 2×2 方式平铺
a1 =

    1     2     3     1     2     3
    4     5     6     4     5     6
    1     2     3     1     2     3
    4     5     6     4     5     6

>> tic;a=zeros(100,100);toc           % 分配较小的矩阵时，repmat 用时较多
Elapsed time is 0.000162 seconds.
>> tic;a=repmat(0,100,100);toc
Elapsed time is 0.003988 seconds.
>> tic;a=zeros(10000,1000);toc        % 分配大矩阵时，repmat 用时较少
Elapsed time is 0.081515 seconds.
>> tic;a=repmat(0,10000,1000);toc
Elapsed time is 0.006288 seconds.
```

3.2.19 reshape 矩阵变维

reshape 函数用于改变矩阵的形状而保持元素不变。调用格式如下：

- ❑ B=reshape(A,[m n p ...])或 B=reshape(A,m,n,p,...)，矩阵 A 是待变维的矩阵，其元素个数必须与 m*n*p*...相等。函数将 A 转变为[m,n,p,...]形状，元素的顺序保持列优先。
- ❑ B=reshape(A,siz)，按 siz 指定的形状对矩阵 A 进行变维，如 B=reshape(A,size(C))。C 是与 A 元素个数相等的另一个矩阵。

【实例】在用 B=reshape(A,m,n,p,...)形式调用函数时，后面的参数可以有一个采用空矩阵[]，其值由函数自动算出。

```
>> rng(2)             % 设置随机数种子
>> a=rand(4,3,2)      % 产生 4×3×2 矩阵
a(:,:,1) =

    0.4360    0.4204    0.2997
    0.0259    0.3303    0.2668
    0.5497    0.2046    0.6211
    0.4353    0.6193    0.5291


a(:,:,2) =

    0.1346    0.8540    0.5052
    0.5136    0.4942    0.0653
    0.1844    0.8466    0.4281
    0.7853    0.0796    0.0965
```

```
>> b=reshape(a,4,6)              % 将矩阵变为 4×6 矩阵
b =

    0.4360    0.4204    0.2997    0.1346    0.8540    0.5052
    0.0259    0.3303    0.2668    0.5136    0.4942    0.0653
    0.5497    0.2046    0.6211    0.1844    0.8466    0.4281
    0.4353    0.6193    0.5291    0.7853    0.0796    0.0965

>> b=reshape(a,4,[])            % 用空矩阵代替参数 6，函数仍能正确执行
b =

    0.4360    0.4204    0.2997    0.1346    0.8540    0.5052
    0.0259    0.3303    0.2668    0.5136    0.4942    0.0653
    0.5497    0.2046    0.6211    0.1844    0.8466    0.4281
    0.4353    0.6193    0.5291    0.7853    0.0796    0.0965
```

3.2.20　inv/pinv 矩阵求逆/求伪逆

矩阵 A 是一个 n 阶方阵，若存在另一个 n 阶矩阵 B，使得

$$AB = BA = E$$

则称 B 是 A 的逆矩阵，而 A 被称为可逆矩阵，这里 E 为单位矩阵。只有可逆矩阵才有逆矩阵，才能调用 inv 函数。可逆矩阵等价于非奇异矩阵，可逆矩阵一定是方阵。

因此，非方阵和方阵中的奇异矩阵没有逆矩阵，但可以有伪逆矩阵，用 pinv 函数可以求伪逆矩阵。伪逆矩阵的定义如下：

矩阵 B 与 A^{T} 同型，若满足

$$A \times B \times A = A$$
$$B \times A \times B = B$$
$$A \times B \text{ 为 Hermitian 矩阵}$$
$$B \times A \text{ 为 Hermitian 矩阵}$$

则 B 是 A 的伪逆矩阵。

inv 和 pinv 的调用格式如下：

❑ Y=inv(X)，返回方阵 X 的逆矩阵。若 X 不是方阵或属于奇异矩阵，则函数报错。

❑ Y=pinv(X)，返回矩阵 X 的伪逆矩阵，伪逆矩阵与 X 的转置同型。如果矩阵 X 是可逆矩阵，则 pinv(X)返回的结果与 inv(X)相同，但耗时更多。

❑ Y=pinv(X,tol)，伪逆矩阵计算需要一定的精确度，这里用 tol 参数指定，若不指定，则函数自行计算精确度 tol=max(size(A))*norm(A)*eps。

如果矩阵 X 为可逆矩阵，求逆矩阵还可以使用 X^(-1))的形式。在求解线性方程组 Ax=b 时，x=inv(A)*b。但对于线性方程组的问题，有一种更快、精度更高的方法，即矩阵左除：x=A\b。求伪逆矩阵的原理是奇异值分解（SVD）。

用 inv 函数求解线性方程组

$$\begin{cases} 3x_1 + 2x_2 + 4x_3 = 2 \\ x_1 + x_2 + x_3 = 2 \\ 4x_2 + x_3 = 5 \end{cases}$$

【实例】用 pinv 求非方阵的伪逆矩阵。

```
>> a=[3,2,4;1,1,1;0,4,1]          % 方程组系数矩阵
a =

    3    2    4
    1    1    1
    0    4    1


>> b=[2,2,5]'                     % 方程组右边的常数向量
b =

    2
    2
    5


>> inv(a)*b                       % 用求逆的方法求解方程组
ans =

    2.4000
    1.8000
   -2.2000


>> a^(-1)*b                       % 用-1 次幂的方法求解方程组
ans =

    2.4000
    1.8000
   -2.2000


>> a\b                            % 用左除的方法求解方程组
ans =

    2.4000
    1.8000
   -2.2000
>> c=[a,b]                        % 矩阵 c 不是方阵
c =

    3    2    4    2
    1    1    1    2
    0    4    1    5
>> inv(c)                         % 直接对 c 求解逆矩阵，系统报错
Error using inv
Matrix must be square.

>> d=pinv(c)                      % 矩阵 c 可以求伪逆矩阵

d =

   -0.0243    0.6846   -0.2318
    0.2318   -0.9865    0.3261
    0.2722   -0.4609    0.0458
   -0.2399    0.8814   -0.0701

>> c*d*c                          % c*d*c=c

ans =

    3.0000    2.0000    4.0000    2.0000
    1.0000    1.0000    1.0000    2.0000
    0.0000    4.0000    1.0000    5.0000
```

3.2.21　rank/det　求矩阵的秩/行列式

rank 函用于求矩阵的秩，秩是一个整数，表示矩阵中相互独立的行或列的个数。若一个方阵的秩与其阶数相等，则称满秩矩阵，满秩矩阵与可逆矩阵等价。

矩阵的行列式是一个标量，对于 2×2 方阵 A 来说，行列式等于：

$$\det(A) = |A| = \begin{vmatrix} a_{11} & a_{12} \\ a_{21} & a_{22} \end{vmatrix} = a_{11}a_{22} - a_{12}a_{21}$$

对于奇异矩阵（不可逆矩阵），行列式值等于 0。

MATLAB 中计算矩阵的秩和行列式的方法为：

❑ r=rank(A)或 r=rank(A,tol)，计算方阵 A 的秩，输入非方阵系统将报错。tol 为精确度，小于 tol 的值将被视为零。若不指定 tol，则函数自动确定 tol=max(size(A)* eps(norm(A)))。

❑ d=det(A)，计算矩阵 A 的行列式。

【实例】计算矩阵的秩与行列式。

```
>> a=magic(3)              % 3 阶魔方矩阵
a =

    8    1    6
    3    5    7
    4    9    2

>> r=rank(a)               % 矩阵 a 的秩
r =

    3

>> det(a)                  % 矩阵 a 的行列式
ans =

 -360

>> inv(a)                  % a 为满秩矩阵，因此是可逆矩阵
ans =

   0.1472   -0.1444    0.0639
  -0.0611    0.0222    0.1056
  -0.0194    0.1889   -0.1028
```

3.2.22　eig　矩阵的特征值分解

矩阵的特征值分解：若矩阵 X 满足下式

$$XV = dV$$

则 d 为矩阵的特征值，V 为相应的特征向量，这里 d 为标量，V 为向量。求特征值 d 和特征向量 V 的过程称为特征值分解。

用 eig 函数做特征值分解的方法为：

❑ E=eig(X)，E 为包含矩阵 X 特征值的向量；

❑ [V,D]=eig(X)，V 为包含特征向量的矩阵，每一列为一个特征向量，D 为对角矩阵，
　对角线元素为相应的特征值。

【实例】对矩阵做特征值分解。

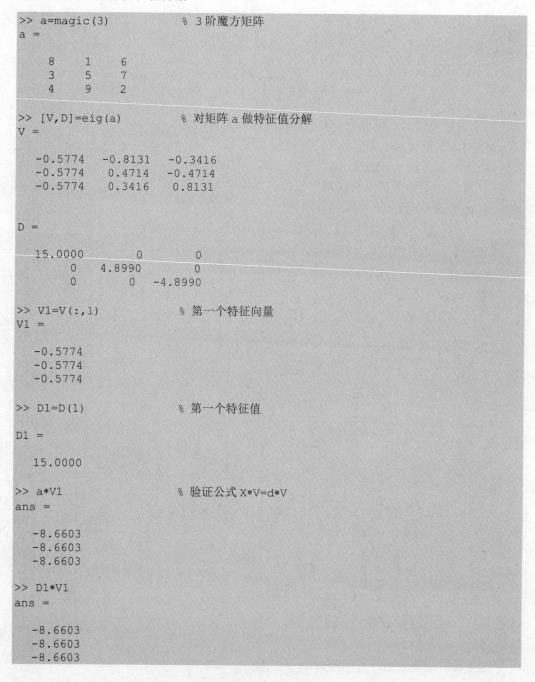

```
>> a=magic(3)              % 3 阶魔方矩阵
a =

     8     1     6
     3     5     7
     4     9     2

>> [V,D]=eig(a)            % 对矩阵 a 做特征值分解
V =

  -0.5774   -0.8131   -0.3416
  -0.5774    0.4714   -0.4714
  -0.5774    0.3416    0.8131


D =

  15.0000        0        0
       0    4.8990        0
       0        0   -4.8990

>> V1=V(:,1)               % 第一个特征向量
V1 =

  -0.5774
  -0.5774
  -0.5774

>> D1=D(1)                 % 第一个特征值

D1 =

  15.0000

>> a*V1                    % 验证公式 X*V=d*V
ans =

  -8.6603
  -8.6603
  -8.6603

>> D1*V1
ans =

  -8.6603
  -8.6603
  -8.6603
```

3.2.23　svd 矩阵的奇异值分解

svd 函数用于矩阵的奇异值分解，奇异值分解可以用来计算矩阵的伪逆：

$$[U,S,V] = \mathrm{svd}(X)$$

$$X = U \times S \times V^{\mathrm{T}}$$
$$X^+ = V \times S1 \times U^{\mathrm{T}}$$

X^+ 即为矩阵的伪逆矩阵，其中 S 为包含矩阵奇异值的对角矩阵，$S1$ 为与 S 同型的矩阵，但每个对角线元素为奇异值的倒数。svd 函数调用格式如下：

```
[U,S,V]=svd(X)
```

【实例】利用奇异值分解求矩阵的伪逆。

```
>> a=magic(3)                    % a 为 3 阶魔方矩阵
a =

    8    1    6
    3    5    7
    4    9    2

>> [u,s,v]=svd(a);              % 对 a 做奇异值分解
>> u*s*v'                       % U*S*V'=X，等于原矩阵
ans =

   8.0000   1.0000   6.0000
   3.0000   5.0000   7.0000
   4.0000   9.0000   2.0000

>> pinv(a)                      % 用 pinv 函数求伪逆
ans =

   0.1472  -0.1444   0.0639
  -0.0611   0.0222   0.1056
  -0.0194   0.1889  -0.1028

>> b=v*(diag(1./diag(s)))*u'    % 利用奇异值分解的结果求伪逆。注意 diag 函数的用法
b =

   0.1472  -0.1444   0.0639
  -0.0611   0.0222   0.1056
  -0.0194   0.1889  -0.1028
```

3.2.24　trace　求矩阵的迹

矩阵的迹就是矩阵主对角线元素之和，同时也等于所有特征值之和。MATLAB 使用 trace 函数求矩阵的迹：

```
t=trace(A)
```

【实例】求矩阵的迹及特征值之和。

```
>> rng(2)                       % 设置随机数种子
>> a=rand(2)                    % a 是 2 阶方阵
a =

   0.4360   0.5497
   0.0259   0.4353

>> [v,d]=eig(a);                % 对 a 做特征值分解
>> d
```

```
d =

    0.5550         0
        0     0.3163

>> sum(diag(d))              % 特征值之和
ans =

    0.8713

>> trace(a)                  % 矩阵的迹
ans =

    0.8713
```

3.2.25 norm 求向量或矩阵的范数

范数是对向量、矩阵、函数的一种度量形式，具体计算方法根据定义的不同而不同。norm 函数可以求向量和矩阵的范数。当输入参数为向量时：

❑ norm(X,2)或 norm(X)，返回向量的 2-范数，计算公式为

$$\|\pmb{x}\|_2 = \sqrt{x_1^2 + x_2^2 + \cdots + x_N^2}$$

❑ norm(X,1)，返回向量的 1-范数，计算公式为

$$\|\pmb{x}\|_1 = |x_1| + |x_2| + \cdots |x_N|$$

❑ norm(X,Inf)，返回向量的无穷范数，计算公式为

$$\|\pmb{x}\|_\infty = \max_i \left(|x_i|\right)$$

❑ norm(X,-Inf)，返回向量的无穷范数，计算公式为

$$\|\pmb{x}\|_{-\infty} = \min_i \left(|x_i|\right)$$

当输入参数为矩阵时：

❑ norm(X,1)，矩阵的 1-范数，即列和范数，矩阵 X 每一列元素绝对值之和的最大值。

❑ norm(X,2)，矩阵的无穷范数，即行和范数，矩阵 X 的每一行元素绝对值之和的最大值。

❑ norm(X,2)，矩阵 X 的最大奇异值，即谱范数。谱范数可以通过下面的代码代替：

```
[V,d]=eig(X'*X);
f= sqrt(max(diag(d)));
```

f 即 X 的谱范数。

❑ norm(X,'fro')：求矩阵 X 的 Frobenius 范数，公式如下：

$$\|\pmb{x}\|_F = \sqrt{\left(\sum_{i=1}^{N}\sum_{j=1}^{N} x_{ij}^2\right)}$$

【实例】求向量和矩阵的几种范数。

```
>> x=1:5                  % 向量 x
x =

    1    2    3    4    5
```

```
>> norm(x,1)              % x 的 1-范数
ans =

    15

>> norm(x,Inf)           % x 的无穷范数，等于最大值 5
ans =

     5

>> norm(x,-Inf)          % x 的负无穷范数，等于最小值 1
ans =

     1

>> norm(x,2)             % x 的 2-范数，等于 sqrt(sum((x.^2)))
ans =

    7.4162

>> sqrt(sum((x.^2)))
ans =

    7.4162
>> rng(2)
>> x=rand(3)             % 矩阵 x
x =

    0.4360    0.4353    0.2046
    0.0259    0.4204    0.6193
    0.5497    0.3303    0.2997

>> norm(x,1)            % 矩阵 x 的 1 范数，等于列和 max(sum(abs(x),1))
ans =

    1.1860

>> max(sum(abs(x),1))
ans =

    1.1860

>> norm(x,Inf)          % 矩阵 x 的无穷范数，等于行和 max(sum(abs(x),2))
ans =

    1.1797

>> max(sum(abs(x),2))
ans =

    1.1797

>> norm(x,2)            % 矩阵 x 的 2-范数
ans =

    1.1100

>> [V,d]=eig(x'*x);
>> sqrt(max(diag(d)))
```

```
ans =

    1.1100

>> norm(x,'fro')                % 矩阵 x 的'fro'范数，等于 sqrt(sum(x(:).^2))
ans =

    1.2179

>> sqrt(sum(x(:).^2))
ans =

    1.2179
```

3.3 数 学 函 数

数学函数是 MATLAB 中最基础的预定义函数，在神经网络的计算中难免会涉及整数取余、指数/对数函数等运算。本节重点介绍少量在本书中可能用到的常见数学函数。

3.3.1 abs 求绝对值

函数 abs 用于求数字的绝对值，当输入为复数时，函数返回复数的模值。

```
a=abs(X)
```

【实例】计算实数的绝对值和复数的模值。

```
>> x=-5:5
x =

    -5    -4    -3    -2    -1     0     1     2     3     4     5

>> b=abs(x)        % b 为向量 x 的绝对值
b =

     5     4     3     2     1     0     1     2     3     4     5
>> c=x+b*I        % c 为复数向量
c =

 Columns 1 through 6

 -5.0000 + 5.0000i  -4.0000 + 4.0000i  -3.0000 + 3.0000i  -2.0000 + 2.0000i
-1.0000 + 1.0000i       0

 Columns 7 through 11

  1.0000 + 1.0000i   2.0000 + 2.0000i   3.0000 + 3.0000i   4.0000 + 4.0000i
5.0000 + 5.0000i

>> abs(c)            % 求复数向量 c 中各元素的模值
ans =

   7.0711    5.6569    4.2426    2.8284    1.4142         0    1.4142
2.8284    4.2426    5.6569    7.0711
```

3.3.2　exp/log 指数函数/对数函数

指数函数和对数函数是常见的数学函数。

❑ exp(X)，计算 X 中各元素的指数，当输入复数值 Z=X+i*Y 时，exp(Z)=exp(X)*(cos(Y)+i*sin(Y))；

❑ log(X)，计算 X 中各元素的自然对数，自然对数即以 e=2.71828…为底的对数。若输入负数值，函数将返回复数。

【实例】绘制指数函数和对数函数图。

```
>> x=-2:.2:2;
>> y1=exp(x);          % 指数函数
>> x1=0:.1:2;
>> x1=x1+0.1;
>> y2=log(x1);         % 对数函数
>> plot(x,y1);         % 绘图
>> hold on;
>> plot(x1,y2);
>> grid on
>> grid on
>> title('指数函数与对数函数')
>> xlabel('x');ylabel('y');
```

执行结果如图 3-8 所示。

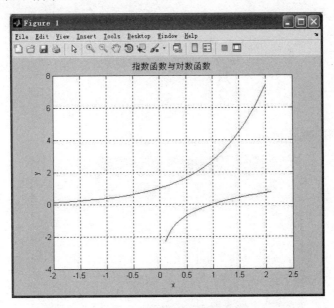

图 3-8　指数函数与对数函数

3.3.3　log10/log2 常用对数/以 2 为底的对数

以 10 为底的对数称为常用对数，MATLAB 中相对应的函数为 log10。log2 则是以 2 为底的对数，它们的调用格式分别为 Y=log10(X)和 Y=log2(X)。另外，log2 函数还有另一

种功能，就是将一个数分解为 X = F .* 2.^E 的形式：

```
[F,E]=log2(X)
```

【实例】将向量中的元素分解为 F.*2.^E 的形式，绘制 log10 和 log2 的指数示意图。

```
>> a=1:16
a =

     1      2      3      4      5      6      7      8      9     10     11     12     13
    14     15     16

>> [f,e]=log2(a)                    % 将 a 分解为 F.*2.^E 的形式
f =

 Columns 1 through 11

    0.5000     0.5000     0.7500     0.5000     0.6250     0.7500     0.8750
   0.5000    0.5625    0.6250    0.6875

 Columns 12 through 16

    0.7500     0.8125     0.8750     0.9375     0.5000

e =

     1      2      2      3      3      3      3      4      4      4      4      4      4
     4      4      5

>> x=logspace(0,2)+0.1;             % 计算 log10 和 log2 的函数值
>> y1=log10(x);
>> y2=log2(x);
>> plot(x,y1,'-');                  % 绘图
>> hold on;
>> plot(x,y2,'--');
>> legend('log10','log2');
>> grid on
```

执行结果如图 3-9 所示。

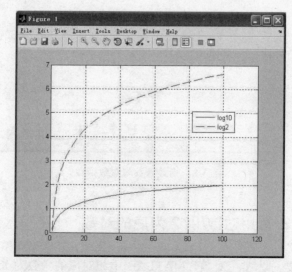

图 3-9　log10 与 log2 函数

3.3.4　fix/round/ceil/floor　取整函数

MATLAB 中有 4 个不同的取整函数，其功能如表 3-3 所示。

表 3-3　取整函数

函数名称	功　　能	函数名称	功　　能
fix	向零的方向取整	ceil	向正无穷方向取整
round	四舍五入取整	floor	向负无穷方向取整

round 函数的取整是向最接近的整数取整，事实上就是四舍五入取整。

【实例】举例说明 4 个取整函数的区别。

```
>> rng(0)                        % 设置随机数种子
>> a=rand(1,6)*10-5              % 随机向量 a
a =

    3.1472    4.0579   -3.7301    4.1338    1.3236   -4.0246

>> z1=fix(a)                     % fix 向零的方向取整
                                 % 相当于直接去掉小数部分，负数变大，正数变小
z1 =

    3    4   -3    4    1   -4

>> z2=round(a)                   % round 向最近的整数取整，采用四舍五入的规则
z2 =

    3    4   -4    4    1   -4

>> z2=floor(a)                   % floor，所有数字都变小
z2 =

    3    4   -4    4    1   -5

>> z2=ceil(a)                    % ceil，所有数字都变大
z2 =

    4    5   -3    5    2   -4
```

3.3.5　mod/rem　取模数/余数

整数相除，如果除不尽就会产生余数。MATLAB 中有两个与之相关的函数：mod 和 rem。下面详细介绍其调用格式与功能的区别：

❑ R=rem(X,Y)，输入参数 X、Y 必须是维度相同的实数数组或实标量。如果 Y 为零，则函数返回 NaN。如果 Y 不为零，则返回 X-n.*Y，其中 n=fix(X./Y)。当 X 不为零时，rem(X,X)为零。当 X~=Y 且 Y~=0 时，rem(X,Y)符号与 X 相同。

❑ M=mod(X,Y)，输入参数 X、Y 必须是维度相同的实数数组或实标量。如果 Y 为零，则函数返回 X。如果 Y 不为零，则返回 X-n.*Y，其中 n=floor(X./Y)。mod(X,X)结果为零，当 X~=Y 且 Y~=0 时，mod(X,Y)符号与 Y 相同。

mod 与 rem 函数的区别是，当 X 与 Y 符号相同时，mod(X,Y)与 rem(X,Y)相等，当 X 与 Y 符号不同时，mod(X,Y)的符号与 Y（除数）相同，而 rem(X,Y)的符号与 X（被除数）相同。

【实例】举例说明 mod 函数与 rem 函数的区别。

```
>> mod(5,3)          % 5/3 的模数和余数均为 2
ans =

    2

>> rem(5,3)
ans =

    2

>> rem(5,-3)         % 5/(-3)，rem 函数的返回值符号与 5（被除数）相同
ans =

    2

>> mod(5,-3)         % 5/(-3)，mod 函数的返回值符号与-3（除数）相同
ans =

   -1
```

3.4　图形相关函数

在 MATLAB 中绘制图形非常方便，只需使用几行代码即可实现窗口和函数曲线的绘制。本节介绍最常用的绘图函数，如 plot、subplot 和 hold 等。

3.4.1　plot 绘制二维图像

plot 是图形相关的函数中最常用的一个，调用形式有以下几种：

❑ plot(Y)，当矩阵 Y 中的元素为实数时，函数用每个值的索引与 Y 的每一列进行画图，画出点后，再根据点来连成线。如果 Y 为实数向量，相当于 plot(1:length(Y),Y)，对于复数，相当于 plot(real(Y),imag(Y))。

❑ plot(X,Y)，如果 X 和 Y 均为实数向量且维数相同，设 X=[X(i)]，Y=[Y(i)]，函数描绘出点[X(i),Y(i)]，再依此画线。如果 X 和 Y 均为复数向量，则忽略虚数部分。如果 X、Y 均为实数矩阵，且维度相同，则 plot 函数按列进行绘制，矩阵有几列就有几条曲线。如果 X、Y 一个为向量，一个为矩阵，且向量的长度等于矩阵的行数或列数，函数会把矩阵按照向量的方向分解为多个向量，分别与该向量配对并画图，矩阵分解成几个向量就有几条曲线。

❑ plot(X1,Y1,…Xn,Yn)，Xn 与 Yn 成对出现，在同一坐标轴下按顺序对 Xn 和 Yn 绘图。如果 Xn 为标量而 Yn 为向量，就在 Xn 处垂直地画出不连续的 Yn 值。如果画出的曲线多于一条，系统将按照 ColorOrder 和 LineStyleOrder 指定的顺序选取颜色和线型。

❑ plot(X,Y,S)，S 是一个表示线型、颜色的字符串，可以用多个字符组合成 S。

S 的取值如表 3-4 和表 3-5 所示。

表 3-4　线型与标记符号表

定义符	-	--	:	-.
线型	实线（默认值）	划线	点线	点划线
定义符	r(red)	g(green)	b(blue)	c(cyan)
颜色	红色	绿色	蓝色	青色
定义符	m(magenta)	y(yellow)	k(black)	w(white)
颜色	品红	黄色	黑色	白色

表 3-5　标记类型定义符表

定义符	+	○	*	.	x
标记类型	加号	小圆圈	星号	实点	交叉号
定义符	d	^	v	>	<
标记类型	菱形	向上三角形	向下三角形	向右三角形	向左三角形
定义符	s	h	p		
标记类型	正方形	正六角星	正五角星		

【实例】plot 函数绘图。

```
>> x = -pi:pi/10:pi;
>> y = tan(sin(x)) - sin(tan(x));
>> plot(x,y,'--rs','LineWidth',2,...           % 用 plot 绘图，并进行设置
'MarkerEdgeColor','k',...
 'MarkerFaceColor','g',...
 'MarkerSize',10)
```

执行结果如图 3-10 所示。

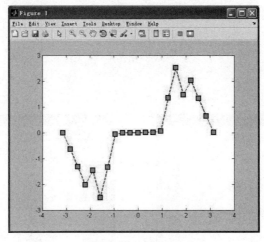

图 3-10　plot 实例

3.4.2　坐标轴设置函数

MATLAB 中的绘图往往与坐标轴有关，本节介绍一系列设置坐标轴的函数，包括设置

横纵坐标区间、坐标标注、给坐标加网格和边框等。函数及其功能如表 3-6 所示。

表 3-6　坐标轴设置函数

函　　数	功　　能
axis	设置横纵坐标轴的区间
xlabel/ylabel	添加横纵坐标轴的标注
legend	给坐标轴中的图形添加图例
text	在坐标轴中添加字符串
grid	添加网格
box	添加边框
xlim/ylim	设置横纵坐标区间

下面逐个进行讲解：

❑ V=axis，返回当前坐标轴的横纵坐标范围，V 是一个包含 4 个元素的向量；

❑ axis([xmin,xmax,ymin,ymax])，将坐标轴的横坐标范围设置为[xmin,xmax]，纵坐标范围设置为[ymin,ymax]；

❑ axis square，将坐标轴的横轴和纵轴长度设为相等，此时形状为正方形；

❑ axis equal，将横轴和纵轴的刻度设置为相等，即一个单位的长度相等；

❑ axis auto，将坐标轴设置为默认值；

❑ axis ij，将坐标轴的原点移到坐标轴的左上角，与之相对的命令为 axis xy，将原点移动到坐标轴左下角。

【实例】axis 函数设置坐标轴。

```
>> x=1:.2:10;
>> y=sin(x);
>> plot(x,y)              % 绘制一条直线，如图 3-11 所示
>> axis([-5,10,-2,2])     % 设置横纵坐标的区间，如图 3-12 所示
>> axis equal             % 使单位长度相等，如图 3-13 所示
>> axis auto              % 恢复默认值，如图 3-14 所示
>> axis                   % 返回此时的横纵坐标区间
ans =

    1.0000   10.0000   -3.5475    3.5509
```

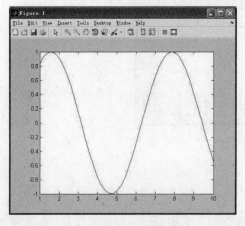

图 3-11　plot(x,y)命令的效果

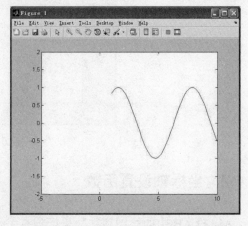

图 3-12　axis([-5,10,-2,2])命令的效果

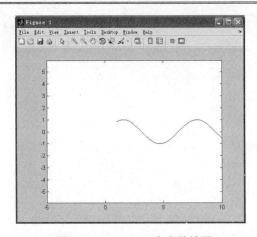

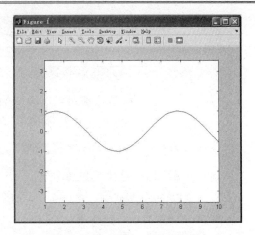

图 3-13　axis equal 命令的效果　　　　　图 3-14　axis auto 命令的效果

axis 函可以设置横纵坐标的区间，xlim 和 ylim 函数则分别设置横坐标和纵坐标的区间值。xlim 函数的调用格式如下：

❑ XL=xlims，取得当前坐标的横坐标区间值，XL 是一个包含两个元素的行向量；

❑ xlim([xmin,xmax])，将当前坐标的横坐标区间值设置为[xmin,xmax]；

❑ XLMODE=xlim('mode')，取得当前的横坐标设置模式；

❑ xlim(mode)，将横坐标设置为 mode 模式。

ylim 函数的调用格式与 xlim 类似。

【实例】xlim、ylim 函数获取和设置横纵坐标区间。

```
>> x=1:.2:10;
>> y=sin(x);
>> plot(x,y)
>> xlim              % 返回横坐标区间
ans =

     1    10

>> ylim([-1,2])      % 设置纵坐标
```

执行结果如图 3-15 所示。

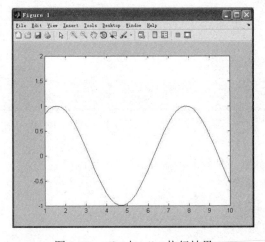

图 3-15　xlim 与 ylim 执行结果

xlabel 与 ylabel 用于给横纵坐标轴添加标注。调用形式为 xlabel('str')、ylabel('str')。legend 函数为坐标轴中的图形添加图例，调用形式为

```
legend('string1','string2',…)
```

参数列表中的字符串分别对应所绘制的一个图形。

text 函数在坐标轴的指定位置添加字符串：

```
text(x,y,'string')
```

x、y 为要添加字符串的位置。

【实例】xlabel、ylabel、legend、text 函数的使用。

```
>> x=0:.2:2*pi;
>> y1=sin(x);
>> y2=cos(x);
>> plot(x,y1,'-');              % 绘制正弦曲线
>> hold on;                     % 保持
>> plot(x,y2,'--');             % 绘制余弦曲线
>> xlabel('x'),ylabel('y')      % 横纵坐标轴标签
>> legend('sin','cos')          % 图例
>> text(3,0.3,'y=sin(x)')       % 插入文本
>> text(1.5,0.3,'y=cos(x)')
```

执行结果如图 3-16 所示。

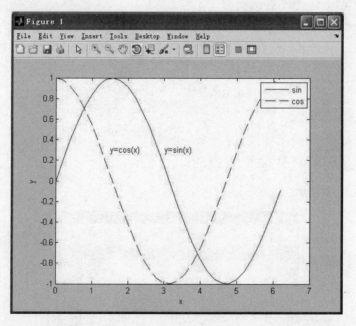

图 3-16　实例

grid 函数用于给坐标轴添加网格线，有以下几种调用格式：

❑ grid on，添加网格线；

❑ grid off，删除网格线；

❑ grid，添加或删除网格线；

❑ grid minor，添加或删除细网格线。

box 函数给坐标轴添加边框：

- box on，添加边框；
- box off，删除边框；
- box，添加或删除边框。

【实例】grid 与 box 函数的使用。

```
>> x=0:.2:2*pi;
>> y=cos(x);
>> plot(x,y)
>> grid        % 添加网格线
>> box         % 去掉边框
>> grid        % 去掉网格线
```

执行 grid 之后坐标轴被添加进了网格线，如图 3-17 所示，执行 box 后坐标轴上方和右侧的黑色边框消失了，如图 3-18 所示，再次执行 grid 后网格线被删除，如图 3-19 所示。

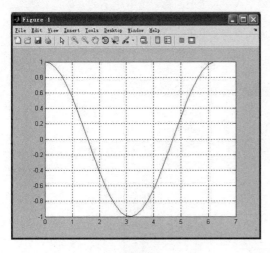

图 3-17　执行 grid 后的结果

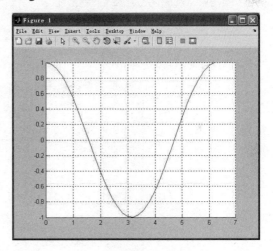

图 3-18　执行 box 后的结果

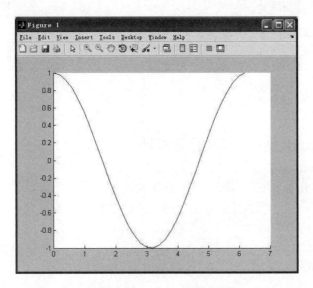

图 3-19　再次执行 grid 后的结果

3.4.3　subplot 同一窗口分区绘图

subplot 函数将一个窗口分为多个区域，每个区域可以绘制不同的图形，每次调用选中其中的一幅图进行操作。

subplot(m,n,p) 或 subplot(mnp)

将窗口拆分为 m×n 个区域，并选中第 p 个区域，编号的方式是按行优先的顺序。

【实例】subplot 拆分图形窗口。

```
>> x=0:.1:3*pi;
>> y1=sin(x);
>> y2=cos(x);
>> y3=tan(x+eps);
>> subplot(2,2,1:2);plot(x,y1);        %在窗口上半部分绘制正弦曲线
>> subplot(2,2,3);plot(x,y2);          %在窗口左下角绘制余弦曲线
>> subplot(2,2,4);plot(x,y3);          %在窗口右下角绘制正切曲线
```

执行结果如图 3-20 所示。

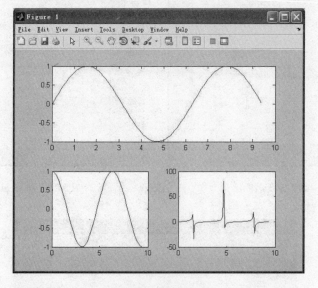

图 3-20　subplot 实例

3.4.4　figure/hold 创建窗口/图形保持

figure 函数用于创建图形窗口对象，多次调用可创建多个窗口，窗口之间用句柄来区分。如果需要在同一窗口绘制多个叠加的图形，则需要调用 hold 函数，否则下一次绘图会覆盖掉之前图形窗口中的内容。

❑ figure 或 figure('PropertyName','PropertyValue')，figure 利用默认属性值创建新的图形窗口对象，后者利用指定的属性值来创建图形窗口对象。h=figure 可得到图形句柄，句柄值显示在窗口的标题栏中。如果句柄为 1，则标题栏显示为 Figure 1。

❑ figure(h)，MATLAB 中的绘图和图形设置函数只针对当前窗口，如果句柄 h 表示的图形已经存在，则将该窗口指定为当前活动窗口，如果不存在，则创建一个句柄为 h 的图形窗口并将其指定为当前活动窗口。

❑ hold on/hold off，发出 hold on 后，系统会在保持原图形的基础上添加新图形，hold off 关闭保持。

【实例】创建两个图形窗口，在第一个窗口绘制两段函数曲线，在第二个窗口绘制一条函数曲线，并将标题栏中的 Figure 字样去掉，自定义一个标题。

```
>> a=figure          % 创建第一幅图形
a =

    1

>> x=1:10;y=x;
>> plot(x,y);        % 绘制第一个窗口的第一个图形
>> b=figure;         % 创建第二幅图形
>> plot(x,y.^2);     % 绘制第二个窗口的图形
>> set(b,'name','二次函数','Numbertitle','off')
                     % 将第二个窗口的标题设置为"二次函数"
>> figure(a);        % 选择第一个窗口
>> hold on;          % 图形保持
>> plot(x,y.^2);     % 绘制第一个窗口的第二幅图形
>>hold off
```

第一个窗口和第二个窗口分别如图 3-21 和 3-22 所示。

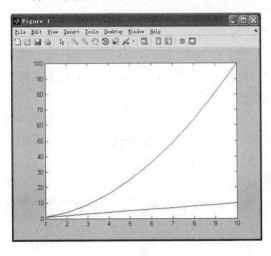

图 3-21　第一个窗口

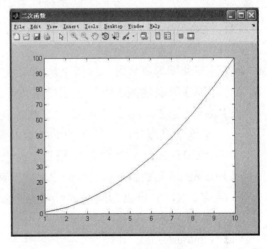

图 3-22　第二个窗口

3.4.5　semilogx/semilogy 单对数坐标图

semilogx 与 semilogy 的调用形式与功能和 plot 函数完全相同，不同之处仅限于：semilogx 函数的 X 轴以对数坐标的形式显示，而 semilogy 函数的 Y 轴以对数坐标的形式显示。

【实例】分别用 plot 和 semilogx 绘制对数函数的坐标图。

```
>> x=0:.1:5;
>> x=x+0.001;
>> subplot(2,1,1);plot(x,log10(x));              %用plot函数绘制对数
>> subplot(2,1,2);semilogx(x,log10(x),'--');     %用semilogx绘制对数
```

执行结果如图 3-23 所示。

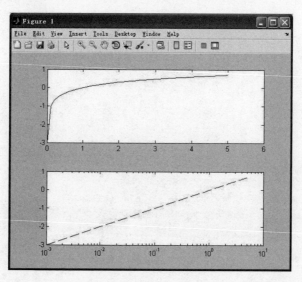

图 3-23　plot 与 semilogx

3.4.6　contour/ clabel 曲面等高线/等高线标签

在绘制曲面等高线时，这两个函数常成对出现。clabel 需要用 contour 函数的输出作为输入，才能在等高线图上添加表示数量大小的标签。调用格式如下：

❑ contour(Z)：画出矩阵 Z 的二维等高线图，矩阵 Z 至少为 2×2 大小，可视为 XY 平面的高度矩阵。等高线的条数及数值是基于 Z 的最大值和最小值自动选取的。[m,n]=size(Z)，X 轴的范围是 1:n，Y 轴的范围是 1:m。

❑ contour(X,Y,Z)：画出矩阵 Z 的二维等高线图，X 轴和 Y 轴的范围由参数 X、Y 指定。X、Y 可以为向量也可以为矩阵。如果 X 与 Y 均为矩阵，则两者必须同型且单调递增。

❑ contour(…,n)：n 指定等高线的条数。

❑ contour(…,v)：v 是一个指定等高线数值的向量，等高线的条数等于 length(v)。

❑ contour(…,LineSpec)：参数 LineSpec 指定线型、标记符号和颜色。

若使用 clabel 添加标签，则使用如下调用格式：

```
[C,h]=contour(Z);clabel(C,h);
```

【实例】绘制 MATLAB 自带函数 peaks 的等高线图，并添加 10 个标签。

```
>> [c, h] = contour(peaks,5);    % 绘制等高线
>> clabel(c, h);                 % 添加等高线标签
>> colorbar;
```

执行结果如图 3-24 所示。

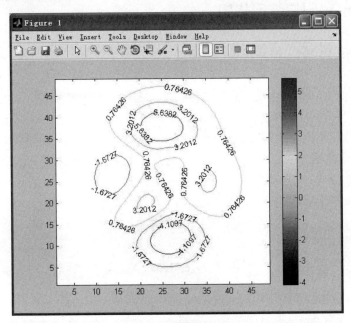

图 3-24　绘制等高线图

3.4.7　gcf/gca/gco 返回当前图形/坐标/对象句柄

gcf（get current figure）返回当前图形，gca（get current axes）返回当前坐标轴，gco（get current object）返回当前的句柄。使用的格式为

```
h=gcf/gca/gco
```

使用 gcf 函数时，若没有图形窗口，就会重新创建一个。如果只希望获取当前存在的图形窗口句柄而不重新创建，使用 h=get(0,'CurrentFigure') 的调用形式。类似地，使用 gca 时也有相似的格式 h=get(gcf,'CurrentAxes')。gco 函数返回的当前对象是用户最后一次单击过的对象，不包括菜单。

【实例】用 gco 得到坐标轴句柄。

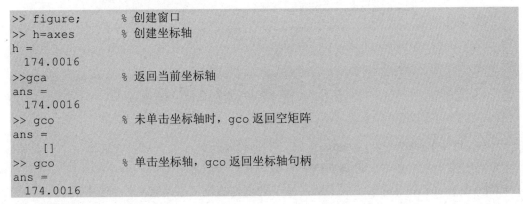

```
>> figure;        % 创建窗口
>> h=axes         % 创建坐标轴
h =
  174.0016
>>gca             % 返回当前坐标轴
ans =
  174.0016
>> gco            % 未单击坐标轴时，gco 返回空矩阵
ans =
     []
>> gco            % 单击坐标轴，gco 返回坐标轴句柄
ans =
  174.0016
```

3.4.8 mesh 绘制三维网格图

mesh 函数用于绘制三维网格图，surf 函数也可用于绘制三维图形，调用格式与 mesh 函数大致相同。

- ❏ mesh(X,Y,Z)：生成由 X、Y 和 Z 定义的网格图。X 和 Y 如果分别是长度为 m、n 的向量，且(n,m)=size(Z)，则生成的网格线的交叉点为[X(j),Y(i),Z(i,j)]。如果 X、Y 分别为矩阵，则生成网格线的交叉点为[X(i,j),Y(i,j),Z(i,j)]。网格线的颜色由 Z 定义，颜色与高度成比例。
- ❏ mesh(Z)：X 与 Y 自动生成。如果[m,n]=size(Z)，则 X=1:n，Y=1:m。颜色由高度决定。

【实例】绘制三维网格图。

```
>> [X,Y]=meshgrid(-8:.5:8);        % 构造 X、Y 矩阵
>> R=sqrt(X.^2+Y.^2)+eps;
>> Z=sin(R)./R;
>> mesh(X,Y,Z);                    % 绘制三维网格图
```

执行结果如图 3-25 所示。

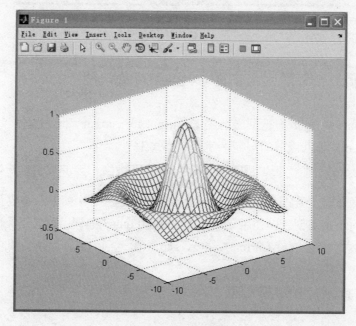

图 3-25　三维网格图

3.5　神经网络工具箱

MATLAB 神经网络工具箱的出现，为神经网络的使用者和研究者带来了巨大的便利。在本书的第 4~11 章中，将会介绍工具箱中各种类型神经网络的对应函数。为了使读者对神经网络工具箱获得更系统的了解，本节的内容被分成了两部分：神经网络工具箱函数的

基本介绍和神经网络对象与属性。

3.5.1　工具箱函数基本介绍

本书第 1 章已给出关于神经网络工具箱的基本介绍。随着 MATLAB 版本的更新换代，神经网络工具箱也在逐步发展，在 MATLAB R2011b 中已有不少函数将被废弃，转而用新的函数取代。

MATLAB R2011b 的神经网络工具箱版本号为 Version 7.0.2，在 MATLAB 命令窗口中输入 help nnet 可以查看神经网络工具箱版本和涉及的函数：

```
>> help nnet
 Neural Network Toolbox
 Version 7.0.2 (R2011b) 08-Jul-2011

 Graphical user interface functions.
  nnstart    - Neural Network Start GUI
  nctool     - Neural network classification tool
  nftool     - Neural Network Fitting Tool
  …

 Network creation functions.
  cascadeforwardnet - Cascade-forward neural network.
  competlayer     - Competitive neural layer.
  distdelaynet    - Distributed delay neural network.

  newhop         - Create a Hopfield recurrent network.
  newlind        - Design a linear layer.
  …

 Using networks.
  network    - Create a custom neural network.
  sim        - Simulate a neural network.
  init       - Initialize a neural network.
  …

 Simulink support.
  gensim     - Generate a Simulink block to simulate a neural network.
  setsiminit - Set neural network Simulink block initial conditions
  getsiminit - Get neural network Simulink block initial conditions
  neural     - Neural network Simulink blockset.

 Training functions.
  trainb   - Batch training with weight & bias learning rules.
  trainbfg - BFGS quasi-Newton backpropagation.
  …

 Plotting functions.
  plotconfusion  - Plot classification confusion matrix.
  ploterrcorr    - Plot autocorrelation of error time series.
  ploterrhist    - Plot error histogram.
  …

 Lists of other neural network implementation functions.
```

```
    nnadapt        - Adapt functions.
    nnderivative   - Derivative functions.
    …

 Demonstrations, Datasets and Other Resources
    nndemos     - Neural Network Toolbox demonstrations.
    nndatasets  - Neural Network Toolbox datasets.
    nntextdemos - Neural Network Design textbook demonstrations.
    nntextbook  - Neural Network Design textbook information.
```

限于篇幅，这里只列出了部分输出结果，下面分类介绍。

在上文列出的神经网络工具箱相关函数中，最重要的就是神经网络创建函数。表 3-7
列出了大部分常用的创建神经网络的函数。

表 3-7　神经网络创建函数

函数名称	新版本中的函数	功　能
newp	perceptron	创建感知器网络
newlind		设计线性层
newlin	linearlayer	创建线性层
newff	feedforwardnet	创建前馈 BP 网络
newcf	cascadeforwardnet	创建多层前馈 BP 网络
newfftd		创建前馈输入延迟 BP 网络
newrb		设计径向基网络
newrbe		设计严格的径向基网络
newgrnn		设计广义回归神经网络
newpnn		设计概率神经网络
newc	competlayer	创建竞争层
newsom	selforgmap	创建自组织特征映射
newhop		创建 Hopfield 递归网络
newelm	elmannet	创建 Elman 递归网络
lvqnet		创建学习向量量化网络
patternnet		创建模式识别神经网络

空格表示原函数继续留用，不存在新的函数代替它，或表示没有明显版本演化关系的
函数。神经网络工具箱将常见的问题分为几个大类，分别提供了可视化的工具，如表 3-8
所示。

表 3-8　可视化工具

工具	解决的问题	说　明
nctool	聚类问题	主要采用自组织特征映射网络实现
nftool	拟合问题	使用 fitnet 函数，采用 trainlm 进行训练
nprtool	模式识别问题	使用 patternnet 函数
ntstool	时间序列问题	使用 narnet 与 narxnet 函数

其余还有网络使用函数、Simulink 相关函数、训练函数、绘图函数及其他函数。表 3-9
列出了工具箱中的训练函数。

表 3-9　训练函数

函　　数	功　　能
trainbfg	BFGS（拟牛顿反向传播算法）训练函数
trainbr	贝叶斯归一化法训练函数
trainb	以权值/阈值的学习规则，采用批处理的方式进行训练
trainbu	无监督 trainb 训练
trainc	以学习函数依次对输入样本进行训练的函数
traincgb	Powell-Beale 共轭梯度反向传播算法训练函数
traincgf	Fletcher-Powell 变梯度反向传播算法训练函数
traincgp	Polak-Ribiere 变梯度反向传播算法训练函数
traingd	梯度下降反向传播算法训练函数
traingdm	附加动量因子的梯度下降反向传播算法训练函数
traingdx	自适应调节学习率并附加动量印子的梯度下降反向传播算法训练函数
trainlm	Levenberg-Marquardt 反向传播算法训练函数
trainoss	OSS（one-step secant）反向传播算法训练函数
trainrp	RPROP（弹性 BP）算法反向传播算法训练函数
trainscg	SCG（scaled conjugate gradient）反向传播算法训练函数
trainr	以学习函数随机对输入样本进行训练的函数

3.5.2　神经网络对象与属性

MATLAB 中创建神经网络的函数返回的通常是一个神经网络对象 net。net 还包括一些子对象，net 对象的属性和子对象的属性共同定义了神经网络的结构和特征。

在 MATLAB 命令窗口用 newrbe 函数创建一个径向基函数网络：

```
>> P = [0,0,1,1;0,1,1,0]
P =
    0    0    1    1
    0    1    1    0

>> T = [0,1,0,1]
T =
    0    1    0    1

>> net=newrbe(P,T)          % 创建径向基网络 net
net =                       % 下面列出了 net 的子对象和属性
   Neural Network

           name: 'Radial Basis Network, Exact'
     efficiency: .cacheDelayedInputs, .flattenTime,
                 .memoryReduction
       userdata: (your custom info)

   dimensions:
         numInputs: 1
         numLayers: 2
        numOutputs: 1
    numInputDelays: 0
    numLayerDelays: 0
```

```
numFeedbackDelays: 0
numWeightElements: 17
       sampleTime: 1

   connections:
      biasConnect: [1; 1]
     inputConnect: [1; 0]
     layerConnect: [0 0; 1 0]
    outputConnect: [0 1]

   subobjects:
            inputs: {1x1 cell array of 1 input}
            layers: {2x1 cell array of 2 layers}
           outputs: {1x2 cell array of 1 output}
            biases: {2x1 cell array of 2 biases}
      inputWeights: {2x1 cell array of 1 weight}
      layerWeights: {2x2 cell array of 1 weight}

   functions:
         adaptFcn: (none)
       adaptParam: (none)
         derivFcn: 'defaultderiv'
        divideFcn: (none)
      divideParam: (none)
       divideMode: 'sample'
          initFcn: 'initlay'
       performFcn: (none)
     performParam: (none)
         plotFcns: {}
       plotParams: {1x0 cell array of 0 params}
         trainFcn: (none)
       trainParam: (none)

   weight and bias values:
               IW: {2x1 cell} containing 1 input weight matrix
               LW: {2x2 cell} containing 1 layer weight matrix
                b: {2x1 cell} containing 2 bias vectors

   methods:
           adapt: Learn while in continuous use
       configure: Configure inputs & outputs
          gensim: Generate Simulink model
            init: Initialize weights & biases
         perform: Calculate performance
             sim: Evaluate network outputs given inputs
           train: Train network with examples
            view: View diagram
     unconfigure: Unconfigure inputs & outputs

   evaluate:        outputs = net(inputs)
```

下面逐条进行解释。

1. dimensions

（1）numInputs

net. numInputs 属性定义了网络的输入向量个数。这个概念极易与输入向量的长度相混淆。大部分网络只需要一个输入向量（net. numInputs=1），而该向量包含多少个输入元素就等于输入向量的长度。net. numInputs 的取值为 0 或正整数，由 MATLAB 神经网络工具箱创建的神经网络，其值往往为 1。

net. numInputs 属性如果改变，将会影响输入层连接向量（net.inputConnect）、输入层向量（net.inputs）和权值（net.IW）。

（2）numLayers

numLayers 属性定义网络的层数，不包括输入层，可取值为 0 或正整数。径向基网络除了输入层还包括隐含层和输出层，因此这里 net. numLayers=2。

net. numLayers 改变，将会影响以下属性的大小：

net.biasConnect

net.inputConnect

net.layerConnect

net.outputConnect

net.targetConnect

下列与网络层相关的子对象细胞矩阵的大小也会改变：

net.biases

net.inputWeights

net.layerWeights

net.outputs

net.targets

权值和阈值矩阵的大小也会随之改变：

net.IW

net.LW

net.b

（3）numOutputs

numOutputs 属性定义网络的输出数。net. numOutputs 等于 net.outputConnect 中 1 的个数。该属性是只读的。在这里 net. numOutputs=1，只有一个输出向量。

（4）numInputDelays

numInputDelays 属性定义网络仿真时输入向量的延迟，其值总是设置为与网络输入相连接的权值延迟量的最大值：

```
numInputDelays=0;
for i=1:net.numLayers
    for j=1:net.numInputs
        if net.inputConnect(i,j)

    numInputDelays=max([numInputDelays,net.inputWeights{i,j}.delays]);
        end
    end
end
```

或

```
a=net.inputConnect;
b=[net.inputWeights.delays];
c=b(a);
numInputDelays=max(cell2mat(c))
```

在这里 net.numInputDelays=0，说明输入向量无延迟。

（5）numLayerDelays

numLayerDelays 属性定义进行网络仿真时网络层输出单元的延迟，其值总是设置为与网络层相连接的权值延迟量的最大值：

```
numLayerDelays=0;
for i=1:net.numLayers
    for j=1:net.numInputs
        if net. layerConnect(i,j)

    numLayerDelays=max([numLayerDelays,net.layerWeights{i,j}.delays]);
        end
    end
end
```

或

```
a=net.layerConnect;
b=[net.layerWeights.delays];
c=b(a);
numLayerDelays=max(cell2mat(c))
```

在这里 net.numLayerDelays=0，说明输出单元无延迟。

2. connections

（1）biasConnect

biasConnect 属性定义各个网络层是否具有阈值，其值为 $N \times 1$ 二值向量，取值为 0 或 1，N 为 net.numLayers 指示的网络层数。

net.biasConnect{i}表示第 i 层网络是否具有阈值。

```
>> net.biasConnect

ans =

    1
    1
```

表明 net 具有两个网络层且都具有阈值。net.biasConnect 的值若发生改变，则阈值结构细胞数组 net.biases 和阈值向量细胞数组 net.b 将受到影响。

（2）inputConnect

inputConnect 属性定义网络中各层是否有来自输入层的输入向量的连接权，其值为 $N \times 1$ 二值向量，取值为 0 或 1，N 为 net.numLayers 指示的网络层数。

net. inputConnect {i,j}表示第 i 层网络是否有来自第 j 个输入向量的连接权。

```
>> net.inputConnect

ans =

    1
    0
```

程序表明第一层（隐含层）含有与输入向量的连接权，第二层（输出层）不含有与连接向量的连接权。net.inputConnect 的值若发生改变，则输入层权值结构细胞数组 net.inputWeights 和权值向量细胞数组 net.IW 将受到影响。

（3）layerConnect

layerConnect 定义一个网络层是否具有另一个网络层的连接权，其值为 N×N 二值矩阵，N 为 net.numLayers 指示的网络层数。

net.layerConnect(i,j)表示第 i 层是否拥有来自第 j 层的连接权。

```
>> net.layerConnect

ans =

    0    0
    1    0
```

主对角线为 0，表明各层没有层内连接，net.layerConnect(1,2)为 0，表明输出层（第 2 层）没有连接到隐含层（第 1 层）的反馈，net.layerConnect(2,1)为 1，表明隐含层连接到了输出层。

net.layerConnect 的值若发生改变，则网络层权值结构细胞数组 net.layerWeights 和网络层权值向量细胞数组 net.IW 将受到影响。

（4）outputConnect

outputConnect 属性定义各网络层是否作为输出层，其值为1×N 二值矩阵，N 为 net.numLayers 指示的网络层数。

net.outputConnect(i)表示第 i 层是否作为输出。

```
>> net.outputConnect

ans =

    0    1
```

程序表明隐含层（第 1 层）不作为输出，输出层（第 2 层）作为输出。net.outputConnect 的值若发生改变，则网络层输出层的数目 net.numOutputs 和输出层结构细胞数组 net.outputs 将受到影响。

3．functions

（1）adaptFcn 与 adaptParam

adaptFcn 属性定义网络进行权值/阈值调整时所采取的函数，adapt 函数一旦调用，就可以实现权值或阈值的更新：

[net,Y,E,Pf,Af]=adapt(net,P,T,PI,Ai)

adaptParam 是与所设定的函数相应的函数参数，因此随着 adaptFcn 的变化而变化。

（2）initFcn

initFcn 定义网络初始化权值或阈值时所采取的函数，典型值为 initlay。init 函数一旦被调用，就可以实现网络权值或阈值的初始化：

net=init(net)

（3）performFcn 与 performParam

performFcn 属性定义了网络用于衡量网络性能所采用的函数，可能的取值为 mae（绝对平均误差）、mse（均方误差）、msereg（归一化均方误差）、sse（平方和误差）。系统调用 train 函数时，性能函数用于训练过程中的性能计算。

performParam 是与 performFcn 相对应的函数的参数，随着 performFcn 变化而变化。

（4）plotFcns 与 plotParams

plotFcns 定义用于显示的函数，plotParams 为对应的参数。plotFcns 是一个字符串组成的细胞数组。当系统调用 train 进行训练时会显示神经网络训练窗口，在窗口中为每一个显示函数定义了一个按钮，单击该按钮就会得到期望得到的显示输出。

（5）trainFcn 与 trainParam

trainFcn 定义当前的训练函数，trainParam 为相应的参数及参数值。trainFcn 可取的值如表 3-7 所示。

4．权值与阈值

（1）IW

IW 属性定义了从网络输入向量到网络层之间的权值向量，是一个 N×M 细胞数组，N 为 net.numLayers 指示的网络层数，M 为输入向量个数。

```
>> net.IW
ans =

    [4x2 double]
    []

>> net.IW{1,1}
ans =

    0    0
    0    1
    1    1
    1    0
```

net.IW 为 2×1 细胞数组，表明在这个径向基网络中，有两层神经网络，一个输入向量。细胞数组中第一个元素为一个 4×2 矩阵，观察矩阵的值，其值与网络最初的输入是相等的。细胞数组的第二个元素为空值，表示输入向量与输出层没有直接的连接。

（2）LW

LW 属性定义从一个网络层到另一个网络层的权值向量，其值为 N×N 细胞数组，N 为 net.numLayers 指示的网络层数，M 为输入向量个数。

```
>> net.LW
ans =

          []      []
    [1x4 double]   []

>> net.LW{2,1}
ans =

  -4.0000    0.0000   -4.0000        0
```

net.LW 为 2×2 细胞数组，只有 net.LW{2,1} 有值，表明只有第 1 层到第 2 层存在连接，该值为长度为 4 的向量，表明径向基网络中隐含层含有 4 个节点。

（3）b

b 属性定义各层的阈值，值为 N×1 矩阵，N 为 net.numLayers 指示的网络层数。

```
>> net.b
ans =

    [4x1 double]
    [    5.0000]

>> net.b{1}
ans =

    0.8326
    0.8326
    0.8326
    0.8326

>> net.b{2}
ans =

    5.0000
```

由于有两层网络，因此这里 net.b 为 2×1 细胞数组，第一层隐含层含有 4 个节点，第二层为输出层。

5. 子对象

net 对象之下又包含了 inputs、layers、outputs、biases、inputWeights 及 layerWeights 等子对象。子对象详细定义了输入向量、网络层、输出等信息，限于篇幅，这里不再一一介绍了。

inputs 子对象：

```
>> net.inputs
ans =

    [1x1 nnetInput]

>> net.inputs{1}
ans =

    Neural Network Input

            name: 'Input'
    feedbackOutput: []
      processFcns: {}
    processParams: {1x0 cell array of 0 params}
  processSettings: {0x0 cell array of 0 settings}
    processedRange: [2x2 double]
    processedSize: 2
            range: [2x2 double]
             size: 2
         userdata: (your custom info)
```

第 2 篇　原理篇

第4章 单层感知器

单层感知器属于单层前向网络，即除输入层和输出层之外，只拥有一层神经元节点。前向网络的特点是，输入数据从输入层经过隐藏层向输出层逐层传播，相邻两层的神经元之间相互连接，同一层的神经元之间则没有连接。

感知器（perception）是由美国学者 F.Rosenblatt 提出的。与人工神经网络领域中最早提出的 MP 模型不同，它的神经元突触权值是可变的，因此可以通过一定规则进行学习。感知器至今仍是一种十分重要的神经网络模型，可以快速、可靠地解决线性可分的问题。理解感知器的结构和原理，也是学习其他复杂神经网络的基础。单层感知器就是包含一层权值可变的神经元的感知器模型。

4.1 单层感知器的结构

单层感知器是感知器中最简单的一种，由单个神经元组成的单层感知器只能用来解决线性可分的二分类问题。将其用于两类模式分类时，就相当于在高维样本空间中，用一个超平面将样本分开。Rosenblatt 证明，如果两类模式线性可分，则算法一定收敛。

单层感知器由一个线性组合器和一个二值阈值元件组成。输入向量的各个分量先与权值相乘，然后在线性组合器中进行叠加，得到的结果是一个标量。线性组合器的输出是二值阈值元件的输入，得到的线性组合结果经过一个二值阈值元件由隐含层传送到输出层，实际上这一步执行了一个符号函数。二值阈值元件通常是一个上升的函数，典型功能是将非负的输入值映射为 1，负的输入值映射为-1 或 0。

考虑一个两类模式分类问题：输入是一个 N 维向量 $\boldsymbol{x}=[x_1,x_2,\cdots,x_N]$，其中的每一个分量都对应于一个权值 ω_i，隐含层的输出叠加为一个标量值：

$$v=\sum_{i=1}^{N}x_i\omega_i$$

随后在二值阈值元件中对得到的 v 值进行判断，产生二值输出：

$$y=\begin{cases}1 & v\geq 0 \\ -1 & v<0\end{cases}$$

单层感知器可以将输入数据分为两类：l_1 或 l_2。当 $y=1$ 时，认为输入 $\boldsymbol{x}=[x_1,x_2,\cdots,x_N]$ 属于 l_1 类，当 $y=-1$ 时认为输入 $\boldsymbol{x}=[x_1,x_2,\cdots,x_N]$ 属于 l_2 类。在实际应用中，除了输入的 N 维向量外，还有一个外部偏置，值恒为 1，权值为 b，结构图如图 4-1 所示。

这样，输出 y 可表示为

$$y=\operatorname{sgn}\left(\sum_{i=1}^{N}\omega_i x_i+b\right)$$

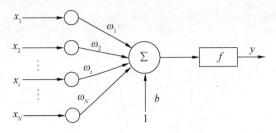

图 4-1　单层感知器的结构图

单层感知器进行模式识别的超平面由下式决定：

$$\sum_{i=1}^{N}\omega_i x_i + b = 0$$

当维数 $N=2$ 时，输入向量可表示为平面直角坐标系中的一个点。此时分类超平面是一条直线：

$$\omega_1 x_1 + \omega_2 x_2 + b = 0$$

假设有三个点，分为两类，第一类包括点 $(3,0)$ 和 $(4,-1)$，第二类包括点 $(0,2.5)$。选择权值为 $\omega_1 = 2, \omega_2 = -3, b = 1$，平面上坐标点的分类情况如图 4-2 所示。

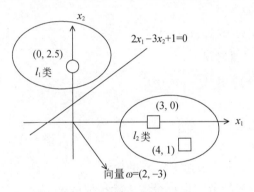

图 4-2　N=2 时的二分类

二维空间中的超平面是一条直线。在直线下方的点，输出 $v > 0$，因此 $y = 1$，属于 l_1 类；在直线上方的点，输出 $v < 0$，因此 $y = -1$，属于 l_2 类。

4.2　单层感知器的学习算法

在图 4-2 所示的例子中，所选择的权值能很好地将数据分开。在实际应用中，需要使用计算机自动根据训练数据学习获得正确的权值，通常采用纠错学习规则的学习算法。

方便起见，修改单层感知器的结构图如图 4-3 所示，将偏置作为一个固定输入。

因此，定义 $(N+1) \times 1$ 的输入向量：

$$\boldsymbol{x}(n) = \left[+1, x_1(n), x_2(n), \cdots, x_N(n)\right]^{\mathrm{T}}$$

这里的 n 表示迭代次数。相应地，定义 $(N+1) \times 1$ 权值向量：

$$\boldsymbol{\omega}(n) = \left[b(n), \omega_1(n), \omega_2(n), \cdots, \omega_N(n)\right]^{\mathrm{T}}$$

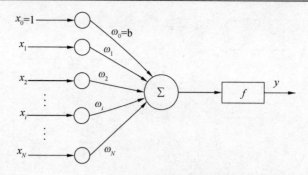

图 4-3　感知器等价结构图

因此线性组合器的输出为

$$v(n) = \sum_{i=0}^{N} \omega_i x_i = \boldsymbol{\omega}^{\mathrm{T}}(n)\boldsymbol{x}(n)$$

令上式等于零，即得二分类问题的决策面。

学习算法步骤如下：

（1）定义变量和参数。

❑　$\boldsymbol{x}(n) = N+1$ 维输入向量

$$= \left[+1, x_1(n), x_2(n), \cdots, x_N(n)\right]^{\mathrm{T}}$$

❑　$\boldsymbol{\omega}(n) = N+1$ 维权值向量

$$= \left[b(n), \omega_1(n), \omega_2(n), \cdots, \omega_N(n)\right]^{\mathrm{T}}$$

❑　$b(n) =$ 偏置

❑　$y(n) =$ 实际输出

❑　$d(n) =$ 期望输出

❑　$\eta =$ 学习率参数，是一个比 1 小的正常数

（2）初始化。$n=0$，将权值向量 $\boldsymbol{\omega}$ 设置为随机值或全零值。

（3）激活。输入训练样本，对每个训练样本 $\boldsymbol{x}(n) = \left[+1, x_1(n), x_2(n), \cdots, x_N(n)\right]^{\mathrm{T}}$，指定其期望输出 d，即若 $x \in l_1$，$d=1$，若 $x \in l_2$，$d=-1$。

（4）计算实际输出。

$$y(n) = \mathrm{sgn}\left(\boldsymbol{w}^{\mathrm{T}}(n)\boldsymbol{x}(n)\right)$$

sgn 是符号函数。

（5）更新权值向量。

$$\boldsymbol{\omega}(n+1) = \boldsymbol{\omega}(n) + \eta\left[d(n) - y(n)\right]\boldsymbol{x}(n)$$

这里

$$\boldsymbol{d}(n) = \begin{cases} +1, & x(n) \in l_1 \\ -1, & x(n) \in l_2 \end{cases}$$

$$0 < \eta < 1$$

（6）判断。若满足收敛条件，则算法结束；若不满足，则 n 自增 1（$n=n+1$），转到第 3 步继续执行。

那么，收敛条件是什么呢？当权值向量 $\boldsymbol{\omega}$ 已经能正确实现分类时，算法就收敛了，此时网络的误差为零。在计算时，收敛条件通常可以是：

- 误差小于某个预先设定的较小的值 ε。即
$$|d(n) - y(n)| < \varepsilon$$

- 两次迭代之间的权值变化已经很小，即
$$|\omega(n+1) - \omega(n)| < \varepsilon$$

- 设定最大迭代次数 M，当迭代了 M 次之后算法就停止迭代。

为可靠起见，防止偶然因素导致的提前收敛，前两个条件还可以改进为连续若干次误差（或权值变化）小于某个值，如误差连续 5 次小于 $e-2$（即 10^{-2}）。在这里，ε 和 M 值都是事先通过经验确定的，不同的取值可能会对结果造成不同程度的影响。也可以结合多种条件混合使用，如：如果误差连续 5 次小于 $e-2$，则算法收敛，但如果一直没有收敛，那么当迭代次数 $M=200$ 时，算法也将停止迭代。条件的混合使用，是为了防止算法一直不收敛，程序进入死循环。

另一个需要通过经验事先确定的参数是学习率 η。η 的值决定了误差对权值的影响大小，η 的值既不能过大也不能过小，这源于两种相互矛盾的需求：

- η 不应当过大，以便为输入向量提供一个比较稳定的权值估计。
- η 不应当过小，以便使权值能够根据输入的向量 x 实时变化，体现误差对权值的修正作用。

注意：这个问题的确不容易完美地解决，就像显微镜中用于对焦的准焦螺旋，粗准焦螺旋能够在对焦初期快速将焦距定位到理想值附近，但是在接下来更为精细的对焦中它就无能为力了；细准焦螺旋能够实现精确对焦，但如果一开始就使用细准焦螺旋，那么对焦可能需要很长时间。理想的方法是，先用粗准焦螺旋粗调，再用细准焦螺旋微调，即先使用大的学习步长，再使用小的学习步长。类似地，对于 η 等算法参数的选择，采用变化的参数，往往比固定参数更有效。如事先规定两个 η 值，先使用较大的一个值作为学习率，当迭代次数达到一定值后，再采用较小的值作为学习率；或者用误差值或权值的变化量作为控制 η 的参数，在迭代过程中，一般情况下误差值或权值的变化量会逐渐减小，相对应的学习率也应该逐渐减小；或者预先设定好学习率的固定下降规律，如指数式下降。以上几种，都是控制 η 参数，实现更有效学习、更快速收敛的可能的解决方案，对于其他类似参数的设置，也有一定借鉴意义。

单层感知器并不对所有二分类问题收敛，它只对线性可分的问题收敛，即可通过学习，调整权值，最终找到合适的决策面，实现正确分类。对于线性不可分的问题，单层感知器的学习算法是不收敛的，无法实现正确分类，如图 4-4 和图 4-5 所示。

值得一提的是，对于线性不可分问题，单层感知器并不是毫无研究价值。尽管不可能实现全部样本数据的正确分类，依然可以追求尽量正确的分类。这样，问题就转化为：定义一个误差准则，在不同的超平面中选择一个最优的超平面，使得这个误差准则下的误差最小，实现近似分类。当然，在实际应用中，线性不可分的问题已经不需要用单层感知器来做近似分类了，已经有很多有效的方法能够正确地将两类模式区分开。但是这种思想方法依然有值得借鉴之处。

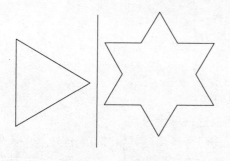

图 4-4　线性可分问题

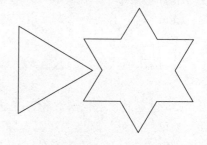

图 4-5　线性不可分问题

4.3　感知器的局限性

　　感知器的局限性是显而易见的。学者 Minsky 和 Papert 证明，建立在局部学习例子基础之上的 Rosenblatt 感知器没有进行全局泛化的能力。由于单层感知器可以变形为多层感知器，他们推测，这一点对于多层感知器也是一样的。这一悲观结论在一定程度上引起了对感知器乃至神经网络计算能力的怀疑。

　　下面总结一下单层感知器的几个缺陷：

　　（1）感知器的激活函数使用阈值函数，使得输出只能取两个值（1/–1 或 0/1），这样就限制了在分类种类上的扩展。

　　（2）感知器网络只对线性可分的问题收敛，这是最致命的一个缺陷。根据感知器收敛定理，只要输入向量是线性可分的，感知器总能在有限的时间内收敛。若问题不可分，则感知器无能为力。

　　（3）如果输入样本存在奇异样本，则网络需要花费很长的时间。奇异样本就是数值上远远偏离其他样本的数据。例如以下样本：

$$x = \begin{bmatrix} 1, -1, \ 2, -100 \\ 0, -1, 0.5, 200 \end{bmatrix}$$

　　每列是一个输入向量。前三个样本数值上都比较小，第四个样本数据则特别大，远远偏离其他数据点，这种情况下，感知器虽然也能收敛，但需要更长的训练时间。

　　（4）感知器的学习算法只对单层有效，因此无法直接套用其规则设计多层感知器。

4.4　单层感知器相关函数详解

　　MATLAB 神经网络工具箱中用于单层感知器设计最重要的函数是 newp、train 和 sim，分别用来设计、训练和仿真。涉及的其他函数还有 init、adapt、mae、hardlim、learnp 等，本节将选择部分比较重要的函数加以介绍。

4.4.1　newp——创建一个感知器

　　函数的语法格式如下：

```
net=newp(P,T,TF,LF)
```

newp 函数用于生成一个感知器神经网络，以解决线性可分的分类问题。后两个输入参数是可选的，如果采用默认值，可以简单地采用 net=newp(P,T)的形式来调用。

- ❑ P：P 是一个 R×2 矩阵，矩阵的行数 R 等于感知器网络中输入向量的维数。矩阵的每一行表示输入向量每个分量的取值范围。如 P=[−1,1;0,1]，表示输入向量是 2 维向量 $[x_1,x_2]$，且 $−1 \le x_1 \le 1$，$0 \le x_2 \le 1$。因此，矩阵 R 的第二列数字必须大于等于第一列数字，否则系统将会报错。
- ❑ T：表示输出节点的个数，标量。
- ❑ TF：传输函数，可取值为 hardlim 或 hardlims，默认值为 hardlim。
- ❑ LF：学习函数，可取值为 learnp 或 learnpn，默认值为 learnp。
- ❑ net：函数返回创建好的感知器网络。

newp 函数创建的感知器网络如图 4-6 所示，网络拥有 R 个输入节点，T 个输出节点。

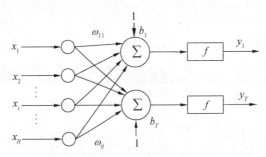

图 4-6　newp 创建的感知器

learnpn 函数与 learnp 函数的区别在于，learnpn 对输入量大小的变化比 learnp 不敏感。当输入的向量在数值的幅度上变化比较大时，使用 learnpn 代替 learnp，可以加快计算速度。

【实例 4.1】用 newrb 函数创建一个感知器，并进行训练仿真。

```
>> p=[-1,1;-1,1]          % 输入向量有两个分量，两个分量取值范围均为-1~1

p =

  -1    1
  -1    1

>> t=1;                   % 共有 1 个输出节点
>> net=newp(p,t);         % 创建感知器
>> P=[0,0,1,1;0,1,0,1]    % 用于训练的输入数据，每列是一个输入向量

P =

   0    0    1    1
   0    1    0    1

>> T=[0,1,1,1]            % 输入数据的期望输出

T =

   0    1    1    1
```

```
>> net=train(net,P,T);    % train 函数用于训练
>> newP=[0,0.9]';          % 第一个测试数据
>> newT=sim(net,newP)      % 第一个测试数据的输出为 0

newT =

    0

>> newP=[0.9,0.9]';        % 第二个测试数据
>> newT=sim(net,newP)      % 第二个测试数据的输出为 1

newT =

    1

>> newT=sim(net,P)         % 用原训练数据做测试，实际输出等于期望输出

newT =

    0    1    1    1
```

执行结果如图 4-7 所示。

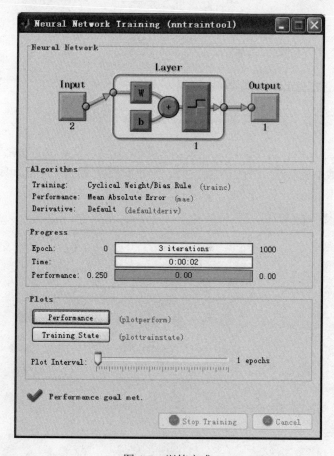

图 4-7　训练完成

　　【实例分析】由图 4-7 中的示意图可知，创建的感知器网络有 2 个输入节点，1 个输出节点。

4.4.2　train——训练感知器网络

函数的语法格式如下：

```
[net,tr]=train(net,P,T,Pi,Ai)
```

train 函数用于训练创建好的感知器网络，事实上，train 函数可以训练所有神经网络（径向基函数网络等不需要训练的除外）。

- [ ] net：需要训练的神经网络，对于感知器，net 是 newp 函数的输出。train 根据 net.trainFcn 和 net.trainParam 进行训练。
- [ ] P：网络输入。P 是 R×Q 输入矩阵，每一列是一个输入向量，R 应等于网络的输入节点个数，共有 Q 个训练输入向量。
- [ ] T：网络期望输出。这个参数是可选的，对于无监督学习，不需要期望输出。T 是 S*Q 矩阵，每一列是一个输出向量，S 应等于输出节点个数，共有 Q 个输出，Q 值应与输入向量的个数相等。T 默认值为零。
- [ ] Pi：初始输入延迟，默认值为零。
- [ ] Ai：初始的层延迟，默认值为零。
- [ ] net：训练好的网络。
- [ ] tr：训练记录，包括训练的步数 epoch 和性能 perf。

在这里，对于没有输入延迟或层延迟的网络，Pi，Ai，Pf 及 Af 参数是不需要的。

准确地说，train 函数的参数有两种格式：细胞数组和矩阵。以上是以矩阵的形式解释参数格式。

（1）细胞数组

- [ ] P：Ni*TS 细胞数组，每个元素 P{i,ts} 是一个 Rix*Q 矩阵；
- [ ] Pi：Ni*ID 细胞数组，每个元素 Pi{i,k} 是一个 Ri*Q 矩阵；
- [ ] Ai：Nl*LD 细胞数组，每个元素 Ai{i,k} 是一个 Si*Q 矩阵；
- [ ] Y：NO*TS 细胞数组，每个元素 Y{i,ts} 是一个 Ui*Q 矩阵；
- [ ] Pf：Ni*ID 细胞数组，每个元素 Pf{i,k} 是一个 Ri*Q 矩阵；
- [ ] Af：Nl*LD 细胞数组，每个元素 Af{i,k} 是一个矩阵。

其中：

Ni = net.numInputs

Nl = net.numLayers

No = net.numOutputs

ID = net.numInputDelays

LD = net.numLayerDelays

TS = 最大迭代次数

Q = 输入训练样本个数

Ri = net.inputs{i}.size

Si = net.layers{i}.size

Ui = net.outputs{i}.size

在这里，Pi，Pf，Ai 和 Af 的列是按从最初的延迟到最新的延迟的顺序来排列的。如：

❑ Pi{i,k}表示在 ts=k-ID 时的第 i 个输入；

❑ Pf{i,k}表示在 ts=TS+k-ID 时的第 i 个输入；

❑ Ai{i,k}表示在 ts=k-ID 时的第 i 层输出；

❑ Af{i,k}表示在 ts=TS+k-LD 时的第 i 层输出。

（2）矩阵

在矩阵格式中，每个矩阵的参数是将细胞数组中的相应元素集中存放到一个矩阵中构成的。

❑ P：（Ri 的总和）*Q 迭代矩阵；

❑ Pi：（Ri 的总和）*（LD*Q）的矩阵；

❑ Ai：（Si 的总和）*（LD*Q）的矩阵；

❑ Y：（Ui 的总和）*Q 的矩阵；

❑ Pf：（Ri 的总和）*（ID*Q）的矩阵；

❑ Af：（Si 的总和）*（LD*Q）的矩阵。

一般来说，细胞数组的形式适合多输入、多输出的场合，而矩阵形式适合单输入、单输出的网络，但也能用在其他场合。

使用感知器网络的一个典型流程是这样：使用 newp 创建一个感知器网络 net，然后用 train 函数根据训练数据对 net 进行训练，最后用 sim 或直接用 net 进行仿真，得到网络对新的输入向量的实际输出。

【实例 4.2】创建一个感知器，用来判断输入数字的符号，非负数输出 1，负数输出 0，用 train 进行训练。

```
>> p=[-100,100]              % 输入数据是标量，取值范围-100~100

p =

  -100   100

>> t=1                       % 网络含有一个输出节点

t =

    1

>> net=newp(p,t);            % 创建一个感知器
>> P=[-5,-4,-3,-2,-1,0,1,2,3,4]     % 训练输入

P =

   -5    -4    -3    -2    -1    0    1    2    3    4

>> T=[0,0,0,0,0,1,1,1,1,1]    % 训练输出，负数输出 0，非负数输出 1

T =

    0    0    0    0    0    1    1    1    1    1

>> net=train(net,P,T);       % 用 train' 进行训练
>> newP=-10:.2:10;           % 测试输入
```

```
>> newT=sim(net,newP);          % 测试输入的实际输出
>> plot(newP,newT,'LineWidth',3);
>> title('判断数字符号的感知器');
```

执行结果如图 4-8 所示。

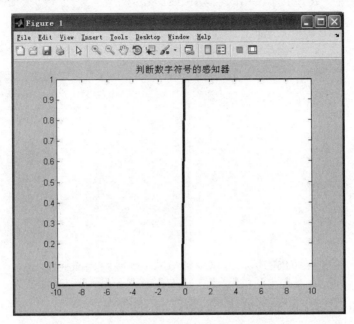

图 4-8　判断数字符号的感知器

【实例分析】train 函数的 P 参数和 T 参数中，向量都是按列排放的，列数表示输入向量或输出向量的个数，P 的列数和 T 的列数应该是相等的。

4.4.3　sim——对训练好的网络进行仿真

函数的语法格式如下。

1. [Y,Pf,Af]=sim(net,P,Pi,Ai)

sim 函数用于仿真一个神经网络。它的输入参数如下：

❑ Ne1t，训练好的神经网络。

❑ P，网络的输入。若 P 是矩阵，则每一列是一个输入向量，列数等于输入向量的个数。

❑ Pi，网络的初始输入延迟，默认值为零。

❑ Ai，网络的初始层延迟，默认值为零。

它的输出参数如下：

❑ Y，网络对输入 P 的实际输出；

❑ Pf，最终输出延迟；

❑ Af，最终的层延迟。

sim 函数的参数事实上有细胞数组和矩阵两种形式，这一点与 train 函数相同，不再赘

述。Pi，Ai，Pf，Af 对于没有延迟的网络都是不必要的。

2. [Y,Pf,Af,E,perf]=sim(…)

在这里，输出参数 E 表示网络的误差，perf 表示网络的性能（Performance）。

【实例 4.3】创建感知器，实现逻辑与的功能，用 sim 仿真。

```
>> net=newp([-2,2;-2,2],1);  % 创建一个感知器，有 2 个输入节点，1 个输出节点
>> P=[0,0,1,1;0,1,0,1];      % 输入向量
>> T=[0,0,1,1];              % 期望输出
>> net=train(net,P,T);      % 训练
>> Y=sim(net,P)             % 仿真

Y =

     0     0     1     1
>> Y=net(P)                 % 另一种得到仿真结果的形式

Y =

     0     0     1     1
```

【实例分析】用 Y=net(P)的形式可以得到与用 sim 函数相同的结果。

4.4.4 hardlim/hardlims——感知器传输函数

hardlim 和 hardlims 都是感知器的传输函数，其功能类似于数学上的符号函数。

$$
\text{sgn}(x) = \begin{cases} 1 & x > 0 \\ 0 & x = 0 \\ -1 & x < 0 \end{cases}
$$

hardlim 函数遇到负数输入时输出值不是-1 而是 0，hardlim 和 hardlims 在输入等于 0 时返回 1。函数的语法格式如下。

1. A=hardlim(N,FP)或A=hardlims(N,FP)

N 是 S*Q 矩阵，它的每一列是一个输入向量，矩阵共包含 Q 个向量，每个向量的维度为 S。

FP 则是可选的参数，是一个包含函数参数的结构体。

hardlim 函数返回矩阵 A，A 与 N 同型，也是 S*Q 矩阵，包含 0 或 1，在 N≥0 的对应位置，值为 1，否则值为零。hardlims 函数则在 N≥0 的对应位置返回 1，其余位置返回-1。

2. dA_dN=hardlim('dn',N,A,FP)或dA_dN=hardlim('dn',N,A,FP)

函数计算 S*Q 矩阵 A 关于 N 的导数，FP 是包含函数参数的结构体。如果 A 或 FP 不存在，或者显式地设置为[]，则 FP 使用默认值，而 A 直接从 N 中计算得到。

【实例 4.4】输入一个向量，计算 hardlim 和 hardlims 的函数值。

```
>> figure;
>> subplot(2,1,1);
```

```
>> n = -5:0.01:5;
>> plot(n,hardlim(n),'LineWidth',2);        % hardlim 函数值
>> subplot(2,1,2);
>> plot(n,hardlims(n),'r','LineWidth',2)    % hardlims 函数值
>> title('hardlims');
>> subplot(2,1,1);
>> title('hardlim');
```

执行结果如图 4-9 所示。

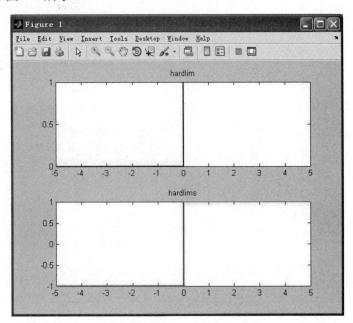

图 4-9　hardlim 和 hardlims 函数

【实例分析】在 newp 函数中，默认采用的传输函数是 hardlim，若采用 hardlims，则需要特别指定，形式如下：net=newp(P,T,'hardlims')。

4.4.5　init——神经网络初始化函数

函数的语法格式如下：

```
net=init(net)
```

init 函数的功能是初始化神经网络 net 的权值和阈值。init 内部使用的初始化函数是由 net.initFcn 指定的，其参数是由 net.initParam 确定的。

init 调用 net.initFcn 函数，根据 net.initParam 中的参数对网络阈值和权值做初始化，通常 net.initFcn 设置为 initlay 函数，该函数用 net.layers{i}.initFcn 来初始化每一层的权值和阈值。通常，感知器的 net.layers{i}.initFcn 设为 initwb 函数，采用特定的初始化函数初始化权值和阈值，通常为 rands 函数，它可以产生-1~1 的随机数。

【实例 4.5】观察感知器网络权值的变化。

```
>> net=newp([0,1;-2,2],1);        % 创建感知器
>> net.iw{1,1}                     % 创建时的权值
```

```
ans =

  0    0

>> net.b{1}                % 创建时的偏置

ans =

  0

>> P=[0,1,0,1;0,0,1,1]      % 训练输入向量

P =

  0    1    0    1
  0    0    1    1

>> T=[0,0,0,1]              % 训练输入向量的期望输出

T =

  0    0    0    1

>> net=train(net,P,T);      % 训练
>> net.iw{1,1}             % 训练后的权值

ans =

  1    2

>> net.b{1}                % 训练后的偏置

ans =

  -3

>> net=init(net);          % 初始化
>> net.iw{1,1}             % 初始化后的权值

ans =

  0    0

>> net.b{1}                % 初始化后的偏置

ans =

  0
>> net.initFcn             % net.initFcn 值

ans =

initlay
>> net.initParam       % 当 net.initFcn= initlay 时, net.initParam 自动为空
SWITCH expression must be a scalar or string constant.

Error in network/subsref (line 140)
    switch (subs)
```

【实例分析】感知器经过初始化后，权值和偏置都被重新置为零，当 net.initFcn= initlay 时，net.initParam 自动为空，因此输入 net.initParam 系统报错。

4.4.6　adapt——神经网络的自适应

函数的语法格式如下：

```
[net,Y,E,Pf,Af,tr]=adapt(net,P,T,Pi,Ai)
```

与 train 函数类似，adapt 函数的参数也有细胞数组和矩阵两种形式，这里采用矩阵形式讲解。输入参数如下：

- ❑ Net，待修正的神经网络。
- ❑ P，网络的输入。R×Q 矩阵，输入节点个数为 R，训练向量个数为 Q。
- ❑ T，网络的输出。S×Q 矩阵，输出节点个数为 S，训练向量个数为 Q。
- ❑ Pi，初始的输入延迟。
- ❑ Ai，初始的层延迟。

输出参数如下：

- ❑ Net，修正后的网络；
- ❑ Y，网络的输出；
- ❑ E，网络误差；
- ❑ Pf，最终的输出延迟；
- ❑ Af，最终的层延迟；
- ❑ Tr，训练记录，包括 epoch 和 perf。

参数 T 仅对需要目标的网络是必需的，参数 Pi，Pf，Ai，Af 仅对有输入延迟或层间延迟的网络才具有意义。

【实例 4.6】使用 adapt 函数调整感知器和其他神经网络。

adapt 函数用于感知器：

```
% example4_6_1.m
%% 清理
clear,clc
close all

%% adapt 用于感知器

% 创建感知器
net=newp([-1,2;-2,2],1);

% 定义训练向量
P={[0;0] [0;1] [1;0] [1;1]};
T={0,0,1,1};

% 进行调整
[net,y,ee,pf] = adapt(net,P,T);
ma=mae(ee)
ite=0;
while ma>=0.15
  [net,y,ee,pf] = adapt(net,P,T,pf);
```

```
    ma=mae(ee)
    newT=sim(net,P)
    ite=ite+1;
    if ite>=10
        break;
    end
end
```

命令行输出为:

```
ma =
    0.5000
ma =
    0.2500
newT =
    [0]    [0]    [1]    [1]
ma =
    0
newT =
    [0]    [0]    [1]    [1]
```

可以看到, 经过调整, 误差逐渐减小, 最后的仿真结果与期望输出相同。

adapt 函数用于其他神经网络:

```
% example4_6_2.m
%% 清理
clear,clc
close all

%% adapt 用于线性网络

% 创建线性网络
net=newlin([-1,1],1,[0,1],0.5);

% 定义训练向量 1
P1={-1,0,1,0,1,1,-1,0,-1,1,0,1};
T1={-1,-1,1,1,1,2,0,-1,-1,0,1,1};
% 进行调整
[net,y,ee,pf] = adapt(net,P1,T1);
ma=mae(ee)

% 定义训练向量 2
P2={1,-1,-1,1,1,-1,0,0,0,1,-1,-1};
T2={2,0,-2,0,2,0,-1,0,0,1,0,-1};
% 调整网络
[net,y,ee,pf] = adapt(net,P2,T2,pf);
ma=mae(ee)

% 用全部数据训练网络
P3=[P1,P2];
T3=[T1,T2];
net.adaptParam.passes=100;
[net,y,ee,pf]=adapt(net,P3,T3,pf);
ma=mse(ee)
```

命令行输出为:

```
ma =
    0.4196
ma =
```

```
     0.0993
ma =
     0.0686
```

可以看到，随着训练的进行，网络的误差越来越小。

【实例分析】adapt 函数在线性神经网络中比较常用。

4.4.7　mae——平均绝对误差性能函数

函数的语法格式如下：

```
perf=mae(E)
```

mae 是一个网络性能函数，用平均绝对误差（Mean Absolute Error，MAE）来衡量系统性能。其他的性能函数还有 mse、sse 等。

❑ E，误差向量构成的矩阵或细胞数组；

❑ Perf，返回平均绝对差。

newp 创建的网络，计算性能时使用 mae，用户也可以显式地设置 net.performFcn 为 mae。这样，由于 mae 不需要性能参数，net.performParam 会被自动地设置为空矩阵[]。

【实例 4.7】创建一个感知器，计算仿真时的误差性能。

```
>> net = newp([-10 10],1);
                        % 创建一个感知器，该感知器拥有一个输入节点和一个输出节点
>> p = [-10 -5 0 5 10];    % 训练输入向量
>> t = [0 0 1 1 1];        % 期望输出
>> y = sim(net,p)          % 直接仿真

y =

     1    1    1    1    1

>> e = t-y                 % 误差

e =

    -1   -1    0    0    0

>> perf = mae(e)           % 平均绝对差

perf =

     0.4000

>> sum(abs(e))/length(e)   % 取绝对值，再求平均值，与 mae 函数计算结果相同

ans =

     0.4000

>> net=train(net,p,t);     % 进行训练后再计算平均绝对差
>> y = sim(net,p);
>> e = t-y

e =
```

```
        0     0     0     0     0

>> perf = mae(e)              % 平均绝对差为 0

perf =

        0
```

【实例分析】其他性能函数还有：mse 函数，用于计算均方误差（Mean squared error）；sse 函数，用于计算误差平方和（Sum Squared Error，SSE）。mae 可用以下公式表示：

$$\text{MAE} = \frac{\sum_{i=1}^{N} |e_i|}{N}$$

MSE 均方误差则可表示为：

$$\text{MSE} = \frac{\sum_{i=1}^{N} e_i^2}{N}$$

SSE 误差平方和表示为：

$$\text{SSE} = \sum_{i=1}^{N} e_i^2$$

4.5 单层感知器应用实例——坐标点的二类模式分类

单层感知器是最简单的神经网络。本节将通过坐标点的二类模式分类问题，用手算和使用工具箱函数两种方法应用单层感知器。最后将问题稍作修改，使其线性不可分，验证单层感知器的局限性。

给出平面中的若干点及每个点所属的类型，要求正确地实现分类。在这个问题中，我们给出的是 6 个点的二分类问题，这 6 个点是线性可分的。

4.5.1 手算

给定的 6 个点如图 4-10 和表 4-1 所示。

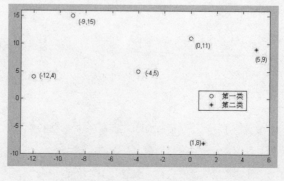

图 4-10 点的分类问题

表 4-1　点的分类问题

序号	x	y	所属类型（期望输出）
1	–9	15	0
2	1	8	1
3	–12	4	0
4	–4	5	0
5	0	11	0
6	5	9	1

这是一个线性可分问题，输入向量是 2 维向量，在 2 维空间中可用一条直线将两个类别正确地分开，如图 4-11 所示。

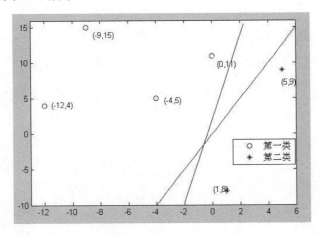

图 4-11　线性可分的分类问题

由于输入向量维数为 2，输出向量维数为 1，因此，创建的感知器网络拥有 2 个输入节点，1 个输出节点，网络结构如图 4-12 所示。

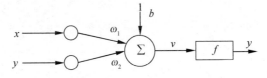

图 4-12　分类问题的网络结构

网络中需要求解的是权值 ω_1、ω_2 和偏置 b。

（1）定义向量

$$\boldsymbol{\omega} = \left[b, \omega_1, \omega_2\right]^{\mathrm{T}}$$

定义输入

$$\boldsymbol{P} = \begin{bmatrix} 1, x_1, y_1 \\ 1, x_2, y_2 \\ \cdots \end{bmatrix}^{\mathrm{T}}$$

期望输出

$$\boldsymbol{d} = [0,1,0,0,0,1]^{\mathrm{T}}$$

在 MATLAB 中实现：

```
>> n=0.2;                 % 学习率
>> P=[ -9    1  -12  -4    0, 5;...
15   -8    4    5   11, 9];
>> d=[0,1,0,0,0,1];       % 期望输出
>> P=[ones(1,6);P]

P =

     1    1    1    1    1    1
    -9    1  -12   -4    0    5
    15   -8    4    5   11    9
```

（2）初始化，将权值和偏置初始化为零。令 $\boldsymbol{\omega}=[b,\omega_1,\omega_2]^{\mathrm{T}}=[0,0,0]^{\mathrm{T}}$。

```
>> w=[0,0,0];
```

（3）第一次迭代。根据 $\boldsymbol{v}=\boldsymbol{\omega}\boldsymbol{P}$ 和 $\boldsymbol{y}=\mathrm{hardlim}(\boldsymbol{v})$ 计算输出，输出值为 0 或 1。

```
>> v=w*P                  % 输出层的输入

v =

     0    0    0    0    0    0

>> y=hardlim(v)           % 计算网络的输出

y =

     1    1    1    1    1    1
```

$\boldsymbol{y}$ 是实际输出，与期望输出 $\boldsymbol{d}$ 不一致，需要根据误差 $(\boldsymbol{d}-\boldsymbol{y})$ 调整权值和偏置。公式：

$$\boldsymbol{\omega}=\boldsymbol{\omega}+(\boldsymbol{d}-\boldsymbol{y})\boldsymbol{P}^{\mathrm{T}}$$

```
>> e=(d-y)                % 误差

e =

    -1    0   -1   -1   -1    0

>> ee=mae(e)              % 计算误差的平均绝对差

ee =

    0.6667
>> w=w+n*(T-y)*P'         % 调整 w

w =

   -0.8000    5.0000   -7.0000
```

（4）第二次迭代。第一次迭代更新了 $\boldsymbol{\omega}$ 向量的值，第二步在这个值的基础上重新开始计算。代码如下：

```
>> v=w*P

v =
```

```
 -150.8000   60.2000  -88.8000  -55.8000  -77.8000  -38.8000

>> y=hardlim(v)

y =

    0    1    0    0    0    0
>> e=(d-y)

e =

    0    0    0    0    0    1
>> ee=mae(e)

ee =

   0.1667
```

可以发现，实际输出与期望输出仍然不一致，还需要再次调整 ω 向量。

```
>> w=w+n*(T-y)*P'

w =

  -0.6000    6.0000   -5.2000
```

（5）第三次迭代，重复以上步骤。

```
>> v=w*P

v =

 -132.6000   47.0000  -93.4000  -50.6000  -57.8000  -17.4000

>> y=hardlim(v)

y =

    0    1    0    0    0    0

>> e=(T-y)

e =

    0    0    0    0    0    1

>> ee=mae(e)

ee =

   0.1667
```

mae 值与前一次迭代相比没有变化，但是 v 值已经有了更新。继续调整权值和偏置：

```
>> w=w+n*(T-y)*P'

w =

  -0.4000    7.0000   -3.4000
```

（6）第四次迭代。

```
>> v=w*P

v =

 -114.4000   33.8000  -98.0000  -45.4000  -37.8000    4.0000
>> y=hardlim(v)

y =

      0     1     0     0     0     1

>> e=(d-y)

e =

      0     0     0     0     0     0

>> ee=mae(e)

ee =

      0
```

可以看到，程序第四次迭代时就已经取得了正确的结果，mae 值为零。此时算法就收敛了，由于 mae 值为零，因此即使继续更新 $\boldsymbol{\omega}$ 向量，其值也保持不变：

```
>> w=w+n*(T-y)*P'

w =

  -0.4000    7.0000   -3.4000
```

得到的分类超平面是直线 $7x - 3.4y - 0.4 = 0$，如图 4-13 所示。

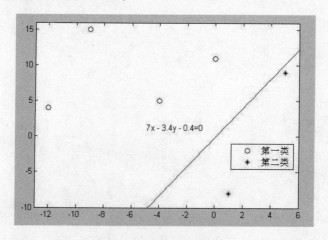

图 4-13　分类问题的结果

整理 MATLAB 程序，用循环实现，代码如下：

```
% perception_hand.m
%% 清理
clear,clc
```

```
close all

%%
n=0.2;                              % 学习率
w=[0,0,0];
P=[ -9,  1, -12, -4,   0, 5;...
    15,  -8,   4,  5,  11, 9];
d=[0,1,0,0,0,1];                    % 期望输出

P=[ones(1,6);P];
MAX=20;                             % 最大迭代次数为 20 次
%% 训练
i=0;
while 1
    v=w*P;
    y=hardlim(v);                   % 实际输出
    %更新
    e=(d-y);
    ee(i+1)=mae(e);
    if (ee(i+1)<0.001)              % 判断
        disp('we have got it:');
        disp(w);
        break;
    end
    % 更新权值和偏置
    w=w+n*(d-y)*P';
    i= i+1;
    if (i>=MAX)                     % 达到最大迭代次数，退出
        disp('MAX times loop');
        disp(w);
        disp(ee(i+1));
      break;
    end
end


%% 显示
figure;
subplot(2,1,1);                     % 显示待分类的点和分类结果
plot([-9   -12 -4    0],[15   4   5   11],'o');
hold on;
plot([1,5],[-8,9],'*');
axis([-13,6,-10,16]);
legend('第一类','第二类');
title('6 个坐标点的二分类');
x=-13:.2:6;
y=x*(-w(2)/w(3))-w(1)/w(3);
plot(x,y);
hold off;

subplot(2,1,2);                     % 显示 mae 值的变化
x=0:i;
plot(x,ee,'o-');
s=sprintf('mae 的值(迭代次数:%d)', i+1);
title(s);
```

执行结果如图 4-14 所示。

修改问题的期望输出，如图 4-15 所示。

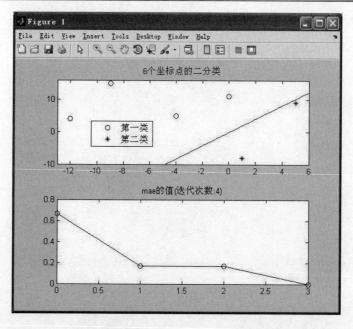

图 4-14 perception_hand.m 执行结果

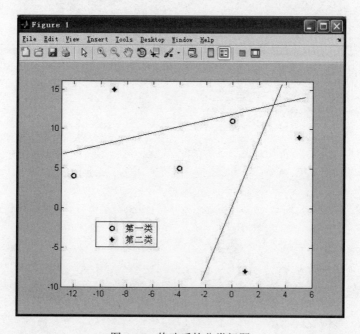

图 4-15 修改后的分类问题

从图 4-15 中可以看出，无法用一条直线将圆形的点和星形的点正确分开，这是一个线性不可分的问题。对于线性不可分问题，单层感知器无法在有限时间内收敛，如果用上面的 perception_hand.m 来求解，不能得出正确的结果。

修改 perception_hand.m 脚本中的参数 MAX=100，n=0.1，使最大迭代次数为 100 次，学习率为 0.1，执行该脚本，所得结果如图 4-16 所示。

可以看到，迭代 100 次时所得的执行依然不能将坐标点正确分开，而 mae 值则一直处于振荡中，得不到稳定的下降。

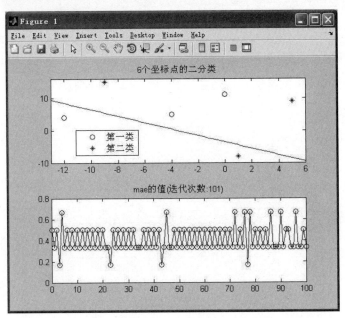

图 4-16 线性不可分问题的计算结果

4.5.2 使用工具箱函数

使用函数 newp 创建感知器，用 train 函数对感知器进行训练，最后用 sim 函数进行仿真验证。感知器网络主要由 2 个输入节点、1 个输出节点构成。

新建 M 脚本文件 perception_newp.m，内容如下：

```
% perception_newp.m
% 清理
clear,clc
close all

% 创建感知器
net=newp([-20,20;-20,20],1);

%定义输入训练向量
P=[ -9,  1, -12, -4,   0, 5;...
   15,  -8,  4,  5,  11, 9];
% 期望输出
T=[0,1,0,0,0,1]

% 训练
net=train(net,P,T);

% 输入训练数据仿真验证
Y=sim(net,P)
```

执行该脚本，可以发现，经过训练，网络的实际输出等于期望输出：

```
T =            % 期望输出
```

```
     0     1     0     0     0     1

Y =                 % 实际输出

     0     1     0     0     0     1
```

在变量 net 中包含了网络的全部信息，其中，网络的权值和偏置为：

```
>> iw=net.iw;
>> b=net.b;
>> w=[b{1},iw{1}]

w =

     0    14    -6
```

即网络的偏置为 0，权值为 14 和-6。分类结果如图 4-17 所示。

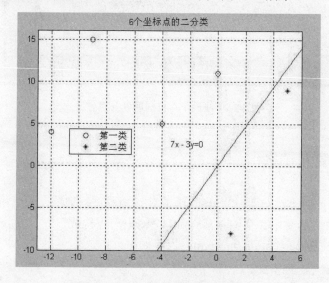

图 4-17　用工具箱函数实现的分类

第5章 线性神经网络

线性神经网络最典型的例子是自适应线性元件（Adaptive Linear Element，Adaline）。自适应线性元件 20 世纪 50 年代末由 Widrow 和 Hoff 提出，主要用途是通过线性逼近一个函数式而进行模式联想以及信号滤波、预测、模型识别和控制等。

线性神经网络与感知器的主要区别在于，感知器的传输函数只能输出两种可能的值，而线性神经网络的输出可以取任意值，其传输函数是线性函数。线性神经网络采用 Widrow-Hoff 学习规则，即 LMS（Least Mean Square）算法来调整网络的权值和偏置。

线性神经网络在收敛的精度和速度上较感知器都有了较大提高，但其线性运算规则决定了它只能解决线性可分的问题。

5.1　线性神经网络的结构

线性神经网络在结构上与感知器网络非常相似，只是神经元传输函数不同。线性神经网络的结构如图 5-1 所示。

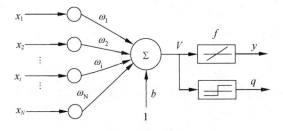

图 5-1　线性神经网络的结构

如图 5-1 所示，线性神经网络除了产生二值输出以外，还可以产生模拟输出——即采用线性传输函数，使输出可以为任意值。

假设输入是一个 N 维向量 $\boldsymbol{x} = [x_1, x_2, \cdots, x_N]$，从输入到神经元的权值为 ω_i，则该神经元的输出为：

$$v = \sum_{i=1}^{N} x_i \omega_i + b$$

在输出节点中的传递函数采用线性函数 purelin，其输入与输出之间是一个简单的比例关系。线性网络最终的输出为：

$$y = \text{purelin}(v)$$

即

$$y = \text{purelin}\left(\sum_{i=1}^{N} x_i \omega_i + b\right)$$

写成矩阵的形式，假设输入向量为

$$\boldsymbol{x}(n) = \left[1, x_1(n), x_2(n), \cdots, x_N(n)\right]^{\mathrm{T}}$$

权值向量为

$$\boldsymbol{\omega}(n) = \left[\omega_0(n), \omega_1(n), \omega_2(n), \cdots, \omega_N(n)\right]^{\mathrm{T}}$$

其中 $\omega_0 = b(n)$，表示偏置。则输出可以表示为

$$\boldsymbol{y} = \boldsymbol{x}^{\mathrm{T}}\boldsymbol{\omega}$$

$$\boldsymbol{q} = \text{sgn}(\boldsymbol{y})$$

若网络中包含多个神经元节点，就能形成多个输出，这种线性神经网络叫 Madaline 网络。Madaline 网络的结构如图 5-2 所示。

Madaline 可以用一种间接的方式解决线性不可分的问题，方法是用多个线性函数对区域进行划分，然后对各个神经元的输出做逻辑运算。如图 5-3 所示，Madaline 用两条直线实现了异或逻辑。

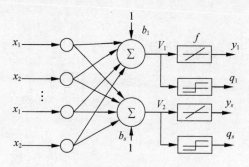

图 5-2　Madaline 结构图

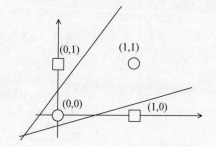

图 5-3　Madaline 实现异或

线性神经网络解决线性不可分问题的另一个方法是，对神经元添加非线性输入，从而引入非线性成分，这样做会使等效的输入维度变大，如图 5-4 所示。

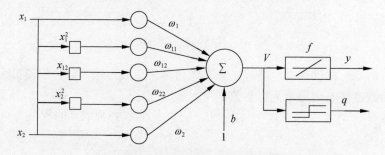

图 5-4　线性网络解决非线性问题

5.2　LMS 学习算法

线性神经网络的闪光之处在于其学习算法。Widrow 和 Hoff 于 1960 年提出自适应滤波

LMS 算法，也称为 Δ 规则（Delta Rule）。LMS 算法与感知器网络的学习算法在权值调整上都基于纠错学习规则，但 LMS 更易实现，因此得到了广泛应用，成为自适应滤波的标准算法。

LMS 算法只能训练单层网络，但这并不会对其功能造成很大的影响。从理论上说，多层线性网络并不比单层网络更强大，它们具有同样的能力，即对于每一个多层线性网络，都具有一个等效的单层线性网络与之对应。

定义某次迭代时的误差信号为

$$e(n) = d(n) - \boldsymbol{x}^{\mathrm{T}}(n)\boldsymbol{\omega}(n)$$

其中 n 表示迭代次数，$\boldsymbol{d}$ 表示期望输出。这里采用均方误差作为评价指标：

$$\mathrm{mse} = \frac{1}{Q}\sum_{k=1}^{Q} e^2(k)$$

Q 是输入训练样本的个数。线性神经网络学习的目标是找到适当的 $\boldsymbol{\omega}$，使得误差的均方差 mse 最小。只要用 mse 对 $\boldsymbol{\omega}$ 求偏导，再令该偏导等于零即可求出 mse 的极值。显然，mse 必为正值，因此二次函数是凹向上的，求得的极值必为极小值。

在实际运算中，为了解决权值 $\boldsymbol{\omega}$ 维数过高，给计算带来困难的问题，往往是通过调节权值，使 mse 从空间中的某一点开始，沿着斜面向下滑行，最终达到最小值。滑行的方向是该点最陡下降的方向，即负梯度方向。沿着此方向以适当强度对权值进行修正，就能最终到达最佳权值。

实际计算中，代价函数常定义为

$$E(\boldsymbol{\omega}) = \frac{1}{2}e^2(n)$$

对该式两边关于权值向量 $\boldsymbol{\omega}$ 求偏导，可得

$$\frac{\partial E}{\partial \boldsymbol{\omega}} = e(n)\frac{\partial e(n)}{\partial \boldsymbol{\omega}}$$

又因为 $e(n) = d(n) - \boldsymbol{x}^{\mathrm{T}}(n)\boldsymbol{\omega}(n)$，令 $e(n)$ 对权值向量求偏导，有

$$\frac{\partial e(n)}{\partial \boldsymbol{\omega}} = -\boldsymbol{x}^{\mathrm{T}}(n)$$

综合以上两式，可得

$$\frac{\partial E}{\partial \boldsymbol{\omega}} = -\boldsymbol{x}^{\mathrm{T}}(n)e(n)$$

因此，根据梯度下降法，权矢量的修正值正比于当前位置上 $E(\boldsymbol{\omega})$ 的梯度，权值调整的规则为：

$$\boldsymbol{\omega}(n+1) = \boldsymbol{\omega}(n) + \eta(-\nabla)$$

即

$$\boldsymbol{\omega}(n+1) = \boldsymbol{\omega}(n) + \eta\left(-\frac{\partial E}{\partial \boldsymbol{\omega}}\right) = \boldsymbol{\omega}(n) + \eta\boldsymbol{x}^{\mathrm{T}}(n)e(n)$$

其中 η 为学习率，∇ 为梯度。上式还可以进一步整理为以下形式

$$\omega(n+1) = \omega(n) + \eta x^{\mathrm{T}}(n)e(n)$$

$$= \omega(n) + \eta x^{\mathrm{T}}(n)\left[d(n) - x^{\mathrm{T}}(n)\omega(n)\right]$$

$$= \left[I - \eta x^{\mathrm{T}}(n)x^{\mathrm{T}}(n)\right]\omega(n) + \eta x^{\mathrm{T}}(n)d(n)$$

以下是 LMS 算法的步骤。

（1）定义变量和参数。

为方便处理，将偏置 b 与权值合并：

$$\omega(n) = \left[b(n), \omega_1(n), \omega_2(n), \cdots, \omega_N(n)\right]^{\mathrm{T}}$$

相应地，训练样本为

$$x(n) = \left[1, x_1(n), x_2(n), , x_N(n)\right]^{\mathrm{T}}$$

$b(n)$ 为偏置，$d(n)$ 为期望输出，$y(n)$ 为实际输出，η 为学习率，n 为迭代次数。

（2）初始化。给向量 $\omega(n)$ 赋一个较小的随机初值，$n = 0$。

（3）输入样本，计算实际输出和误差。根据给定的期望输出 $d(n)$，计算

$$e(n) = d(n) - x^{\mathrm{T}}(n)\omega(n)$$

（4）调整权值向量。根据上一步算得的误差，计算

$$\omega(n+1) = \omega(n) + \eta x^{\mathrm{T}}(n)e(n)$$

（5）判断算法是否收敛。若满足收敛条件，则算法结束，否则 n 自增 1（$n = n+1$），跳转到第 3 步重新计算。收敛条件的选择对算法有比较大的影响，常用的条件有：

❏ 误差等于零或者小于某个事先规定的较小的值，如 $|e(n)| < \varepsilon$ 或 mse $< \varepsilon$；

❏ 权值变化量已经很小，即 $|\omega(n+1) - \omega(n)| < \varepsilon$；

❏ 设置最大迭代次数，达到最大迭代次数 N 时，无论算法是否达到预期要求，都将强行结束。

实际应用时可以在这些收敛条件的基础上加以改进，或者混合使用。如规定连续 5 次 mse 小于某个阈值则算法结束，若迭代次数达到 100 次则强行结束等。

在这里，需要注意的是学习率 η。与感知器的学习算法类似，LMS 算法也有学习率大小的选择问题，若学习率过小，则算法耗时过长，若学习率过大，则可能导致误差在某个水平上反复振荡，影响收敛的稳定性，这个问题在下一节有专门的讨论。

5.3　LMS 算法中学习率的选择

如何在线性神经网络中，学习率参数 η 的选择非常重要，直接影响了神经网络的性能和收敛性。本节介绍如何确保网络收敛的学习率及常见的学习率下降方式。

5.3.1　确保网络稳定收敛的学习率

如前所述，η 越小，算法的运行时间就越长，算法也就记忆了更多过去的数据。因此，η 的倒数反映了 LMS 算法的记忆容量大小。

η 往往需要根据经验选择，且与输入向量的统计特性有关。尽管我们小心翼翼地选择

学习率的值，仍有可能选择了一个过大的值，使算法无法稳定收敛。

1996 年 Hayjin 证明，只要学习率 η 满足下式，LMS 算法就是按方差收敛的：

$$0 < \eta < \frac{2}{\lambda_{max}}$$

其中，λ_{max} 是输入向量 $x(n)$ 组成的自相关矩阵 R 的最大特征值。由于 λ_{max} 常常不可知，因此往往使用自相关矩阵 R 的迹（trace）来代替。按定义，矩阵的迹是矩阵主对角线元素之和：

$$\text{tr}(R) = \sum_{i=1}^{Q} R(i,i)$$

同时，矩阵的迹又等于矩阵所有特征值之和，因此一般有 $\text{tr}(R) > \lambda_{max}$。只要取

$$0 < \eta < \frac{2}{\text{tr}(R)} < \frac{2}{\lambda_{max}}$$

即可满足条件。按定义，自相关矩阵的主对角线元素就是各输入向量的均方值。因此公式又可以写为：

$$0 < \eta < \frac{2}{\text{向量均方值之和}}$$

5.3.2　学习率逐渐下降

在感知器学习算法中曾提到，学习率 η 随着学习的进行逐渐下降比始终不变更加合理。在学习的初期，用比较大的学习率保证收敛速率，随着迭代次数增加，减小学习率以保证精度，确保收敛。一种可能的学习率下降方案是

$$\eta = \frac{\eta_0}{n}$$

在这种方法中，学习率会随着迭代次数的增加较快下降。另一种方法是指数式下降：

$$\eta = c^n \eta_0$$

c 是一个接近 1 而小于 1 的常数。Darken 与 Moody 于 1992 年提出搜索—收敛（Search-then-Converge Schedule）方案，计算公式如下：

$$\eta = \frac{\eta_0}{1 + \left(\dfrac{n}{\tau} \right)}$$

η_0 与 τ 均为常量。当迭代次数较小时，学习率 $\eta \approx \eta_0$，随着迭代次数增加，学习率逐渐下降，公式近似于

$$\eta = \frac{\eta_0}{0 + \left(\dfrac{n}{\tau} \right)} = \frac{\tau \eta_0}{n}$$

LMS 算法的一个缺点是，它对输入向量自相关矩阵 R 的条件数敏感。当一个矩阵的条件数比较大时，矩阵就称为病态矩阵，这种矩阵中的元素做微小改变，可能会引起相应线性方程的解的很大变化。

5.4　线性神经网络与感知器的对比

不同神经网络有不同的特点和适用领域。尽管感知器与线性神经网络在结构和学习算法上都没有什么太大的差别，甚至是大同小异，但我们仍能从细小的差别上找到其功能的不同点。它们的差别主要表现在以下两点。

5.4.1　网络传输函数

LMS 算法将梯度下降法用于训练线性神经网络，这个思想后来发展成反向传播法，具备可以训练多层非线性网络的能力。

感知器与线性神经网络在结构上非常相似，唯一的区别在于传输函数：感知器传输函数是一个二值阈值元件，而线性神经网络的传输函数是线性的。这就决定了感知器只能做简单的分类，而线性神经网络还可以实现拟合或逼近。在应用中也确实如此，线性神经网络可用于线性逼近任意非线性函数，当输入与输出之间是非线性关系时，线性神经网络可以通过对网络的训练，得出线性逼近关系，这一特点可以在系统辨识或模式联想中得到应用。

5.4.2　学习算法

学习算法要与网络的结构特点相适应。感知器的学习算法是最早提出的可收敛的算法，LMS 算法与它关系密切，形式上也非常类似。它们都采用了自适应的思想，这一点在下一章要介绍的 BP 神经网络中获得了进一步的发展。

在计算上，从表面看 LMS 算法似乎与感知器学习算法没什么两样。这里需要注意一个区别：LMS 算法得到的分类边界往往处于两类模式的正中间，而感知器学习算法在刚刚能正确分类的位置就停下来了，从而使分类边界离一些模式距离过近，使系统对误差更敏感。这一区别与两种神经网络的不同传输函数有关。

5.5　线性神经网络相关函数详解

表 5-1 列出了 MATLAB 神经网络工具箱中与线性神经网络有关的主要函数。

表 5-1　与线性神经网络有关的函数

函数名称	功　　能
newlind	设计一个线性层
newlin	构造一个线性层
purelin	线性传输函数
learnwh	LMS 学习函数
maxlinlr	计算最大学习率
mse	最小均方误差函数
linearlayer	构造线性层的函数

5.5.1　newlind——设计一个线性层

函数的语法格式如下：

```
net=newlind(P,T,Pi)
```

newlind 函数有 3 个输入参数：

❑ P，R×Q 矩阵，包含 Q 个训练输入向量；

❑ T，S×Q 矩阵，包含 Q 个期望输出向量；

❑ Pi，1×ID 细胞数组，包含初始输入延迟。

P 与 T 中的向量均按列存放。Pi 参数是可选的，其中的每个元素 Pi{i,k} 是一个 Ri×Q 矩阵。newlind 的参数也可以是细胞数组的形式，以解决需要多个输出神经元的问题：

❑ P，Ni×TS 细胞数组，其中的每个元素 P{i,ts} 是 Ri×Q 输入矩阵；

❑ T，Nt×TS 细胞数组，其中每个元素 T{t,ts} 是 Vi×Q 矩阵；

❑ Pi，Ni×ID 细胞数组，每个元素 Pi{i,k} 是 Ri×Q 矩阵，默认值为[]。

函数返回设计好的线性神经网络 net。设计的方法是求一个线性方程组在最小均方误差意义下的最优解：

$$[\omega,b]\times[P,1]=T$$

其中 ω 为权值，b 为偏置。newlind 函数一经调用，就不需要再用别的函数重新训练了，可以直接进行仿真测试。

【实例 5.1】用 newrb 函数创建一个感知器，并进行仿真。

```
>> x=-5:5;
>> y=3*x-7;                       % 直线方程为 y-3x-7
>> randn('state',2);             % 设置种子，便于重复执行
>> y=y+randn(1,length(y))*1.5;   % 加入噪声的直线
>> plot(x,y,'o');
>> P=x;T=y;
>> net=newlind(P,T);             % 用 newlind 建立线性层
>> new_x=-5:.2:5;                % 新的输入样本
>> new_y=sim(net,new_x);         % 仿真
>> hold on;plot(new_x,new_y);
>> legend('原始数据点','最小二乘拟合直线');
>> net.iw                        % 权值为 2.9219

ans =

   [2.9219]

>> net.b                         % 偏置为-6.6797

ans =

   [-6.6797]

>> title('newlind 用于最小二乘拟合直线');
```

执行结果如图 5-5 所示。

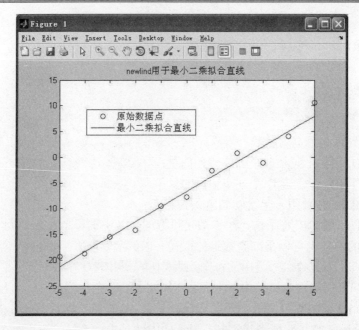

图 5-5　newlind 用于最小二乘拟合直线

【实例分析】拟合得到的直线方程 $y = 2.9219x - 6.6797$ 与原方程 $y = 3x - 7$ 比较接近。

5.5.2　newlin——构造一个线性层

函数的语法格式如下。

1. net=newlin(P,S,ID,LR)

newlin 函数用于创建一个未经训练的线性神经网络。输入参数格式如下：

❑ P，R×Q 矩阵，P 中包含 Q 个典型输入向量，向量维数为 R；
❑ S，标量，表示输出节点个数；
❑ ID，表示输入延迟的向量，默认值为 $[0]$；
❑ LR，学习率，默认值为 0.01。

2. net=newlin(P,T,ID,LR)

P，ID，LR 参数的含义与第一种调用格式相同，T 是 S*Q2 矩阵，包含 Q2 个输出向量的典型值，输出节点个数为 S 个。这里 P 和 T 都是输入或输出向量的典型值，并没有严格的对应关系，因此 Q 与 Q2 不必相等。

newlin 创建的线性神经网络以 dotprod 为权值函数，netsum 为网络输入函数，purelin 为传输函数。newlin 函数内部使用了 initzero 函数初始化权值和偏置，因此返回的线性层 net 的权值和偏置均为零。

newlin 函数在更高的版本中将被废弃，推荐使用的新函数是 linearlayer。

【实例 5.2】用 newlin 函数实现实例 5.1 中的直线拟合。

```
>> x=-5:5;
```

```
>> y=3*x-7;                            %  直线方程为 y=3x-7
>> randn('state',2);                   %  设置种子，便于重复执行
>> y=y+randn(1,length(y))*1.5;         %  加入噪声的直线
>> plot(x,y,'o');
>> P=x;T=y;
>> net=newlin(minmax(P),1,[0],maxlinlr(P));    %  用newlin创建线性网络
>> tic;net=train(net,P,T);toc
                         %  训练。与newlind不同，newlin创建的网络需要调用训练函数
Elapsed time is 6.612848 seconds.
>> new_x=-5:.2:5;
>> new_y=sim(net,new_x);               %  仿真
>> hold on;plot(new_x,new_y);
>> legend('原始数据点','最小二乘拟合直线');
>> title('newlin用于最小二乘拟合直线');
>> net.iw

ans =

    [2.9219]

>> net.b

ans =

    [-6.6797]
```

执行结果如图 5-6 所示。

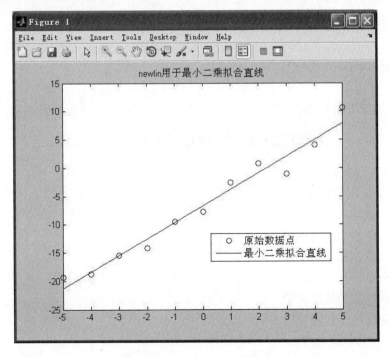

图 5-6   判断数字符号的感知器

【实例分析】在这个例子中，newlin 函数拟合的结果与 newlind 函数是相同的。在 newlin 的调用中用到了 maxlinlr 函数，该函数用于求最大学习率，将会在 5.4.5 节中加以介绍。

5.5.3　purelin——线性传输函数

函数的语法格式如下。

1. A=purelin(N,FP)

purelin 是线性神经网络的传输函数，输入参数如下：
- ❑ N，S×Q 矩阵，其中的向量按列存放，即 P 中包含 Q 个 S 维的输入向量；
- ❑ FP，包含函数参数的结构体，这个参数是可选的。

输出参数：

A，与 N 相等的矩阵。

2. dA_dN=purelin('dn',N,A,FP)

返回 A 相对于 N 的导数，FP 是可选参数，若 A 设为空矩阵，则函数从 N 自动算出 A。

【实例 5.3】验证 purelin 的线性性质。

```
>> x=-5:5;
>> y=purelin(x)        % y 等于 x

y =

    -5    -4    -3    -2    -1     0     1     2     3     4     5
```

【实例分析】purelin 函数比较简单，输出就等于输入。

5.5.4　learnwh——LMS 学习函数

learnwh 是 Widrow-Hoff 规则（LMS 算法）的学习函数。函数的语法格式如下。

1. [dW,LS]=learnwh(W,P,Z,N,A,T,E,gW,gA,D,LP,LS)

函数的输入参数如下：
- ❑ W，S×R 权值矩阵；
- ❑ P，R×Q 输入向量；
- ❑ Z，S×Q 权值输入向量；
- ❑ N，S×Q 网络输入向量；
- ❑ A，S×Q 输出向量；
- ❑ T，S×Q 期望输出向量；
- ❑ E，S×Q 层误差向量；
- ❑ gW，S×R 权重梯度；
- ❑ gA，S×Q 输出梯度；
- ❑ D，S×S 神经元距离；
- ❑ LP，学习参数；
- ❑ LS，学习状态，初始时为空矩阵[ ]。

函数返回:

❑ dW,S×R 权值变化矩阵;

❑ LS,新的学习状态。

学习率在 LP.lr 中指定,默认值为 0.01。learnwh 函数根据神经网络的输入 P 和误差 E 调整权值,调整规则依据公式 $d\omega = lr \times \boldsymbol{E} \times \boldsymbol{Pn}^{\mathrm{T}}$。事实上,在 MATLAB 命令窗口输入 type learnwh 可以打印出 learnwh 的代码,在代码的倒数第二行可以看到核心的计算代码:

```
dw = lp.lr*e*p';
```

2. info=learnwh('code')

根据 code 值的不同返回一些有用信息:

❑ 'pnames':学习参数的名称。

❑ 'pdefaults':学习参数的默认值。

❑ 'needg':如果函数使用了 gW 或 gA,则返回 1。

【实例 5.4】用 learnwh 实现一个线性神经网络,解决实例 5.1 中的直线拟合问题。

新建 M 脚本文件 example5_4.m,代码如下:

```
% example5_4.m
%% 清理
clear,clc
close all

%% 定义数据
P=-5:5;                              % 输入:11 个标量
d=3*P-7;
randn('state',2);
d=d+randn(1,length(d))*1.5           % 期望输出:加了噪声的线性函数

P=[ones(1,length(P));P]              % P 加上偏置
lp.lr = 0.01;                        % 学习率
MAX = 150;                           % 最大迭代次数
ep1 = 0.1;                           % 均方差终止阈值
ep2 = 0.0001;                        % 权值变化终止阈值
%% 初始化
w=[0,0];

%% 循环更新
 for i=1:MAX
    fprintf('第%d 次迭代:\n', i)
    e=d-purelin(w*P);                % 求得误差向量
    ms(i)=mse(e);                    % 均方差
    ms(i)
    if (ms(i) < ep1)                 % 如果均方差小于某个值,则算法收敛
      fprintf('均方差小于指定数而终止\n');
      break;
    end

    dW = learnwh([],P,[],[],[],[],e,[],[],[],lp,[]);     % 权值调整量
    if (norm(dW) < ep2)              % 如果权值变化小于指定值,则算法收敛
      fprintf('权值变化小于指定数而终止\n');
```

```
    break;
  end
  w=w+dW                          % 用 dW 更新权值

end

%% 显示
fprintf('算法收敛于: \nw= (%f,%f),MSE: %f\n', w(1), w(2), ms(i));
figure;
subplot(2,1,1);                   % 绘制散点和直线
plot(P(2,:),d,'o');title('散点与直线拟合结果');
xlabel('x');ylabel('y');
axis([-6,6,min(d)-1,max(d)+1]);
x1=-5:.2:5;
y1=w(1)+w(2)*x1;
hold on;plot(x1,y1);
subplot(2,1,2);                   % 绘制均方差下降曲线
semilogy(1:i,ms,'-o');
xlabel('迭代次数');ylabel('MSE');title('均方差下降曲线');
```

部分命令行输出:

```
第 78 次迭代:

ans =

    2.7097

权值变化小于指定数而终止
算法收敛于:
w= (-6.678867,2.921909),MSE: 2.709691
```

执行结果如图 5-7 所示。

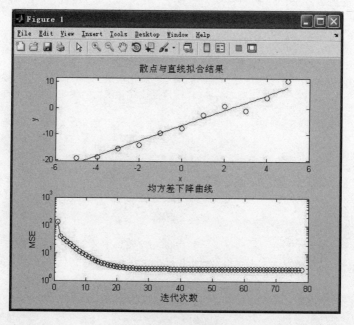

图 5-7　learnwh 拟合直线

【实例分析】用 learwh 实现的线性神经网络与 newlin、newlind 函数算得的结果是一样的。在代码的 for 循环中，混合使用三种收敛条件，无论是均方误差 MSE 小于一定的值或权值变化量（用权值向量的范数衡量）小于一定的值，算法都将终止。如果这两个事件均未发生，那么当迭代次数达到一个较大的正数 MAX 时，算法也会停止。这样设置的目的是防止出现不收敛的情况，导致程序进入死循环。

5.5.5　maxlinlr——计算最大学习率

第 5.3 节提到，线性神经网络的学习率应小心选择，否则可能出现收敛过慢或无法稳定收敛的问题。MATLAB 提供了一个计算最大学习率的函数，其原理是公式

$$0 < \eta < \frac{2}{\lambda_{\max}}$$

$\lambda_{\max}$ 是输入向量自相关矩阵的最大特征值。

函数的语法格式如下。

1. lr=maxlinlr(P)

P 是 R×Q 输入矩阵，输入向量按列存放，共有 Q 个 R 维向量。lr 是返回的最大学习率。通过输入 type maxlinlr 命令可以看到函数的计算代码是：

```
lr = 0.9999/max(eig(p*p'));
```

eig 函数用于计算矩阵的特征值。

2. lr=maxlinlr(P,'bias')

P 是 R×Q 输入矩阵，输入向量按列存放，共有 Q 个 R 维向量。第二个参数的作用是使输入矩阵 P 在最后一行被加入一行全 1 向量，作为偏置对应的固定输入，这样权值和偏置就可以统一计算了。MATLAB 中的计算代码为：

```
p2=[p; ones(1,size(p,2))];
lr = 0.9999/max(eig(p2*p2'));
```
【实例 5.5】对输入矩阵计算最大学习率。
```
>> X = [1 2 -4 7; 0.1 3 10 6]            % 输入的矩阵，由 4 个二维向量组成
X =

    1.0000    2.0000    -4.0000    7.0000
    0.1000    3.0000    10.0000    6.0000
>> lr = maxlinlr(X,'bias')               % 带偏置时的最大学习率
lr =

    0.0067

>> lr = maxlinlr(X)                      % 不带偏置时的最大学习率
lr =

    0.0069

>> lr = 0.9999/max(eig(X*X'))            % 按公式算
r =
```

```
      0.0069

>> P=-5:5;                        % 用实例 4.1 中的输入矩阵所算得的最大学习率
>> lr = maxlinlr(P)

lr =

      0.0091
```

【实例分析】实例 5.4 中的学习率是直接根据经验指定的，也可以用 maxlinlr 函数来计算，用以下代码指定学习率：

```
lp.lr=maxlinlr(P);
```

这样也能正确收敛，命令行的部分输出如下：

```
第 85 次迭代：

ans =

   2.7097
```

```
权值变化小于指定数而终止
算法收敛于：
w= (-6.678755,2.921909),MSE: 2.709691
```

在第 85 次迭代时收敛，学习得到的权值与实例 5.4 大致相同。

5.5.6　mse——均方误差性能函数

mse 是线性神经网络的性能函数，以均方误差来评价网络的精确程度。函数的语法格式如下：

```
perf=mse(E)
```

mse 函数只有一个有效的输入参数，E 是误差向量组成的矩阵或细胞数组。返回值 perf 是表示均方误差的标量。

【实例 5.6】计算一个矩阵的均方误差。

```
>> rand('seed',2)            % 设定随机数种子
>> a=rand(3,4)               % 3*4 矩阵

a =

   0.0258    0.1901    0.2319    0.0673
   0.9210    0.8673    0.1562    0.3843
   0.7008    0.4185    0.7385    0.9427

>> mse(a)                    % 计算均方误差

ans =

   0.3307

>> b=a(:);                   % 把矩阵 a 整理成向量
```

```
>> sum(b.^2)/length(b)          % 手工计算均方误差

ans =

    0.3307
>> mse(b)                       % 对向量 b 计算均方误差

ans =

    0.3307
```

【实例分析】以实例中可以看出，mse 会对矩阵或数组中的所有元素计算均方误差，最终返回一个标量值，所以数组的形状、元素的位置变化不影响 mse 函数的结果，假设所有形式的输入都被转化为向量 x，则计算的公式为

$$\text{mse}(\boldsymbol{x}) = \frac{1}{N}\sum_{i=1}^{N} x_i^2$$

N 为向量长度。

5.5.7　linearlayer——构造线性层的函数

linearlayer 函数用于设计静态或动态的线性系统，给定一个足够小的学习率能使它稳定收敛。

函数的语法格式如下：

```
net=linearlayer(inputDelays,widrowHoffLR)
```

❑ inputDelays，示输入延迟的行向量；

❑ widrowHoffLR，学习率。

返回值 net 是创建好的线性层。

在这里，两个输入参数都是可选的，如果采用 net=linearlayer 的调用形式，则相当于使用默认参数 linearlayer(0,0.01)。用 liearlayer 创建的线性网络层还需要训练才能具有分类或拟合、识别的能力。

【实例 5.7】用 linearlayer 解决实例 5.1 中的直线拟合问题。

```
>> x=-5:5;
>> y=3*x-7;
>> randn('state',2);            % 设置种子，便于重复执行
>> y=y+randn(1,length(y))*1.5;  % 加入噪声的直线
>> plot(x,y,'o');
>> P=x;T=y;
>> lr=maxlinlr(P,'bias')        % 计算最大学习率
lr =

    0.0091

>> net=linearlayer(0,lr);       % 用 linearlayer 创建线性层，输入延迟为 0
>> tic;net=train(net,P,T);toc   % 用 train 函数训练
Elapsed time is 6.018486 seconds.
>> new_x=-5:.2:5;
>> new_y=sim(net,new_x);        % 仿真
>> hold on;plot(new_x,new_y);
```

```
>> title('linearlayer 用于最小二乘拟合直线');
>> legend('原始数据点','最小二乘拟合直线');
>> xlabel('x');ylabel('y');
>> s=sprintf('y=%f * x + %f', net.iw{1,1}, net.b{1,1})
s =                          % 拟合的直线方程

y=2.921909 * x + -6.679714
>> text(-2,0,s);
```

执行结果如图 5-8 所示。

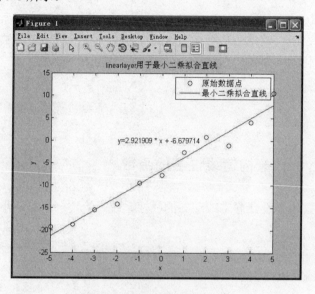

图 5-8　用 liearlayer 拟合直线

【实例分析】newlin 是将被系统废弃的函数，使用 newlin 函数的场合以后用 linearlayer 代替。

5.6　线性神经网络应用实例

线性神经网络只能实现线性运算，这一点与单层感知器比较类似，因此线性神经网络只能用于解决比较简单的问题。

单个线性神经网络只能解决线性可分的问题，与或逻辑就是典型的线性可分问题，这里选择与逻辑作为实例。而异或逻辑则线性不可分，因此要使用多个线性神经网络间接实现。与逻辑与异或逻辑分别如图 5-9 和图 5-10 所示。

5.6.1　实现二值逻辑——与

本节使用手算与调用工具箱函数两种方式实现与逻辑。

1. 手算

逻辑与有两个输入、一个输出，因此对应的线性网络拥有两个输入节点，一个输出节点，如图 5-11 所示。

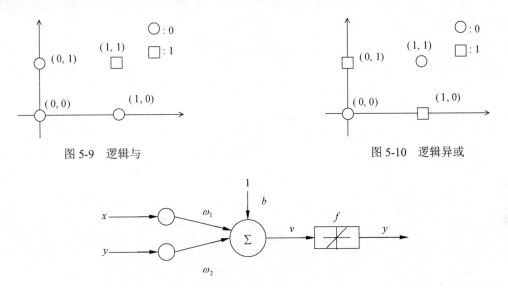

图 5-9　逻辑与　　　　　　　　　　　　图 5-10　逻辑异或

图 5-11　网络结构

包括偏置，网络的训练中共需确定 3 个自由变量，而输入的训练向量则有 4 个，因此可以形成一个线性方程组：

$$\begin{cases} 0 \times x + 0 \times y + 1 \times b = 0 \\ 0 \times x + 1 \times y + 1 \times b = 0 \\ 1 \times x + 0 \times y + 1 \times b = 0 \\ 1 \times x + 1 \times y + 1 \times b = 1 \end{cases}$$

由于方程的个数超过了自变量的个数，因此方程没有精确解，只有近似解，用伪逆的方法可以求得权值向量的值：

```
>> P=[0,0,1,1;0,1,0,1]          % 输入向量
P =

   0    0    1    1
   0    1    0    1

>> P=[ones(1,4);P]              % 包含偏置的输入向量
P =

   1    1    1    1
   0    0    1    1
   0    1    0    1

>> d=[0,0,0,1]                  % 期望输出向量
d =
   0    0    0    1

>> pinv(P')*d'                  % 伪逆法求解
ans =

  -0.2500
   0.5000
   0.5000
```

下面以分步的方式用线性神经网络得到相同的结果:

（1）网络中需要求解的是权值 ω_1、ω_2 和偏置 b。把偏置加入到权值中统一计算，定义总的权值向量

$$\boldsymbol{\omega} = \left[b, \omega_1, \omega_2\right]^{\mathrm{T}}$$

定义输入

$$\boldsymbol{P} = \begin{bmatrix} 1, x_1, y_1 \\ 1, x_2, y_2 \\ \cdots \end{bmatrix}^{\mathrm{T}}$$

期望输出

$$\boldsymbol{d} = [0,0,0,1]$$

在 MATLAB 中实现:

```
>> P=[0,0,1,1;0,1,0,1]        % 输入向量
P =

     0     0     1     1
     0     1     0     1

>> P=[ones(1,4);P]            % 包含偏置的输入向量
P =

     1     1     1     1
     0     0     1     1
     0     1     0     1

>> d=[0,0,0,1]                % 期望输出向量
d =

     0     0     0     1
```

（2）初始化，将权值和偏置初始化为零。令 $\boldsymbol{\omega} = \left[b, \omega_1, \omega_2\right]^{\mathrm{T}} = \left[0,0,0\right]^{\mathrm{T}}$。

```
>> w=[0,0,0]                  % 权值向量初始化为零向量
w =

     0     0     0

>> lr=maxlinlr(P)            % 根据输入矩阵求解最大学习率
lr =

    0.1569

>> MAX=200;                   % 最大迭代次数，根据经验确定
```

（3）迭代。与单层感知器不同，线性神经网络需要迭代的次数往往更多，因此这里不再呈现每一次迭代的过程，直接用 for 循环实现:

```
>> for i=1:MAX...
fprintf('第%d 次迭代\n', i);
v=w*P;                        % 求出输出
y=v;
disp('线性网络的二值输出: ');
```

```
yy=y>=0.5                      % 将模拟输出转化为二值输出，以 0.5 为阈值
e=d-y;
m(i)=mse(e);                   % 均方误差
fprintf('均方误差：%f\n',m(i));
dw=lr*e*P';                    % 权值向量的调整量
fprintf('权值向量：\n');
w=w+dw                         % 调整权值向量
end
```

循环迭代 MAX 次，最终得到的结果为：

```
第 100 次迭代
线性网络的二值输出：

yy =

    0    0    0    1

均方误差：0.062500
权值向量：

w =

  -0.2500    0.5000    0.5000
```

与伪逆方法得到的权值是一样的，决策面是直线 $\frac{1}{2}(x+y)-\frac{1}{4}=\frac{1}{2}$，如图 5-12 所示。

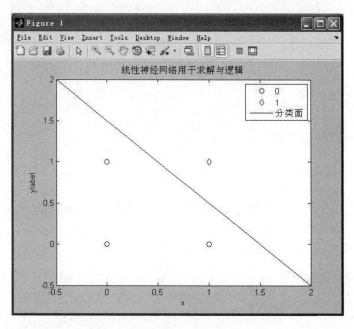

图 5-12　线性神经网络用于与逻辑

整理 MATLAB 程序，代码如下：

```
% and_hand.m
%% 清理
close all
clear,clc
```

```
%% 定义变量
P=[0,0,1,1;0,1,0,1]              % 输入向量
P=[ones(1,4);P]                  % 包含偏置的输入向量
d=[0,0,0,1]                      % 期望输出向量

% 初始化
w=[0,0,0]                        % 权值向量初始化为零向量
lr=maxlinlr(P)                   % 根据输入矩阵求解最大学习率
MAX=200;                         % 最大迭代次数，根据经验确定

%% 循环迭代
for i=1:MAX...
    fprintf('第%d 次迭代\n', i);
    v=w*P;                       % 求出输出
    y=v;
    disp('线性网络的二值输出： ');
    yy=y>=0.5                    % 将模拟输出转化为二值输出，以 0.5 为阈值
    e=d-y;
    m(i)=mse(e);                 % 均方误差
    fprintf('均方误差： %f\n',m(i));
    dw=lr*e*P';                  % 权值向量的调整量
    fprintf('权值向量： \n');
    w=w+dw                       % 调整权值向量
end

%% 显示
plot([0,0,1],[0,1,0],'o');hold on;
plot(1,1,'d');
x=-2:.2:2;
y=1.5-x;
plot(x,y)
axis([-0.5,2,-0.5,2])
xlabel('x');ylabel('ylabel');
title('线性神经网络用于求解与逻辑')
legend('0','1','分类面');
```

2．使用工具箱函数

上文用手算的方式正确求解了逻辑与的问题，这里用 linearlayer 函数实现一次，并将结果与单层感知器作比较，分析它们之间的区别。

新建 M 脚本文件 and_linearlayer.m，输入代码如下：

```
% and_linearlayer.m
%% 清理
close all
clear,clc

%% 定义变量
P=[0,0,1,1;0,1,0,1]              % 输入向量
d=[0,0,0,1]                      % 期望输出向量
lr=maxlinlr(P,'bias')           % 根据输入矩阵求解最大学习率

%% 线性网络实现
net1=linearlayer(0,lr);         % 创建线性网络
```

```
net1=train(net1,P,d);                            % 线性网络训练

%% 感知器实现
net2=newp([-1,1;-1,1],1,'hardlim');              % 创建感知器
net2=train(net2,P,d);                            % 感知器学习

%% 显示
disp('线性网络输出')                              % 命令行输出
Y1=sim(net1,P)
disp('线性网络二值输出');
YY1=Y1>=0.5
disp('线性网络最终权值: ')
w1=[net1.iw{1,1}, net1.b{1,1}]
disp('感知器输出')
Y2=sim(net2,P)
disp('感知器二值输出');
YY2=Y2>=0.5
disp('感知器最终权值: ')
w2=[net2.iw{1,1}, net2.b{1,1}]

plot([0,0,1],[0,1,0],'o');                       % 图形窗口输出
hold on;
plot(1,1,'d');
x=-2:.2:2;
y1=1/2/w1(2)-w1(1)/w1(2)*x-w1(3)/w1(2);          % 1/2 是区分 0 和 1 的阈值
plot(x,y1,'-');
y2=-w2(1)/w2(2)*x-w2(3)/w2(2);         % hardlim 函数以 0 为阈值，分别输出 0 或 1
plot(x,y2,'--');
axis([-0.5,2,-0.5,2])
xlabel('x');ylabel('ylabel');
title('线性神经网络用于求解与逻辑')
legend('0','1','线性神经网络分类面','感知器分类面');
```

命令行输出为:

```
P =
     0     0     1     1
     0     1     0     1

d =
     0     0     0     1

lr =
    0.1569

线性网络输出
Y1 =
   -0.2500    0.2500    0.2500    0.7500

线性网络二值输出
YY1 =
     0     0     0     1

线性网络最终权值:
w1 =
    0.5000    0.5000   -0.2500

感知器输出
```

```
Y2 =
     0    0    0    1

感知器二值输出
YY2 =
     0    0    0    1
感知器最终权值:
w2 =

     2    1   -3
```

故线性网络得到的决策面为直线 $\dfrac{1}{2}(x+y)-\dfrac{1}{4}=\dfrac{1}{2}$，感知器得到的决策面为直线 $2x+1-3=0$，如图 5-13 所示。

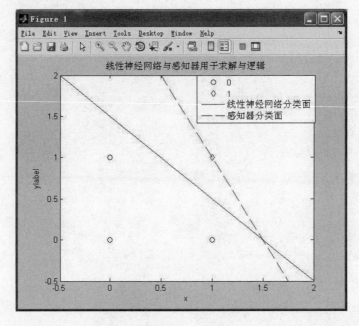

图 5-13　线性网络与感知器的比较

显然，线性网络得到的分类面大致位于两类坐标点的中间位置，而感知器得到的分类面恰好穿过其中一个坐标点。在另外一些场合，感知器得到的分类面也离训练的模式很近，从这一点上说，线性神经网络优于感知器。造成这种差别的原因并不在于学习算法，尽管通常认为 LMS 算法更合理，但两者在计算上几乎拥有相同的形式：

感知器更新权值向量：$\boldsymbol{\omega}(n+1)=\boldsymbol{\omega}(n)+\eta\big[d(n)-y(n)\big]\boldsymbol{x}(n)$

线性神经网络更新权值向量：$\boldsymbol{\omega}(n+1)=\boldsymbol{\omega}(n)+\eta\boldsymbol{x}^{\mathrm{T}}(n)e(n)$

根本原因在于，感知器使用了二值阈值元件，输出值只能为两种值（0/1 或 1/−1），因此，只要有一次达到某个值，该值使得二值化后的输出是正确的，那么误差 $e(n)=\big[d(n)-y(n)\big]$ 就等于零，根据上面的公式，权值向量就不会再有实质性的更新了。而线性神经网络用线性的传输函数将结果直接输出，误差值可以根据输出值不断变化，从而使得权值根据误差变化不断获得更新，最终获得最小均方误差意义下的最优解。

在这个例子中，感知器的训练结果尽管正确，但对噪声过于敏感。给训练向量加入噪声，再进行测试：

```
>> rand('seed',3);                % 设置随机数种子
>> p=P+rand(2,4)*0.1-0.05         % 给输入向量加入均匀分布的噪声
p =

   0.0039   -0.0449    0.9801    0.9848
  -0.0119    0.9785   -0.0372    0.9734

>> Y1=sim(net1,p)                 % 测试线性神经网络
Y1 =

  -0.2540    0.2168    0.2214    0.7291

>> YY1=Y1>0.5
YY1 =

     0     0     0     1

>> Y1=sim(net2,p)                 % 测试感知器
Y1 =

     0     0     0     0
```

在加入一定均匀噪声后，线性神经网络仍能输出正确结果，而感知器则出现了错误。

5.6.2　实现二值逻辑——异或

异或属于线性不可分问题，这里采用 5.1 节中提到的两种方法，并使用 MATLAB 神经网络工具箱的函数来解决这个问题。

（1）添加非线性输入。

添加非线性输入的代价是输入向量维数变大，运算复杂度变大。结构图如图 5-14 所示。

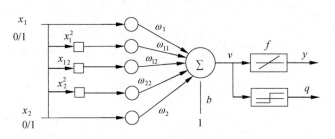

图 5-14　添加非线性输入

这种方法的思路是，既然运算过程中无法引入非线性运算的特性，那么就在输入端添加非线性成分。在 MATLAB 中新建 M 脚本文件 xor_linearlayer.m，输入代码如下：

```
% xor_linearlayer.m
%% 清理
close all
clear,clc

%% 定义变量
```

```
P1=[0,0,1,1;0,1,0,1]                      % 原始输入向量
p2=P1(1,:).^2;
p3=P1(1,:).*P1(2,:);
p4=P1(2,:).^2;
P=[P1(1,:);p2;p3;p4;P1(2,:)]              % 添加非线性成分后的输入向量
d=[0,1,1,0]                               % 期望输出向量
lr=maxlinlr(P,'bias')                     % 根据输入矩阵求解最大学习率

%% 线性网络实现
net=linearlayer(0,lr);                    % 创建线性网络
net=train(net,P,d);                       % 线性网络训练

%% 显示
disp('网络输出')                           % 命令行输出
Y1=sim(net,P)
disp('网络二值输出');
YY1=Y1>=0.5
disp('最终权值: ')
w1=[net.iw{1,1}, net.b{1,1}]

plot([0,1],[0,1],'o','LineWidth',2);      % 图形窗口输出
hold on;
plot([0,1],[1,0],'d','LineWidth',2);
axis([-0.1,1.1,-0.1,1.1]);
xlabel('x');ylabel('y');
title('线性神经网络用于求解异或逻辑');
x=-0.1:.1:1.1;y=-0.1:.1:1.1;
N=length(x);
X=repmat(x,1,N);
Y=repmat(y,N,1);Y=Y(:);Y=Y';
P=[X;X.^2;X.*Y;Y.^2;Y];
yy=net(P);
y1=reshape(yy,N,N);
[C,h]=contour(x,y,y1,0.5,'b');
clabel(C,h);
legend('0','1','线性神经网络分类面');
```

命令行输出为:

```
P1 =
     0     0     1     1
     0     1     0     1
P =
     0     0     1     1
     0     0     1     1
     0     0     0     1
     0     1     0     1
     0     1     0     1
d =
     0     1     1     0
lr =
    0.1033
网络输出
Y1 =
    0.0000    1.0000    1.0000    0.0000
网络二值输出
YY1 =
     0     1     1     0
```

最终权值：

```
w1 =
    0.5000    0.5000   -2.0000    0.5000    0.5000    0.0000
```

网络实际输出与期望输出相等。若以 0.5 为阈值区分 0/1，则网络的决策面如图 5-15 所示。

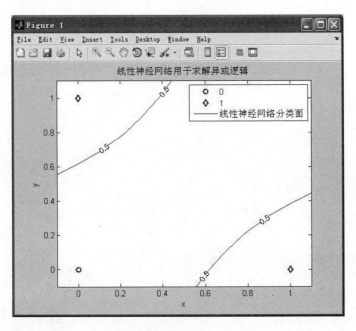

图 5-15　异或问题的决策面

（2）使用 Madaline。

Madaline 的核心思想是使用多个线性神经元。在这里使用两个神经元，分别得到输出后再对输出值进行判断，得到最终的分类结果，其结构如图 5-16 所示。

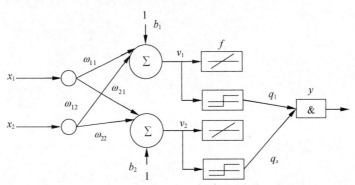

图 5-16　Madaline

对于异或问题，解决的方法是将其分为两个子问题，分别用一个线性神经元实现。两个神经元的期望输出分别如图 5-17 和 5-18 所示。

按照图中 1 与 0 的定义，两个神经元的输出必须取一次与非，最后算得的结果才符合异或运算的定义。在 MATLAB 中新建 M 脚本 xor_madaline.m，代码如下：

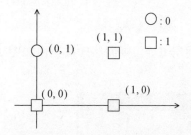

图 5-17　第一个神经元

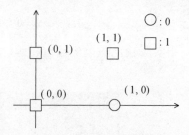

图 5-18　第二个神经元

```
% xor_madaline.m
%% 清理
close all
clear,clc

%% 第一个神经元
P1=[0,0,1,1;0,1,0,1];                    % 输入向量
d1=[1,0,1,1];                            % 期望输出向量
lr=maxlinlr(P1,'bias');                  % 根据输入矩阵求解最大学习率

net1=linearlayer(0,lr);                  % 创建线性网络
net1=train(net1,P1,d1);                  % 线性网络训练

%% 第二个神经元
P2=[0,0,1,1;0,1,0,1];                    % 输入向量
d2=[1,1,0,1];                            % 期望输出向量
lr=maxlinlr(P2,'bias');                  % 根据输入矩阵求解最大学习率

net2=linearlayer(0,lr);                  % 创建线性网络
net2=train(net2,P2,d2);                  % 线性网络训练

Y1=sim(net1,P1);Y1=Y1>=0.5;
Y2=sim(net2,P2);Y2=Y2>=0.5;
Y=~(Y1&Y2);
%% 显示
disp('第一个神经元最终权值: ')           % 命令行输出
w1=[net1.iw{1,1}, net1.b{1,1}]
disp('第二个神经元最终权值: ')
w2=[net2.iw{1,1}, net2.b{1,1}]
disp('第一个神经元测试输出: ')
Y1
disp('第二个神经元测试输出: ');
Y2
disp('最终输出: ');
Y

plot([0,1],[0,1],'bo');                  % 图形窗口输出
hold on;
plot([0,1],[1,0],'d');
x=-2:.2:2;
y1=1/2/w1(2)-w1(1)/w1(2)*x-w1(3)/w1(2);  % 第一条直线,1/2是区分 0 和 1 的阈值
plot(x,y1,'-');
y2=1/2/w2(2)-w2(1)/w2(2)*x-w2(3)/w2(2);  % 第二条直线,1/2是区分 0 和 1 的阈值
plot(x,y2,'--');
```

```
axis([-0.1,1.1,-0.1,1.1])
xlabel('x');ylabel('y');
title('Madaline 用于求解异或逻辑')
legend('0','1','第一条直线','第二条直线');
```

命令行输出：

```
第一个神经元最终权值：
w1 =
    0.5000   -0.5000    0.7500
第二个神经元最终权值：
w2 =
   -0.5000    0.5000    0.7500
第一个神经元测试输出：
Y1 =
     1     0     1     1
第二个神经元测试输出：
Y2 =
     1     1     0     1
最终输出：
Y =
     0     1     1     0
```

执行结果如图 5-19 所示。

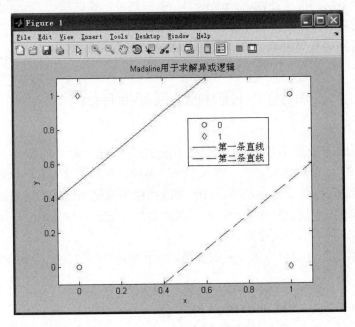

图 5-19　Madaline 解决异或问题的结果

第 6 章　BP 神经网络

　　线性神经网络只能解决线性可分的问题，这与其单层网络的结构有关。BP 神经网络是包含多个隐含层的网络，具备处理线性不可分问题的能力。在历史上，由于一直没有找到合适的多层神经网络的学习算法，导致神经网络的研究一度陷入低迷。M.Minsky 等仔细分析了以感知器为代表的神经网络系统的功能及局限后，于 1969 年出版了"Perceptron"一书，指出感知器不能解决高阶谓词问题，他们的观点加深了人们对神经网络的悲观情绪。20 世纪 80 年代中期，Rumelhart，McClelland 等成立了 Parallel Distributed Procession（PDP）小组，提出了著名的误差反向传播算法（Error Back Propagtion，BP），解决了多层神经网络的学习问题，极大促进了神经网络的发展，这种神经网络就被称为 BP 神经网络。

　　感知器、线性神经网络、BP 网络与径向基神经网络都属于前向网络，其中 BP 网络和径向基网络属于多层前向神经网络。BP 网络是前向神经网络的核心部分，也是整个人工神经网络体系中的精华，广泛应用于分类识别、逼近、回归、压缩等领域。在实际应用中，大约 80%的神经网络模型采取了 BP 网络或 BP 网络的变化形式。

6.1　BP 神经网络的结构

　　BP 神经网络一般是多层的，与之相关的另一个概念是多层感知器（Multi-Layer Perceptron，MLP）。多层感知器除了输入层和输出层以外，还具有若干个隐含层。多层感知器强调神经网络在结构上由多层组成，BP 神经网络则强调网络采用误差反向传播的学习算法。大部分情况下多层感知器采用误差反向传播的算法进行权值调整，因此两者一般指的是同一种网络，在本书中两个概念同时使用。

　　BP 神经网络的隐含层可以为一层或多层，一个包含 2 层隐含层的 BP 神经网络的拓扑结构如图 6-1 所示。

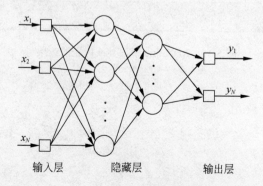

图 6-1　BP 神经网络的结构

BP 神经网络有以下特点：

（1）网络由多层构成，层与层之间全连接，同一层之间的神经元无连接。多层的网络设计，使 BP 网络能够从输入中挖掘更多的信息，完成更复杂的任务。

（2）BP 网络的传递函数必须可微。因此，感知器的传递函数——二值函数在这里没有用武之地。BP 网络一般使用 Sigmoid 函数或线性函数作为传递函数。根据输出值是否包含负值，Sigmoid 函数又可分为 Log-Sigmoid 函数和 Tan-Sigmoid 函数。一个简单的 Log-Sigmoid 函数可由下式确定：

$$f(x) = \frac{1}{1 + e^{-x}}$$

其中 x 的范围包含整个实数域，函数值在 0~1 之间，具体应用时可以增加参数，以控制曲线的位置和形状。Log-Sigmoid 函数和 Tan-Sigmoid 函数的曲线分别如图 6-2 和图 6-3 所示。

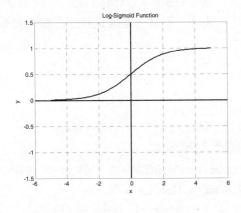

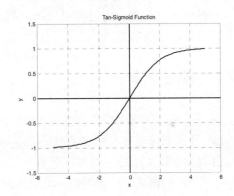

图 6-2　Log-Sigmoid 函数　　　　　图 6-3　Tan-Sigmoid 函数

从图中可以看出，Sigmoid 函数是光滑、可微的函数，在分类时它比线性函数更精确，容错性较好。它将输入从负无穷到正无穷的范围映射到 (−1,1) 或 (0,1) 区间内，具有非线性的放大功能。以正半轴为例，在靠近原点处，输入信号较小，此时曲线上凸，输出值大于输入值；随着信号增大，非线性放大的系数逐渐减小。Sigmoid 函数可微的特性使它可以利用梯度下降法。在输出层，如果采用 Sigmoid 函数，将会把输出值限制在一个较小的范围，因此，BP 神经网络的典型设计是隐含层采用 Sigmoid 函数作为传递函数，而输出层则采用线性函数作为传递函数。

（3）采用误差反向传播算法（Back-Propagation Algorithm）进行学习。在 BP 网络中，数据从输入层经隐含层逐层向后传播，训练网络权值时，则沿着减少误差的方向，从输出层经过中间各层逐层向前修正网络的连接权值。随着学习的不断进行，最终的误差越来越小。

注意：切记要区分"误差反向传播"与"反馈神经网络"。在 BP 网络中，"反向传播"指的是误差信号反向传播，修正权值时，网络根据误差从后向前逐层进行修正。BP 神经网络属于多层前向网络，工作信号始终正向流动，没有反馈结构。在本书第 9 章中会专门介绍反馈神经网络，包括 Hopfield 网络、Elman 网络等。在反馈神经网络中，输出层的输出值又连接到输入神经元作为下一次计算的输入，如此循环迭代，直到网络的输出值进入稳定状态为止。

6.2　BP 网络的学习算法

确定 BP 网络的层数和每层的神经元个数以后，还需要确定各层之间的权值系数才能根据输入给出正确的输出值。BP 网络的学习属于有监督学习，需要一组已知目标输出的学习样本集。训练时先使用随机值作为权值，输入学习样本得到网络的输出。然后根据输出值与目标输出计算误差，再由误差根据某种准则逐层修改权值，使误差减小。如此反复，直到误差不再下降，网络就训练完成了。

修改权值有不同的规则。标准的 BP 神经网络沿着误差性能函数梯度的反方向修改权值，原理与 LMS 算法比较类似，属于最速下降法。此外，还有一些改进算法，如动量最速下降法、拟牛顿法等。

6.2.1　最速下降法

在前向神经网络中经常会提到 LMS 算法、最速下降法等概念，在这里解释一下。

❑　最速下降法又称梯度下降法，是一种可微函数的最优化算法。

❑　LMS 算法即最小均方误差算法（Least Mean Square Algorithm），由 Widrow 和 Hoff 在研究自适应理论时提出，又称 Δ 规则或 Widrow-Hoff LMS 算法。

❑　LMS 算法体现了纠错规则，与最速下降法本质上没有差别。最速下降法可以求某指标（目标函数）的极小值，若将目标函数取为均方误差，就得到了 LMS 算法。

最速下降法基于这样的原理：对于实值函数 $F(x)$，如果 $F(x)$ 在某点 x_0 处有定义且可微，则函数在该点处沿着梯度相反的方向 $-\nabla F(x_0)$ 下降最快。因此，使用梯度下降法时，应首先计算函数在某点处的梯度，再沿着梯度的反方向以一定的步长调整自变量的值。

假设 $x_1 = x_0 - \eta \nabla F(x_0)$，当步长 η 足够小时，必有下式成立：

$$F(x_1) < F(x_0)$$

因此，只需给定一个初始值 x_0 和步长 η，根据

$$x_{n+1} = x_n - \eta \nabla F(x_n)$$

就可以得到一个自变量 x 的序列，并满足

$$F(x_{n+1}) < F(x_n) < \cdots < F(x_1) < F(x_0)$$

反复迭代，就可以求出函数的最小值。根据梯度值可以在函数中画出一系列的等值线或等值面，在等值线或等值面上函数值相等。梯度下降法相当于沿着垂直于等值线方向向最小值所在位置移动。从这个意义上说，对于可微函数，最速下降法是求最小值或极小值最有效的一种方法。如图 6-4 与图 6-5 所示，目标函数是下式定义的二维函数：

$$z = (x-2)^2 + (y/2 - 1.2)^2$$

函数呈现碗状，中间低，四周高，以任一点为最初始位置，使用最速下降法都能找到最低点。

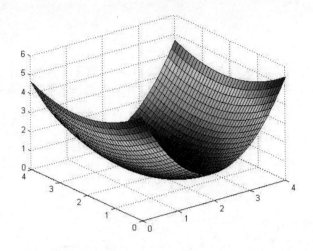

图 6-4　函数曲面图

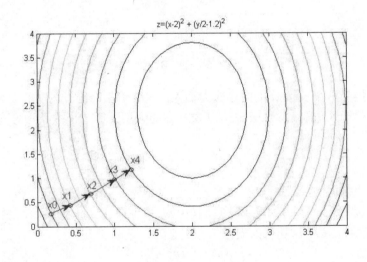

图 6-5　迭代过程图

最速下降法也有一些缺陷:

❑ 目标函数必须可微。对于不满足这个条件的函数,无法使用最速下降法进行求解。

❑ 如果最小值附近比较平坦,算法会在最小值附近停留很久,收敛缓慢。可能出现"之"字形下降。

❑ 对于包含多个极小值的函数,所获得的结果依赖于初始值。算法有可能陷入局部极小值点,而没有达到全局最小值点。

对于 BP 神经网络来说,由于传递函数都是可微的,因此能满足最速下降法的使用乎条件。

6.2.2　最速下降 BP 法

标准的 BP 网络使用最速下降法来调制各层权值。下面以三层 BP 网络为例推导标准

BP 网络的权值学习算法。

1. 变量定义

在三层 BP 网络中，假设输入神经元个数为 M，隐含层神经元个数为 I，输出层神经元个数为 J。输入层第 m 个神经元记为 x_m，隐含层第 i 个神经元记为 k_i，输出层第 j 个神经元记为 y_j。从 x_m 到 k_i 的连接权值为 ω_{mi}，从 k_i 到 y_j 的连接权值为 ω_{ij}。隐含层传递函数为 Sigmoid 函数，输出层传递函数为线性函数，网络结构如图 6-6 所示。

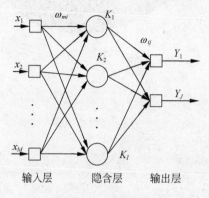

图 6-6　三层 BP 网络

上述网络接受一个长为 M 的向量作为输入，最终输出一个长为 J 的向量。用 u 和 v 分别表示每一层的输入与输出，如 u_I^1 表示 I 层（即隐含层）第一个神经元的输入。网络的实际输出为：

$$Y(n) = \left[v_J^1, v_J^2, \cdots, v_J^J \right]$$

网络的期望输出为：

$$d(n) = [d_1, d_2, \cdots, d_J]$$

n 为迭代次数。第 n 次迭代的误差信号定义为：

$$e_j(n) = d_j(n) - Y_j(n)$$

将误差能量定义为：

$$e(n) = \frac{1}{2} \sum_{j=1}^{J} e_j^2(n)$$

2. 工作信号正向传播

输入层的输出等于整个网络的输入信号：$v_M^m(n) = x(n)$

隐含层第 i 个神经元的输入等于 $v_M^m(n)$ 的加权和：

$$u_I^i(n) = \sum_{m=1}^{M} \omega_{mi}(n) v_M^m(n)$$

假设 $f(\cdot)$ 为 Sigmoid 函数，则隐含层第 i 个神经元的输出等于：

$$v_I^i(n) = f\left(u_I^i(n) \right)$$

输出层第 j 个神经元的输入等于 $v_I^i(n)$ 的加权和：

$$u_J^j(n) = \sum_{i=1}^{I} \omega_{ij}(n)v_I^i(n)$$

输出层第 j 个神经元的输出等于：

$$v_J^j(n) = g\left(\left(u_J^j(n)\right)\right)$$

输出层第 j 个神经元的误差：

$$e_j(n) = d_j(n) - v_J^j(n)$$

网络的总误差：

$$e(n) = \frac{1}{2}\sum_{j=1}^{J} e_j^2(n)$$

3．误差信号反向传播

在权值调整阶段，沿着网络逐层反向进行调整。

（1）首先调整隐含层与输出层之间的权值 ω_{ij}。根据最速下降法，应计算误差对 ω_{ij} 的

梯度 $\dfrac{\partial e(n)}{\partial \omega_{ij}(n)}$，再沿着该方向反向进行调整：

$$\Delta\omega_{ij}(n) = -\eta\frac{\partial e(n)}{\partial\omega_{ij}(n)}$$

$$\omega_{ij}(n+1) = \Delta\omega_{ij}(n) + \omega_{ij}(n)$$

梯度可由求偏导得到。根据微分的链式规则，有

$$\frac{\partial e(n)}{\partial\omega_{ij}(n)} = \frac{\partial e(n)}{\partial e_j(n)}\cdot\frac{\partial e_j(n)}{\partial v_J^j(n)}\cdot\frac{\partial v_J^j(n)}{\partial u_J^j(n)}\cdot\frac{\partial u_J^j(n)}{\partial\omega_{ij}(n)}$$

由于 $e(n)$ 是 $e_j(n)$ 的二次函数，其微分为一次函数：

$$\frac{\partial e(n)}{\partial e_j(n)} = e_j(n)$$

$$\frac{\partial e_j(n)}{\partial v_J^j(n)} = -1$$

输出层传递函数的导数：

$$\frac{\partial v_J^j(n)}{\partial u_J^j(n)} = g'u_J^j(n)$$

$$\frac{\partial u_J^j(n)}{\partial\omega_{ij}(n)} = v_I^i(n)$$

因此，梯度值为

$$\frac{\partial e(n)}{\partial\omega_{ij}(n)} = -e_j(n)g'\left(u_J^j(n)\right)v_I^i(n)$$

权值修正量为：

$$\Delta\omega_{ij}(n) = \eta e_j(n)g'\left(u_J^j(n)\right)v_I^i(n)$$

引入局部梯度的定义：

$$\delta_J^j = -\frac{\partial e(n)}{\partial u_J^j(n)} = -\frac{\partial e(n)}{\partial e_j(n)} \cdot \frac{\partial e_j(n)}{\partial v_J^j(n)} \cdot \frac{\partial v_J^j(n)}{\partial u_J^j(n)} = e_j(n)g'\left(u_J^j(n)\right)$$

因此，权值修正量可表示为：

$$\Delta \omega_{ij}(n) = \eta \delta_J^j v_I^i(n)$$

局部梯度指明权值所需要的变化。神经元的局部梯度等于该神经元的误差信号与传递函数导数的乘积。在输出层，传递函数一般为线性函数，因此其导数为 1：

$$g'\left(u_J^j(n)\right) = 1$$

代入上式，可得

$$\Delta \omega_{ij}(n) = \eta e_j(n)v_I^i(n)$$

输出神经元的权值修正相对简单。

（2）误差信号向前传播，对输入层与隐含层之间的权值 ω_{mi} 进行调整。与上一步类似，应有

$$\Delta \omega_{mi}(n) = \eta \delta_I^i v_M^m(n)$$

$v_M^m(n)$ 为输入神经元的输出，$v_M^m(n) = x^m(n)$。

δ_I^i 为局部梯度，定义为

$$\delta_I^i = -\frac{\partial e(n)}{\partial u_I^i(n)} = -\frac{\partial e(n)}{\partial v_I^i(n)} \cdot \frac{\partial v_I^i(n)}{\partial u_I^i(n)} = -\frac{\partial e(n)}{\partial v_I^i(n)} f'\left(u_I^i(n)\right)$$

$f(\mathrm{g})$ 为 Sigmoid 传递函数。由于隐含层不可见，因此无法直接求解误差对该层输出值的偏导数 $\dfrac{\partial e(n)}{\partial v_I^i(n)}$。这里需要使用上一步计算中求得的输出层节点的局部梯度：

$$\frac{\partial e(n)}{\partial v_I^i(n)} = \sum_{j=1}^{J} \delta_J^j \omega_{ij}$$

故有

$$\delta_I^i = f'\left(u_I^i(n)\right) \sum_{j=1}^{J} \delta_J^j \omega_{ij}$$

至此，三层 BP 网络的一轮权值调整就完成了。调整的规则可总结为：

权值调整量 $\Delta \omega$ = 学习率 $\eta \cdot$ 局部梯度 $\delta \cdot$ 上一层输出信号 v

当输出层传递函数为线性函数时，输出层与隐含层之间权值调整的规则类似于线性神经网络的权值调整规则。BP 网络的复杂之处在于，隐含层与隐含层之间、隐含层与输入层之间调整权值时，局部梯度的计算需要用到上一步计算的结果。前一层的局部梯度是后一层局部梯度的加权和。也正是因为这个原因，BP 网络学习权值时只能从后向前依次计算。

6.2.3　串行和批量训练方式

给定一个训练集，修正权值的方式有两种：串行方式和批量方式。上一节讲述了使用最速下降法逐层训练 BP 网络的过程。工作信号正向传播，根据得到的实际输出计算误差，再反向修正各层权值。因此上一节呈现的过程实际上是串行的方式，它将每个训练样本依次输入网络进行训练。

- ❏ 串行方式。反向传播算法的串行学习方式又可称为在线方式、递增方式或随机方式。网络每获得一个新样本，就计算一次误差并更新权值，直到样本输入完毕。
- ❏ 批量方式。网络获得所有的训练样本，计算所有样本均方误差的和作为总误差：

$$E = \sum_{n=1}^{N} e_n^2$$

在串行运行方式中，每个样本依次输入，需要的存储空间更少。训练样本的选择是随机的，可以降低网络陷入局部最优的可能性。

批量学习方式比串行方式更容易实现并行化。由于所有样本同时参加运算，因此批量方式的学习速度往往远优于串行方法。

6.2.4　最速下降 BP 法的改进

标准的最速下降法在实际应用中往往有收敛速度慢的缺点。针对标准 BP 算法的不足，出现了几种标准 BP 法的改进，如动量 BP 算法、牛顿法等。

1．动量BP法

动量 BP 法是在标准 BP 算法的权值更新阶段引入动量因子 α $(0 < \alpha < 1)$，使权值修正值具有一定惯性：

$$\Delta\omega(n) = -\eta(1-\alpha)\nabla e(n) + \alpha\Delta\omega(n-1)$$

与标准的最速下降 BP 法相比，更新权值时，上式多了一个因式 $\alpha\Delta\omega(n-1)$。它表示，本次权值的更新方向和幅度不但与本次计算所得的梯度有关，还与上一次更新的方向和幅度有关。这一因式的加入，使权值的更新具有一定惯性，且具有了一定的抗震荡能力和加快收敛的能力。原理如下：

（1）如果前后两次计算所得的梯度方向相同，则按标准 BP 法，两次权值更新的方向相同。在上述公式中，表示本次梯度反方向的 $-\eta(1-\alpha)\nabla e(n)$ 项与上一次的权值更新方向相加，得到的权值较大，可以加速收敛过程，不至于在梯度方向单一的位置停留过久。

（2）如果前后两次计算所得梯度方向相反，则说明两个位置之间可能存在一个极小值。此时应减小权值修改量，防止产生振荡。标准的最速下降法采用固定大小的学习率，无法根据情况调整学习率的值。在动量 BP 法中，由于本次梯度的反方向 $-\eta(1-\alpha)\nabla e(n)$ 与上次权值更新的方向相反，其幅度会被 $\alpha\Delta\omega(n-1)$ 抵消一部分，得到一个较小的步长，更容易找到最小值点，而不会陷入来回振荡。具体应用中，动量因子一般取 $0.1 \sim 0.8$。

2．学习率可变的BP算法

在标准的最速下降 BP 法中，学习率是一个常数，因此对于学习率的选择对于性能影响巨大。如果学习率过小，则收敛速度慢；如果学习率过大，则容易出现振荡。对于不同的问题，只能通过经验来大致确定学习率。事实上，在训练的不同阶段，需要的学习率的值是不同的，如方向较为单一的区域，可选用较大的学习率，在"山谷"附近，应选择较小的学习率。如果能自适应地判断出不同的情况，调整学习率的值，将会提高算法的性能和稳定性。

那么，如何判断算法运行的阶段呢？学习率可变的 BP 算法（Variable Learning Rate

Backpropagation，VLBP）是通过观察误差的增减来判断的。当误差以减小的方式趋于目标时，说明修正方向是正确的，可以增加学习率；当误差增加超过一定范围时，说明前一步修正进行得不正确，应减小步长，并撤销前一步修正过程。学习率的增减通过乘以一个增量/减量因子实现：

$$\eta(n+1) = \begin{cases} k_{inc}\eta(n) & e(n+1) < e(n) \\ k_{dec}\eta(n) & e(n+1) > e(n) \end{cases}$$

3．拟牛顿法

牛顿法是一种基于泰勒级数展开的快速优化算法。迭代公式如下：

$$\omega(n+1) = \omega(n) - H^{-1}(n)g(n)$$

H 为误差性能函数的 Hessian 矩阵，其中包含了误差函数的导数信息。例如，对于一个二元可微函数 $f(x,y)$，其 Hessian 矩阵为

$$H = \begin{bmatrix} \dfrac{\partial^2 f}{\partial x^2} & \dfrac{\partial^2 f}{\partial x \partial y} \\[3mm] \dfrac{\partial^2 f}{\partial y \partial x} & \dfrac{\partial^2 f}{\partial y^2} \end{bmatrix}$$

牛顿法具有收敛快的优点，但需要计算误差性能函数的二阶导数，计算较为复杂。如果 Hessian 矩阵非正定，可能导致搜索方向不是函数下降方向。因此提出了改进算法，用一个不包含二阶导数的矩阵近似 Hessian 矩阵的逆矩阵，这就是拟牛顿法。

拟牛顿法只需要知道目标函数的梯度，通过测量梯度的变化进行迭代，收敛速度大大优于最速下降法。拟牛顿法有 DFP 方法、BFGS 方法、SR1 方法和 Broyden 族方法。

4．LM（Levenberg-Marquardt）算法

LM 算法类似拟牛顿法，都是为了在修正速率时避免计算 Hessian 矩阵而设计的。当误差性能函数具有平方和误差的形式时，Hessian 矩阵可近似表示为

$$H = J^{\mathrm{T}}J$$

梯度可表示为

$$g = J^{\mathrm{T}}e$$

J 是包含误差性能函数对网络权值一阶导数的雅克比矩阵。LM 算法根据下式修正网络权值：

$$\omega(n+1) = \omega(n) - \left[J^{\mathrm{T}}J + \mu I \right]^{-1} J^{\mathrm{T}}e$$

当 $\mu = 0$ 时，LM 算法退化为牛顿法；当 μ 很大时，上式相当于步长较小的梯度下降法。由于雅克比矩阵的计算比 Hessian 矩阵易于计算，因此速度非常快。

6.3　设计 BP 网络的方法

由于 BP 网络采用有监督的学习，因此用 BP 神经网络解决一个具体问题时，首先需要一个训练数据集。BP 网络的设计主要包括网络层数、输入层节点数、隐含层节点数、输出

层节点数及传输函数、训练方法、训练参数的设置等几个方面。

1．网络层数

BP 网络可以包含一到多个隐含层。不过，理论上已经证明，单个隐含层的网络可以通过适当增加神经元节点的个数实现任意非线性映射。因此，对于大部分应用场合，单个隐含层即可满足需要。但如果样本较多，增加一个隐含层可以明显减小网络规模。

2．输入层节点数

输入层节点数取决于输入向量的维数。应用神经网络解决实际问题时，首先应从问题中提炼出一个抽象模型，形成输入空间和输出空间。因此，数据的表达方式会影响输入向量的维数大小。例如，如果输入的是 64×64 的图像，则输入向量应为图像中所有的像素形成的 4096 维向量。如果待解决的问题是二元函数拟合，则输入向量应为二维向量。

3．隐含层节点数

隐含层节点数对 BP 网络的性能有很大影响。一般较多的隐含层节点数可以带来更好的性能，但可能导致训练时间过长。目前并没有一个理想的解析式可以用来确定合理的神经元节点个数，这也是 BP 网络的一个缺陷。通常的做法是采用经验公式给出估计值：

（1）$\sum_{i=0}^{n} C_M^i > k$，k 为样本数，M 为隐含层神经元个数，n 为输入层神经元个数。如果 $i > M$，规定 $C_M^i = 0$。

（2）$M = \sqrt{n+m} + a$，m 和 n 分别为输出层和输入层的神经元个数，a 是 $[0,10]$ 之间的常数。

（3）$M = \log_2 n$，n 为输入层神经元个数。

4．输出层神经元个数

输出层神经元的个数同样需要根据从实际问题中得到的抽象模型来确定。如在模式分类问题中，如果共有 n 种类别，则输出可以采用 n 个神经元，如 $n = 4$ 时，0100 表示某输入样本属于第二个类别。也可以将节点个数设计为 $[\log_2 n]$ 个，$[x]$ 表示不小于 x 的最小整数。由于输出共有 4 种情况，因此采用二维输出即可覆盖整个输出空间，00、01、10 和 11 分别表示一种类别。

5．传递函数的选择

一般隐含层使用 Sigmoid 函数，而输出层使用线性函数。如果输出层也采用 Sigmoid 函数，则输出值将会被限制在 $(0,1)$ 或 $(-1,1)$ 之间。

6．训练方法的选择

BP 网络除了标准的最速下降法以外，还有若干种改进的训练算法。训练算法的选择与问题本身、训练样本的个数都有关系。一般来说，对于包含数百个权值的函数逼近网络，使用 LM 算法收敛速度最快，均方误差也较小。但 LM 算法对于模式识别相关问题的处理能力较弱，且需要较大的存储空间。对于模式识别问题，使用 RPROP 算法能收到较好的效果。SCG 算法对于模式识别和函数逼近问题都有较好的性能表现。

串行或批量训练方式的选择，也是神经网络设计过程中需要确定的内容。串行方式需要更小的存储空间，且输入样本具有一定随机性，可以避免陷入局部最优。批量方式的误差收敛条件非常简单，训练速度快。

7. 初始权值的确定

BP 网络采用迭代更新的方式确定权值，因此需要一个初始值。一般初始值都是随机给定的，这容易造成网络的不可重现性。初始值过大或过小都会对性能产生影响，通常将初始权值定义为较小的非零随机值，经验值为 $(-2.4/F, 2.4/F)$ 或 $(-3/\sqrt{F}, 3/\sqrt{F})$ 之间，其中 F 为权值输入端连接的神经元个数。

确定以上参数后，将训练数据进行归一化处理，并输入网络中进行学习，若网络成功收敛，即可得到所需的神经网络。

6.4　BP 神经网络的局限性

神经网络实现了一个从输入到输出的映射功能，已经证明，BP 网络具有实现任何复杂非线性映射的能力，特别适合求解内部机制复杂的问题。在神经网络的实际应用中，使用的大部分都是 BP 网络，但 BP 网络也具有一些难以克服的局限性，表现在以下几个方面：

❑ 需要的参数较多，且参数的选择没有有效的方法。确定一个 BP 网络需要知道网络的层数、每一层的神经元个数和权值。网络权值依据训练样本和学习率参数经过学习得到。隐含层神经元的个数如果太多，会引起过学习，而神经元太少，又导致欠学习。如果学习率过大，容易导致学习不稳定，学习率过小，又将延长训练时间。这些参数的合理值还要受具体问题的影响，目前为止，只能通过经验给出一个很粗略的范围，缺乏简单有效的确定参数的方法，导致算法很不稳定。

❑ 容易陷入局部最优。BP 算法理论上可以实现任意非线性映射，但在实际应用中，也可能经常陷入到局部极小值中。此时可以通过改变初始值，多次运行的方式，获得全局最优值。也可以改变算法，通过加入动量项或其他方法，使连接权值以一定概率跳出局部最优值点。

❑ 样本依赖性。网络模型的逼近和推广能力与学习样本的典型性密切相关，如何选取典型样本是一个很困难的问题。算法的最终效果与样本都有一定关系，这一点在神经网络中体现得尤为明显。如果样本集合代表性差、矛盾样本多、存在冗余样本，网络就很难达到预期的性能。

❑ 初始权重敏感性。训练的第一步是给定一个较小的随机初始权重，由于权重是随机给定的，BP 网络往往具有不可重现性。

6.5　BP 网络相关函数详解

在 MATLAB 神经网络工具箱中，newff 函数用于创建 BP 神经网络，但在 MATLAB

R2010b 之后就不再推荐使用了，改用 feedforwardnet 代替。类似地，随着神经网络工具箱的更新，用于设计多个隐含层网络的 newcf 函数也改用 cascadeforwardnet 函数代替。表 6-1列出了 MATLAB 神经网络工具箱中与 BP 神经网络有关的主要函数。

表 6-1　与BP网络有关的函数

函 数 名 称	功　　能
logsig	Log-Sigmoid 函数
tansig	Tan-Sigmoid 函数
newff	创建一个 BP 网络
feedforwardnet	创建一个 BP 网络（推荐使用）
newcf	创建级联的前向神经网络
cascadeforwardnet	创建级联的前向神经网络（推荐使用）
newfftd	创建前馈输入延迟的 BP 网络

6.5.1　logsig——Log-Sigmoid 传输函数

函数的语法格式如下：

```
A=logsig(N)
```

N 是 S×Q 矩阵，A 是与 N 同型的矩阵。logsig 是一个神经元传输函数，N 为神经元节点的输入，函数返回每一个输入数据对应的函数值。

Log-Sigmoid 函数的特点是 $(-\infty, +\infty)$ 范围的数据被映射到区间 $(0,1)$。使用的计算公式为：

$$\text{logsig}(n) = \frac{1}{1 + e^{-n}}$$

可以使用下面的代码将神经网络节点的传输函数定义为 Log-Sigmoid 函数：

```
net.layers{i}.transferFcn='logsig';
```

【实例 6.1】Sigmiod 函数将偏离原点的数据区间压缩，而靠近原点的数据则被放大。给定一份线性的数据，用 Sigmoid 函数处理后，绝对值大的数据变得更加接近，而绝对值较小的数据则由于区间被放大显得更稀疏。

```
>> x=-3:.2:3;
>> plot(x,x,'o')
>> hold on;
>> plot([0,0],x([8,24]),'^r','LineWidth',4)      % 将原始数据投射到 Y 轴
>> plot(zeros(1,length(x)),x,'o')
>> grid on
>> title('原始数据')
>>y=logsig(x);                                    % 计算 y 的值
>> figure(2);
>> plot(x,y,'o')                                  % 显示 y
>> hold on;
>> plot(zeros(1,length(y)),y,'o')
>> plot([0,0],y([8,24]),'^r','LineWidth',4)
>> grid on
>> title('Sigmoid 函数处理之后')
```

执行结果如图 6-7 和图 6-8 所示。

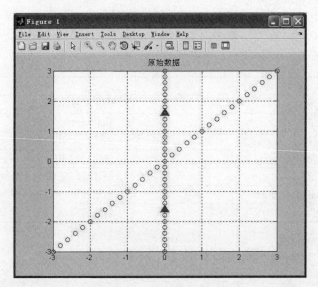

图 6-7　原始数据

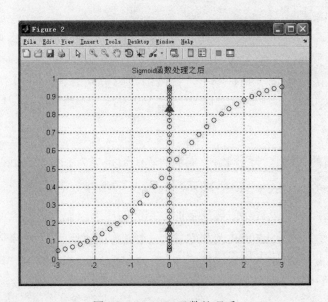

图 6-8　Sigmoid 函数处理后

【实例分析】将向量投影到 Y 轴后，能明显地看到，Sigmoid 函数把绝对值大的数据挤压到了一个较小的区间，而绝对值较小的数据被扩张了。

6.5.2　tansig——Tan-Sigmoid 传输函数

函数的语法格式如下：

```
A=tansig(N)
```

tansig 是双曲正切 Sigmoid 函数，调用形式与 logsig 函数相同。不同的是，在 tansig

函数中，输出将被限制在 $(-1,1)$ 区间内。使用的计算公式为：

$$\text{tansig}(n) = \frac{2}{1 + \mathrm{e}^{-2n}} - 1$$

可以使用下面的代码将神经网络节点的传输函数定义为 Tan-Sigmoid 函数：

```
net.layers{i}.transferFcn='tansig';
```

【实例 6.2】绘制双曲正切 Sigmoid 函数曲线。

```
>> x=-4:.1:4;
>> y=tansig(x);          % Tag-Sigmoid 函数
>> plot(x,y,'^-r')
>> title('Tan-sig 函数')
>> xlabel('x')
>> ylabel('y')
>> grid on
```

执行结果如图 6-9 所示。

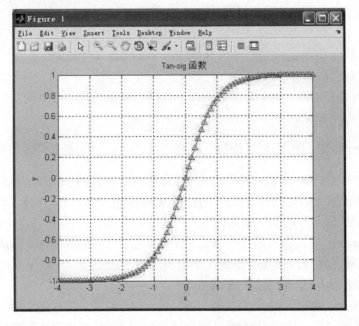

图 6-9　Tan-Sigmoid 函数曲线

【实例分析】tansig 与 MATLAB 的双曲正切函数 tanh 功能相同，但效率更高一些。

6.5.3　newff——创建一个 BP 网络

newff 是 BP 网络中最常用的函数，可以用于创建一个误差反向传播的前向网络。在 MATLAB R2011b 中，语法格式如下：

1. net=newff(P,T,S)

输入参数如下：

❑ P，R×Q1 矩阵，表示创建的神经网络中，输入层有 R 个神经元。每行对应一个神经元输入数据的典型值，实际应用中常取其最大最小值。

- ❏ T，SN×Q2 矩阵，表示创建的网络有 SN 个输出层节点，每行是输出值的典型值。
- ❏ S，标量或向量，用于指定隐含层神经元个数，若隐含层多于一层，则写成行向量的形式。

输出参数如下：

Net，返回一个 length(S)+1 层（不包括输入层）的 BP 网络。

2．net=newff(P,T,S,TF,BTF,BLF,PF,IPF,OPF,ODF)

TF(i)：第 i 层的传输函数，隐含层默认为'tansig'，输出层默认为'purelin'。

BTF：BP 网络的训练函数，默认值为'trainlm'，表示采用 LM 法进行训练。

BLF：BP 网络的权值/阈值学习函数，默认为'learngdm'。

PF：性能函数，默认值为'mse'，表示采用均方误差作为误差性能函数。

IPF：指定输入数据归一化函数的细胞数组，默认值为{'fixunknowns', 'remconstantrows', 'mapminmax'}，其中 mapminmax 用于正常数据的归一化，fixunknowns 用于含有缺失数据时的归一化。

OPF：指定输出数据的反归一化函数，用细胞数组的形式表示，默认值为{'remconstantrows', 'mapminmax'}。

DDF：数据划分函数，newff 函数将训练数据划分成三份，可以用来防止出现过拟合现象。默认值为'dividerand'。

3．net=newff(P,N,TF,BTF)（旧版）

newff 函数从 R2007b 开始，调用格式发生了变化。在旧版 newff 函数的语法格式中没有 T 参数，P 表示输入向量的典型值，N 为各层神经元的个数，TF 为表示传输函数的细胞数组，BTF 为训练函数。新旧版本的区别有：

（1）旧版 newff 默认训练函数为 traingdx（学习率自适应并附加动量因子的最速下降法），新版默认训练函数为 trainlm。新版速度更快，但占用更多内存，如果发生 out of memory 错误，可以将训练函数改为 trainrp 或 trainbfg。

（2）新版 newff 将输入的 60%用于训练，20%用于检验，20%用于验证，采用了提前终止的策略，防止过拟合的情况发生。对于同一个问题，往往会出现新版最终训练误差大于旧版 newff 的情况。

另外，newff 函数已不被推荐使用，BP 网络仿真可以使用 feedforwardnet 函数。

【实例 6.3】用 newff 逼近二次函数，新版的函数误差比旧版函数大。

```
>> x=-4:.5:4;
>> y=x.^2-x;
>> net=newff(minmax(x),minmax(y),10);            % net 为新版 newff 创建的
>> net=train(net,x,y);                           % 训练
>> xx=-4:.2:4;
>> yy=net(xx);
>> plot(x,y,'o-',xx,yy,'*-')
>> title('新版 newff')
>> net1=newff(minmax(x),[10,1],{'tansig','purelin'},'trainlm');   % net1
为旧版 newff 创建的
```

```
Warning: NEWFF used in an obsolete way.
> In obs_use at 18
  In newff>create_network at 127
  In newff at 102
        See help for NEWFF to update calls to the new argument list.

>> net1=train(net1,x,y);                              % 训练
>> yy2=net1(xx);
>> figure(2);
>> plot(x,y,'o-',xx,yy2,'*-')
>> title('旧版 newff')
```

新版 newff 的逼近结果如图 6-10 所示，旧版 newff 的逼近结果如图 6-11 所示。

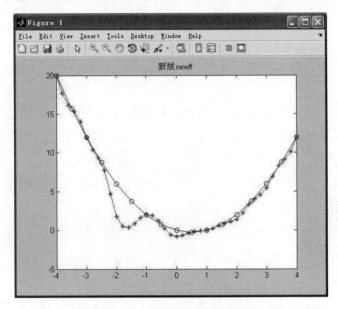

图 6-10　新版 newff 函数的结果

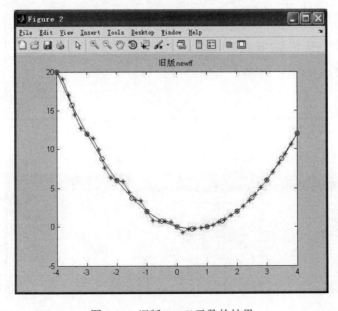

图 6-11　旧版 newff 函数的结果

【实例分析】新版 newff 函数为防止过拟合，采用了提前终止的策略，在本例中，采用新版 newff 时，笔者的机器上实验十次，训练迭代次数均不超过 10 次。

6.5.4　feedforwardnet——创建一个 BP 网络

feedforwardnet 是新版神经网络工具箱中替代 newff 的函数，调用格式如下：

```
feedforwardnet(hiddenSizes,trainFcn)
```

hiddenSizes 为隐含层的神经元节点个数，如果有多个隐含层，则 hiddenSizes 是一个行向量，默认值为 10。trainFcn 为训练函数，默认值为'hrainlm'。feedforwardnet 函数并未确定输入层和输出层向量的维数，系统将这一步留给 train 函数来完成。也可以使用 configure 函数手动配置。feedforwardnet 函数实现的前向神经网络能够实现从输入到输出的任意映射。用于拟合的函数 fitnet 和用于模式识别的函数 patternnet 均为 feedforwardnet 的不同版本。

【实例 6.4】使用默认参数的 feedforwardnet 函数训练一个神经网络，观察网络的参数。

```
>> [x,t] = simplefit_dataset;      % MATLAB 自带数据，x、t 均为 1*94 向量
>> net = feedforwardnet;           % 创建前向网络
>> view(net)
>> net = train(net,x,t);           % 训练，确定输入输出向量的维度
>> view(net)
>> y = net(x);
>> perf = perform(net,y,t)         % 计算误差性能

perf =

  6.9192e-004
```

执行结果如图 6-12 与图 6-13 所示。

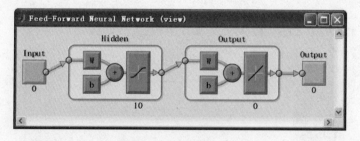

图 6-12　未训练的网络

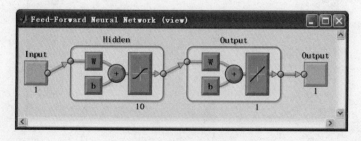

图 6-13　训练好的网络

【实例分析】使用 feedforwardnet 创建网络时，输入、输出向量维度默认为零，使用 train 函数训练时才由给定的训练数据决定向量的维数。

6.5.5 newcf——级联的前向神经网络

newcf 函数在将来的版本中将被废弃，被 cascadeforwardnet 函数代替。语法格式性如下：

```
net = newcf(P,T,[S1 S2...S(N-1)],{TF1 TF2...TFN},BTF,BLF,PF,IPF,OPF,DDF)
```

输入参数如下：

❑ P，R×Q1 矩阵，每行对应一个神经元输入数据的典型值。因此输入层有 R 个神经元。

❑ T，SN×Q2 矩阵，表示创建的网络有 SN 个输出层节点，每行是输出值的典型值。

❑ Si，表示隐含层神经元个数，若隐含层多于一层，则写成行向量的形式。N 指隐含层与输出层加起来的总层数。

❑ TFi，第 i 层的传输函数，隐含层默认值为'tansig'，输出层默认值为'purelin'。

❑ BTF，BP 网络的训练函数，默认值为'trainlm'，表示采用 LM 法进行训练。

❑ BLF，BP 网络的权值/阈值学习函数，默认为'learngdm'，还可以取值'learngd'、'learngdm'等。

❑ PF，性能函数，默认值为'mse'，表示采用均方误差作为误差性能函数，还可以取值为其他性能函数，如'msereg'。

IPF，指定输入数据归一化函数的细胞数组，默认值为{'fixunknowns', 'remconstantrows', 'mapminmax'}，其中 mapminmax 用于正常数据的归一化，fixunknowns 用于含有缺失数据时的归一化。

OPF，指定输出数据的反归一化函数，用细胞数组的形式表示，默认值为 {'remconstantrows', 'mapminmax'}。

DDF，数据划分函数，newff 函数将训练数据划分成三份，可以用来防止出现过拟合现象。默认值为'dividerand'。

如果训练时出现"out-of-memory"错误，可将 net.efficiency.memoryReduction 设为 2 或更大的数，或者将训练函数改为 trainbfg 或 trainrp。

【实例 6.5】使用 newff 和 newcf 对一段数据进行拟合，数据输入为向量 $[0,1,2,3,4,5,6,7,8,9,10]$，输出为 $[0,1,2,3,4,3,2,1,2,3,4]$，是一段折线。

```
>> rng(2)
>> P = [0 1 2 3 4 5 6 7 8 9 10];        % 网络输入
>> T = [0 1 2 3 4 3 2 1 2 3 4];         % 期望输出
>> ff=newff(P,T,20);              % 建立一个 BP 网络，包含一个具有 20 个节点的隐含层
>> ff.trainParam.epochs = 50;
>> ff = train(ff,P,T);                  % 训练
>> Y1 = sim(ff,P);                      % 仿真
>> cf=newcf(P,T,20);                    % 用 newcf 建立前向网络
>> cf.trainParam.epochs = 50;
>> cf = train(cf,P,T);                  % 训练
>> Y2 = sim(cf,P);                      % 仿真
```

```
>> plot(P,T, 'o-');                        % 绘图
>> hold on;
>> plot(P,Y1,'^m-');
>> plot(P,Y2,'*-k');
>> title('newff & newcf')
>> legend('原始数据','newff 结果','newcf 结果',0)
```

执行结果如图 6-14 所示。

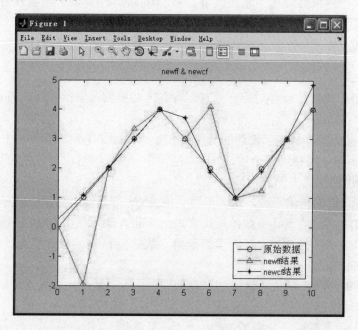

图 6-14　newff 和 newcf 的拟合结果

【实例分析】newcf 与 newff 一样，都是将被废弃的函数，不建议采用。

6.5.6　cascadeforwardnet——新版级联前向网络

cascadeforwardnet 是新版神经网络工具箱中替代 newcf 的函数，调用格式如下：

```
cascadeforwardnet(hiddenSizes,trainFcn)
```

hiddenSizes 为隐含层的神经元节点个数，如果有多个隐含层，则 hiddenSizes 是一个行向量，默认值为 10。trainFcn 为训练函数，默认值为'trainlm'。神经网络创建时并未确定输入层和输出层向量的维数，系统将这一步留给 train 函数来完成。

newcf 与 cascadeforwardnet 函数创建的是级联的前向神经网络，在这里，级联指的是不同层的网络之间，不只存在着相邻层的连接。例如，输入层除了与隐含层有权值相连以外，还与输出层有直接的联系。

【实例 6.6】比较 feedforwardnet 与 cascadeforwardnet 创建的网络的结构。

```
>> f1=feedforwardnet([3,5]);
>> f2=cascadeforwardnet([3,5]);
>> view(f1)
>> view(f2)
```

执行结果如图 6-15 与图 6-16 所示。

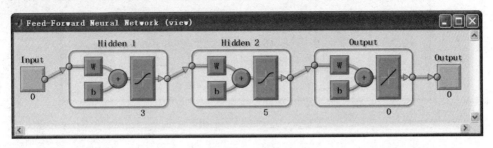

图 6-15　BP 网络

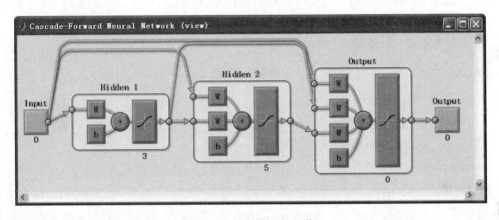

图 6-16　级联的 BP 网络

【实例分析】在级联的 BP 网络中，每一层除了接收上一层提供的出入外，还得到前面其他层提供的权值连接。

6.5.7　newfftd——前馈输入延迟的 BP 网络

newfftd 用于创建一个带输入延迟的 BP 网络。函数的语法格式如下：

```
net = newfftd(P,T,ID,[S1...S(N-1)],{TF1...TFN},BTF,BLF,PF,IPF,OPF,DDF)
```

除了 ID 以外，newfftd 的参数大部分与 newff 函数相同。ID 为表示输入延迟的向量，默认值为 [0,1]。

【实例 6.7】显示 newfftd 所创建神经网络的结构。

```
>> P = {1 0 0 1 1 0 1 0 0 0 0 1 1 0 0 1};
>> T = {1 -1 0 1 0 -1 1 -1 0 0 0 1 0 -1 0 1};
>> net = newfftd(P,T,[0 1],5);        % 创建隐含层包含 5 个神经元的 BP 网络
>> net.trainParam.epochs = 50;
>> net = train(net,P,T);
>> Y = net(P)
>> view(net)                          % 显示结构图
```

执行结果如图 6-17 所示。

【实例分析】newfftd 也属于将被废弃的函数，因此这里只做简要介绍。

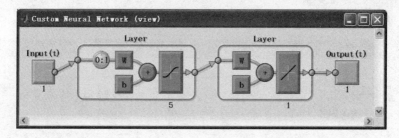

图 6-17　带输入延迟的 BP 网络

6.5.8　dlogsig/dtansig——Sigmoid 函数的导数

在最速下降法中，需要求传输函数的导数。logsig 函数的表达式为

$$f(n) = \frac{1}{1 + e^{-n}}$$

根据求导法则，其导数为

$$f'(n) = \frac{-e^{-n}}{(1 + e^{-n})^2} = \left(\frac{1}{1 + e^{-n}}\right)\left(1 - \frac{1}{1 + e^{-n}}\right) = f(n)\left(1 - f(n)\right)$$

dlogsig 函数的语法格式如下：

```
dA_dN = dlogsig(N,A)
```

其中 N 为自变量 n 的值，A 为 logsig 函数在 N 处的值。然而，由上述公式可以看出，N 的值在计算导数中是没有用处的，因此在函数的实现中，只有一句话：

```
d = a.*(1-a);
```

调用时必须指明两个参数，第一个参数可以为任意值，也可以为空矩阵。

类似地，Tan-Sigmoid 函数的导数可以表示为

$$f'(n) = 1 - f(n) * f(n)$$

dtansig 函数的语法格式与 dlogsig 类似：

```
dA_dN = dtansig(N,A)
```

以下是该函数的实现：

```
d = 1-(a.*a);
```

【实例 6.8】显示 logsig 函数及其导数的函数曲线。

```
>> x=-4:.1:4;
>> y=logsig(x);          % logsig 函数
>> dy=dlogsig(x,y);       % logsig 函数的导数
>> subplot(211)
>> plot(x,y);
>> title('logsig')
>> subplot(212);
>> plot(x,dy);
>> title('dlogsig')
```

执行结果如图 6-18 所示。

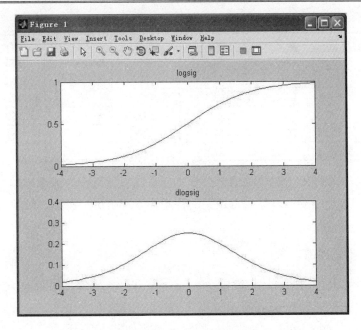

图 6-18　logsig 函数及其导数

【实例分析】dlogsig 和 dtansig 是将被废弃的函数，可以使用 logsig('da_dn',N,A)和 tansig('da_dn',N,A)的形式求 Sigmoid 函数的导数。

6.6　BP 神经网络应用实例

BP 神经网络具有强大的非线性映射能力，因此广泛应用于分类、拟合、压缩等领域。本节给出两个实例：

（1）基于 BP 网络的性别识别。以班级中男生和女生的身高、体重为输入，经过一定数量的样本训练后，可以较好地识别出新样本的性别。这个例子使用最速下降法进行训练，将会使用手工编程和直接调用工具箱函数两种方式实现。

（2）实现二值逻辑。

6.6.1　基于 BP 网络的性别识别

某学院共有 260 名学生，其中男生 172 人，女生 88 人。统计全体学生的身高和体重，部分数据如表 6-2 所示。

表 6-2　部分学生身高体重表

学号	性别	身高	体重	学号	性别	身高	体重
111	女	163.4	52.4	121	男	174.2	80.9
112	女	163.4	48	122	男	170.3	83.1
113	男	170.2	69	123	女	166.5	58
114	男	162	59.9	124	女	165.7	47.5

续表

学号	性别	身高	体重	学号	性别	身高	体重
115	女	170.5	55.5	125	女	158.2	47.8
116	女	173.8	55.1	126	男	182.7	93.9
117	女	168.4	68.3	127	男	178.6	81.7
118	男	186.8	68	128	女	159.2	49.2
119	男	181.1	77.8	129	女	163.1	53
120	男	175.7	57.8	130	女	165	53.3

　　本例将在 260 个样本中随机抽出部分学生的身高和体重作为训练样本（男女生都有），然后训练一个 BP 神经网络，最后将剩下的样本输入网络进行测试，检验 BP 网络的分类性能。

1.　手算（批量训练方式）

　　"手算"部分将以尽量底层的代码实现一个简单的 BP 网络，以解决分类问题。在讲解的过程中将会给出两个函数 getdata.m、divide.m 及一些零散的代码。零散的代码将会在最后以完整的形式（main_batch.m）附上。算法的流程如图 6-19 所示。

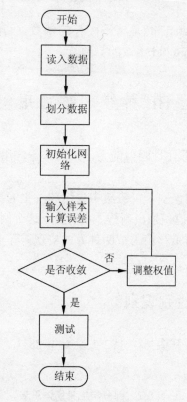

图 6-19　BP 网络流程图

　　（1）数据读入。学生的身高体重信息保存在一个 XLS 格式的表格中，其中 B2:B261 为学生的性别，C2:C261 为学生的身高，D2:D261 为学生的体重。使用 MATLAB 的内建函数 xlsread 来读取 XLS 表格。在 MATLAB 中新建 M 函数文件 getdata.m，输入代码如下：

```
function [data,label]=getdata(xlsfile)
% [data,label]=getdata('student.xls')
% read height,weight and label from a xls file

[~,label]=xlsread(xlsfile,1,'B2:B261');
[height,~]=xlsread(xlsfile,'C2:C261');
[weight,~]=xlsread(xlsfile,'D2:D261');

data=[height,weight];
l=zeros(size(label));
for i=1:length(l)
   if label{i}== '男'
       l(i)=1;
   end
end
label=l;
```

函数接受一个字符串作为输入，通过该输入参数找到 XLS 文件，再读出身高、体重信息，将其保存在 data 中，以 1 代表男生，0 代表女生，将每名学生的标签保存在变量 label 中。学生总数为 260 名，因此 data 为 260×2 矩阵，label 为 260×1 向量。

保存 getdata 函数文件，将 student.xls 文件放在当前目录下。在命令窗口中输入以下命令即可实现数据的读取：

```
>> xlsfile='student.xls';
>> [data,label]=getdata('student.xls');
```

（2）划分训练数据与测试数据。在 MATLAB 中新建 M 函数文件 divide.m，输入代码如下：

```
function [traind,trainl,testd,testl]=divide(data,label)
% [data,label]=getdata('student.xls')
%[traind,trainl,testd,testl]=divide(data,label)

% 随机数
rng(0)
% 男女各取 30 个进行训练
TRAIN_NUM_M=30;
TRAIN_NUM_F=30;

% 男女分开
m_data=data(label==1,:);
f_data=data(label==0,:);

NUM_M=length(m_data); % 男生的个数

% 男
r=randperm(NUM_M);
traind(1:TRAIN_NUM_M,:)=m_data(r(1:TRAIN_NUM_M),:);
testd(1:NUM_M-TRAIN_NUM_M,:)= m_data(r(TRAIN_NUM_M+1:NUM_M),:);

NUM_F=length(f_data); % 女生的个数

% 女
r=randperm(NUM_F);
traind(TRAIN_NUM_M+1:TRAIN_NUM_M+TRAIN_NUM_F,:)=f_data(r(1:TRAIN_NUM_F)
,:);
testd(NUM_M-TRAIN_NUM_M+1:NUM_M-TRAIN_NUM_M+NUM_F-TRAIN_NUM_F,:)=f_data
```

```
(r(TRAIN_NUM_F+1:NUM_F),:);

% 赋值
trainl=zeros(1,TRAIN_NUM_M+TRAIN_NUM_F);
trainl(1:TRAIN_NUM_M)=1;

testl=zeros(1,NUM_M+NUM_F-TRAIN_NUM_M-TRAIN_NUM_F);
testl(1:NUM_M-TRAIN_NUM_M)=1;
```

这个函数在 getdata 函数之后调用，将 getdata 的输出作为输入，并随机地将数据划分为训练数据和测试数据两部分。其中男生的训练数据个数由 TRAIN_NUM_M 给出，女生的训练数据由 TRAIN_NUM_F 给出，这两个参数是可修改的。返回值 traind 是训练数据，trainl 是相对应的标签；testd 是测试数据，testl 是测试数据对应的标签。另外，随机数种子可以在 rng()函数中设置，如果希望重复执行时得到相同的结果，可将种子设为定值，如果希望多次运行观察不同随机数种子下的运行结果，可使用 rng(now)的形式。由于 now 的返回值随时间的不同而不同，因此每次执行的结果都不相同。在命令窗口中输入以下命令进行数据划分：

```
>> [traind,trainl,testd,testl]=divide(data,label);
>> whos
  Name         Size           Bytes   Class      Attributes

  data         260x2           4160   double
  label        260x1           2080   double
  testd        200x2           3200   double
  testl        1x200           1600   double
  traind       60x2             960   double
  trainl       1x60             480   double
```

whos 命令列出了工作空间中的变量，在这里，男女生各取 30 个进行训练，因此 traind 为 60×2 矩阵。

（3）初始化 BP 网络，采用包含一个隐含层的神经网络，训练方法采用包含动量的最速下降法，批量方式进行训练。由于输出层的输出值非零即 1，因此隐含层和输出层的传输函数均使用 Log-Sigmoid 函数。

将阈值合并到权值中，相当于多了一个恒为 1 的输入，这样，输入层与隐含层之间的权值为 $3 \times N$ 的矩阵，隐含层与输出层之间的权值为 $(N+1) \times 1$ 矩阵，N 为隐含层神经元个数。

使用一个名为 net 的结构体表示 BP 网络，用下列代码将权值初始化为一个较小的随机数：

```
>> %% 构造网络
>> net.nIn=2;
>> net.nHidden = 3;     % 3 个隐含层节点
>> net.nOut = 1;        % 一个输出层节点
>> w = 2*(rand(net.nHidden,net.nIn)-1/2);  % nHidden * 3 一行代表一个隐含层
节点
>> b = 2*(rand(net.nHidden,1)-1/2);
>> net.w1 = [w,b];
>> W = 2*(rand(net.nOut,net.nHidden)-1/2);
>> B = 2*(rand(net.nOut,1)-1/2);
>> net.w2 = [W,B];
```

为加快训练速度，隐含层神经元个数暂定为 3。

（4）输入样本，计算误差。为了保证训练效果，必须对样本进行归一化。先求出输入样本的平均值，然后减去平均值，将数据移动到坐标轴中心。再计算样本标准差，数据除以标准差，使方差标准化。如图 6-20 为原始数据，均值平移后结果如如图 6-21 所示的效果，再进行方差标准化，最终结果如图 6-22 所示。

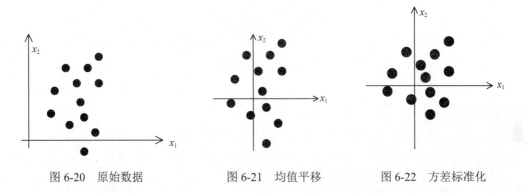

图 6-20　原始数据　　　　　　图 6-21　均值平移　　　　　　图 6-22　方差标准化

第二步得到划分好的数据之后，使用下列代码对训练数据做归一化：

```
%% 训练数据归一化
mm=mean(traind);
% 均值平移
for i=1:2
    traind_s(:,i)=traind(:,i)-mm(i);
end
% 方差标准化
ml(1) = std(traind_s(:,1));
ml(2) = std(traind_s(:,2));
for i=1:2
    traind_s(:,i)=traind_s(:,i)/ml(i);
end
```

traind_s 即归一化后的训练数据。归一化完成之后将样本输入网络，计算误差：

```
>> nTrainNum = 60;  % 60 个训练样本
>> SampInEx = [traind_s';ones(1,nTrainNum)];
>> expectedOut=trainl;
>> hid_input = net.w1 * SampInEx;          % 隐含层的输入
>> hid_out = logsig(hid_input);            % 隐含层的输出
>> ou_input1 = [hid_out;ones(1,nTrainNum)];  % 输出层的输入
>> ou_input2 = net.w2 * ou_input1;
>> out_out = logsig(ou_input2);            % 输出层的输出
>> err = expectedOut - out_out;            % 误差
>> sse = sumsqr(err);
```

这里采用了批量训练的方式，所有样本同时输入网络，err 为每个样本的误差，sse 为误差的平方和，是一个标量值。

（5）判断是否收敛。定义一个误差容限，当样本误差的平方和小于此容限时，算法收敛；另外给定一个最大迭代次数，达到这个次数即停止迭代：

```
>> eb = 0.01;                   % 误差容限
>> % 判断是否收敛
```

```
    if sse<=eb
        break;
    end
```

最大迭代次数体现在 for 循环的参数中。

（6）根据误差，调整权值。这一步是误差反向传播的过程。根据 6.2.2 节，权值根据以下公式进行调整：

$$\Delta\omega_{ij}(n) = \eta\delta_J^j v_I^i(n)$$

其中 δ_J^j 为局部梯度

$$\delta_J^j = e_j(n)g'\left(u_J^j(n)\right)$$

此外，这里使用了有动量因子的最速下降法，因此，除了第一次迭代以外，后续的迭代均需考虑前一次迭代的权值修改量：

$$\Delta\omega(n) = -\eta(1-\alpha)\nabla e(n) + \alpha\Delta\omega(n-1)$$

```
% 误差反向传播
% 隐含层与输出层之间的局部梯度
DELTA = err.*dlogsig(ou_input2,out_out);
% 输入层与隐含层之间的局部梯度
delta = net.w2(:,1:end-1)' * DELTA.*dlogsig(hid_input,hid_out);

% 权值修改量
dWEX = DELTA*ou_input1';
dwex = delta*SampInEx';

% 修改权值，如果不是第一次修改，则使用动量因子
if i == 1
    net.w2 = net.w2 + eta * dWEX;
    net.w1 = net.w1 + eta * dwex;
else
    net.w2 = net.w2 + (1 - mc)*eta*dWEX + mc * dWEXOld;
    net.w1 = net.w1 + (1 - mc)*eta*dwex + mc * dwexOld;
end
% 记录上一次的权值修改量
dWEXOld = dWEX;
dwexOld = dwex;
```

（7）测试。由于训练数据进行了归一化，因此测试数据也要采用相同的参数进行归一化：

```
%% 测试
% 测试数据归一化
for i=1:2
    testd_s(:,i)=testd(:,i)-mm(i);
end

for i=1:2
    testd_s(:,i)=testd_s(:,i)/ml(i);
end
```

归一化完成后将测试数据输入网络计算结果：

```
% 计算测试输出
InEx=[testd_s';ones(1,260-nTrainNum)];
hid_input = net.w1 * InEx;
```

```
hid_out = logsig(hid_input);
ou_input1 = [hid_out;ones(1,260-nTrainNum)];
ou_input2 = net.w2 * ou_input1;
out_out = logsig(ou_input2);
out_out1=out_out;
```

由于类别标签为整数（男生标记为 1，女生标记为 0），而网络的输出为实数，因此还需要对结果进行取整：

```
% 取整
out_out(out_out<0.5)=0;
out_out(out_out>=0.5)=1;
% 正确率
rate = sum(out_out == testl)/length(out_out);
```

至此，用 BP 网络进行性别识别的过程就完成了。完整的代码在脚本 main_batch.m 中给出，将 getdata.m、divide.m、student.xls 放在同一个目录下，运行脚本 main_batch.m 即可。脚本中还包含了用于显示的部分，完整代码如下：

```
% script: main_batch.m
% 批量方式训练 BP 网络，实现性别识别

%% 清理
clear all
clc

%% 读入数据
xlsfile='student.xls';
[data,label]=getdata(xlsfile);

%% 划分数据
[traind,trainl,testd,testl]=divide(data,label);

%% 设置参数

rng('default')
rng(0)
nTrainNum = 60; % 60 个训练样本
nSampDim = 2;   % 样本是二维的

%% 构造网络
net.nIn=2;
net.nHidden = 3;    % 3 个隐含层节点
net.nOut = 1;       % 一个输出层节点
w = 2*(rand(net.nHidden,net.nIn)-1/2); % nHidden * 3 一行代表一个隐含层节点
b = 2*(rand(net.nHidden,1)-1/2);
net.w1 = [w,b];
W = 2*(rand(net.nOut,net.nHidden)-1/2);
B = 2*(rand(net.nOut,1)-1/2);
net.w2 = [W,B];

%% 训练数据归一化
mm=mean(traind);
% 均值平移
for i=1:2
   traind_s(:,i)=traind(:,i)-mm(i);
end
```

```
% 方差标准化
ml(1) = std(traind_s(:,1));
ml(2) = std(traind_s(:,2));
for i=1:2
    traind_s(:,i)=traind_s(:,i)/ml(i);
end

%% 训练
SampInEx = [traind_s';ones(1,nTrainNum)];
expectedOut=train1;

eb = 0.01;                                      % 误差容限
eta = 0.6;                                      % 学习率
mc = 0.8;                                       % 动量因子
maxiter = 2000;                                 % 最大迭代次数
iteration = 0;                                  % 第一代

errRec = zeros(1,maxiter);
outRec = zeros(nTrainNum, maxiter);
NET=[]; % 记录
% 开始迭代
for i = 1 : maxiter
    hid_input = net.w1 * SampInEx;              % 隐含层的输入
    hid_out = logsig(hid_input);                % 隐含层的输出

    ou_input1 = [hid_out;ones(1,nTrainNum)];    % 输出层的输入
    ou_input2 = net.w2 * ou_input1;
    out_out = logsig(ou_input2);                % 输出层的输出

    outRec(:,i) = out_out';                     % 记录每次迭代的输出

    err = expectedOut - out_out;                % 误差
    sse = sumsqr(err);
    errRec(i) = sse;                            % 保存误差值
    fprintf('第 %d 次迭代    误差:  %f\n', i, sse);
    iteration = iteration + 1;
    % 判断是否收敛
    if sse<=eb
        break;
    end

    % 误差反向传播
    % 隐含层与输出层之间的局部梯度
    DELTA = err.*dlogsig(ou_input2,out_out);
    % 输入层与隐含层之间的局部梯度
    delta = net.w2(:,1:end-1)' * DELTA.*dlogsig(hid_input,hid_out);

    % 权值修改量
    dWEX = DELTA*ou_input1';
    dwex = delta*SampInEx';

    %  修改权值,如果不是第一次修改,则使用动量因子
    if i == 1
        net.w2 = net.w2 + eta * dWEX;
        net.w1 = net.w1 + eta * dwex;
    else
        net.w2 = net.w2 + (1 - mc)*eta*dWEX + mc * dWEXOld;
```

```
        net.w1 = net.w1 + (1 - mc)*eta*dwex + mc * dwexOld;
    end
    % 记录上一次的权值修改量
    dWEXOld = dWEX;
    dwexOld = dwex;

end

%% 测试
% 测试数据归一化
for i=1:2
    testd_s(:,i)=testd(:,i)-mm(i);
end

for i=1:2
    testd_s(:,i)=testd_s(:,i)/ml(i);
end

% 计算测试输出
InEx=[testd_s';ones(1,260-nTrainNum)];
hid_input = net.w1 * InEx;
hid_out = logsig(hid_input);          % output of the hidden layer nodes
ou_input1 = [hid_out;ones(1,260-nTrainNum)];
ou_input2 = net.w2 * ou_input1;
out_out = logsig(ou_input2);
out_out1=out_out;

% 取整
out_out(out_out<0.5)=0;
out_out(out_out>=0.5)=1;
% 正确率
rate = sum(out_out == testl)/length(out_out);

%% 显示
% 显示训练样本
train_m = traind(trainl==1,:);
train_m=train_m';
train_f = traind(trainl==0,:);
train_f=train_f';
figure(1)
plot(train_m(1,:),train_m(2,:),'bo');
hold on;
plot(train_f(1,:),train_f(2,:),'r*');
xlabel('身高')
ylabel('体重')
title('训练样本分布')
legend('男生','女生')

figure(2)
axis on
hold on
grid
[nRow,nCol] = size(errRec);
plot(1:nCol,errRec,'b-','LineWidth',1.5);
legend('误差平方和');
xlabel('迭代次数','FontName','Times','FontSize',10);
ylabel('误差')
```

```
fprintf('----------------错误分类表--------------\n')
fprintf('  编号   标签   身高        体重\n')
ind= find(out_out ~= testl);
for i=1:length(ind)
   fprintf('  %4d  %4d   %f   %f \n', ind(i),testl(ind(i)),testd(ind(i),1),
testd(ind(i),2));
end

fprintf('最终迭代次数\n    %d\n', iteration);
fprintf('正确率:\n    %f%%\n', rate*100);
```

运行脚本，在命令窗口中将显示迭代过程、分类错误的测试样本及迭代次数和正确率。

```
----------------错误分类表----------
编号   标签     身高        体重
  1      1    166.800000    59.000000
 10      1    166.300000    60.600000
 12      1    163.600000    54.900000
 19      1    169.200000    57.900000
 28      1    168.900000    57.800000
 32      1    162.000000    59.900000
 33      1    164.400000    53.800000
 35      1    169.000000    57.900000
最终迭代次数
  2000
正确率:
  85.500000%
```

同时脚本将显示训练样本的分布和误差下降曲线，分别如图 6-23 和图 6-24 所示。

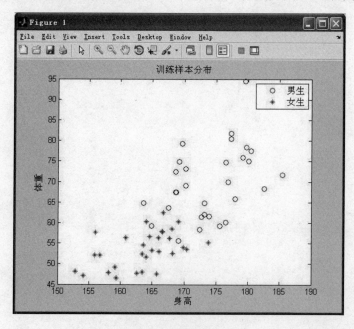

图 6-23　训练样本分布

在图 6-23 中，表示男生和女生的坐标点有部分交叉，因此不可能达到 100%的识别正确率。适当调整网络参数。正确率可达 80%以上。如在本次实验中，学习率为 0.6，动量因子为 0.8，隐含层节点数为 3 个，最大迭代次数为 2000 次，误差容限为 0.01，此时网络运行结果的正确率为 85.5%。

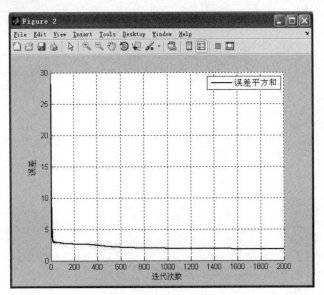

图 6-24　误差下降曲线

2．手算（串行训练方式）

上文使用批量训练方式，达到了较为满意的识别效果。批量训练方式将所有样本同时输入，计算整体的误差，因此迭代过程中总体的误差一般呈现下降趋势。串行方式则将样本逐个输入，由于样本输入的随机性，可以在一定程度上避免出现局部最优。在 MATLAB 中新建脚本文件 main_seral.m，输入代码如下：

```
% script: main_ser.m
% 串行方式训练 BP 网络，实现性别识别

%% 清理
clear all
clc

%% 读入数据
xlsfile='student.xls';
[data,label]=getdata(xlsfile);

%% 划分数据
[traind,trainl,testd,testl]=divide(data,label);

%% 设置参数
rng('default')
rng(0)
nTrainNum = 60;              % 60 个训练样本
nSampDim = 2;                % 样本是二维的
M=2000;                      % 迭代次数
ita=0.1;                     % 学习率
alpha=0.3;
%% 构造网络
HN=3;                        % 隐含层层数
```

```
net.w1=rand(3,HN);
net.w2=rand(HN+1,1);

%% 归一化数据
mm=mean(traind);
for i=1:2
    traind_s(:,i)=traind(:,i)-mm(i);
end

ml(1) = std(traind_s(:,1));
ml(2) = std(traind_s(:,2));
for i=1:2
    traind_s(:,i)=traind_s(:,i)/ml(i);
end

%% 训练
for x=1:M                            % 迭代
    ind=randi(60);                   % 从 1~60 中选一个随机数

    in=[traind_s(ind,:),1];          % 输入层输出
    net1_in=in*net.w1;               % 隐含层输入
    net1_out=logsig(net1_in);        % 隐含层输出
    net2_int = [net1_out,1];         % 下一次输入
    net2_in = net2_int*net.w2;       % 输出层输入
    net2_out = logsig(net2_in);      % 输出层输出
    err=trainl(ind)-net2_out;        % 误差
    errt(x)=1/2*sqrt(sum(err.^2));   % 误差平方
    fprintf('第 %d 次循环，第%d 个学生，误差 %f\n',x,ind, errt(x));

    % 调整权值
    for i=1:length(net1_out)+1
        for j=1:1
            ipu1(j)=err(j);          % 局部梯度
            % 输出层与隐含层之间的调整量
            delta1(i,j) = ita.*ipu1(j).*net2_int(i);
        end

    end

    for m=1:3
        for i=1:length(net1_out)
            % 局部梯度
            ipu2(i)=net1_out(i).*(1-net1_out(i)).*sum(ipu1.*net.w2);
            % 输入层和隐含层之间的调整量
            delta2(m,i)= ita.*in(m).*ipu2(i);
        end
    end

    % 调整权值
    if x==1
        net.w1 = net.w1+delta2;
        net.w2 = net.w2+delta1;
    else
        net.w1 = net.w1+delta2*(1-alpha) + alpha*old_delta2;
        net.w2 = net.w2+delta1*(1-alpha) + alpha*old_delta1;
    end

    old_delta1=delta1;
```

```
    old_delta2=delta2;
end

%% 测试
% 测试数据归一化
for i=1:2
    testd_s(:,i)=testd(:,i)-mm(i);
end

for i=1:2
    testd_s(:,i)=testd_s(:,i)/ml(i);
end

testd_s = [testd_s,ones(length(testd_s),1)];
net1_in=testd_s*net.w1;
net1_out=logsig(net1_in);
net1_out=[net1_out,ones(length(net1_out),1)];
net2_int = net1_out;
net2_in = net2_int*net.w2;
net2_out=net2_in;
% 取整
net2_out(net2_out<0.5)=0;
net2_out(net2_out>=0.5)=1;
rate=sum(net2_out==testl')/length(net2_out);

%% 显示
fprintf(' 正确率:\n   %f %%\n', rate*100);
figure(1);
plot(1:M,errt,'b-','LineWidth',1.5);
xlabel('迭代次数')
ylabel('误差')
title('BP 网络串行训练的误差')
```

将上述文件与 getdata.m、divide.m 函数及 student.xls 文件放在同一目录下，即可直接运行该脚本。设置学习率为 0.1，动量因子为 0.3，隐含层节点个数为 3 个，迭代次数为 200 次，每次迭代从样本中随机取一个样本输入网络进行训练。运行后正确率为 87%，误差变化如图 6-25 所示。

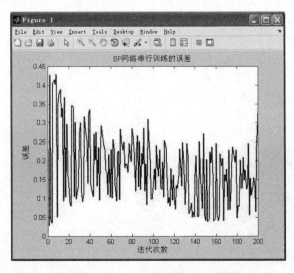

图 6-25　迭代 200 次的误差变化曲线

取迭代次数为 2000 次，动量因子改为 0.2，在此运行脚本，命令窗口输出如下结果：

```
第 1998 次循环，  第 10 个学生，   误差  0.002130
第 1999 次循环，  第 51 个学生，   误差  0.015475
第 2000 次循环，  第 11 个学生，   误差  0.001837
 正确率：
   88.500000 %
```

正确率提到了 88.5%，误差变化曲线如图 6-26 所示。

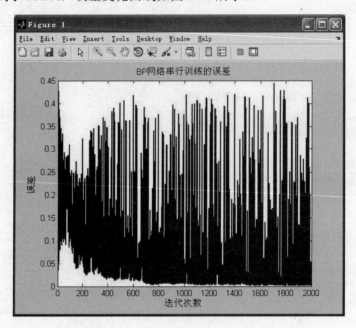

图 6-26　串行训练的误差变化曲线

3. 使用工具箱函数

本小节使用新版神经网络工具箱的前向神经网络函数 feedforwardnet 创建 BP 网络，使用拟牛顿法对应的训练函数 trainbfg 进行训练。在 feedforwardnet 函数的参数中指定隐含层为一层，节点个数为 3 个。在 MATLAB 中新建脚本文件 main_newff.m，输入代码如下：

```
% 脚本 使用 newff 函数实现性别识别
% main_newff.m

%% 清理
clear,clc
rng('default')
rng(2)

%% 读入数据
xlsfile='student.xls';
[data,label]=getdata(xlsfile);

%% 划分数据
[traind,trainl,testd,testl]=divide(data,label);

%% 创建网络
```

```
net=feedforwardnet(3);
net.trainFcn='trainbfg';

%% 训练网络
net=train(net,traind',trainl);

%% 测试
test_out=sim(net,testd');
test_out(test_out>=0.5)=1;
test_out(test_out<0.5)=0;
rate=sum(test_out==testl)/length(testl);
fprintf('   正确率\n   %f %%\n', rate*100);
```

运行脚本，命令窗口显示正确率为 90%。

```
正确率
 90.000000 %
```

使用拟牛顿法进行训练时收敛非常快，迭代次数仅为 7 次，如图 6-27 所示。

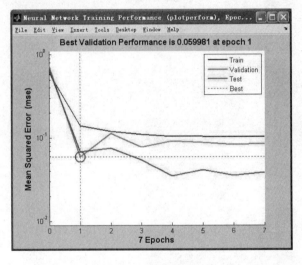

图 6-27　误差变化曲线

6.6.2　实现二值逻辑——异或

异或问题是一个经典的线性不可分问题，在本书所介绍的大部分神经网络中，都将用它来检验网络的非线性映射能力。异或问题本质上是一个二分类问题，如图 6-28 所示。

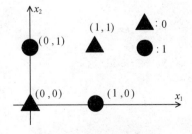

图 6-28　异或问题坐标表示

1. 手算实现

这个例子中，依然采用手算实现基于 BP 网络的异或逻辑。训练时采用批量训练的方法，训练算法使用带动量因子的最速下降法。

在 MATLAB 中新建脚本文件 main_xor.m，输入代码如下：

```matlab
% 脚本 main_xor.m
% 批量训练方式。BP 网络实现异或逻辑

%% 清理
clear all
clc
rng('default')
rng(0)

%% 参数
eb = 0.01;                    % 误差容限
eta = 0.6;                    % 学习率
mc = 0.8;                     % 动量因子
maxiter = 1000;               % 最大迭代次数

%% 初始化网络
nSampNum = 4;
nSampDim = 2;
nHidden = 3;
nOut = 1;
w = 2*(rand(nHidden,nSampDim)-1/2);
b = 2*(rand(nHidden,1)-1/2);
wex = [w,b];

W = 2*(rand(nOut,nHidden)-1/2);
B = 2*(rand(nOut,1)-1/2);
WEX = [W,B];

%% 数据
SampIn=[0,0,1,1;...
       0,1,0,1;...
       1,1,1,1];
expected=[0,1,1,0];

%% 训练
iteration = 0;
errRec = [];
outRec = [];

for i = 1 : maxiter
    % 工作信号正向传播
    hp = wex*SampIn;
    tau = logsig(hp);
    tauex  = [tau', 1*ones(nSampNum,1)]';

    HM = WEX*tauex;
    out = logsig(HM);
    outRec = [outRec,out'];

    err = expected - out;
```

```
    sse = sumsqr(err);
    errRec = [errRec,sse];
    fprintf('第 %d 次迭代，误差： %f \n',i,sse )

    % 判断是否收敛
    iteration = iteration + 1;
    if sse <= eb
       break;
    end

    % 误差信号反向传播
    % DELTA 和 delta 为局部梯度
    DELTA = err.*dlogsig(HM,out);
    delta = W' * DELTA.*dlogsig(hp,tau);
    dWEX = DELTA*tauex';
    dwex = delta*SampIn';

    % 更新权值
    if i == 1
       WEX = WEX + eta * dWEX;
       wex = wex + eta * dwex;
    else
       WEX = WEX + (1 - mc)*eta*dWEX + mc * dWEXOld;
       wex = wex + (1 - mc)*eta*dwex + mc * dwexOld;
    end

    dWEXOld = dWEX;
    dwexOld = dwex;

    W  = WEX(:,1:nHidden);

end

%% 显示

figure(1)
grid
[nRow,nCol] = size(errRec);
semilogy(1:nCol,errRec,'LineWidth',1.5);
title('误差曲线');
xlabel('迭代次数');

x=-0.2:.05:1.2;
[xx,yy]=meshgrid(x);
for i=1:length(xx)
  for j=1:length(yy)
     xi=[xx(i,j),yy(i,j),1];
     hp = wex*xi';
     tau = logsig(hp);
     tauex  = [tau', 1]';
     HM = WEX*tauex;
     out = logsig(HM);
     z(i,j)=out;
  end
end
figure(2)
mesh(x,x,z);
figure(3)
plot([0,1],[0,1],'*','LineWidth',2);
```

```
hold on
plot([0,1],[1,0],'o','LineWidth',2);
[C,h]=contour(x,x,z,0.5,'b');
clabel(C,h);
legend('0','1','分类面');
title('分类面')
```

学习率为 0.6，动量因子为 0.8，默认最大迭代次数为 1000 次，误差下降曲线如图 6-29 所示。

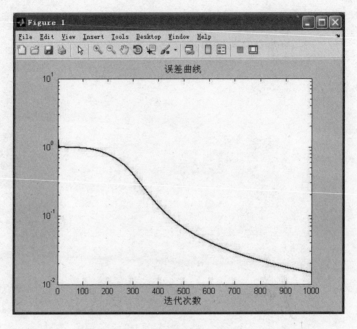

图 6-29　误差下降曲线

训练数据采用了(0,0)、(0,1)、(1,0)和(1,1)4 个坐标点。测试使用了矩形 (−0.2,−0.2,1.2,1.2) 之内点间距为 0.05 的网格，计算每个点在网络映射下的输出值。网格如图 6-30 所示，网格上的点在 BP 网络映射下的输出如图 6-31 所示。

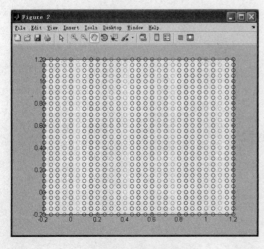

图 6-30　网格点

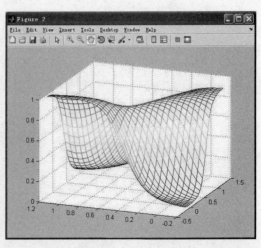

图 6-31　网格点的值

　　由图 6-31 可以看出，网格点的取值形成一个马鞍形，(0,0)和(1,1)点附近趋近于零，(0,1)和(0,1)点附近接近 1，中间地带有较平缓的过渡。异或本质上是一个分类问题，以 0.5 为临界值进行分类，分类面如图 6-32 所示。

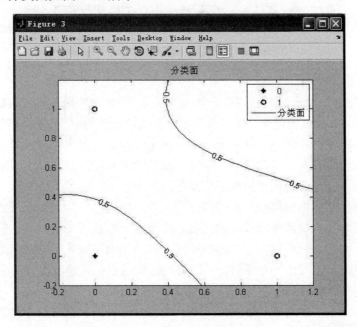

图 6-32　分类面

　　分类面与 4 个角点相距都不算太近，即使存在一定干扰，也能正确分类，即网络具备一定的抗干扰能力。

第 7 章　径向基函数网络

BP 神经网络是一种全局逼近网络，学习速度慢，不适合实时性要求高的场合。本章将介绍一种结构简单、收敛速度快、能够逼近任意非线性函数的网络——径向基函数（Radial Basis Function，RBF）网络。1988 年 Broomhead 和 Lowe 根据生物神经元具有局部响应的原理，将径向基函数引入神经网络中。很快，RBF 网络被证明对非线性网络具有一致逼近的性能，逐步在不同行业和领域得到了广泛应用。

径向基函数网络是由三层构成的前向网络：第一层为输入层，节点个数等于输入的维数；第二层为隐含层，节点个数视问题的复杂度而定；第三层为输出层，节点个数等于输出数据的维数。径向基网络与多层感知器不同，它的不同层有着不同的功能，隐含层是非线性的，采用径向基函数作为基函数，从而将输入向量空间转换到隐含层空间，使原来线性不可分的问题变得线性可分，输出层则是线性的。

本章除了介绍基本径向基函数网络以外，还会介绍径向基网络的两种变形：概率神经网络和广义回归网络，分别在模式分类和函数逼近上有着更为优越的表现，有很强的实用价值。

7.1　径向基神经网络的两种结构

径向基神经网络可分为正则化网络和广义网络，在工程实践中被广泛应用的是广义网络，它可由正则化网络稍加变化得到。本节将介绍正则化网络和广义网络的基本结构，作为准备知识，还将先介绍径向基函数的概念。

7.1.1　径向基函数

径向基函数在神经网络、SVM（支持向量机）、散乱数据拟合等领域都有十分重要的应用，常见的高斯函数就是径向基函数的一种。本节将会对径向基函数本身做尽量简洁、通俗易懂的介绍，如果读者已经具有一定基础，可以略过本节。

一般地，径向基函数记为 $\Phi(x,y)=\phi(\|x-y\|)$，其中 $\|x\|$ 指欧几里得范数。根据 E.M.Stein 和 G.Weiss 的定义，径向基函数必须满足：如果 $\|x_1\|=\|x_2\|$，则 $\Phi(x_1)=\Phi(x_2)$。由径向基函数的定义可知，函数值仅与自变量的范数有关。

这里解释一下范数的概念。范数是对函数、向量和矩阵定义的一种度量形式，任何对象的范数都应该是一个非负的实数。在这里，需要用到三条范数公理，即只要一种度量形式同时满足以下三个条件，即可成为一种范数：

（1）非负性，即 $\|x\| \geq 0$ 。

（2）绝对齐性，即 $\|\alpha x\| = |\alpha| \|x\|$ ，其中 α 是标量。

（3）三角不等式，即 $\|x + y\| \leq \|x\| + \|y\|$ 。

三条公理的条件并不苛刻，因此，可以得到很多不同定义形式的范数。在本书中主要研究向量的范数、常见的向量范数有 p-范数，正无穷范数和负无穷范数等。

设 $X = [x_i]$ 是一个长为 n 的向量，X 的 p-范数定义为：

$$\|X\|_p = \left(\sum_{i=1}^{n} |x_i|^p \right)^{\frac{1}{p}}$$

当 $X = [x_1, x_2]$ ，$Y = [y_1, y_2]$ 时，向量 X、Y 分别代表二维空间中的一个点，此时若 $p=2$，则 $\|X - Y\|_2 = \sqrt{(x_1 - y_1)^2 + (x_2 - y_2)^2}$ ，等于这两个点之间的距离。使用范数可以测量两个函数、向量或矩阵之间的距离，向量的 2-范数就是一个简单易懂的例子，一般地，欧几里得范数指的就是 2-范数。

向量的正无穷范数是向量元素绝对值的最大值 $\|x\|_\infty = \max(|x_1|, |x_2|, \cdots, |x_n|)$ ，相对地，向量的负无穷范数是向量元素绝对值的最小值 $\|x\|_{-\infty} = \min(|x_1|, |x_2|, \cdots, |x_n|)$ 。

可以证明，在一定条件下，径向基 $\phi(\|x - c\|)$ 可以逼近几乎所有函数，这里 c 是一个固定的值，这样就把多元函数变成了一元函数。在散乱数据插值中，曾有学者做过实验，用不同方法对大量各种散乱数据进行插值，得到的结论是：径向基函数插值的结果最令人满意。常见的径向基函数有以下几种：

❑ Kriging 方法的 Gauss 分布函数 $\phi(r) = e^{-\frac{r^2}{\sigma^2}}$ 。

❑ Hardy 的 Multi-Quadric 逆函数 $\phi(r) = (c^2 + r^3)^\beta$ ， $\phi(r) = (c^2 + r^3)^{-\beta}$ 。

❑ Duchon 的薄板样条 $\phi(r) = r^{2k} \ln(r)$ ， $\phi(r) = r^{2k+1}$ 。

以上函数都是径向对称的，自变量在偏离中心位置时函数值都快速下降，下降越快，选择性越强。如图 7-1 所示，其中最为常用的是高斯函数。

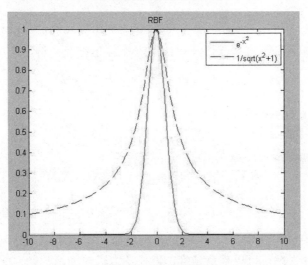

图 7-1 径向基函数

7.1.2　正则化网络

对于一个正则化问题，它的解一般可由下式给出：

$$F(x) = \sum_{i=1}^{N} \omega_i G(x, x_i)$$

其中 G 是 Green 函数，ω_i 是权值。式中 Green 函数的个数与训练过程中所用的样本数据点个数相同。

与本章开头的叙述类似，正则化径向基函数网络也由三层组成，第一层是由输入节点组成的，输入节点的个数等于输入向量 x 的维数 m。第二层属于隐含层，由直接与输入节点相连的节点组成，一个隐含节点对应一个训练数据点，因此其个数与训练数据点的个数相同。第 i 个隐含节点的输出为 $\phi(\|X\text{-}X_i\|)$，为基函数，$X_i = [x_{i1}, x_{i2}, \cdots, x_{im}]$ 为基函数的中心。输出层包括若干个线性单元，每个线性单元与所有隐含节点相连，这里的"线性"是指网络最终的输出是各隐含节点输出的线性加权和。假设有 $K=N$ 个训练样本，从第 i 个隐含节点到第 j 个输出节点的权值为 ω_{ij}，正则化径向基函数网络如表 7-2 所示。

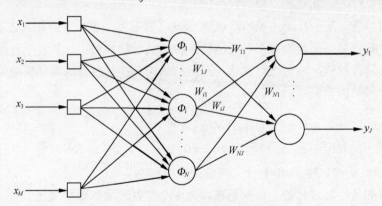

图 7-2　正则化径向基网络结构

设实际输出为 $Y_k = [y_{k1}, y_{k2}, \cdots, y_{kj}, \cdots, y_{kJ}]$，$J$ 为输出单元的个数，表示第 k 个输入向量产生的输出。那么输入训练样本 X_k 时，网络第 j 个输出神经元得出的结果为

$$y_{kj} = \sum_{i=1}^{N} \omega_{ij} \phi(X_k, X_i), j = 1, 2, \cdots, J$$

基函数一般选用 Green 函数，即

$$\phi(X_k, X_i) = G(X_k, X_i)$$

若基函数为高斯函数，则 $\phi(X_k, X_i)$ 可以表示为

$$\phi(X_k, X_i) = G(X_k, X_i) = G(\|X_k - X_i\|)$$
$$= \exp\left(-\frac{1}{2\sigma^2} \|X_k - X_i\|\right)$$

正则化网络具有如下性质：（1）正则化网络是一个通用逼近器，这意味着，只要有足够多的隐含节点，它就可以以任意精度逼近任意多远连续函数。（2）给定一个未知的非线性函数 f，总可以选择一组系数，使得网络对 f 的逼近是最优的。

7.1.3　广义网络

正则化网络的逼近性能有理论上的保证，然而，在实践中，要想获得更优的性能，必须给出足够多的训练样本。正则化网络的一个特点就是：隐含节点的个数等于输入训练样本的个数。因此如果训练样本的个数 N 过大，网络的计算量将是惊人的，从而导致过低的效率甚至根本不可实现。在计算权值 ω_{ij} 时，需要计算 $N*N$ 矩阵的逆，其复杂度大约为 $O(N^3)$，随着 N 的增长，计算的复杂度迅速增大。

另外一个导致正则化网络在实际中很少直接使用的原因是，一个矩阵越大，那么它是病态矩阵的可能性也就越高。矩阵 A 的病态是指，求解线性方程组 $Ax=b$ 时，A 中数据的微小扰动会对结果产生很大影响。病态程度往往用矩阵的条件数来衡量，条件数等于矩阵最大特征值与最小特征值的比值。

因此，对一个大的矩阵求逆，可能需要花费很大的时间代价，而计算机的浮点数只能提供有限的精确度，由于矩阵的病态，无法保证求得的结果是正确的。解决的方案是用 Galerkin 方法来减少隐含层神经单元的个数，此时求得的解是较低维数空间上的次优解。

广义径向基函数网络的结构如图 7-3 所示。

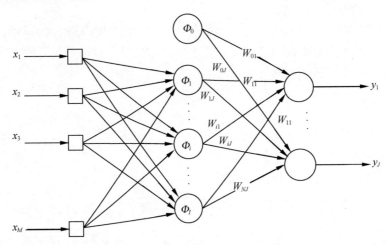

图 7-3　广义径向基神经网络结构

与正则化网络类似，广义网络有 M 个输入节点。不同的是，隐含层有 I 个节点，其中 $I<K$，第 i 个隐含节点的基函数为 $\phi(\|X-X_i\|)$，$X_i=[x_{i1},x_{i2},\cdots,x_{im}]$ 为基函数的中心。输出层有 J 个神经元，在这里增加了阈值 Φ_0，它的输出恒为 1，输出单元与其相连的权值为 ω_{0j}。

设实际输出为 $Y_k=[y_{k1},y_{k2},\cdots,y_{kj},\cdots,y_{kJ}]$，$J$ 为输出单元的个数，那么输入训练样本 X_k 时，网络第 j 个输出神经元得出的结果为

$$y_{kj}=\omega_{0j}+\sum_{i=1}^{I}\omega_{ij}\phi(X_k,X_i), j=1,2,\cdots,J$$

它与正则化网络的主要区别在于，选择了 I 个新的基函数 $\phi(X_k,X_i)$ 和相应新的权值 ω_{ij} 来逼近正则化网络中的 N 个隐含节点。

在实际应用中，一般都采用广义径向基函数网络。

7.2　径向基神经网络的学习算法

根据径向基函数中心确定方法的不同，径向基神经网络有不同的学习策略。常见的有
4 种：随机选取固定中心、自组织选取中心、有监督选取中心、正交最小二乘法。

在径向基函数网络中，不同的层起的作用不同，隐含层根据某种非线性准则进行调整，
而输出层根据线性最优策略进行调整，它们应该使用不同的最优策略。

7.2.1　随机选取固定中心

在径向基网络中，需要训练的参数是：
- ❑　隐含层中基函数的中心；
- ❑　隐含层中基函数的标准差；
- ❑　隐含层与输出层间的权值。

在随机选取固定中心的方法中，基函数的中心和标准差都是固定的，唯一需要训练的
参数是隐含层与输出层之间的权值。

这是一种最简单的学习策略。隐含层基函数的中心随机地从输入的样本数据中选取，
且固定不变。当输入的数据比较典型、有代表性时，这是一种简单可行的方法。确定中心
以后，基函数的标准差按下式进行选取：

$$\sigma = \frac{d_{\max}}{\sqrt{2n}}$$

这里 $d_{\max}$ 是所选取的中心之间的最大距离，n 为隐含节点的个数。这样选取的目的是
防止径向基函数出现太尖或太平的情况。

确定中心和标准差之后，得到基函数

$$\phi\left(\|\boldsymbol{X}_k - \boldsymbol{X}_i\|\right) = \exp\left(-\frac{n}{d_{\max}^{2}}\|\boldsymbol{X}_k - \boldsymbol{X}_i\|^2\right), i = 1, 2, \cdots, n$$

下一步是求输出权值 ω ，这里采用伪逆法。假设 $d = \{d_{kj}\}$ 为期望输出，d_{kj} 是第 k 个
输入向量在第 j 个输出节点的期望输出值，$\omega_{ij}, i = 1, 2, \cdots, I; j = 1, 2, \cdots, J$ 为从第 i 个隐含节点
到第 j 个输出节点的权值，则输出权值矩阵 ω 可用下式求得：

$$\boldsymbol{\omega} = \boldsymbol{G}^+\boldsymbol{d}$$

其中 $\boldsymbol{G} = \{g_{ki}\}$，矩阵 $\boldsymbol{\omega} = \omega_{ij}$，其中

$$g_{ki} = \phi\left(\|\boldsymbol{X}_k - \boldsymbol{X}_i\|^2\right), k = 1, 2, \cdots, K; i = 1, 2, \cdots, I$$

是第 k 个输入向量在第 i 个隐含节点的输出值，共有 K 个训练输入向量。$(\bullet)^+$ 表示伪
逆。伪逆又称广义逆，可以通过奇异值分解（SVD）求得。

假设 A 是一个 $M \times N$ 的矩阵，对 A 做奇异值分解，$[U, S, V] = \text{svd}(A)$，得到矩阵 U、S、
V。其中 U 是 $M \times M$ 矩阵，U 中的列向量称为左奇异向量，V 是 $N \times N$ 矩阵，其中的列向量
称为右奇异向量，S 是 $M \times N$ 对角矩阵，主对角线元素是矩阵 A 的奇异值，

$S = \text{diag}(\sigma_1, \sigma_2, \cdots)$。有如下关系：

❏　$A = U \times S \times V^{\text{T}}$

❏　$A^{+} = V \times S1 \times U^{\text{T}}$

$S1$ 是由奇异值决定的 N*M 矩阵 $S1 = \text{diag}\left(\dfrac{1}{\sigma_1}, \dfrac{1}{\sigma_2}, \cdots\right)$。$(\bullet)^{\text{T}}$ 表示矩阵的转置。

7.2.2　自组织选取中心

自组织选取中心的方法包括下面两个阶段：

❏　自组织学习阶段，估计出径向基函数的中心和标准差；

❏　有监督学习阶段，学习隐含层到输出层的权值。

1．学习中心和标准差

在随机选取中心的方法中，径向基函数的中心是从输入样本中随机选取的，在这里则将采用聚类的方法给出更为合理的中心位置。最常见的聚类方法就是 K-均值聚类算法，它将数据点划分为几大类，同一类型内部有相似的特点和性质，从而使得选取的中心点更有代表性。

假设有 I 个聚类中心，第 n 次迭代的第 i 个聚类中心为 $t_i(n), i = 1, 2, \cdots, I$，这里 I 值需要根据经验确定。执行以下步骤：

（1）初始化。从输入样本数据中随机选择 I 个不同的样本作为初始的聚类中心 $t_i(0)$。

（2）输入样本。从训练数据中随机抽取训练样本 X_k 作为输入。

（3）匹配。计算该输入样本距离哪一个聚类中心最近，就把它归为该聚类中心的同一类，即计算

$$i(X_k) = \arg\min_{i} \|X_k - t_i(n)\|$$

找到相应的 i 值，将 X_k 归为第 i 类。

（4）更新聚类中心。由于 X_k 的加入，第 i 类的聚类中心会因此发生改变。新的聚类中心等于

$$t_i(n+1) = \begin{cases} t_i(n) + \eta\big[X_k(n) - t_i(n)\big], i = i(X_k) \\ t_i(n), \text{其他} \end{cases}$$

其中 η 为学习步长，$0 < \eta < 1$。每次只会更新一个聚类中心，其他聚类中心不会被更新。

（5）判断。判断算法是否收敛，当聚类中心不再变化时，算法就收敛了。实际中常常设定一个较小的阈值，如果聚类中心的变化小于此阈值，那么就没有必要再继续计算了。如果判断结果没有收敛，则转到第（2）步继续迭代。K-均值聚类算法的流程如图 7-4 所示。

结束时求得的 $t_i(n)$ 即最终确定的聚类中心。

2．学习标准差

选定聚类中心之后，就可以计算标准差了。若基函数选用高斯函数

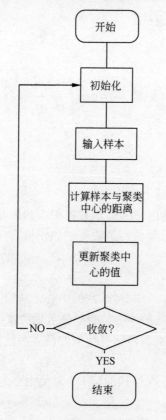

图 7-4　K-均值算法的流程图

$$\phi\left(\left\|\boldsymbol{X}_k - \boldsymbol{X}_i\right\|\right) = \exp\left(-\frac{1}{2\sigma^2}\left\|\boldsymbol{X}_k - \boldsymbol{X}_i\right\|^2\right)$$

则标准差可以用

$$\sigma = \frac{d_{\max}}{\sqrt{2n}}$$

进行计算。n 为隐含节点的个数，$d_{\max}$ 为所选取的聚类中心之间的最大距离。

3．学习权值

最简单的方法是最小均方算法（LMS），LMS 算法的输入为隐含层产生的输出。也可以用直接求伪逆的方法，即

$$\boldsymbol{\omega} = \boldsymbol{G}^+ \boldsymbol{d}$$

伪逆矩阵的求法与"随机选取固定中心"中的求法相同。

7.2.3　有监督选取中心

曾有专家做过实验，对中心固定的 Gauss 型径向基函数网络、中心可调的径向基函数网络（通过监督学习调整中心）与反向传播的多层感知器做性能比较，三种算法完成同一+任务，实验结果发现，中心位置采用无监督学习、输出权值采用监督学习的径向基函数网络推广能力不及多层感知器，而中心位置与权值均采用有监督学习的广义径向基函数网

络则明显优于多层感知器。

在有监督选取中心方法中，聚类中心及其他参数都是通过监督学习获得的。这个方法采用误差来修正学习过程，可以很方便地采用梯度下降法。

定义代价函数

$$E = \frac{1}{2} \sum_{k=1}^{N} e_k^{~2}$$

E 为某一个输出节点的误差，N 为训练样本个数。e_j 为输入第 j 个训练样本所得结果与期望结果之间的误差。

$$e_k = d_k - \sum_{i=1}^{I} \omega_i G\left(\left\| \boldsymbol{X}_k - t_i \right\|_{C_i} \right)$$

I 为隐含节点的个数。学习时，寻找网络的自由参数 t_i，ω_i，$\sum_i^{-1}$（与 C_i 有关，下文用 S_i 来表示）使代价函数 E 最小。若采用梯度下降法实现，则网络参数优化计算的公式为

（1）输出权值 ω_i

$$\frac{\partial E(n)}{\partial \omega_i(n)} = \sum_{k=1}^{N} e_k(n) G\left(\left\| \boldsymbol{X}_k - t_i \right\|_{C_i} \right)$$

$$\omega(n+1) = \omega_i(n) - \eta_1 \frac{\partial E(n)}{\partial \omega_i(n)}, i = 1, 2, \cdots, I$$

（2）隐含层的中心 t_i

$$\frac{\partial E(n)}{\partial t_i(n)} = 2\omega_i(n) \sum_{j=1}^{N} e_k(n) G'\left(\left\| \boldsymbol{X}_k - t_i \right\|_{C_i} S_i \left(\boldsymbol{X}_k - t_i(n) \right) \right)$$

$$t_i(n+1) = t_i(n) - \eta_2 \frac{\partial E(n)}{\partial t_i(n)}, i = 1, 2, \cdots, M$$

（3）隐含层的中心扩展 S_i

$$\frac{\partial E(n)}{\partial S_i(n)} = -\omega_i(n) \sum_{k=1}^{N} e_k(n) G'\left(\left\| \boldsymbol{X}_k - t_i \right\|_{C_i} \right) Q_{ki}(n)$$

$$Q_{ki}(n) = \left(\boldsymbol{X}_k - t_i(n) \right) \left(\boldsymbol{X}_k - t_i(n) \right)^{\mathrm{T}}$$

$$S_i(n+1) = S_i(n) - \eta_3 \frac{\partial E(n)}{\partial S_i(n)}, i = 1, 2, \cdots, M$$

注意：E 对 ω_i 为凸函数，对后两者则是非凸的，因此后两者可能会陷入局部极小值。学习率 η_1、η_2、η_3 应为不同的值。

7.2.4　正交最小二乘法

正交最小二乘法（Orthogonal Least Square，OLS）是 RBF 网络的另一种重要学习方法。这里介绍用正交最小二乘法学习权值的过程。假设输出层只有一个节点，它首先把径向基函数网络看成是线性回归的一种特殊情况：

$$d(n) = \sum_{i=1}^{I} p_i(n) \omega_i + e(n), n = 1, 2, \cdots, N$$

I 为隐含层节点个数，N 为输入训练样本个数，ω_i 为第 i 个隐含节点到输出节点的权值（假设只有一个输出节点），$d(n)$ 为模型的期望输出，$e(n)$ 为误差，$p_i(n)$ 为模型的回归因子，是网络在某种基函数下的响应。当基函数为高斯函数时，有

$$p_i(n) = \exp\left(-\frac{1}{2\sigma^2}\|X_n - t_i\|^2\right)$$

写成矩阵形式：

$$d = Pw + e$$
$$d = [d_1, d_2, \cdots, d_K]^{\mathrm{T}}$$
$$w = [\omega_1, \omega_2, \cdots, \omega_I]^{\mathrm{T}}$$
$$P = [p_1, p_2, \cdots, p_I]$$
$$p_i = [p_{i1}, p_{i2}, \cdots, p_{iK}]^{\mathrm{T}}$$
$$e = [e_1, e_2, \cdots, e_K]^{\mathrm{T}}$$

为求解 $d = Pw + e$，对 P 进行正交三角分解：

$$P = UA$$

A 是一个 I×I 的上三角阵，主对角线元素为 1，U 是一个 K×I 矩阵，各列正交，因此

$$U^{\mathrm{T}}U = H$$

H 是对角元素为 h_i 的对角阵。

由上可得

$$d = Pw + e = UAw + e = Ug$$

两边同乘以 U^{T}，得

$$U^{\mathrm{T}}d = U^{\mathrm{T}}Ug = Hg$$

因此可以求得

$$g = H^{-1}U^{\mathrm{T}}d$$

同时，由于 $d = Pw + e$，作为最小二乘估计时，应有 $Aw = g$，A、g 均已求出，就可以根据该式求出 w。综上，用 OLS 学习权值参数的基本步骤如下：

（1）确定隐含层节点个数 I，确定各节点中心。

（2）根据输入样本，得出回归矩阵 P。

（3）正交化回归矩阵，得到矩阵 A 和 U。

（4）根据矩阵 U、向量 d 计算 g。

（5）根据 $Aw=g$ 求出权值 w。

7.3　径向基神经网络与多层感知器的比较

对于任意一个多层感知器，都存在一个可以替代它的径向基神经网络，反之，任意一个径向基神经网络，也存在一个多层感知器可以替代它。两者功能相近，但又有明显区别：

❑　径向基神经网络是三层网络（输入层、隐含层、输出层），只有一个隐含层，而多层感知器则可以有多个隐含层。

- ❑ 径向基神经网络的隐含层和输出层完全不同，隐含层采用非线性函数（径向基函数）作为基函数，而输出层采用线性函数，两者作用不同。在多层感知器中，隐含层和输出层没有本质区别，一般都采用非线性函数。由于径向基函数网络输出的是线性加权和，因此学习速度更快。

- ❑ 径向基神经网络的基函数计算的是输入向量与基函数中心之间的欧氏距离（两者取差值，再取欧几里得范数），而多层感知器的隐单元的激励函数则计算输入向量与权值的内积。

- ❑ 多层感知器对非线性映射全局逼近，而径向基函数使用局部指数衰减的非线性函数进行局部逼近，因此，要达到相同的精度，径向基函数需要的参数比多层感知器少得多。

- ❑ BP 网络使用 sigmoid 函数作为激励函数，有很大的输入可见域。径向基函数网络引入 RBF 函数，当输入值偏离基函数中心时，输出逐渐减小，并很快趋于零。这一点比多层感知器更符合神经元响应基于感受域这一特点，比 BP 网络具有更深厚的理论基础。同时由于输入可见区域很小，径向基函数网络需要更多的径向基神经元。

7.4　概率神经网络

概率神经网络（Probabilistic Neural Networks，PNN）是 D.F.Specht 博士在 1989 年提出的一种结构简单、应用广泛的神经网络。概率神经网络结构简单，容易设计算法，能用线性学习算法实现非线性学习算法的功能，在模式分类问题中获得了广泛应用，MATLAB 提供的 newpnn 函数可以方便地设计概率神经网络。

概率神经网络可以视为一种径向基神经网络，在 RBF 网络的基础上，融合了密度函数估计和贝叶斯决策理论。在某些易满足的条件下，以 PNN 实现的判别边界渐进地逼近贝叶斯最佳判定面。

7.4.1　模式分类的贝叶斯决策理论

概率神经网络的理论基础是贝叶斯最小风险准则，即贝叶斯决策理论。

为分析过程简单起见，假设分类问题为二分类：$c = c_1$ 或 $c = c_2$。先验概率为

$$h_1 = p(c_1), h_2 = p(c_2), h_1 + h_2 = 1$$

给定输入向量 $x = [x_1, x_2, \cdots, x_N]$ 为得到的一组观测结果，进行分类的依据为

$$c = \begin{cases} c_1, & p(c_1|x) > p(c_2|x) \\ c_2, & \text{otherwise} \end{cases}$$

$p(c_1|x)$ 为 x 发生情况下，类别 c_1 的后验概率。根据贝叶斯公式，后验概率等于

$$p(c_1|x) = \frac{p(c_1)p(x|c_1)}{p(x)}$$

分类决策时，应将输入向量分到后验概率较大的那个类别中。实际应用中往往还需要

考虑到损失与风险，将 c_1 类的样本错分为 c_2 类，和将 c_2 类的样本错分为 c_1 类所引起的损失往往相差很大，因此需要调整分类规则。定义动作 α_i 为将输入向量指派到 c_i 的动作，λ_{ij} 为输入向量属于 c_j 时采取动作 α_i 所造成的损失，则采取动作 α_i 的期望风险为

$$R(\alpha_i|\boldsymbol{x}) = \sum_{j=1}^{N} \lambda_{ij} p(c_j|\boldsymbol{x})$$

假定分类正确的损失为零，将输入归为 c_1 类的期望风险为

$$R(c_1|\boldsymbol{x}) = \lambda_{12} p(c_2|\boldsymbol{x})$$

则贝叶斯判定规则变成：

$$c = \begin{cases} c_1, & R(c_1|\boldsymbol{x}) < p(c_2|\boldsymbol{x}) \\ c_2, & \text{otherwise} \end{cases}$$

写成概率密度函数的形式，有

$$R(c_i|x) = \sum_{j=q}^{N} \lambda_{ij} p(c_i) f_i$$

$$c = c_i, i = \arg\min\left(R(c_i|\boldsymbol{x})\right)$$

f_i 为类别 c_i 的概率密度函数。

7.4.2　概率神经网络的结构

概率神经网络由输入层、隐含层、求和层和输出层组成，结构如图 7-5 所示。

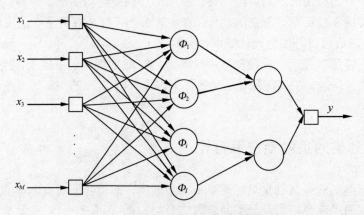

图 7-5　PNN 网络的结构

第一层为输入层，用于接收来自训练样本的值，将数据传递给隐含层，神经元个数与输入向量长度相等。第二层隐含层是径向基层，每一个隐含层的神经元节点拥有一个中心，该层接收输入层的样本输入，计算输入向量与中心的距离，最后返回一个标量值，神经元个数与输入训练样本个数相同。向量 $\boldsymbol{x}$ 输入到隐含层，隐含层中第 i 类模式的第 j 神经元所确定的输入/输出关系由下式定义：

$$\Phi_{ij}(x) = \frac{1}{(2\pi)^{\frac{1}{2}} \sigma^d} \mathrm{e}^{\frac{(x-x_{ij})(x-x_{ij})^{\mathrm{T}}}{\sigma^2}}$$

$i = 1, 2, \cdots, M$ ， M 为训练样本中的总类数。 d 为样本空间数据的维数， x_{ij} 为第 i 类样本的第 j 个中心。求和层把隐含层中属于同一类的隐含神经元的输出做加权平均：

$$v_i = \frac{\sum_{j=1}^{L} \Phi_{ij}}{L}$$

v_i 表示第 i 类类别的输出， L 表示第 i 类的神经元个数。求和层的神经元个数与类别数 M 相同。

输出层取求和层中最大的一个作为输出的类别：

$$y = \text{argmax}(v_i)$$

在实际计算中，输入层的向量先与加权系数相乘，再输入到径向基函数中进行计算：

$$Z_i = x\omega_i$$

假定 x 和 ω 均已标准化成单位长度，然后对结果进行径向基运算 $\exp\big((Z_i - 1)/\sigma^2\big)$ ，这相当于下式

$$\exp\left[-\frac{(\omega_i - x)^{\text{T}}(\omega_i - x)}{2\sigma^2} \right]$$

σ 为平滑因子，对网络性能起着至关重要的作用。这里需要注意的是求和层，在求和层中，每一个类别对应于一个神经元。隐含层的每个神经元已被划分到了某个类别。PNN网络采用有监督学习，这是在训练数据中指定的。求和层中的神经元只与隐含层中对应类别的神经元有连接，与其他神经元则没有连接，这是 PNN 与 RBF 函数网络最大的区别。这样，求和层的输出与各类基于内核的概率密度的估计成比例，通过输出层的归一化处理，就可以得到各类的概率估计。网络的输出层由竞争神经元构成，神经元个数与求和层相同，它接收求和层的输出，做简单的阈值辨别，在所有的输出层神经元中找到一个具有最大后验概率密度的神经元，其输出为 1，其余神经元输出为 0。

7.4.3 概率神经网络的优点

研究表明概率神经网络具有如下特性：

❑ 训练容易，收敛速度快，从而非常适用于实时处理。在基于密度函数核估计的 PNN 网络中，每一个训练样本确定一个隐含层神经元，神经元的权值直接取自输入样本值。

❑ 可以实现任意的非线性逼近，用 PNN 网络所形成的判决曲面与贝叶斯最优准则下的曲面非常接近。

❑ 隐含层采用径向基的非线性映射函数，考虑了不同类别模式样本的交错影响，具有很强的容错性。只要有充足的样本数据，概率神经网络都能收敛到贝叶斯分类器，没有 BP 网络的局部极小值问题。

❑ 隐含层的传输函数可以选用各种用来估计概率密度的基函数，且分类结果对基函数的形式不敏感。

❑ 扩充性能好。网络的学习过程简单，增加或减少类别模式时不需要重新进行长时间的训练学习。

❑ 各层神经元的数目比较固定，因而易于硬件实现。

7.5　广义回归神经网络

广义回归神经网络（General Regression Neural Network，GRNN）由 D.F.Specht 博士于 1991 年提出，是径向基网络的另外一种变形形式。GRNN 建立在非参数回归的基础上，以样本数据为后验条件，执行 Parzen 非参数估计，依据最大概率原则计算网络输出。广义回归网络以径向基网络为基础，因此具有良好的非线性逼近性能，与径向基网络相比，训练更为方便，在信号过程、结构分析、控制决策系统等各个学科和工程领域得到了广泛应用，广义回归神经网络尤其适合解决曲线拟合的问题，在 MATLAB 中 newgrnn 函数可以方便地实现 GRNN 网络。

7.5.1　广义回归神经网络的理论基础

假设 x、y 是两个随机变量，其联合概率密度为 $f(x,y)$，若已知 x 的观测值为 x_0，y 相对 x 的回归为

$$E(y|x_0) = (x_0) = \frac{\int_{-\infty}^{0} yf(x_0, y)dy}{\int_{-\infty}^{0} f(x_0, y)dy}$$

$y(x_0)$ 即在输入为 x_0 的条件下，y 的预测输出。应用 Parzen 非参数估计，可由样本数据集 $\{x_i, y_i\}_{i=1}^{n}$ 按下式估算密度函数 $f(x_0, y)$：

$$f(x_0, y) = \frac{1}{n(2\pi)^{\frac{p+1}{2}} \sigma^{p+1}} \sum_{i=1}^{n} e^{-d(x_0, x_i)} e^{-d(x_0, x_i)}$$

$$d(x_0, x_i) = \sum_{j=1}^{p} \left[\left(x_{0j} - x_{ij} \right) / \sigma \right]^2, d(y, y_i) = \left[y - y_i \right]^2$$

式中 n 为样本容量，p 为随机变量 x 的维数。σ 称光滑因子，实际上就是高斯函数的标准差。将上上式代入，并交换积分与求和的顺序，有：

$$y(x_0) = \frac{\sum_{i=1}^{n} \left(e^{-d(x_0, x_i)} \int_{-\infty}^{+\infty} y e^{-d(y_0, y_i)} dy \right)}{\sum_{i=1}^{n} \left(e^{-d(x_0, x_i)} \int_{-\infty}^{+\infty} e^{-d(y_0, y_i)} dy \right)}$$

由于 $\int_{-\infty}^{+\infty} x e^{-x^2} dx = 0$，化简上式，可得

$$y(x_0) = \frac{\sum_{i=1}^{n} y e^{-d(y_0, y_i)}}{\sum_{i=1}^{n} e^{-d(x_0, x_i)}}$$

显然，在上式中，分子为所有训练样本算得的 y_i 值的加权和，权值为 $e^{-d(x_0, x_i)}$。这里需要注意的是光滑因子 σ 的取值。广义回归神经网络不需要训练，但光滑因子的值对网络性能影响很大，需要优化取值。Specht 提出的 GRNN 对所有隐含层神经元的基函数采用相

同的光滑因子，因子网络的训练过程只需完成对 σ 的一维寻优即可。若光滑因子取值非常大，$d(x_0,x_i)$ 趋近于零，$y(x_0)$ 近似于所有样本因变量的平均值。若光滑因子趋近于零，则 $y(x_0)$ 与训练样本的值非常接近，当需要预测的点在训练样本中时，算得的预测值与样本中的期望输出非常相近，但一旦给定新的输入，预测效果就急剧变差，使网络失去推广能力，这种现象称为过学习。确定一个适中的光滑因子值时，所有训练样本的因变量都被考虑了进去，但又考虑了不同训练样本点与测试输入样本的距离，离测试样本近的训练样本会被赋予更大的权值。

7.5.2　广义回归神经网络的结构

广义回归神经网络由四层构成，分别为输入层、隐含层、加和层和输出层，如图 7-6 所示。

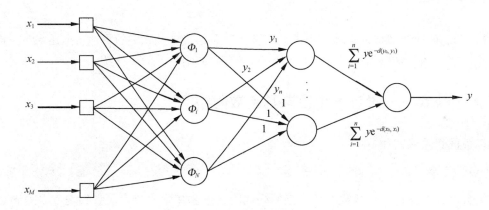

图 7-6　广义回归神经网络结构

输入层接收样本的输入，神经元个数等于输入向量的维数，其传输函数是简单的线性函数。隐含层是径向基层，神经元个数等于驯良样本个数，基函数一般采用高斯函数，第 i 个神经元的中心向量为 x_i。加和层的神经元分为两种，第一种神经元计算隐含层各神经元的代数和，称为分母单元，第二种神经元计算隐含层神经元的加权和，权值为各训练样本的期望输出值，称为分子单元，输出层将加和层的分子单元、分母单元的输出相除，即得 y 的估算值。

广义神经网络的建立过程比较简单：假设输入的第 k 个样本为 x^k，样本数量为 K，则隐含层含有 K 个神经元，且第 k 个神经元的中心就等于 x^k。隐含层每一个神经元对应一个期望输出 y^k，加和层的第一个神经元的输出值 y_1 等于隐含层输出乘以 y^k 后的和，加和层的第二个神经元的输出值 y_2 等于隐含层输出直接求和。输出层的最终输出等于 y_1/y_2。对于基本的广义神经网络，隐含层的平滑因子采用同一个值，由于网络并不知道样本数据的概率分布，因此不能从样本中求得理想的光滑因子 σ，因此这里采用一维寻优的方式来求取。为了确保网络的推广性能，对参与训练的样本以缺一交叉验证的方式来寻优。具体步骤如下：

（1）设定一个平滑因子值 σ。

（2）从样本中取出一个测试样本，其余样本作为训练样本，用于构建网络。

（3）用构建的网络对该样本做测试，求得绝对误差值。

（4）重复第二步和第三步，直到所有样本都曾被设置为测试样本，定义目标函数以求出平均误差：

$$f_{\text{cost}}(\sigma) = \frac{1}{n} \sum_{i=1}^{n} \left| y(x_i) - y(x_i) \right|$$

这样，就求得了在给定 σ 值下的误差值，可以用此目标函数作为衡量 σ 性能的标准，寻优时可以采用简单的黄金分割法或其他搜索算法。

7.6　径向基神经网络相关函数详解

MATLAB 神经网络工具箱中用于径向基神经网络设计的主要有函数 newrb 和 newrbe。本节将围绕这两个函数的使用方法对 RBF 网络有关的函数做简要介绍。

7.6.1　newrb——设计一个径向基函数网络

函数的语法格式如下：

```
net=newrb(P,T,goal,spread,MN,DF)
```

函数创建一个径向基函数网络，该网络向隐含层添加隐含节点，直到均方误差满足要求为止。P 是 R×Q 输入矩阵，T 是 S×Q 期望输出矩阵，在这里 Q 是输入训练样本的个数，R 是输入向量的维数，S 是输出节点的个数（输出向量维数）。goal 是标量，为指定的均方误差，默认值为 0，spread 也是标量，表示径向基函数的扩散速度，默认值为 1，MN 指定隐含节点的最大个数，默认值为 Q，DF 指示两次显示之间所添加的神经元个数，是一个控制显示级别的参数，默认值为 25。函数返回创建的径向基函数网络 net。

最简洁的调用形式是 net=newrb(P,T)，除 P、T 外，其余参数都是可选的。

spread 的值需要针对具体问题灵活选择，对于变化较快的函数，如果 spread 取值过大，可能使逼近的结果过于粗糙，对于变化缓慢的函数，spread 如果取值过小，可能使逼近的函数不够光滑，造成过学习，从而降低了推广能力。

【实例 7.1】用 newrb 函数拟合正弦函数。生成正弦函数，加入均匀分布的噪声，再用 newrb 建立径向基函数进行拟合。

```
%example7_1.m
P=1:.5:10;
rand('state',pi);
T=sin(2*P)+rand(1,length(P));          % 给正弦函数加噪声
plot(P,T,'o')
% net=newrb(P,T);
net=newrb(P,T,0,0.6);
test=1:.2:10;
```

```
out=sim(net,test);                    % 对新的输入值 test 计算相对应的函数值
figure(1);hold on;plot(test,out,'b-');
legend('输入的数据','拟合的函数');
```

执行结果见图 7-7 和图 7-8。

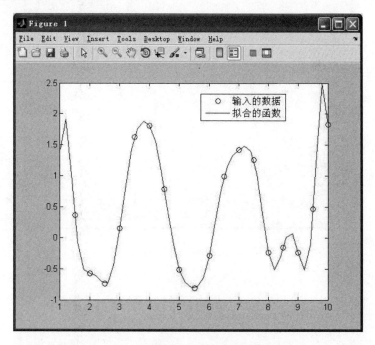

图 7-7　用 newrb 拟合正弦函数的结果

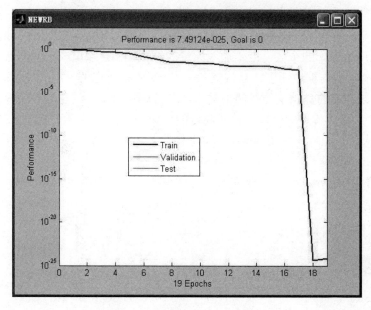

图 7-8　训练的误差性能曲线

【实例分析】读者可自行修改 spread 参数的值，观察结果有何不同，假如用代码
net=newrb(P,T,0,.6)替换 net=newrb(P,T)，可以将 spread 参数从默认值 1 改为 0.6，使拟合的
曲线更加精细，拟合结果如图 7-9 所示。

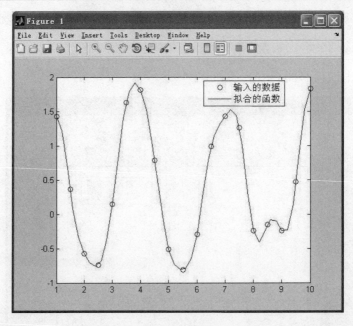

图 7-9　spread=0.6 时的拟合结果

7.6.2　newrbe——设计一个严格的径向基网络

函数的语法格式如下：

```
net=newrbe(P,T,spread)
```

函数创建一个严格的径向基函数网络，P 是 R×Q 输入矩阵，T 是 S×Q 期望输出矩阵，这里 Q 是输入训练样本的个数，R 是输入向量的维数，S 是输出节点的个数。spread 是标量，表示径向基函数的扩散速度，默认值为 1，spread 是可选的。

newrbe 函数创建的是精确的径向基网络，而 newrb 则可以创建近似的径向基网络。在使用 newrbe 时，隐含节点的个数与输入向量的个数相同，对应于正则化 RBF 网络。当输入向量数量庞大时，应考虑使用 newrb，以建立广义 RBF 网络。newrbe 可以迅速创建一个误差为零的 RBF 网络。

【实例 7.2】用 newrbe 函数拟合混入均匀分布噪声的二次函数。

```
% example7_2.m
tic
P=-2:.2:2;
rand('state',pi);
T=P.^2+rand(1,length(P));        % 在二次函数中加入噪声
net=newrbe(P,T,3);               % 建立严格的径向基函数网络
test=-2:.1:2;
out=sim(net,test);               % 仿真测试
toc
figure(1);
plot(P,T,'o');
```

```
hold on;
plot(test,out,'b-');
legend('输入的数据','拟合的函数');
```

执行结果如图 7-10 所示。

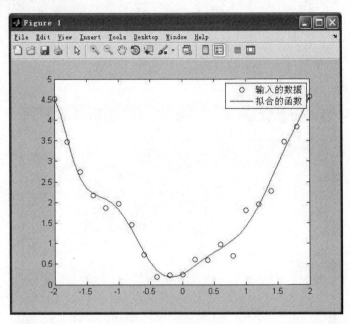

图 7-10　newrbe 拟合二次函数

【实例分析】假如用代码 net=newrb(P,T,0,3)替换 net=newrbe(P,T,3)，也可以得到相同结果，但速度稍慢。

7.6.3　radbas——径向基函数

函数的语法格式如下。

1．A=radbas(N,FP)

radbas 是一个转换函数，它根据 RBF 网络隐含层的输入计算其输出。N 是 S×Q 矩阵，FP 是可选的，是包含函数参数的结构体。

函数返回 S×Q 矩阵 A，包含对 N 计算径向基的结果。radbas 函数采用的算法是

$$a = \mathrm{radbas}(n) = e^{-n^2}$$

2．da_dn=radbas('da_dn',N,A,FP)

函数计算径向基函数的微分，返回一个 S×Q 矩阵。参数 A 与 FP 是可选的，如果没有这两个参数，或者显式地设置为[]，则 FP 采用默认值，A 从 N 中自动计算。

【实例 7.3】计算向量的径向基函数及其微分。

```
>> n = -5:0.1:5;
```

```
>> a = radbas(n-2);          % 中心位置向右平移两个单位
>> b = exp(-(n).^2/2);       % 除以 2，曲线更加"矮胖"
>>figure;
>> plot(n,a);
>> hold on;
>> plot(n,b,'--');           % 虚线
>> c = diff(a);              % 计算 a 的微分
>> hold off;
>>figure;
>> plot(c);
```

执行结果如图 7-11 和图 7-12 所示。

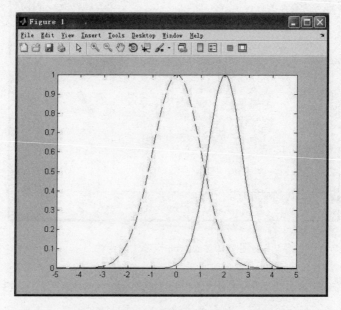

图 7-11　不同位置和形状的 radbas 函数

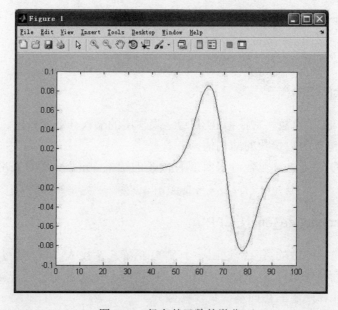

图 7-12　径向基函数的微分

【实例分析】radbas((x-a)/b)可以绘制各种形状和位置的高斯函数，用 a 控制中心点的位置，用 b 控制形状。b 越大函数越"矮胖"，b 越小函数越"瘦高"。

7.6.4 dist——欧几里得距离权函数

函数的语法格式如下。

1. Z=dist(W,P,FP)

计算 W 和 P 之间的欧氏距离，W 是 S×R 矩阵，P 是 R×Q 矩阵，W 中的每行是一个输入的向量，P 中每列是一个输入向量，函数计算 W 中每个输入向量与 P 中每个输入向量之间的欧氏距离，返回一个 S×Q 矩阵 Z。FP 是包含参数的结构体，是可选的。

向量的欧几里得距离事实上就是两个向量之差的 2-范数：

$$d = \sqrt{(x_1 - y_1)^2 + (x_2 - y_2)^2 + \cdots + (x_i - y_i)^2}$$

2. D=dist(pos)

pos 是一个 S*Q 矩阵，每一列是一个输入向量，函数计算这些向量之间的距离，返回一个对称阵 Z，其主对角线元素为 0，表示向量与其本身的欧氏距离为零。

【实例 7.4】用 dist 函数计算向量间的欧氏距离。

```
>> rand('state',pi);
>> w=rand(3,2);          % 3×2 矩阵，3 个向量
>> p=rand(2,4);          % 2×4 矩阵，4 个向量
>> Z=dist(w,p)           % 得到结果应为 3×4 矩阵

Z =

    0.3416    0.4872    0.4422    0.4034
    0.5991    0.3061    0.1417    0.2775
    0.8766    0.7938    0.4083    0.4376

>> D=dist(Z)             % 只有一个输入，计算 Z 中每一行与其他行的距离

D =

         0    0.3375    0.6622    0.5476
    0.3375         0    0.4215    0.3671
    0.6622    0.4215         0    0.1443
    0.5476    0.3671    0.1443         0
```

【实例分析】在径向基函数网络中，dist 函数用于计算输入向量与隐含节点的中心之间的欧氏距离，所得结果作为加权输入，传递给后续函数做进一步计算。

7.6.5 netprod——乘积网络输入函数

函数的语法格式如下：

```
N=netprod({Z1,Z2,...,Zn})
```

dist 函数的作用是计算加权输入，netprod 函数则计算网络输入。Z1、Z2 等输入参数是

S×Q 同型矩阵，函数将返回它们对应位置元素的积。netprod 函数可以将加权输入与偏置相结合，N 是与输入矩阵同型的矩阵。

【实例 7.5】计算几个矩阵中相应元素的积。

```
>> rand('state',pi);
>> a=rand(2,3)          % 第一个矩阵

a =

    0.5162    0.1837    0.4272
    0.2252    0.2163    0.9706

>> b=rand(2,3)          % 第二个矩阵

b =

    0.8215    0.0295    0.2471
    0.3693    0.1919    0.5672

>> c=rand(2,3)          % 第三个矩阵

c =

    0.4331    0.0485    0.5087
    0.6111    0.8077    0.3153

>> d=netprod({a,b,c})   % 计算网络输入

d =

    0.1837    0.0003    0.0537
0.0508    0.0335    0.1736
>> a.*b.*c                   % 矩阵直接点乘

ans =

0.1837    0.0003    0.0537
0.0508    0.0335    0.1736
```

【实例分析】在这个实例中，用 netprod 函数计算的结果与矩阵直接点乘得到的结果相同。

7.6.6 dotprod——内积权函数

函数的语法格式如下：

```
Z=dotprod(W,P,FP)
```

计算 W 和 P 之间向量的内积，W 是 S×R 矩阵，P 是 R×Q 矩阵，W 中的每行是一个输入的向量，P 中每列是一个输入向量，函数计算 W 中每个输入向量与 P 中每个输入向量之间的内积，返回一个 S×Q 矩阵 Z。FP 包含参数的结构体，是一个可选的参数。

【实例 7.6】用 dotprod 函数计算向量间的内积。

```
>> rand('state',pi);
>> w=rand(3,2); % 3 个向量
```

```
>> p=rand(2,4);      % 4 个向量
>> Z=dotprod(w,p)    % 计算内积

Z =

    0.5039    0.0567    0.2502    0.3557
    0.3428    0.0886    0.2979    0.3586
    0.5094    0.1916    0.5959    0.6726
```

【实例分析】dotprod 函数语法格式与 dist 函数类似。

7.6.7　netsum——求和网络输入函数

函数的语法格式如下：

```
N=netsum({Z1,Z2,...,Zn},FP)
```

netsum 函数的作用是计算网络输入。它可以将加权输入与偏置相结合，求出输入矩阵元素的和。Z1、Z2 等输入参数是 S×Q 同型矩阵，函数将返回它们对应位置元素的和。N 是与输入矩阵同型的矩阵。

【实例 7.7】计算加权输入与偏置的和。

```
>> rand('state',pi);
>> a=rand(2,3)
a =
    0.5162    0.1837    0.4272
    0.2252    0.2163    0.9706
>> b=rand(2,3)
b =
    0.8215    0.0295    0.2471
    0.3693    0.1919    0.5672
>> c=[0; -1];
>> d=concur(c,3)
d =
    0     0     0
   -1    -1    -1
>> n = netsum({a,b,d})
n =
    1.3377    0.2132    0.6743
   -0.4054   -0.5918    0.5378
```

【实例分析】在这个实例中，a 和 b 是加权输入，c 是偏置，concur 函数将偏置向量扩展至与加权输入相同大小，再与加权输入相加。

7.6.8　newpnn——设计概率神经网络

newpnn 函数用于设计一个概率神经网络，函数的语法格式如下：

```
net=newpnn(P,T,spread)
```

newpnn 创建的概率神经网络是一种适合处理分类问题的径向基网络，输入参数为：

❑ P，R×Q 矩阵，包含 Q 个长度为 R 的输入向量；

❑ T，S×Q 矩阵，包含 Q 个目标向量；

❑ Spread，标量，表示概率神经网络的扩散速度，默认值为 0.1。

spread 对网络的性能至关重要，如果 spread 趋近于 0，则网络相当于最近邻分类器，随着 spread 值增大，设计的网络将所设计的中心附近的向量也考虑进来。

newpnn 创建一个两层的神经网络（不计输入层和输出层），第一层的神经元是径向基神经元，用 dist 函数计算加权输入，用 netprod 计算网络输入。第二层的神经元是竞争神经元，用 dotprod 函数计算加权输入，用 netsum 函数计算网络输入。只有第一层包含阈值。网络将第一层的权值设置为 P'，第一层的阈值设置为 $0.8326/\text{spread}$，使加权输入为 $+/-\text{spread}$ 时，径向基函数取值恰好为 0.5。第二层的权值被设置为 T。

【实例 7.8】用 PNN 网络解决二维向量的简单分类问题。

```
>> rng(2);
>> a=rand(8,2)*10;              % 输入训练样本，8 个二维向量
>> p=ceil(a)

p =

    5    3
    1    3
    6    7
    5    6
    5    2
    4    6
    3    2
    7    8
>> tc=[2,1,1,1,2,1,2,1];        % 期望输出
>> plot(p([1,5,7],1),p([1,5,7],2),'o');
>> hold on;
>> plot(p([2,3,4,6,8],1),p([2,3,4,6,8],2),'+');
>> legend('第一类','第二类');
>> axis([0,8,1,9])
>>hold off
>> t=ind2vec(tc);
>> net=newpnn(p',t);            % 设计 PNN 网络
>> y=sim(net,p');              % 仿真
>> yc=vec2ind(y)              % 实际输出等于期望输出

yc =

    2    1    1    1    2    1    2    1
```

程序执行结果如图 7-13 所示。

【实例分析】PNN 网络与径向基函数网络一样，一经创建即可使用，不需要训练。

7.6.9　compet——竞争性传输函数

函数的语法格式如下：

```
A=compet(N)
```

compet 是神经网络的传输函数 u，传输函数用于从网络输入中求得网络输出。N 是 $S \times Q$ 矩阵，包含 Q 个长度为 S 的列向量，对每个列向量分别求最大值，返回同型矩阵 A，在每一列的最大值对应位置，A 中的元素为 1，其余元素为零，A 的每一列中有且仅有一个元素等于 1。

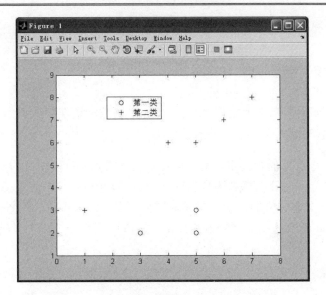

图 7-13　8 个输入样本点

可以用如下代码给网络的第 i 层设置传输函数：

```
net.layers{i}.transferFcn='compet'
```

【实例 7.9】计算一个向量的网络输出。

```
>> n = [0; 1; -0.5; 0.5]        % 网络输入向量
n =

        0
   1.0000
  -0.5000
   0.5000

>> a = compet(n);               % 求网络输出
>> subplot(2,1,1), bar(n), ylabel('n')
>> subplot(2,1,2), bar(a), ylabel('a')
```

执行结果如图 7-14 所示。

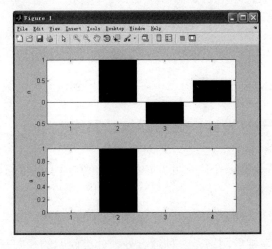

图 7-14　向量值和函数输出

【实例分析】compet 函数主要用于概率神经网络的输出层。

7.6.10 ind2vec/vec2ind——向量-下标转换函数

ind2vec 与 vec2ind 功能上恰好互逆。ind2vec 函数的语法格式如下：

```
ind2vec(ind)
```

ind 是一个长度为 N 的行向量，其中的元素表示类别，数值相等的元素属于同一类别。向量 ind 中的元素必须为正整数。函数返回一个 M×N 矩阵，该矩阵是稀疏矩阵，矩阵的每一列是一个只包含一个非零值的向量，且该非零值等于 1，非零值的位置索引等于 ind 对应元素的值。vec2ind 函数的功能则恰好相反，将矩阵中的每一个列向量转换为下标的形式，调用形式如下：

```
vec2ind(vec)
```

【实例 7.10】向量与下标形式之间相互转换。

```
>> ind=[1  3  2  3]            % 下标形式
ind =

    1    3    2    3

>> vec=ind2vec(ind)           % 下标形式转换为向量形式
vec =

   (1,1)       1
   (3,2)       1
   (2,3)       1
   (3,4)       1

>> b=full(vec)                % 稀疏矩阵转换为普通矩阵
b =

    1    0    0    0
    0    0    1    0
    0    1    0    1

>> vec2ind(b)                 % 向量形式转换为下标形式
ans =

    1    3    2    3
```

【实例分析】在 newpnn 函数的第二个参数需要用到这两个函数。

7.6.11 newgrnn——设计广义回归神经网络

newgrnn 函数用于设计一个广义回归神经网络，常用于函数逼近，网络的设计速度非常快。函数的语法格式如下：

```
net=newpnn(P,T,spread)
```

newpnn 创建的概率神经网络是一种适合处理分类问题的径向基网络，输入参数为：

❑ P，R×Q 矩阵，包含 Q 个长度为 R 的输入向量；

❑ T，S×Q 矩阵，包含 Q 个目标向量；

❑ Spread，标量，表示概率神经网络的扩散速度，默认值为 1.0。spread 取值越大，曲线就越平滑。要想更精确地逼近训练样本点，则应选择较小的 spread 值，要想使曲线更加平滑，则应增大 spread。

函数返回一个设计好的广义回归神经网络，无须训练即可使用。网络除了输入层和输出层共有两层，径向基层采用 dist 计算加权输入，用 netprod 计算网络输入，传输函数为 radbas。第二层为线性层，用 normprod 计算加权输入，用 netsum 计算网络输入。只有第一层有阈值，阈值等于 $0.8326/\text{spread}$，第一层的权值为 P'。

【实例 7.11】用 GRNN 网络做简单的差值。$x=[1,2,3]$，对应的函数值为 $y=[2.0,4.1,5.9]$，用 newgrnn 函数设计广义回归网络，计算 $x=1.5$ 和 $x=2.5$ 处的值。

```
>> P = [1 2 3];              % 训练输入向量
>> T = [2.0 4.1 5.9]         % 训练输入的期望输出值

T =

    2.0000    4.1000    5.9000

>> net = newgrnn(P,T);       % 设计 GRNN 网络
>> x=[1.5,2.5];              % 测试输出。计算 x=1.5 和 x=2.5 的查找
>> y=sim(net,x)             % 测试结果

y =

    3.3667    4.6667
```

【实例分析】函数拟合（逼近）事实上就是用已知样本点进行插值的过程。

7.6.12　normprod——归一化点积权函数

函数的语法格式如下：

```
Z=normprod(W,P,FP)
```

normprod 是一个权值函数，该函数接收输入，经过处理后形成加权输入，提供给神经元，主要应用在广义回归网络中。normprod 函数的计算方法是：

$$Z = \frac{W \times P}{\text{sum}(P)}$$

W 是 S×R 权值矩阵，P 是 R×Q 矩阵，包含 Q 个维数为 R 的输入向量，返回值 Z 为 S×Q 归一化点积权值矩阵。FP 包含参数的结构体，是一个可选的参数，一般不需要用到。

【实例 7.12】用 normprod 函数计算归一化点积。输入向量为 $x_1=[3,2,4]'$，$x_2=[0,7,4]'$，权值为 $[0.7,0.2,0.1]$。

```
>> x=[3,0;2,7;4,4]         % 输入向量
x =

     3     0
     2     7
```

```
            4      4

>> w=[0.7,0.2,0.1]          % 权值
w =

   0.7000    0.2000    0.1000

>> z=normprod(w,x)          % 计算归一化点积
z =

   0.3222    0.1636

>> w*x./sum(x)              % 验证其算法
ans =

   0.3222    0.1636
```

【实例分析】normprod 一般只用于 GRNN 网络。

7.7　径向基网络应用实例

在上一节函数用法介绍中已给出了 RBF 函数网络最简单的应用，本节将结合更为复杂的实例进行演示，其中包括了疑惑问题和曲线拟合两部分。每个问题都会用手算和使用 MATLAB 工具箱函数两种方法计算一遍。

7.7.1　异或问题

前面我们用感知器和 BP 网络等方法解决了异或问题，在这里将用径向基神经网络给出它的解。

1. 手算

异或问题本质上是一个二分类问题，如图 7-15 和表 7-1 所示。

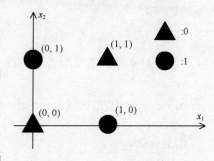

图 7-15　异或问题坐标表示

表 7-1　异或问题

序号	x_1	x_2	d（期望输出）
1	0	0	0
2	0	1	1
3	1	1	0
4	1	0	1

异或问题的输入是一个长度为 2 的向量$[x_1,x_2]$，输出值是一个标量，且取值限定为 0 或 1。

如图 7-16 所示，无法用一条直线将三角形与圆形正确地分开，因此异或问题线性不可分，无法用单层感知器解决这个问题，必须通过一定手段将输入$[x_1,x_2]$映射到另一个线性可分的空间。

由于输入向量长度为 2，输出的是标量，因此 RBF 网络有两个输入单元，一个输出单元。假设隐含层有两个隐含节点，基函数采用高斯函数：

$$G\left(\|x-t_i\|\right) = e^{-\|x-t_i\|^2}, i=1,2$$

两个节点的中心为

$$t_1=[1,1]^T, \quad t_2=[0,0]^T$$

根据问题的特点，作以下假定：

（1）显然问题是对称的，因此假定输出单元的两个权值相等，即 $w_1 = w_2 = w$。

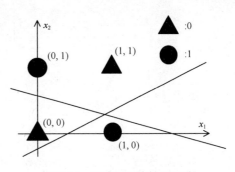

图 7-16　异或问题线性不可分

（2）输出单元拥有一个偏置 b，以保证网络具有非零均值的输出值。

实际输出为：

$$y(x) = \sum_{i=1}^{2} wG\left(\|x-t_i\|\right) + b$$

记为式（*）。根据表格中的数据，要求

$$y(x_j)=d_j, j=1,2,3,4$$

其中 x_j 是输入向量，d_j 是期望输出。计算 g_{ji}：

$$g_{ji} = G\left(\|x_j-t_i\|\right), j=1,2,3,4; i=1,2$$

g_{ji} 表示第 j 个输入向量与第 i 个隐含节点的中心的距离。用 MATLAB 计算 g_{ji}：

```
>>clear all              %% 清理
>>close all
>>clc
>> x=[0,0;0,1;1,1;1,0]   % 输入向量
x =

    0     0
    0     1
    1     1
    1     0
>> t=[0,1;0,1]           % 隐含节点的中心
t =

    0     1
    0     1
>> z=dist(x,t)           % 计算输入向量到中心的距离
z =

        0    1.4142
   1.0000    1.0000
   1.4142         0
   1.0000    1.0000
>> G=radbas(z)           % 将算得的距离输入径向基函数中
G =

   1.0000    0.1353
   0.3679    0.3679
   0.1353    1.0000
   0.3679    0.3679
```

再加上偏置 b=1，形成矩阵

$$G = \begin{bmatrix} 1 & 0.1353 & 1 \\ 0.3679 & 0.3679 & 1 \\ 0.1353 & 1 & 1 \\ 0.3679 & 0.3679 & 1 \end{bmatrix}$$

由式（*），有

$$Gw = d$$
$$d = [0,1,0,1]^{\mathrm{T}}, \quad w = [w,w,b]^{\mathrm{T}}$$

由于矩阵 G 不是方阵，因此权值向量无法用求逆的方法求解，但可用下式求解：

$$w = G^+ d = \left(G^{\mathrm{T}} G\right)^{-1} G^{\mathrm{T}} d$$

$G^{\mathrm{T}} G$ 是方阵，使用 MATLAB 计算：

```
>> G=[G,ones(4,1)]              % 加上偏置
G =

   1.0000    0.1353    1.0000
   0.3679    0.3679    1.0000
   0.1353    1.0000    1.0000
   0.3679    0.3679    1.0000
>> d=[0,1,0,1]'                 % 期望输出
d =

   0
   1
   0
   1
>> w=inv(G.'*G)*G.'*d           % 求权值向量
w =

  -2.5027
  -2.5027
   2.8413
```

因此最终的权值向量为 $w=[-2.5027,-2.5027,2.8413]^{\mathrm{T}}$，根据下式计算实际输出：

$$Y = Gw$$

$$G = \begin{bmatrix} 1 & 0.1353 & 1 \\ 0.3679 & 0.3679 & 1 \\ 0.1353 & 1 & 1 \\ 0.3679 & 0.3679 & 1 \end{bmatrix}$$

用 MATLAB 计算，得到结果：

```
>> G
G =

   1.0000    0.1353    1.0000
   0.3679    0.3679    1.0000
   0.1353    1.0000    1.0000
   0.3679    0.3679    1.0000
>> Y=G*w                  %% 计算实际输出
Y =

  -0.0000
   1.0000
```

```
 -0.0000
  1.0000
```

实际输出 Y 与期望输出 d 相同。

下面来回顾 RBF 网络解决异或问题的过程：得到矩阵 G 之后，剩下的只是与权值向量简单的相乘，观察矩阵 G：

$$G = \begin{bmatrix} 1 & 0.1353 & 1 \\ 0.3679 & 0.3679 & 1 \\ 0.1353 & 1 & 1 \\ 0.3679 & 0.3679 & 1 \end{bmatrix}$$

忽略第三列偏置，第一行是第一个输入向量$[0,0]^T$在隐含层的输出，其余行依此类推。表示为坐标的形式，如图 7-17 所示。

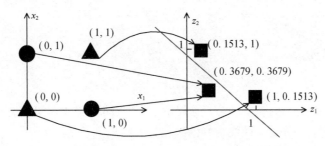

图 7-17　异或问题的空间映射

从图 7-17 中可以看出，RBF 网络的隐含层经过高斯函数的运算，将原向量空间中的 4 个点映射为隐含层空间中的 3 个点。原空间中四个点线性不可分，而在新的空间中却可由一条直线正确地分成两类，这样就将线性不可分的问题转换为线性可分的问题，接下来再用矩阵的广义逆求出权值向量，即可实现正确分类。

在这里，两个隐含层节点的中心是指定的。从输入向量中任意选择中心，如将中心取为

$$t_1=[1,0]^T, \quad t_2=[0,1]^T$$

将得到隐含层的输出矩阵

$$G = \begin{bmatrix} 0.3679 & 0.3679 & 1 \\ 1 & 0.1353 & 1 \\ 0.3679 & 0.3679 & 1 \\ 0.1353 & 1 & 1 \end{bmatrix}$$

以及权值向量 $w=[2.5027, 2.5027, -1.8413]^T$，实际输出 $Y=[0,1,0,1]^T$，与期望输出相等。

2. 使用工具箱函数

使用函数 newrbe 建立严格的径向基函数网络，可以实现正确分类。输入向量与期望输出：

```
% xor_newrbe.m
%% 清理
clear all
close all
clc
```

```
%% 输入
% 输入向量
P = [0,0,1,1;0,1,1,0]
%P =
%
%     0     0     1     1
%     0     1     1     0
% 期望输出
T = [0,1,0,1]
%T =
%
%     0     1     0     1
```

P 的每一列是一个输入向量，共 4 个输入，T 是对应的期望输出。下面采用默认参数建立严格的 RBF 网络，并用原输入进行测试。

```
%% 建立网络
net=newrbe(P,T);

% 测试
out=sim(net,P)
```

为直观的显示得到的径向基网络，这里取 0～1 之间以 0.2 为间隔的 6 个数，两两组合构成二维向量作为输入向量，观察得到的输出。

```
%% 绘图
x=0:.2:1;
N=length(x);                          %  N=6

% X 为新的输入向量
X(1,:)=reshape(repmat(x,N,1),N*N,1);
X(2,:)=repmat(x,1,N);
out2=sim(net,X);
% 整理为 N*N 矩阵
out2=reshape(out2,N,N);
% 绘图
mesh(x,x,out2);
```

命令行输出为：

```
P =

     0     0     1     1
     0     1     1     0
T =

     0     1     0     1
out =

  -0.0000    1.0000         0    1.0000
```

执行结果如图 7-18 所示。

从图中可以看出，在(0,0)、(1,1)点处，函数的值均为零，而在(0,1)、(1,0)点处，函数值均为 1。整个函数的取值从负值开始变化到 1。

7.7.2　RBF 网络曲线拟合

曲线拟合是常见的工程问题，给定一系列已知的采样点，就可以近似确定在某未知自变量位置处的函数值。

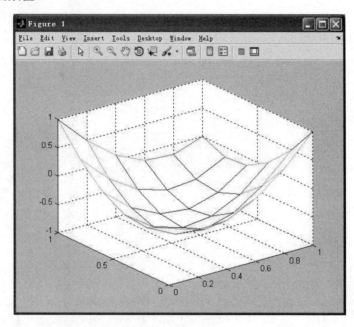

图 7-18　图形表示得到的 RBF 网络模型

1. 手算

曲线拟合可以不用 MATLAB 神经网络工具箱提供的 newrb 函数，直接采用 radbas、dist 等函数自行计算。由于输入中有 18 个样本点，这里简单地将隐含节点个数设为 18，其中心就是输入的 x 值。期望输出为相对应的 y 值。这样，网络中有一个输入节点，一个输出节点，18 个隐含节点。

首先定义输入，表格中 x 的每一个值都是一个输入，相对应的 y 值为其期望输出。

```
% curve_filt_hand_buid.m
%% 清理
clear all
close all
clc

%%
% 输入
x=-9:8;

% 期望输出;
y=[129,-32,-118,-138,-125,-97,-55,-23,-4,...
    2,1,-31,-72,-121,-142,-174,-155,-77];
```

隐含节点中心直接选择所有的输入，共 18 个中心。计算每一个输入到中心的距离。

```
% 隐含节点的中心
t=x;

% 计算每一个输入到每一个中心的距离，作为隐含层的输入
z=dist(x',t);
```

这里的 z 是 18×18 矩阵。下面就可以将距离 z 输入到 radbas 函数中，得到隐含层输出了。

```
% 计算隐含层的输出
G=radbas(z);
```

接下来计算从隐含层到输出层的权值 w。

```
%期望输出
d=y';
% 伪逆。求出权值向量
w=inv(G.'*G)*G.'*d;

%% 保存
save net.mat d w x y
```

每个隐含节点到输出节点有一个权值，因此共有 18 个权值。至此，整个 RBF 网络就建立完成了，我们可以输入新的数据，测试拟合函数的准确程度。程序如下：

```
%curve_filt_hand_sim.m
%% 清理
clear all
close all
clc
%% 加载模型
load net.mat

%% 测试
%输入
xx=-9:.2:8;

% 计算输入到中心的距离
t = x;
zz=dist(xx',t);

% 计算隐含层的输出
 GG=radbas(zz);

% 计算输出层的输出
Y=GG*w;

%% 绘图
% 原始数据点
plot(x,y,'o');
hold on;
% 拟合的函数曲线
plot(xx,Y','-');
legend('原始数据','拟合数据');
title('用径向基函数拟合曲线');
```

执行结果如图 7-19 所示。

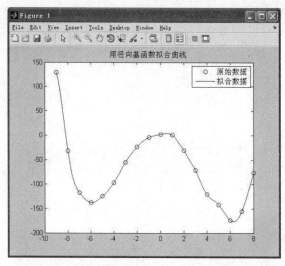

图 7-19　RBF 网络曲线拟合结果（手算）

　　取测试输入 x=2.2，实际输出为-38.5079。这里简要分析一下输入为 2.2 时的计算过程，以方便读者理解。隐含节点的中心，是[–9,–8,…0,…,8]，共 18 个数。x=2.2 首先将会计算自身与每一个中心的距离。

```
>> xn=2.2;
>> z=dist(xn,t)        % 计算距离

z =
 Columns 1 through 9
  11.2000   10.2000    9.2000    8.2000    7.2000    6.2000    5.2000
   4.2000    3.2000
 Columns 10 through 18
   2.2000    1.2000    0.2000    0.8000    1.8000    2.8000    3.8000
   4.8000    5.8000
```

然后输入到 radbas 函数中，再与权值向量相乘，就得到了最后的结果。

```
>> G=radbas(z)   % 将距离输入到径向基函数

G =
 Columns 1 through 12
   0.0000    0.0000    0.0000    0.0000    0.0000    0.0000    0.0000
   0.0000    0.0000    0.0079    0.2369    0.9608
 Columns 13 through 18
   0.5273    0.0392    0.0004    0.0000    0.0000    0.0000
>> w'             % 权值向量

ans =
 Columns 1 through 12
 153.4094  -63.1104  -64.5162  -86.4256  -69.6139  -59.5334  -27.2914
 -12.3625    1.4352   -1.5132    9.7827  -20.7284
 Columns 13 through 18
 -33.5890  -80.6727  -69.5053 -109.7583  -99.1774  -38.4958
>> G*w            % 输出

ans =
  -38.5079
```

将隐含层输入 z、隐含层输出 G、权值向量 w 显示出来，如图 7-20 和图 7-21 所示。

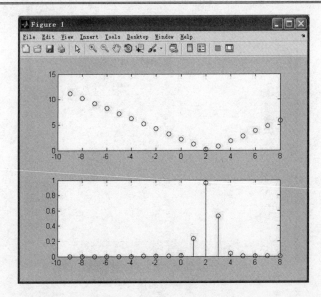

图 7-20　z（上）和 G（下）

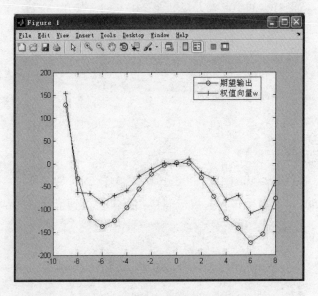

图 7-21　权值向量和期望输出

图 7-21 中，圆圈为原始数据，十字为权值向量 w。显然，在这个问题中，权值向量值的大小关系和波动情况与原始数据大致同步，数值上也较为近似。而欧氏距离与 x=2.2 越近的中心，radbas 函数的输出值就越大，部分距离过远的中心，其输出值为零。这一点体现了神经元局部响应的原则，由图 7-16 可知，被"激活"的隐含层神经元大约只有 3 个，其余都处于抑制状态，这三个神经元的输出值也各不相同，根据距离 2.2 的远近而定。在线性插值中，只取距离 x 最近的两个已知点乘以一定的权值得到 x 处的函数值，而在这里，则取到了所有隐含节点的中心，只不过通过径向基函数去掉了大部分距离远的中心，留下距离最近的中心，再乘以相应权值。权值不是像线性插值那样根据距离的远近线性下降，而是按照指数规律快速下降。

图 7-22 和图 7-23 形象地揭示了径向基函数网络的这一特点，对于某个测试点来说，

尽管所有的径向基神经元的中心都会输出一定的值，但由于径向基函数快速下降的特性，最终只有临近的少数神经元的输出值能对最终结果产生影响。

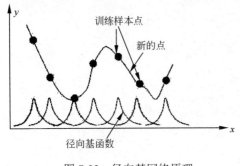

图 7-22　径向基网络原理

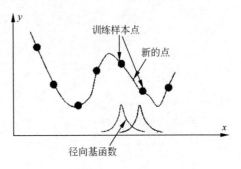

图 7-23　局部响应原理

2．使用工具箱函数

列出系统输入 x 和系统输出 y 如表 7-2 所示。

表 7-2　函数拟合的原始数据

x	-9	-8	-7	-6	-5	-4	-3	-2	-1
y	129	-32	-118	-138	-125	-97	-55	-23	-4
x	0	1	2	3	4	5	6	7	8
y	2	1	-31	-72	-121	-142	-174	-155	-77

共有 18 个(x,y)数据点。用 MATLAB 画出散点图，如图 7-24 所示。

```
>> x=-9:8;
>> y=[129   -32 -118    -138    -125    -97 -55 -23 -4 2    1   -31 -72
-121   -142    -174    -155    -77];
>> plot(x,y,'o');
>> title('曲线拟合');
```

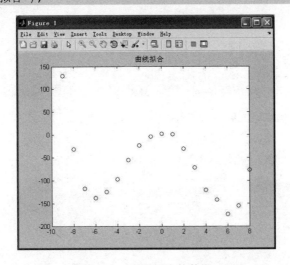

图 7-24　需要拟合的数据

采用径向基网络，目标误差为 0，扩散速度 spread 设为 2，程序如下：

```
% curve_filt_newrb_build.m
%% 清理
clear all
close all
clc

%% 定义原始数据
x=-9:8;
y=[129,-32,-118,-138,-125,-97,-55,-23,-4,...
    2,1,-31,-72,-121,-142,-174,-155,-77];

%% 设计 RBF 网络
P=x;
T=y;
% 计时开始
tic;
% spread = 2
net = newrb(P, T, 0, 2);
% 记录消耗的时间
time_cost = toc;

% 保存得到的 RBF 模型 net
save curve_filt_newrb_build net
```

命令行的输出显示添加隐含神经节点和 SSE 下降的过程：

```
NEWRB, neurons = 0, MSE = 5338.8
NEWRB, neurons = 2, MSE = 1369.85
NEWRB, neurons = 3, MSE = 1064.98
NEWRB, neurons = 4, MSE = 182.089
NEWRB, neurons = 5, MSE = 107.264
NEWRB, neurons = 6, MSE = 55.7712
NEWRB, neurons = 7, MSE = 30.5637
NEWRB, neurons = 8, MSE = 29.3922
NEWRB, neurons = 9, MSE = 21.5097
NEWRB, neurons = 10, MSE = 8.30681
NEWRB, neurons = 11, MSE = 4.87011
NEWRB, neurons = 12, MSE = 4.53229
NEWRB, neurons = 13, MSE = 4.14499
NEWRB, neurons = 14, MSE = 3.88601
NEWRB, neurons = 15, MSE = 2.66338
NEWRB, neurons = 16, MSE = 1.62735
NEWRB, neurons = 17, MSE = 7.50529e-022
NEWRB, neurons = 18, MSE = 1.42211e-021
```

训练时间 time_cost=7.5029s。训练的误差性能如图 7-25 所示。

下面检验训练的准确度。测试数据是 x 从–9 到 8 的 18 个数据点，点之间的距离为 1。测试数据采用 x 为–9 到 8，间距为 0.2 的数据点。程序如下：

```
% curve_filt_newrb_sim.m

%% 原始训练数据
x=-9:8;
y=[129,-32,-118,-138,-125,-97,-55,-23,-4,...
    2,1,-31,-72,-121,-142,-174,-155,-77];

%% 测试
% 测试数据
xx=-9:.2:8;
```

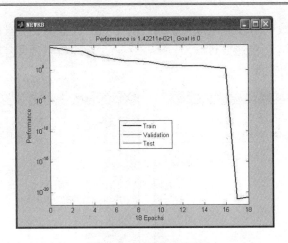

图 7-25　误差性能曲线

```
% 加载训练模型  上一步训练得到的 net 保存在 example.mat 中
load curve_filt_newrb_build.mat

% 网络仿真
yy = sim(net, xx);

%%绘图
% 原数据点
figure;
plot(x,y,'o');
hold on;
% 仿真得到的拟合数据
plot(xx,yy,'-');
hold off;

% 图例、标题
legend('原始数据','拟合数据');
title('用径向基函数拟合曲线');
```

程序的执行结果如图 7-26 所示。

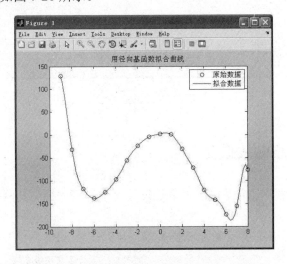

图 7-26　异或问题的拟合结果（使用工具箱）

可见，径向基函数网络较好地拟合了曲线的形状。这里需要注意的依然是 spread 参数的选择，如果选择过小，可能造成过学习。图 7-27～图 7-29 分别显示了 spread=5、spread=0.5 和 spread=0.2 时的拟合结果。

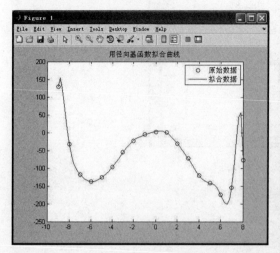

图 7-27　spread=5

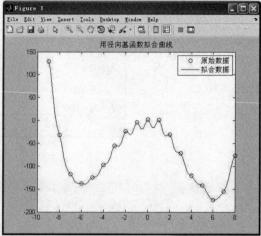

图 7-28　spread=0.5

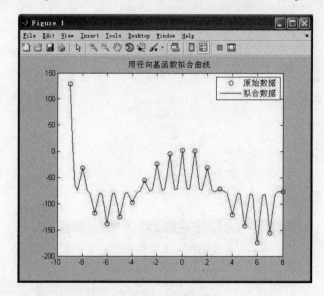

图 7-29　spread=0.2

7.7.3　GRNN 网络曲线拟合

广义回归神经网络以径向基网络为基础发展而来，相比径向基网络，更适合解决曲线拟合问题，速度更快。

采用上一节的例子，在拟合质量相当的情况下，比较 RBF 网络与 GRNN 网络的速度：

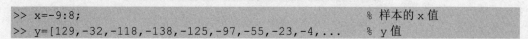

```
>> x=-9:8;                                    % 样本的 x 值
>> y=[129,-32,-118,-138,-125,-97,-55,-23,-4,...    % y 值
```

```
2,1,-31,-72,-121,-142,-174,-155,-77];
>> plot(x,y,'o')
>> P=x;
>> T=y;
>> tic;net = newrb(P, T, 0, 2);toc                    % 创建径向基网络
NEWRB, neurons = 0, MSE = 5338.8
…
NEWRB, neurons = 17, MSE = 7.50529e-022
NEWRB, neurons = 18, MSE = 1.42211e-021
Elapsed time is 4.440215 seconds.
>> xx=-9:.2:8;
>> yy = sim(net, xx);                                % 径向基网络仿真
>> figure(1);
>> hold on;
>> plot(xx,yy)
>> tic;net2=newgrnn(P,T,.5);toc;                     % 设计广义回归网络
Elapsed time is 0.052727 seconds.
>> yy2 = sim(net, xx);                               % 广义回归网络仿真
>> plot(xx,yy2,'.-r');
```

由于需要训练权值，RBF 网络消耗的时间远大于 GRNN 网络，前者为后者的 84.2 倍。执行结果如图 7-30 所示。

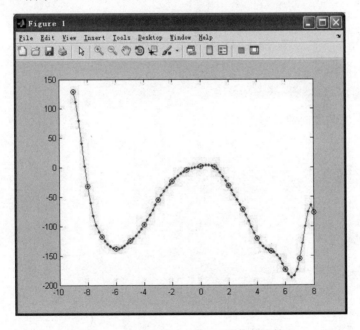

图 7-30　RBF 网络与 GRNN 网络的比较

事实上，由于广义回归神经网络结构并不复杂，且无须训练，因此可以很方便地自己编程实现。下面给出了笔者实现的一个例子。网络的函数文件 grnn_net.m 内容如下：

```
function y = grnn_net(p,t,x,spread)
% grnn_net.m
% p：R×Q 矩阵，包含 Q 个长度为 R 的输入
% t：1×Q 行向量，对应于 p 的期望输出
% spread：平滑因子，可选，默认值为 0.5

if ~exist('spread','var')
```

```
    spread=0.5;
end

[R,Q]=size(p);
[R,S]=size(x);

%% 径向基层的输出
yr = zeros(Q,S);
for i=1:S
    for j=1:Q
    v = norm(x(:,1) - p(:,j));
    yr(j,i) = exp(-v.^2/(2*spread.^2));
    end
end
size(yr)

%% 加和层的输出
ya = zeros(2,S);
for i=1:S
    size(t(:,i))
    size(yr(:,i))
    ya(1,i) = sum(t(:,i) * yr(:,i)',2);
    ya(2,i) = sum(yr(:,i));
end

%% 输出层的结果
y = ya(1,:)./(eps+ya(2,:));
```

依然用上面的例子做测试：

```
% grnn_test.m
%% 清理
close all
clear,clc

%% 训练数据
x=-9:8;
y=[129,-32,-118,-138,-125,-97,-55,-23,-4,...
    2,1,-31,-72,-121,-142,-174,-155,-77];
P=x;
T=y;

%% 设计网络与测试
xx=-9:.2:8;
yy = grnn_net(P,T,xx);

%% 显示
plot(x,y,'o')
hold on;
plot(xx,yy)
```

执行结果如图 7-31 所示。

这个网络的性能也与平滑因子的取值有关，取值过大则曲线不够准确，取值过小则会造成过学习。这里取默认值 0.5，图 7-32 所示是取值分别为 1 和 0.1 时的测试结果。

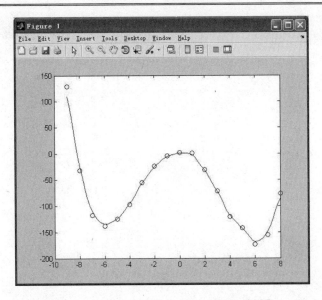

图 7-31 自己实现的 GRNN 网络测试结果

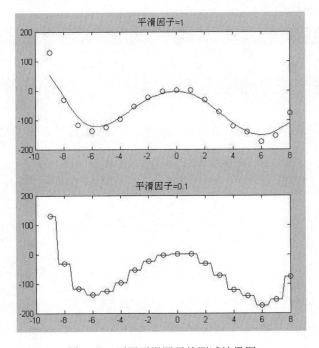

图 7-32 不同平滑因子的测试结果图

7.7.4 PNN 网络用于坐标点分类

MATLAB 中的 newpnn 只适用于解决模式分类问题，在 7.4.8 节中已经举了一个 newpnn 函数用于二维数据点分类的例子，在这里不使用 newpnn 函数，用基本的 MATLAB 函数按 PNN 网络的结构和运行步骤进行计算，解决一个二维坐标点的多分类问题。

首先进行数据定义：

```
>> rng(2);
>> a=rand(14,2)*10;                    % 训练数据点
>> p=ceil(a)'

p =

    5    1    6    5    5    4    3    7    3    3    7    6    2    6
    2    8    9    5    9    1    6    1    5    1    2    6    3    2

>>  tc=[3,1,1,2,1,3,2,3,2,3,3,2,2,3]         % 类别

tc =

    3    1    1    2    1    3    2    3    2    3    3    2    2    3
>> plot(p(1,tc==1),p(2,tc==1),'ro');
>> hold on;
>> plot(p(1,tc==2),p(2,tc==2),'b*');
>> plot(p(1,tc==3),p(2,tc==3),'k+');
>> axis([0,11,0,11])
>> legend('第一类','第二类','第三类');
>> title('待分类的点');
```

训练数据如图 7-33 所示。

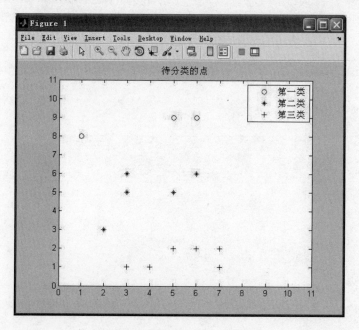

图 7-33　训练样本点的位置

由于概率神经网络不需要训练，因此创建网络的过程只是设置权值和传输函数的过程。输入一个新的向量 $x = [4, 6.5]$，给出对该向量的计算过程。

计算 x 在径向基层第一个神经元的输出：

```
>> x=[4,6.5]';
>> y_rbf(1) = norm(x-p(:,1))
y_rbf =

    4.6098
```

```
>> sigma=0.1;
>> y_rbf(1) = exp(-y_rbf(1).^2/(2*sigma^2))
y_rbf =

     0
```

求输入向量的所有径向基层输出，用循环实现：

```
>> for i=1:14,...
y_rbf(i) = norm(x-p(:,i));...
y_rbf(i) = exp(-y_rbf(i).^2/(2*sigma^2));...
end
>> y_rbf

y_rbf =

  1.0e-027 *

  Columns 1 through 8

       0    0.0000    0.0000    0.0000    0.0000         0    0.7188         0

  Columns 9 through 14

    0.0000         0         0    0.0000         0         0
```

输出值只有一个不为零。下一步计算求和层的输出值，由于总共有三个类别，因此求和层有 3 个神经元节点：

```
>> clas1=mean(y_rbf(tc==1))
clas1 =

  1.4620e-040

>> clas2=mean(y_rbf(tc==2))
clas2 =

  3.2748e-008

>> clas3=mean(y_rbf(tc==3))
clas3 =

  7.2841e-117
```

在输出层只需求出求和层中最大的那一个，即为输入样本的类别：

```
>> [~,index]=max([clas1,clas2,clas3])
index =

     2
```

算得坐标 $x = [4,6.5]$ 属于第二类。在坐标系中该点的位置如图 7-34 所示。

在 MATLAB 中新建一个函数文件 pnn_net.m，直接返回对输入的二维向量的分类结果：

```
function clas = pnn_net(p,t,x,sigma)
% pnn_net.m
% p 为训练输入,R×Q, Q 个长度为 R 的向量
% t 为训练输出,1×Q 行向量，取值范围为 1~C，表示 C 个类别，C<=Q
% x 为测试输入,R×S 矩阵，S 个长度为 R 的列向量
```

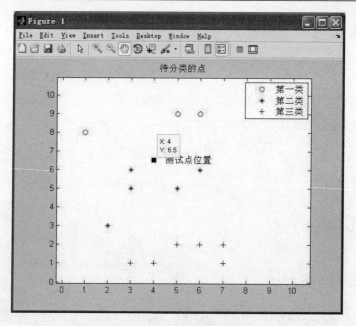

图 7-34　测试点位置

```
%
if ~exist('sigma','var')
    sigma=0.1;
end

% 数据归一化
MAX = max(p(:));
p=p/MAX;
x=x/MAX;

% 向量长度 M, 向量个数 N
[R,Q]=size(p)
[R,S]=size(x)

% 计算径向基层的输出,y(i,j)是第 j 个测试向量与第 i 个神经元的输出
y=zeros(Q,S);
for i=1:S
    for j=1:Q
        v = norm((x(:,i) - p(:,j))); %' * (x(:,i) - p(:,j));
        y(j,i) = exp(-v^2/(2*sigma^2));
    end
end

% 相加层
% 共有 C 个类别
C = length(unique(t));
% 相加层输出
vc=zeros(C,S);
for i=1:C
    for j=1:S
        vc(i,j) = mean(y(t==i,j));
    end
end

% 输出层
```

```
yout=zeros(C,S);
for i=1:S
    [~,index] = max(vc(:,i));
    yout(index,i) = 1;
end

clas=vec2ind(yout);
```

将上文的命令整理为脚本测试文件 pnn_test.m，对输入的训练样本本身做测试：

```
% pnn_test.m
%% 清理
close all
clear,clc

%% 定义数据
rng(2);
a=rand(14,2)*10;                        % 训练数据点
p=ceil(a)'

%% 用训练数据测试
y=pnn_net(p,tc,p,1);
disp('测试结果: ');
disp(y);
```

结果正确地实现了 14 个样本点的分类，命令行输出如下：

```
正确类别:
    3    1    1    2    1    3    2    3    2    3    3    2    2    3

测试结果:
    3    1    1    2    1    3    2    3    2    3    3    2    2    3
```

为了达到更好的测试效果，用新的数据点做测试，数据点取自 0~11 区间内的所有网格点，测试文件 pnn_test2.m 如下：

```
% pnn_test2.m
%% 清理
close all
clear,clc

%% 定义数据
rng(2);
a=rand(14,2)*11;                        % 训练数据点
p=ceil(a)'
tc=[3,1,1,2,1,3,2,3,2,3,3,2,2,3];       % 类别

x=0:.4:10;
N=length(x);
for i=1:N
    for j=1:N
        xx(1,(i-1)*N+j) = x(i);
        xx(2,(i-1)*N+j) = x(j);
    end
end

%% 测试
y = pnn_net(p,tc,xx,1);
```

```
%% 显示
plot(xx(1,y==1),xx(2,y==1),'ro');
hold on;
plot(xx(1,y==2),xx(2,y==2),'b*');
plot(xx(1,y==3),xx(2,y==3),'k+');
plot(p(1,tc==1),p(2,tc==1),'ro','LineWidth',3);
plot(p(1,tc==2),p(2,tc==2),'b*','LineWidth',3);
plot(p(1,tc==3),p(2,tc==3),'k+','LineWidth',3);
axis([0,11,0,11])
legend('第一类','第二类','第三类');
title('分类结果');
```

执行结果如图 7-35 所示。

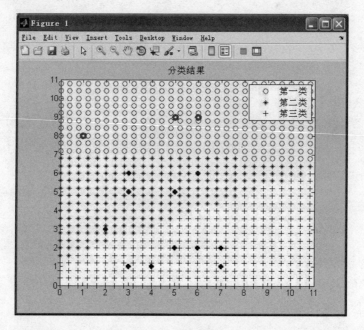

图 7-35　测试结果

第8章　自组织竞争神经网络

自组织竞争神经网络采用了与前向神经网络完全不同的思路。它采用了竞争学习的思想，网络的输出神经元之间相互竞争，同一时刻只有一个输出神经元获胜，称为"胜者全得"神经元或获胜神经元。这种神经网络的生物学基础是神经元之间的侧抑制现象。

采用竞争学习的规则即可构成最简单的竞争神经网络，在此基础上，还发展了形形色色的自组织网络。在自组织网络中，系统根据输入样本的相互关系学习其规律性，并按照预定的规则修改网络权值，使输出与输入相适应。与竞争网络相比，自组织网络除了能学习输入样本的分布外，还能够识别输入向量的拓扑结构。

本章介绍的网络如下：

- ❏ 竞争神经网络。
- ❏ 自组织特征映射网络。自组织特征映射网络与竞争神经网络都采用无监督的学习算法。
- ❏ 学习矢量量化网络。学习矢量量化网络采用了有监督学习的方式。

此外，自适应共振网络、对传网络、PCA 网络和协同神经网络也属于自组织竞争网络的范畴。

8.1　竞争神经网络

竞争型神经网络只有两层，其结构如图 8-1 所示。

在竞争神经网络中，输出层又被称为核心层。在一次计算中，只有一个输出神经元获胜，获胜的神经元标记为 1，其余神经元均标记为 0，即"胜者为王，败者为寇"。起初，输入层到核心层的权值是随机给定的，因此每个核心层神经元获胜的概率相同，但最后会有一个兴奋最强的神经元。兴奋最强的神经元"战胜"了其他神经元，在权值调制中其兴奋程度得到进一步加强，而其他神经元则保持不变。竞争神经网络通过这种竞争学习的方式获取训练样本的分布信息，每个训练样本都对应一个兴奋的核心层神经元，也就是对应一个类别，当有新样本输入时，就可以根据兴奋的神经元进行模式分类。

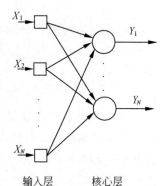

图 8-1　竞争神经网络的结构

8.2　竞争神经网络的学习算法

竞争神经网络的学习规则是由内星规则发展而来的 Kohonen 学习规则。此外，为了解决部分神经元始终无法"获胜"的问题，引入了阈值学习规则（Bias Learning Rule）。

8.2.1　Kohonen 学习规则

竞争网络的 Kohonen 学习规则是由内星学习规则发展而来的。格劳斯贝格（S.Grossberg）提出了内星和外星两种学习规则，以解释人和动物的学习现象。内星规则可用于学习一个向量，而外星规则可用来产生一个向量。

1．内星学习规则

内星神经元模型如图 8-2 所示。

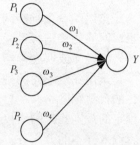

图 8-2　内星模型结构图

在图 8-2 所示的内星模型中，假设输入信号为 r 维向量，该向量与权值向量连接，输送到输出神经元 Y 中。Y 采用硬限幅函数作为传递函数，使神经元的输出限定为 0 或 1。

内星模型训练的目标是使得神经元 Y 只对某些特定的输入向量产生兴奋。这一点是通过连接权值的逐步调整得到的。假设学习率为 η，则权值根据下式进行调整：

$$\Delta\omega_{ij} = \eta\left(P_i - \omega_{ij}\right)Y$$

其中 ω_{ij} 为连接权值，$\Delta\omega_{ij}$ 为权值修改量，P_i 为输入向量的第 i 个元素，Y 为输出神经元的值。由于传输函数为硬限幅函数（hardlim），因此 Y 取值必为 0 或 1。当 $Y=0$ 时，权值不做调整；当 $Y=1$ 时，$\Delta\omega_{ij} = \eta\left(P_i - \omega_{ij}\right)$。权值的修改量为输入样本与原权值的差值，在这种训练方式的作用下，连接权值会越来越"像"输入样本，最终 $\omega_{ij} = P_i$。

以上是输入为 P 时的训练过程。当有新的训练样本加入时，假设其为 P'，则网络的输出为

$$Y = \mathrm{hardlim}\left(P'\omega\right) = \mathrm{hardlim}\left(P'P\right)$$

硬限幅函数有一个临界点，当函数的输入大于该点时，输出为 1，否则输出为 0。假设该临界值为 ε，则当输入的新样本 P' 满足以下条件时，系统会在训练过程中调整权值向量：

$$P'P = \|P'\|\|P\|\cos\theta > \varepsilon$$

如果新样本 P' 不满足上述条件，则神经元输出为零，连接权值不会得到更新。上式的几何意义非常明显：只有当输入的样本 P' 与权值 P 比较相似时，权值才会被更新。如果对内星模型输入多个样本进行训练，最终得到的网络权值趋近于各输入向量的平均值。

2．外星学习规则

外星神经元模型如图 8-3 所示。

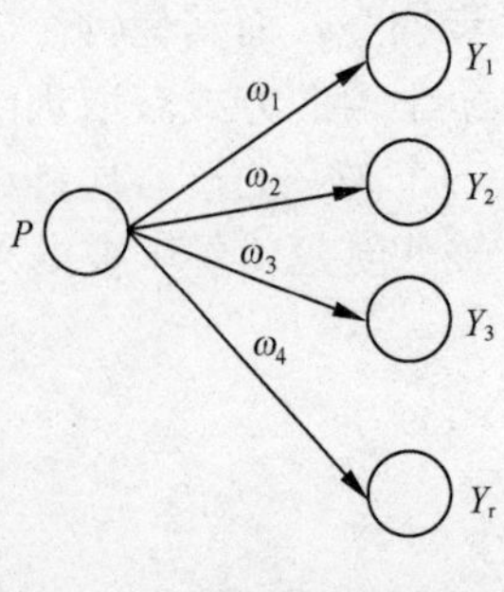

外星网络模型的输入 P 只能取 0 或 1，其输出神经元的传递函数则为线性函数。如图 8-3 所示，对于一个输入的样本值（0 或 1），网络的输出是一个维数为 r 的向量。权值调整的规则根据下式进行：

图 8-3　外星模型结构图

$$\Delta\omega_{ij} = \eta\left(Y_j - \omega_{ij}\right)P$$

其中 η 为学习率，P 为网络输入，Y_j 为第 j 个神经元的期望输出。外星学习规则常被用于学习和回忆一个向量：当输入样本值 P 维持高值时，网络权值得到更新，且以 η 为步长越来越接近期望输出。训练完成后，网络权值等于期望输出，期望输出向量就被"记住"了。

💭提示：从结构图中可以看出，外星规则与内星规则存在对称性。对一组输入和目标向量来训练一个内星层，相当于将其输入和目标向量对换后训练一个外星层，两者的权值矩阵恰好互为转置。在 MATLAB 中，内星学习规则对应的函数为 learnis，外星学习规则对应的函数为 learnos。

3. Kohonen学习规则

竞争神经网络采用的 Kohonen 学习规则是从内星学习规则发展而来的。在竞争型网络的核心层中，每次只有一个获胜神经元，调整权值时只对该神经元对应的权值进行修正。

假设网络输入层包含 m 个神经元，核心层包含 n 个神经元，输入向量为 $P=\left[p_1, p_2, \cdots, p_m\right]$，则权值为 $m\times n$ 矩阵，网络的输出为

$$Y = P\omega$$

$Y=\left[Y_1, Y_2, \cdots, Y_n\right]$。在 n 个输出神经元中必有一个神经元取最大值，成为获胜神经元，假设获胜神经元为 Y_k，则相应的权值按下式进行调整：

$$\Delta\omega_{ik} = \eta\left(P_i - \omega_{ik}\right)Y_k$$

显然，网络权值以 η 为步长向输入的样本值 P_i 靠近。因此，在下一轮计算中，Y_k 以更大的概率胜出成为获胜神经元，当 η 取适当值时，网络权值经过逐步学习最终等于输入样本向量，这样就达到了学习向量的目的。

网络继续接收其他输入样本，每一个样本都对应一个获胜神经元，并使对应的权值向量向输入向量方向调整。从映射的角度来看，由于每个样本都对应一个特定的神经元，这样就实现了对输入样本的分类。相似的输入样本对应同一个获胜神经元，表示它们被分为同一类；该神经元对应的权值同时向各个输入向量的方向做调整，最终稳定为输入向量的平均值。从这一点上看，权值向量类似于 K-means 聚类算法中的聚类中心。对新的未知样本做分类时，该样本与权值矢量相乘的过程，就相当于计算样本向量与 K-means 聚类中心距离大小的过程。

8.2.2　阈值学习规则

在竞争型神经网络中，有可能某些神经元始终无法赢得竞争，其初始值偏离所有样本向量，因此无论训练多久都无法成为获胜神经元。这种神经元称为"死神经元"。

为了解决死神经元的问题，可以给很少获胜的神经元以较大的阈值，使其在输入向量与权值相似性不太高的情况下也有可能获胜；而对那些经常获胜的神经元则给以较小的阈值。在实现时，通过计算神经元输出向量的平均值来衡量神经元是否经常获胜，它等价于每个神经元输出为 1 的百分比，因此越经常获胜的神经元，其输出向量的平均值越大，而

死神经元输出向量的平均值为零。

阈值学习规则有如下两点好处：

❑ 有效解决了"死神经元"问题。由于初始化的随机性，如果某个神经元与输入样本相距都很远，它将永远不会赢得竞争，在网络中失去作用。在阈值学习规则下，该神经元的阈值会逐渐增大，从而有可能赢得竞争。

❑ 经常获胜的神经元，其阈值不断下降，获胜的概率逐渐降低。系统强行降低这类神经元的输入响应空间，而增大了死神经元的输入响应空间。也就是说，对于经常获胜的神经元，输入向量必须与权值很相似时神经元才会响应，而对于从未获胜的神经元来说，则不必如此相似。当输入空间的一个区域包含很多输入向量时，输入向量密度大的区域将吸引更多的神经元，导致更细的分类，而输入向量稀疏处则恰好相反。

🔔提示：阈值学习规则的运行过程就像人类"同情"弱者一样，体现了人的"良心"，在 MATLAB 中阈值学习规则由 learncon 函数实现。

8.3 自组织特征映射网络

自组织特征映射网络（Self-Organizing Feature Maps，SOFM）又称自组织映射网络（SOM），最早是由芬兰赫尔辛基理工大学的神经网络专家 Kohonen 于 1981 年提出的。自组织映射网络是一种竞争性神经网络，同时引入了自组织特性。自组织现象来源于人脑细胞的自组织性：大脑中不同区域有着不同的作用，不同的感官输入由不同位置的脑细胞进行处理，这种特性不完全来自遗传，更依赖于后天的学习和训练。

自组织映射网络与竞争神经网络非常相似，神经元都具有竞争性，都采用无监督的学习方式。主要区别在于自组织映射网络除了能学习输入样本的分布外，还能够识别输入向量的拓扑结构。在自组织映射网络中，单个神经元对模式分类不起决定性的作用，需要靠多个神经元协同作用完成。体现在网络结构上，自组织神经网络同样包含输入层、输出层两层网络，但在输出层引入网络的拓扑结构，以更好地模拟生物学中的侧抑制现象。自组织映射网络的结构如图 8-4 所示。

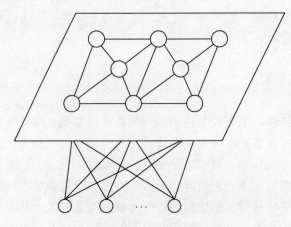

图 8-4 自组织映射网络的结构

如图 8-4 所示，在自组织映射网络中，输入神经元与输出神经元通过权值相连，同时，近邻的输出神经元之间也通过权值向量相连。输出神经元被放置在一维、二维甚至多维的网格节点中，最常见的是如图 8-4 所示的二维拓扑结构。输出神经元的传递函数通常为线性函数，因此网络的输出是输入值的线性加权和。假设输入神经元个数为 m，输出神经元个数为 n，权值为 ω_{ij}，则输出神经元 Y_j 的输出值为

$$Y_j = f\left(\sum_i x_i \omega_{ij} \right)$$

n 个输出神经元以一维、二维或多维的拓扑结构排列，网络对输入向量进行无监督训练，输出神经元之间根据距离的远近决定抑制关系，最终使连接权值的统计分布与输入模式渐趋一致。当输入新样本时，系统就以拓扑结构的形式输出分类结果。

💬提示：在 MATLAB 中，有 4 个用于表示二维拓扑结构的函数，分别为 gridtop、hextop、randtop 和 tritop，分别将输出神经元排列为网格型、六边形、随机位置和三角形。

8.4　SOM 的学习算法

自组织映射网络的学习算法与竞争神经网络类似，都采用 Kohohen 学习规则。两者的主要区别在于，在竞争神经网络中不存在核心层之间的相互连接，在更新权值时采用了胜者全得的方式，每次只更新获胜神经元对应的连接权值；而在自组织映射网络中，每个神经元附近一定邻域内的神经元也会得到更新，较远的神经元则不更新，从而使几何上相近的神经元变得更相似。

以网格型拓扑结构为例，图 8-5 和图 8-6 分别给出了一个包含 25 个输出节点、邻域 $d=1$ 和 $d=2$ 的网格型输出层。

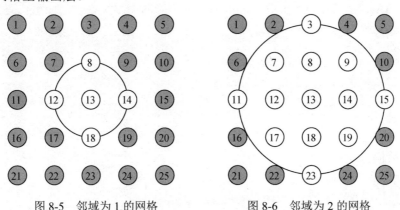

图 8-5　邻域为 1 的网格　　　　图 8-6　邻域为 2 的网格

以 $N_i(d)$ 表示第 i 个神经元邻域值为 d 时的邻域神经元，即 $N_i(d) = \{ j, D(i,j) < d \}$，则图 8-5 中邻域内的神经元为

$$N_{13}(1) = \{8,12,13,14,18\}$$

图 8-6 中邻域内的神经元为

$$N_{13}(2) = \{3,7,8,9,11,8,12,13,14,15,17,18,19,23\}$$

当第 13 号神经元获胜时，其邻域内的神经元对应的权值都会得到更新。更新公式为

$$\omega_{ij}(n+1) = \omega_{ij}(n) + \eta\left(x_i(n) - \omega_{ij}(n)\right)$$
$$= (1-\eta)\omega_{ij}(n) + \eta x_i(n)$$

其中 x_i 为第 i 个输入神经元的值，ω_{ij} 为邻域内神经元与 x_i 相连的权值。

在 MATLAB 中，使用 learnsom 函数进行自组织映射网络的学习。权值根据下式进行更新：

$$dw = lr * a2 * (p' - w)$$

其中 a2 由网络的输出值 a、神经元之间的距离 D 以及邻域大小 ND 决定：

$$a2(i,q) = \begin{cases} 1, & a(i,q) = 1 \\ 0.5, & a(j,q) = 1 \text{ and } D(i,j) \le ND \\ 0, & \text{otherwise} \end{cases}$$

在 learsom 函数学习过程中，学习率与邻域大小是可调的。学习率有 lr_order、lr_tuning 两个给定的参考值，且 lr_order > lr_tuning，邻域大小也有两个给定的参考值 nd_max、nd_tuning。在训练过程中分为两个阶段进行调节：排序阶段和调整阶段。

❑ 排序阶段：在排序阶段，随着迭代的进行，学习率从 lr_order 下降到 lr_tuning，邻域大小从 nd_max 下降到 1。在这个阶段，权值根据输入向量进行调整，使其相对位置体现输入样本的分布。

❑ 调整阶段：在这个阶段，学习率从 lr_tuning 开始以缓慢的速度下降，邻域大小则保持为 nd_tuning 不变。权值向量在排序阶段大致确定的拓扑结构上做微调，使其在输入空间中更均匀。由于学习率和邻域大小的减小，网络的训练非常慢，以确保学习的稳定性。

在 MATLAB 的 learnsom 函数中，以上两个阶段的调整规则使用如下代码来实现：

```
if (ls.step < lp.order_steps)
  percent = 1 - ls.step/lp.order_steps;
  nd = 1.00001 + (ls.nd_max-1) * percent;
  lr = lp.tune_lr + (lp.order_lr-lp.tune_lr) * percent;
else
  nd = lp.tune_nd + 0.00001;
  lr = lp.tune_lr * lp.order_steps/ls.step;
end
```

其中参数值为

lp.order_steps=1000；

lp.order_lr = 0.9；

lp.tune_lr = 0.02；

lp.tune_nd = 1。

提示：learsom 函数默认采用六边形的拓扑结构（hextop 函数），神经元之间的距离使用 linkdist 函数进行计算。通常，采用不同的二维拓扑结构并不会明显影响系统性能，网络对邻域的形状不敏感。

综上所述，SOM 网络的训练步骤如下：

（1）设定变量。

$x=[x_1,x_2,\cdots,x_m]$ 为输入样本，每个样本为 m 维向量。

$\omega_i(k)=[\omega_{i1}(k),\omega_{i2},(k)\cdots,\omega_{in}(k)]$ 为第 i 个输入节点与输出神经元之间的权值向量。

（2）初始化。权值使用较小的随机值进行初始化，并对输入向量和权值都做归一化处理：

$$x'=\frac{x}{\|x\|}$$

$$\omega_i'(k)=\frac{\omega_i(k)}{\|\omega_i(k)\|}$$

$\|x\|$、$\|\omega_i(k)\|$ 分别为输入向量和权值向量的欧几里得范数。

（3）将随机抽取的样本输入网络。样本与权值向量做内积，内积值最大的输出神经元赢得竞争。由于样本向量与权值均已归一化，因此求内积最大相当于求欧氏距离最小：

$$D=\|x-\omega\|$$

求得距离最小的那个神经元，记为获胜神经元。

（4）更新权值。对获胜神经元拓扑邻域内的神经元，采用 Kohonen 规则进行更新：

$$\omega(k+1)=\omega(k)+\eta(x-\omega(k))$$

确定邻域时可以使用不同的距离函数，常用的如欧氏距离（dist）、出租车几何距离（mandist）等。

（5）更新学习速率 η 及拓扑邻域，并对学习后的权值进行重新归一化。学习率和邻域大小的调整按排序阶段、调整阶段两步来进行。

（6）判断是否收敛。判断迭代次数是否达到预设的最大值，若没有达到最大迭代次数，则转到第三步，否则结束算法。

8.5 学习矢量量化网络

自组织映射网络具有有效的聚类功能，但由于没有采用导师信号，适合无法获知样本类别的情况。当已知样本类别时，可以将自组织竞争的思想与有监督学习相结合，这就是学习矢量量化网络。Kohonen 于 1989 年提出了基于竞争网络的学习矢量量化网络（Learning Vector Quantization，LVQ）。

LVQ 是 SOM 网络的一种变形，它在原有两层结构的基础上增加了线性层，竞争层得到的类别称为子类，输出层又称线性层，线性层的类别标签是由导师信号给出的，是目标分类。

学习矢量量化网络模型如图 8-7 所示。

竞争层和线性层中的每一个神经元都对应一个分类。假设竞争层包含 $S1$ 个神经元节点，线性层包

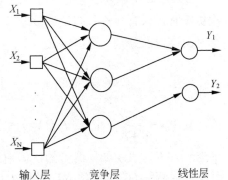

图 8-7 LVQ 网络模型

含 $S2$ 个节点，则必有 $S1 > S2$。如在图 8-7 中，第 1 个和第 2 个竞争层神经元都对应输出分类的第 1 类，第 3 个竞争层神经元对应输出分类的第 2 类。这就是竞争层的子类合并。

学习矢量量化网络的学习包括 LVQ1 和 LVQ2 量子，后者是在前者基础上的改进，可以进一步提高训练效果。

8.5.1　LVQ1 学习规则

LVQ 网络采用有监督的学习方式，样本与分类标签成对出现。假设样本与标签对为 $\{p_i, t_i\}$，p_i 为输入样本，t_i 为目标分类向量，假如线性层包含 4 个元素，则 t_i 形如

$$t_i = \begin{cases} 0 \\ 1 \\ 0 \\ 0 \end{cases}$$

训练的目标是将 p_i 输入网络后，能得到与 t_i 相等的输出。输入 p_i，与权值矩阵 ω_1 相乘，得到竞争层的输出向量 a。如果第 j 个神经元胜出，则 $a_j = 1$，而 a 中的其余元素均为零。即

$$a = \{a_1 = 0, a_2 = 0, \cdots, a_j = 1, \cdots\}$$

a 与竞争层和输出层之间的权值矩阵 $\omega2$ 相乘，相当于 $a_j = 1$ 对应的神经元选中了相应的类别。这个类别可能恰好是正确的，也可能是错误的。还需要在训练阶段进行判断。

如果分类是正确的，则权值矩阵向着输入向量 p_i 的方向移动；如果分类错误，则权值矩阵向着远离输入向量 p_i 的方向移动。用公式表示，分别为

$$\omega_1 = \omega_1 + \eta(p - \omega_1) \quad （正确时）$$

和

$$\omega_1 = \omega_1 - \eta(p - \omega_1) \quad （错误时）$$

以上的修正公式使得竞争层神经元向目标类别方向移动，最终落入正确的分类空间。

8.5.2　LVQ2 规则

LVQ2 在 LVQ1 的基础上引入了窗口的概念，增加了窗口参数 α。在竞争层中，每一次更新时，只有与输入向量最接近的两个向量得到更新。其中一个对应正确的分类，另一个对应错误的分类。窗口定义如下：

$$\min\left(\frac{d_i}{d_j}, \frac{d_j}{d_i}\right) > s$$

其中 $s = \dfrac{1-\alpha}{1+\alpha}$，$d_i$、$d_j$ 分别为输入向量到权值向量的欧氏距离。加入 $\alpha = 0.25$，则可确定 $s = 0.6$，表示如果两者的比值超过 0.6，这两个向量就要进行调整。这一机制的物理意义可以解释为，如果输入向量与 d_i 属于同一类，而与 d_j 不属于同一类，而输入向量又在中位面附近，就对这两个向量进行调整。

提示：LVQ 网络的两种学习规则分别使用 MATLAB 中的 learnlv1 和 learnlv2 学习函数实现。

8.6　自组织竞争网络相关函数详解

在新版的 MATLAB 神经网络工具箱中，竞争神经网络用新函数 competlayer 取代原有的函数 newc，SOM 网络用 selforgmap 函数取代 newsom，学习矢量量化网络用 lvqnet 函数取代 newlvq。本将将重点介绍这几个函数，同时对自组织映射网络中的拓扑函数、距离函数及其他函数也有涉及。

8.6.1　gridtop——网格拓扑函数

gridtop 函数用于创建自组织映射网络中输出层的网格拓扑结构，其语法格式如下：

```
pos=gridtop(dim1,dim2,…,dimN)
```

gridtop 函数的输入参数个数表示拓扑结构的维数，参数大小表示拓扑结构的形状大小。如 gridtop(2,3,4)表示 $2 \times 3 \times 4$ 的三维拓扑结构。

函数返回值 pos 是一个 $N \times S$ 矩阵，$S = \dim 1 \times \dim 2 \times \cdots \times \dim N$。pos 矩阵的每一列表示一个网格节点的坐标。

【实例 8.1】用 gridtop 创建一个包含 40 个输出层神经元节点的 8×5 网格，并输入到 selforgmap 函数中。

```
>> pos = gridtop(8,5);      % 创建网格
>> pos                      % 神经元的坐标

pos =

 Columns 1 through 16

   0  1  2  3  4  5  6  7  0  1  2  3  4  5  6  7
   0  0  0  0  0  0  0  0  1  1  1  1  1  1  1  1


 Columns 17 through 32

   0  1  2  3  4  5  6  7  0  1  2  3  4  5  6  7
   2  2  2  2  2  2  2  2  3  3  3  3  3  3  3  3


 Columns 33 through 40

   0  1  2  3  4  5  6  7
   4  4  4  4  4  4  4  4

>> net = selforgmap([8 5],'topologyFcn','gridtop');
>> plotsomtop(net)          % 显示网络
```

执行结果如图 8-8 所示。

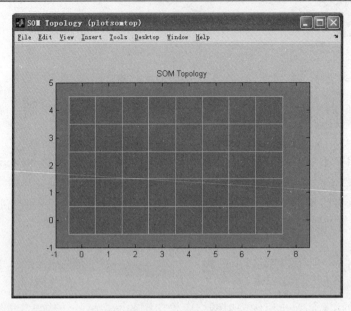

图 8-8　gridtop 网格

【实例分析】selforgmap 函数用于创建一个自组织映射网络,其默认拓扑结构为六边形,因此需要人为将其设为网格型。plotsomtop 函数可以显示一个自组织网络的结构。

8.6.2　hextop——六边形拓扑函数

函数的语法格式如下:

```
pos=hextop(dim1,dim2,…,dimN)
```

神经元节点被安排在 N 维的六边形空间中。pos 返回一个 $N \times S$ 矩阵,$S = dim1 \times dim2 \times \cdots \times dimN$。pos 矩阵的每一列表示一个网格节点的坐标。

【实例 8.2】显示三维六边形拓扑结构。

```
>> pos = hextop(3,4,2);              % 建立 3*4 的两层六边形
>> pos
pos =

  Columns 1 through 9

        0   1.0000   2.0000   0.5000   1.5000   2.5000        0   1.0000   2.0000
        0        0        0   0.8660   0.8660   0.8660   1.7321   1.7321   1.7321
        0        0        0        0        0        0        0        0        0

  Columns 10 through 18

   0.5000   1.5000   2.5000   0.5000   1.5000   2.5000   1.0000   2.0000   3.0000
   2.5981   2.5981   2.5981   0.2887   0.2887   0.2887   1.1547   1.1547   1.1547
        0        0        0   0.8165   0.8165   0.8165   0.8165   0.8165   0.8165

  Columns 19 through 24

   0.5000      1.5000      2.5000      1.0000      2.0000      3.0000
   2.0207      2.0207      2.0207      2.8868      2.8868      2.8868
```

```
     0.8165    0.8165    0.8165    0.8165    0.8165    0.8165
>> plot3(pos(1,:),pos(2,:),pos(3,:),'o')          % 显示节点位置
>> title('hex 拓扑')
>> set(gcf,'color','w')
```

执行结果如图 8-9 所示。

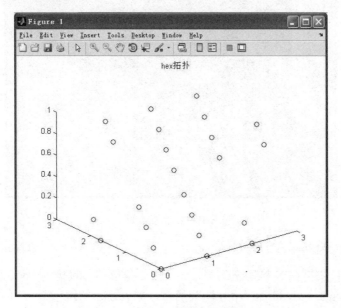

图 8-9　hextop 拓扑结构

【实例分析】hextop 是自组织映射网络的默认拓扑函数。

8.6.3　randtop——随机拓扑结构函数

函数的语法格式如下：

```
pos=randtop(dim1,dim2,…,dimN)
```

神经元节点被安排在 N 维的空间中，节点的位置都是随机给定的。pos 返回一个 $N×S$ 矩阵，$S = dim1×dim2×\cdots×dimN$。pos 矩阵的每一列表示一个网格节点的坐标。

【实例 8.3】创建一个随机拓扑结构的自组织映射网络，并显示网络结构。

```
>> pos = randtop(8,5);
>> rng(2)                  % 设置随机数种子
>> net = selforgmap([8 5],'topologyFcn','randtop');
>> plotsomtop(net)
```

执行结果如图 8-10 所示。

【实例分析】随机拓扑结构中节点的位置随着随机数种子的不同而不同。

8.6.4　tritop——三角拓扑函数

函数的语法格式如下：

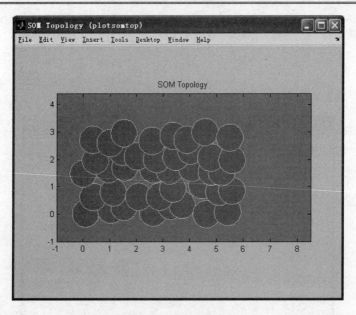

图 8-10 随机拓扑结构

```
pos=tritop(dim1,dim2,…,dimN)
```

神经元节点被安排在 N 维的空间中，节点按三角形的形状排列。pos 返回一个 $N \times S$ 矩阵，$S = \dim 1 \times \dim 2 \times \cdots \times \dim N$。pos 矩阵的每一列表示一个网格节点的坐标。

【实例 8.4】创建一个 8×5 的三角形网格，并根据这个拓扑结构创建一个自组织映射网络。

```
>> pos = tritop(8,5);       % 三角拓扑函数
>> net = selforgmap([8 5],'topologyFcn','tritop');
>> plotsomtop(net)
```

执行结果如图 8-11 所示。

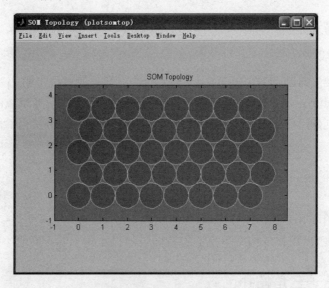

图 8-11 tritop 拓扑结构

【实例分析】三角形拓扑结构与六边形结构非常类似。

8.6.5　dist、boxdist、linkdist、mandist——距离函数

在自组织映射网络中，输出层神经元之间存在局部互连。当某个神经元节点赢得竞争以后，该神经元及其邻域神经元对应的权值都会得到更新。判断神经元节点是否在邻域之内的方法是比较其与获胜神经元之间的距离，这样就涉及距离函数的选择问题。

（1）向量之间最常用的距离是欧氏距离，欧氏距离是空间中向量的真实距离，计算公式如下：

$$d = \sqrt{\left(x_1 - y_1\right)^2 + \left(x_2 - y_2\right)^2 + \cdots + \left(x_n - y_n\right)^2}$$

在神经网络工具箱中用 dist 函数来计算向量之间的欧氏距离：

```
Z = dist(W,P)
```

假设网络输入层包含 R 个神经元，输出层包含 S 个神经元。W 为 R×Q 矩阵，每列是一个输入的样本向量，共 Q 个样本。W 为 S×R 权值矩阵。函数返回每个样本向量与相应输出神经元权值向量的欧氏距离，Z 为 S×Q 矩阵，每列是一个输出向量。

```
Z=dist(P)
```

计算 P 中每两个列向量之间的距离。

（2）boxdist 函数用于求得的距离是向量个分量绝对差的最大值：

$$d = \max\left(|x_1 - y_1|, |x_2 - y_2|, \cdots, |x_n - y_n|\right)$$

boxdist 函数调用格式：

```
d = boxdist(pos)
```

pos 为 N×S 矩阵，N 为空间维数，S 为神经元节点的个数。函数返回每两个神经元之间的绝对值距离，因此 d 为 S×S 矩阵。

（3）linkdist 是 newsom 的默认距离函数，其调用格式：

```
d = linkdist(pos)
```

pos 为 N×S 矩阵，N 为空间维数，S 为神经元节点的个数。用 P_i 表示第 i 个神经元，linkdist 函数的计算规则如下：

$$d(i,j) = \begin{cases} 0 & i = j \\ 1 & d_e(i,j) \le 1 \\ 2 & \exists k, d_e(i,k) = d_e(k,j) = 1 \\ 3 & \exists k_1, k_2, d_e(i,k_1) = d_e(k_1,k_2) = d_e(k_2,j) = 1 \\ N & \exists k_1, \cdots, k_N, d_e(i,k_1) = d_e(k_1,k_2) = \cdots = d_e(k_N,j) = 1 \\ S & otherwise \end{cases}$$

∃符号表示存在。

（4）Manhattan 距离，即曼哈顿距离，也就是出租车几何距离，相当于向量之差的 1-范数。计算公式如下：

$$d = |x_1 - y_1| + |x_2 - y_2| + \cdots + |x_n - y_n|$$

在 MATLAB 中使用 mandist 函数计算曼哈顿距离：

```
Z = mandist(W,P)
```

W 为 R×Q 矩阵，每列是一个输入的样本向量，共 Q 个样本。W 为 S×R 权值矩阵。函数返回每个样本向量与相应输出神经元权值向量的曼哈顿距离，Z 为 S×Q 矩阵。

```
D = mandist(pos)
```

pos 为 N×S 矩阵，N 为空间维数，S 为神经元节点的个数。D 为 S×S 矩阵。

dist、boxdist、mandist 三个函数的关系如图 8-12 所示。

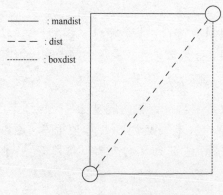

图 8-12　距离函数图解

【实例 8.5】网络中输入层包含 3 个神经元，输出层包含 4 个神经元，给定一个三维输入向量，计算其与各个输出神经元对应权值之间的欧氏距离。

```
>> rng(0)
>> W = rand(4,3)              % 权值矩阵

W =

   0.8147    0.6324    0.9575
   0.9058    0.0975    0.9649
   0.1270    0.2785    0.1576
   0.9134    0.5469    0.9706

>> P = rand(3,1)              % 输入列向量

P =

   0.9572
   0.4854
   0.8003

>> Z1 = dist(W,P)

Z1 =

   0.2581
   0.4244
   1.0701
0.1863
```

【实例分析】欧氏距离相当于向量之差的 2-范数。

【实例 8.6】建立一个包含 6 个节点的六边形拓扑结构，分别用 boxdist 函数、mandist

函数和 dist 函数计算其节点之间的两两距离。

```
>> pos = hextop(2,3)

pos =

        0    1.0000    0.5000    1.5000         0    1.0000
        0         0    0.8660    0.8660    1.7321    1.7321

>> Z2=boxdist(pos)        % 计算距离

Z2 =

        0    1.0000    0.8660    1.5000    1.7321    1.7321
   1.0000         0    0.8660    0.8660    1.7321    1.7321
   0.8660    0.8660         0    1.0000    0.8660    0.8660
   1.5000    0.8660    1.0000         0    1.5000    0.8660
   1.7321    1.7321    0.8660    1.5000         0    1.0000
   1.7321    1.7321    0.8660    0.8660    1.0000         0
>> mandist(pos)        % 计算出租车几何距离

ans =

        0    1.0000    1.3660    2.3660    1.7321    2.7321
   1.0000         0    1.3660    1.3660    2.7321    1.7321
   1.3660    1.3660         0    1.0000    1.3660    1.3660
   2.3660    1.3660    1.0000         0    2.3660    1.3660
   1.7321    2.7321    1.3660    2.3660         0    1.0000
   2.7321    1.7321    1.3660    1.3660    1.0000         0
>> dist(pos)                    % 计算欧几里得距离

ans =

        0    1.0000    1.0000    1.7321    1.7321    2.0000
   1.0000         0    1.0000    1.0000    2.0000    1.7321
   1.0000    1.0000         0    1.0000    1.0000    1.0000
   1.7321    1.0000    1.0000         0    1.7321    1.0000
   1.7321    2.0000    1.0000    1.7321         0    1.0000
   2.0000    1.7321    1.0000    1.0000    1.0000         0
```

【实例分析】由距离函数的几何意义可知，boxdist<dist<mandist。

【实例 8.7】生成一个随机二维拓扑网络，并使用 linkdist 计算节点之间的距离。

```
>> rng(0)
>> pos=randtop(2,2)*2    % 随机拓扑结构
pos =

        0    0.8398    0.5749    1.7352
        0    0.0073    0.5231    0.9545

>> linkdist(pos)                % 计算节点间的距离

ans =

     0     1     1     4
     1     0     1     4
     1     1     0     4
     4     4     4     0

>> plot(pos(1,:),pos(2,:),'ro')
```

```
>> axis([-0.2,2.2,-0.2,1.2])
>> title('randtop linkdist')
```

执行结果如图 8-13 所示。

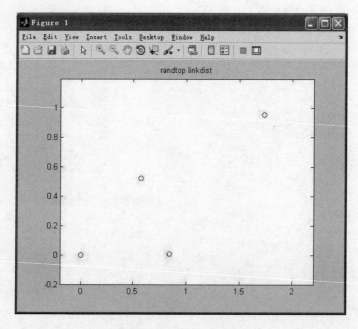

图 8-13　4 个随机坐标点

【实例分析】根据矩阵和拓扑图可以看出，右上角的坐标点偏离其他节点，与其他节点距离为 4，其余三个节点相互间的距离均为 1。

8.6.6　newc——竞争网络

newc 函用于创建一个竞争层，这是一个将废弃不用的函数，在将来的版本里用 competlayer 函数代替它。

函数的语法格式如下：

```
net=newc(P,S,KLR,CLR)
```

输入参数如下：

❑ P，R×Q 矩阵，包含 Q 个 R 维的输入样本向量；

❑ S，标量，表示输出层神经元个数；

❑ KLR，Kohonen 学习率，默认值为 0.01；

❑ CLR，"良心"学习率，默认值为 0.001。

输出参数如下：

Net，返回一个新的竞争层。该网络采用 negdist 作为权值函数，netsum 作为网络输入函数，以及 compet 作为传输函数。除了权值以外，网络还包含一个阈值，权值和阈值使用 midpoint 和 initcon 函数进行初始化。网络的训练函数为 trainr 和 trains，两者都使用 learnk 和 learncon 函数进行学习。

【实例8.8】使用竞争神经网络将4个坐标点分为两类，坐标点位置如图8-14所示。

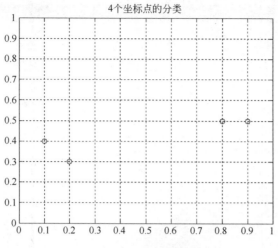

图8-14　待分类的坐标点

```
>> P = [.2 .8 .1 .9; .3 .5 .4 .5];              % 待分类坐标点
>> plot(P(1,:),P(2,:),'o');                     % 绘制坐标点
>> axis([0,1,0,1])
>> set(gcf,'color','w')
>> grid on
>> title('四个坐标点的分类')
>> net = newc(P,2);                             % 创建竞争层
>> net = train(net,P);
>> Y = net(P)

Y =

     0     1     0     1
     1     0     1     0

>> Yc = vec2ind(Y)

Yc =

     2     1     2     1

>> P

P =

    0.2000    0.8000    0.1000    0.9000
    0.3000    0.5000    0.4000    0.5000

>> c1=P(:,Yc==1);                               % 绘制分类结果
>> c2=P(:,Yc==2);
>> plot(c1(1,:),c1(2,:),'ro','LineWidth',2)
>> hold on
>> plot(c2(1,:),c2(2,:),'k^','LineWidth',2)
>> title('四个坐标点的分类结果')
>> axis([0,1,0,1])
```

分类结果如图8-15所示。

【实例分析】newc 创建的网络用于解决分类问题。如图8-15所示，圆形表示第一个类

别，三角形表示第二个类别。

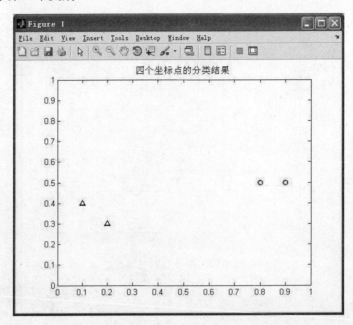

图 8-15　分类结果

8.6.7　competlayer——新版竞争网络函数

competlayer 函数创建一个竞争网络层，它根据输入样本之间的相似性对其进行分类，分类的类别数是给定的。该函数总是倾向于给每一个类别分配相同数量的样本，尽量均衡地进行分配。

函数的调用格式为：

```
net=competlayer(numClasses,kohonenLR,conscienceLR)
```

输入参数如下：
- □　numClasses，分类的类别数；
- □　kohonenLR，Kohonen 学习率；
- □　conscienceLR，"良心"学习率，即阈值学习规则的学习率。

输出参数如下：

net，创建完成的竞争神经网络。由于在 competlayer 的输入参数中未给出关于网络结构的足够信息，因此无法确定输入神经元的个数。这一参数被推迟到训练时才确定，在调用 train 函数进行训练时，参数中给出了训练样本，因此也就给出了样本向量的维数。另外，也可以用 configure 函数来配置：

```
net = configure(net,x)
```

输入样本应尽量均衡，即每一类别包含的样本个数大致在一个数量级。函数的阈值学习算法会将样本尽量均衡地分配到各个类别中去。

competlayer 函数可以采用默认参数，默认形式相当于：competlayer(5, 0.01, 0.001)。

【实例 8.9】iris_dataset 是 MATLAB 自带的用于分类的样本数据，其中包含了 150 分鸢尾花数据，每份数据用一个 4 维向量表示。用竞争神经网络将其分为 3 类，分别是 setosa（刚毛鸢尾花）、versicolor（变色鸢尾花）和 virginica（弗吉尼亚鸢尾花）。

```
>> inputs = iris_dataset;        % 载入数据
>> net = competlayer(3);         % 创建竞争网络
>> net = train(net,inputs);      % 训练
>> outputs = net(inputs);        % 分类
>> classes = vec2ind(outputs)    % 格式转换。classes 为分类结果，这里仅列出部分数据

classes =

  Columns 1 through 16

    3   3   3   3   3   3   3   3   3   3   3   3   3   3   3   3

  Columns 49 through 64

    3   3   1   2   1   1   1   2   1   1   1   1   1   1   1   1

  Columns 97 through 112

    1   1   1   1   2   2   2   2   2   2   2   1   2   2   2   2

  Columns 145 through 150

    2   2   2   2   2   2

>> c=hist(classes,3)             % 每个类别的数量

c =

    48    52    50
```

【实例分析】使用竞争神经网络的场合推荐使用 competlayer。

8.6.8 newsom——自组织特征映射网络

newsom 可以创建一个自组织特征映射网络，在新版中将被废弃，使用 selforgmap 函数代替。函数的调用格式如下：

```
net=newsom(P,[d1,d2,…],tfcn,dfcn,steps,in)
```

输入参数如下：

❑ p，R×Q 矩阵，包含 Q 个典型的 R 维输入向量；
❑ di，拓扑结构中第 i 维的大小。默认值为[5,8]；
❑ tfcn，拓扑函数，默认值为 hextop；
❑ dfcn，距离函数，确实值为 linkdist；
❑ steps，邻域减小到 1 所需的迭代次数，默认值为 100；
❑ in，邻域大小的初始值，默认值为 3。

输出参数如下：

net，创建完成的自组织映射网络。该网络与竞争网络的差别在于引入了邻域的概念，

此外，竞争网络有阈值，而自组织映射网络没有。

【实例 8.10】显示自组织映射网络与竞争神经网络的结构差别。

```
>> net1=competlayer(40);          % 40 个节点的竞争层
>> load simpleclass_dataset
>> net2=newsom(simpleclassInputs,[5 8]);
>> view(net1)
>> view(net2)
```

执行结果如图 8-16 和图 8-17 所示。

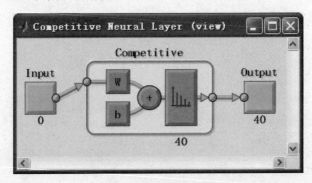

图 8-16　竞争神经网络结构图

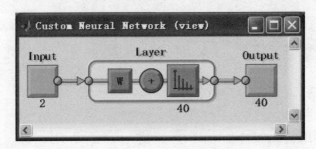

图 8-17　自组织映射网络结构图

【实例分析】竞争神经网络具有阈值，学习时通过阈值学习避免死神经元的出现。

8.6.9　selforgmap——新版自组织映射网络函数

selforgmap 函数利用数据本身的相似性和拓扑结构对数据进行聚类。函数的调用格式为：

```
net=selforgmap(dimensions,coverSteps,initNeighbor,topologyFcn,distanceFcn)
```

输入参数如下：
- dimensions，一个表示拓扑结构的行向量，如[8,8[表示 8×8 二维结构；
- coverSteps，训练次数；
- initNeighbor，邻域大小的初始值；
- topologyFcn，表示拓扑函数的字符串，可选值有 hextop，gridtop，randtop 等；
- distanceFcn：表示距离函数的字符串，可选值有 boxdist，dist，linkdist 和 mandist 等。

输出参数如下：

net，创建完成的自组织神经网络。由于在 selforgmap 的输入参数中未给出关于网络结构的足够信息，因此无法确定输入神经元的个数。这一参数被推迟到训练时才确定，在调用 train 函数进行训练时，参数中给出了训练样本，因此也就给出了样本向量的维数。另外，也可以用 configure 函数来配置：

```
net = configure(net,x)
```

输入样本应尽量均衡，即每一类别包含的样本个数大致在一个数量级。函数的阈值学习算法会将样本尽量均衡地分配到各个类别中去。

【实例 8.11】simplecluster_dataset 是 MATLAB 自带的用于聚类的简单数据，其中包含了 1000 个二维向量。用不同拓扑大小的自组织映射网络做聚类。

原始数据如下：

```
>> x = simplecluster_dataset;        % 载入数据
>> plot(x(1,:),x(2,:),'o')           % 显示
>> set(gcf,'color','w')
>> title('原始数据')
```

原始数据如图 8-18 所示。

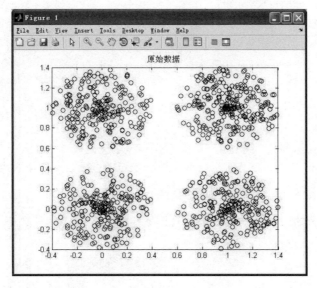

图 8-18　原始待聚类数据

使用 8*8 拓扑网络进行聚类：

```
>> net = selforgmap([8 8]);          % 创建自组织映射网络
>> net = train(net,x);               % 训练
>> y = net(x);
>> classes = vec2ind(y);
>> hist(classes,64)                  % 显示聚类结果
>> set(gcf,'color','w')
>> title('聚类结果')
>> xlabel('类别')
>> ylabel('类别包含的样本数量')
```

显示的结果如图 8-19 所示。

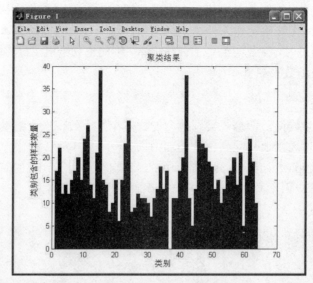

图 8-19　聚类结果

使用 2*3 拓扑网络进行聚类：

```
>> net = selforgmap([2,3]);
>> net = train(net,x);
>> y = net(x);
>> classes = vec2ind(y);
>> c=hist(classes,6)              % 6 个类别包含的样本个数

c =

  277    233    104    90    143    153
>> plotsomhits(net,x)            % 显示每个类别的个数
>> plotsompos(net,x)            % 显示类别中心点的位置
```

plotsomhits 函数和 plotsompos 函数执行的结果分别如图 8-20 和图 8-21 所示。

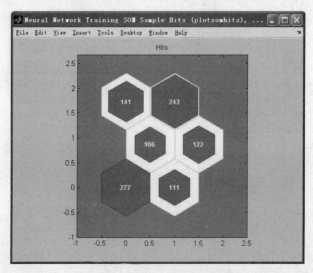

图 8-20　类别包含的样本个数

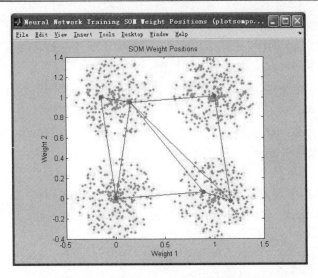

图 8-21　各类别中心点所在的位置

【实例分析】采用不同大小的拓扑网络可以得到不同的分类结果，网络中神经元个数越多，则类别分得越细致。当选择 8×8 大小的拓扑网络时，各类别所在位置如图 8-22 所示。

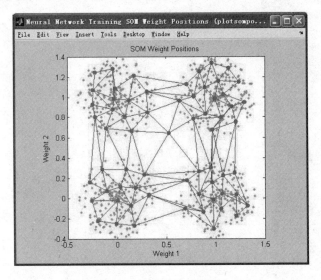

图 8-22　8×8 拓扑结构的类别中心点

8.6.10　newlvq——学习矢量量化网络

newlvq 创建一个学习矢量量化网络，用于解决分类问题。这个函数将在新版中废弃，使用 lvqnet 函数代替。函数的调用格式为：

```
net=newlvq(P,S1,PC,LR,LF)
```

输入参数如下：

❑　P，R×Q 矩阵，包含 Q 个 R 维输入向量。

- ❑ S1，竞争层神经元的个数。
- ❑ PC，维数为 S2 的行向量，S2 为线性层（输出层）神经元的个数。PC 中的元素表示训练样本中每一个类别所占的比例，如 $[0.3, 0.5, 0.2]$ 表示输出层有三个神经元，分别代表三个类别，且在输入样本中分别占 30%、50% 和 20%。
- ❑ LR，学习率，默认值为 0.01。
- ❑ LF，学习函数，默认值为 learnlv1。学习函数还有 learnlv2，但只能先用 learnlv1 训练后再使用 learnlv2。

输出参数如下：

net，创建完成的学习矢量量化网络。newlvq 创建的网络共有三层（包含输入层），竞争层传递函数为 compet，输出层传递函数为线性函数 purelin，因此又称为线性层，两层都不包含阈值。

【实例 8.12】用 newlvq 创建一个简单的学习矢量量化网络，给出用 newlvq 解决一个分类问题的完整过程。

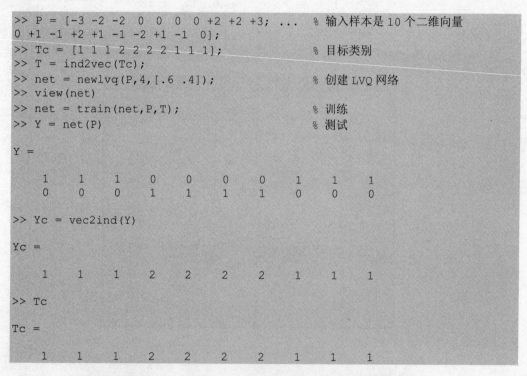

```
>> P = [-3 -2 -2  0  0  0  0 +2 +2 +3; ...      % 输入样本是 10 个二维向量
0 +1 -1 +2 +1 -1 -2 +1 -1  0];
>> Tc = [1 1 1 2 2 2 2 1 1 1];                  % 目标类别
>> T = ind2vec(Tc);
>> net = newlvq(P,4,[.6 .4]);                   % 创建 LVQ 网络
>> view(net)
>> net = train(net,P,T);                        % 训练
>> Y = net(P)                                   % 测试

Y =

   1   1   1   0   0   0   0   1   1   1
   0   0   0   1   1   1   1   0   0   0

>> Yc = vec2ind(Y)

Yc =

   1   1   1   2   2   2   2   1   1   1

>> Tc

Tc =

   1   1   1   2   2   2   2   1   1   1
```

网络结构如图 8-23 所示。

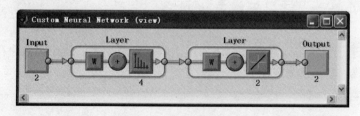

图 8-23　LVQ 网络结构

【实例分析】学习矢量量化网络除了竞争层之外还有线性层，但两者之间的权值不需

要调整，只需要调整输入层与竞争层之间的权值。newlvq 只需要给定类别标签所占的百分比，作为网络的使用者，无须知道网络内部某个输出层神经元代表哪个类别，这对用户是透明的。

8.6.11　lvqnet——新版学习矢量量化网络函数

lvqnet 是学习矢量量化网络的创建函数，用于解决有监督的分类问题。函数的调用格式为：

```
net=lvqnet(hiddenSize,lvqLR,lvqLF)
```

输入参数如下：

❑ hiddenSize，竞争层神经元节点个数；

❑ lvqLR，学习率；

❑ lvqLF，学习函数。

输出参数如下：

net，创建完成的学习矢量量化网络。在创建完的网络中，输入层、输出层神经元的个数均设为零。当调用 train 函数进行训练时，才由给定的训练样本得到。也可以用 configure 函数来配置：

```
net = configure(net,x)
```

三个输入参数都有默认值，不加任何参数的调用方式相当于调用 lvqnet(20,0.01, 'learnlv1')。

【实例 8.13】加载系统自带数据 iris_dataset，使用 lvqnet 对鸢尾花数据进行分类。

```
>> [x,t] = iris_dataset;        % 加载数据，x 为输入样本，t 为期望输出
>>rng(0)
>> whos
  Name       Size            Bytes  Class      Attributes

  t          3x150            3600  double
  x          4x150            4800  double
>> ri=randperm(150);            % 划分训练与测试集
>> x1=x(:,ri(1:50));
>> t1=t(:,ri(1:50));
>> x2=x(:,ri(51:150));
>> t2=t(:,ri(51:150));
>> net = lvqnet(20);            % 创建网络进行训练
>> net = train(net,x1,t1);
>> y = net(x2);                 % 测试
>> yy=vec2ind(y);
>> ty=vec2ind(t2);
>> sum(yy==ty)/length(yy)

ans =

    0.9100
```

【实例分析】lvqnet 采用有监督学习，因此这里将样本数据分为训练数据（50 份）和测试数据（100 份），训练过程相对漫长，比较实际输出与期望输出，可算得正确率为 91%。

8.6.12　mapminmax——归一化函数

在神经网络和其他机器学习算法中，往往需要对输入的样本做归一化。mapminmax 就是 MATLAB 提供的一个方便的归一化函数。函数的调用格式如下。

1. [Y,settings]=mapminmax(X)

函数将 X 中的值归一化到[−1,1]区间，X 可以是矩阵或细胞数组。归一化的结果保存在 Y 中，settings 则保存了归一化信息，可以用来做数据的反归一化。

假如 X 是矩阵，则归一化对每一行分别进行，对某个三行的矩阵进行归一化，得到的 settings 结构体如下：

```
settings =

      name: 'mapminmax'
     xrows: 3
      xmax: [3x1 double]
      xmin: [3x1 double]
    xrange: [3x1 double]
     yrows: 3
      ymax: 1
      ymin: -1
    yrange: 2
 no_change: 0
```

2. [Y,settings]=mapminmax(X,FP)

FP 是包含 ymin、ymax 两个字段的结构体，函数将 X 归一化到$[ymin, ymax]$区间。

3. Y=mapminmax('apply',X,settings)

settings 是调用[Y,settings]=mapminmax(X)格式得到的保存有归一化信息的结构体。这一调用形式将 X 按 settings 给出的信息进行归一化。

4. x1_again=mapminmax('reverse',y,settings)

反归一化。y 是按 settings 进行归一化的结果，x1_again 返回归一化前的数据形式。

【实例 8.14】对一个矩阵进行归一化。

```
>> x=[1,2,3;1,2,4]              % 待归一化数据

x =

    1    2    3
    1    2    4

>> [xx,settings]=mapminmax(x); % 归一化到[0,1]
>> xx

xx =

  -1.0000        0   1.0000
```

```
      -1.0000    -0.3333    1.0000

>> [settings.xmin,settings.xmax]      % 结构体 settings 中保存了每行的最大、最小值

ans =

      1     3
      1     4

>> fp.ymin=0;fp.ymax=10

fp =

      ymax: 10
      ymin: 0

>> [xx,settings]=mapminmax(x,fp);    % 映射到[0,10]区间
>> xx

xx =

      0    5.0000   10.0000
      0    3.3333   10.0000
>> [xx,settings]=mapminmax(x',fp);  % 按列进行归一化
>> xx

xx =

      1     1
      2     2
      0    10
```

【实例分析】如果需要按列进行归一化，对矩阵取转置即可。

8.7　自组织竞争神经网络应用实例

自组织神经网络主要用于解决分类、聚类问题。本节将主要以坐标点的分类和聚类问题为例，用手算和直接调用函数两种方法实现自组织竞争神经网络。

8.7.1　坐标点的分类（竞争神经网络）

【实例 8.15】本节使用手算与调用工具箱函数两种方式坐标点的分类。样本数据为 30 个坐标点。其值如表 8-1 所示。

表 8-1　30 个待分类坐标点

序号	坐标值	序号	坐标值	序号	坐标值
1	(4.1,8.1)	11	(3.0,7.4)	21	(6.9,4.0)
2	(1.8,5.8)	12	(3.6,7.8)	22	(8.6,2.9)
3	(0.5,8.0)	13	(3.8,7.0)	23	(8.5,3.2)
4	(2.9,5.2)	14	(3.7,6.4)	24	(9.6,4.9)
5	(4.0,7.1)	15	(3.7,8.0)	25	(10.0,3.5)

续表

序号	坐标值	序号	坐标值	序号	坐标值
6	（0.6,7.3）	16	（8.6,3.5）	26	（9.3,3.3）
7	（3.8,8.1）	17	（9.1,2.9）	27	（6.9,5.5）
8	（4.3,6.0）	18	（7.5,3.8）	28	（6.4,5.0）
9	（3.2,7.2）	19	（8.1,3.9）	29	（6.7,4.4）
10	（1.0,8.3）	20	（9.0,2.6）	30	（8.7,4.3）

坐标点位置如图 8-24 所示。

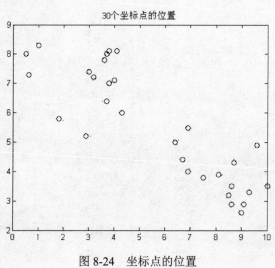

图 8-24 坐标点的位置

1. 手算

竞争神经网络具有阈值的概念，阈值学习可以用来避免死神经元的出现，这里为简单起见，不设置阈值。显然输入向量是二维的，输出层神经元个数则随分类类别数的不同而不同。

（1）构造网络。假设将样本数据分为两类学习率暂定为 0.2。

```
>> net.nIN=2;                          % 输入向量维数
>> net.nCLASS = 2;                     % 输出神经元个数，类别数
>> net.w=rand(net.nCLASS,net.nIN);     % 初始化权值矩阵
>> net.it=0.2;                         % 学习率
>> net

net =

    nIN: 2
  nCLASS: 2
      w: [2x2 double]
     it: 0.2000
    out: [4x1 double]
```

（2）给出样本，并对样本数据进行归一化。归一化是必要的工作，因为网络的参数一般是比较固定的，或者在一个特定范围内变动，而输入样本则具有较大差异，随具体问题的不同而不同。只有将样本归一化，才能可靠地确定参数值。

```
>>
x0=[4.1,1.8,0.5,2.9,4.0,0.6,3.8,4.3,3.2,1.0,3.0,3.6,3.8,3.7,3.7,8.6,9.1,...
                             % 样本数据
   7.5,8.1,9.0,6.9,8.6,8.5,9.6,10.0,9.3,6.9,6.4,6.7,8.7;...
   8.1,5.8,8.0,5.2,7.1,7.3,8.1,6.0,7.2,8.3,7.4,7.8,7.0,6.4,8.0,...
   3.5,2.9,3.8,3.9,2.6,4.0,2.9,3.2,4.9,3.5,3.3,5.5,5.0,4.4,4.3];
>> [x,x_b]=mapminmax(x0);   % 归一化
>> x                        % 列出部分数据

x =

  Columns 1 through 13

  -0.2421   -0.7263   -1.0000   -0.4947   -0.2632   -0.9789   -0.3053
  -0.2000   -0.4316   -0.8947   -0.4737   -0.3474   -0.3053   -0.3053
   0.9298    0.1228    0.8947   -0.0877    0.5789    0.6491    0.9298
   0.1930    0.6140    1.0000    0.6842    0.8246    0.5439
>> x_b                      % 用于逆归一化的结构体

x_b =

        name: 'mapminmax'
       xrows: 2
        xmax: [2x1 double]
        xmin: [2x1 double]
      xrange: [2x1 double]
       yrows: 2
        ymax: 1
        ymin: -1
      yrange: 2
   no_change: 0
```

（3）将样本输入网络。训练有串行和并行之分，这里采用串行训练方式，每次只输入一个样本。

```
>> xx=x(:,randi(30));
>> net.out=net.w*xx;
```

权值 w 为 2*2 矩阵，网络的输出为 2*1 列向量。

（4）调整权值。首先要确定获胜神经元，然后根据以下公式调整其对应的权值，其余神经元的权值则不必调整。

$$\Delta\omega_{ik} = \eta\left(x_i - \omega_{ik}\right)$$

```
>> [m,ind]=max(net.out);
>> dw = net.it * (xx - net.w(ind,:)');
>> net.w(ind,:) = net.w(ind,:) + dw';
```

ind 为获胜神经元的索引。竞争神经网络采用胜者全得的策略，只有获胜神经元可以得到权值更新。

（5）判断是否收敛。在这里设置最大迭代次数，迭代一定次数以后程序自动退出。

（6）测试。权值停止更新后，将原训练样本输入网络，即可得到每一个样本的类别标号。

```
y=net.w*x;
[~,ind]=max(y);

x1=x(:,ind==1);
x2=x(:,ind==2);
```

```
disp(' 序号  类别标号')
for i=1:length(ind)
    fprintf('  %d      %d\n', i, ind(i));
end
```

训练分串行与批量训练,这里使用的是串行训练,一次迭代的流程图如图 8-25 所示。

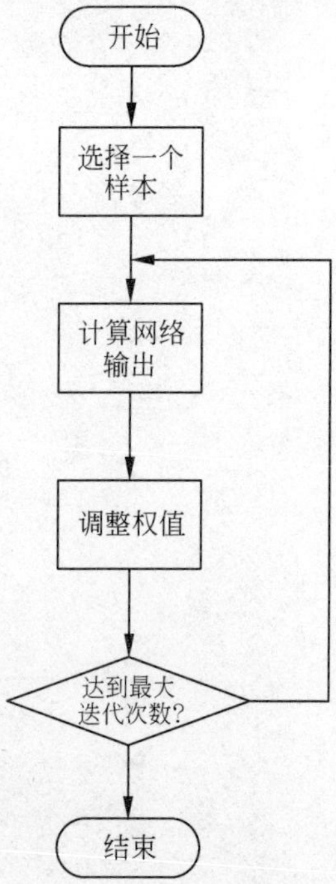

在竞争网络的训练过程中,对每个选择的样本都按上述流程图进行训练。选择的方法一般是从样本集中随机抽取。

以下是手算的竞争神经网络完整代码:

```
% mycompet.m

%% 清理
clear,clc
close all
rng(0)

%% 输入数据
x0=[4.1,1.8,0.5,2.9,4.0,0.6,3.8,4.3,3.2,1.0,3.0,3.
6,3.8,3.7,3.7,8.6,9.1,...

7.5,8.1,9.0,6.9,8.6,8.5,9.6,10.0,9.3,6.9,6.4,6.7,8
.7;...

8.1,5.8,8.0,5.2,7.1,7.3,8.1,6.0,7.2,8.3,7.4,7.8,7.
0,6.4,8.0,...
    3.5,2.9,3.8,3.9,2.6,4.0,2.9,3.2,4.9,3.5,3.3,5.5,5.0,4.4,4.3];
[x,x_b]=mapminmax(x0);

%% 构造网络
net.nIN=2;
net.nCLASS =2;        % 类别数
net.w=rand(net.nCLASS,net.nIN);
net.it=0.2;           % 学习率

%% 训练
N=2000;
for j=1:N
    xx=x(:,randi(30));
    net.out=net.w*xx;
    [m,ind]=max(net.out); % ind 胜出

    dw = net.it * (xx - net.w(ind,:)');
    net.w(ind,:) = net.w(ind,:) + dw';

end

%% 测试
y=net.w*x;
[~,ind]=max(y);

%% 输出
x1=x(:,ind==1);
x2=x(:,ind==2);
disp(' 序号  类别标号')
for i=1:length(ind)
```

图 8-25　一次迭代的流程图

```
    fprintf('  %d       %d\n', i, ind(i));
end

figure
plot(x1(1,:),x1(2,:),'ro')
hold on
plot(x2(1,:),x2(2,:),'*')

ww=net.w;
plot(ww(1,:),ww(2,:),'pk','LineWidth',2);
set(gcf,'color','w')
title('竞争神经网络分类结果')
legend('第一类','第二类','聚类中心')
```

执行脚本 mycompet.m，在命令窗口得到每个样本的分类标签：

```
序号   类别标号
  1       2
  2       2
  3       2
  4       2
...
  26      1
  27      1
  28      1
  29      1
  30      1
...
```

同时得到图 8-26 所示结果。

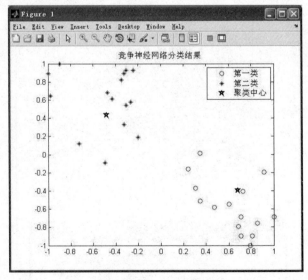

图 8-26　分类结果

如图 8-26 所示，算法正确地将两类偏离较远的数据分别分到了第一类和第二类。图 8-26 中的两个黑色五角星表示两个类别的聚类中心。

2. 使用工具箱函数

使用最新版本的 competlayer 函数完成分类。在 MATLAB 中新建脚本文件

m_compet.m，输入代码如下：

```
% m_compet.m

%% 清理
clear,clc
close all

%% 样本数据
x0=[4.1,1.8,0.5,2.9,4.0,0.6,3.8,4.3,3.2,1.0,3.0,3.6,3.8,3.7,3.7,8.6,9.1,...
    7.5,8.1,9.0,6.9,8.6,8.5,9.6,10.0,9.3,6.9,6.4,6.7,8.7;...
    8.1,5.8,8.0,5.2,7.1,7.3,8.1,6.0,7.2,8.3,7.4,7.8,7.0,6.4,8.0,...
    3.5,2.9,3.8,3.9,2.6,4.0,2.9,3.2,4.9,3.5,3.3,5.5,5.0,4.4,4.3];

%% 建立竞争网络，两个类别
net = competlayer(2);

%% 训练
net.trainParam.epochs=400;
tic
net=train(net,x0);
toc

%% 计算结果
y=net(x0);
calsses = vec2ind(y);
fprintf('分类结果\n');
disp(calsses)
view(net)
```

执行结果如下：

```
Elapsed time is 20.187578 seconds.
分类结果
  Columns 1 through 21

    2    2    2    2    2    2    2    2    2    2    2    2    2
    2    2    1    1    1    1    1    1

  Columns 22 through 30

    1    1    1    1    1    1    1    1    1
```

网络的结构如图 8-27 所示。

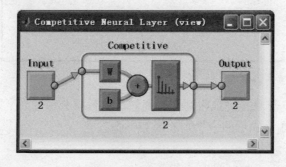

图 8-27　网络结构

8.7.2　坐标点的分类（自组织映射网络）

自组织映射网络在输出层引入拓扑结构的概念，扩展了竞争神经元胜者为王的竞争法则。

【实例 8.16】本节使用自定义的 SOM 网络解决上一节的坐标点分类（聚类）问题。

自组织映射网络最常用的拓扑结构为二维拓扑，在这里采用 2×2 网格形成的二维结构。按以下步骤进行构建：

（1）输入数据，并做归一化。使用 mapminmax 函数将输入向量归一化至 $-1 \sim 1$ 区间，便于后续的计算。

（2）构造网络。由于输入向量为二维向量，因此网络的输入层包含两个神经元，网络的输出层则包含 4 个神经元。权值为 2×4 矩阵，设置最大和最小学习率分别为 0.8 和 0.05，并按下式变化：

$$\text{lr} = \text{lr}_{max} - \frac{i}{N}(\text{lr}_{max} - \text{lr}_{min})$$

i 为当前迭代次数，N 为总的迭代次数。学习率随着迭代的进行线性下降。邻域最大值和最小值分别为 3 与 0.8，按下式变化：

$$d = d_{max} - \frac{i}{N}(d_{max} - d_{min})$$

（3）迭代更新。从样本集合中随机抽取一个向量输入网络，根据其输出值确定获胜神经元，然后计算当前迭代次数的学习率和邻域大小参数，确定邻域范围。对邻域范围内的神经元，更新其相应的权值向量。最大迭代次数定为 200 次。

（4）判断是否达到最大迭代次数，如果未达到，返回第三步继续计算。

（5）得到训练好的网络后，将训练样本输入网络，每个样本向量对应一个兴奋的输出神经元，这样就得到了分类结果。

在 MATLAB 中新建脚本文件 mykohonen.m，输入代码如下：

```
% mykohonen.m

%% 清空环境变量
clc,clear
close all

%% 样本数据
x0=[4.1,1.8,0.5,2.9,4.0,0.6,3.8,4.3,3.2,1.0,3.0,3.6,3.8,3.7,3.7,8.6,9.1,...
    7.5,8.1,9.0,6.9,8.6,8.5,9.6,10.0,9.3,6.9,6.4,6.7,8.7;...
    8.1,5.8,8.0,5.2,7.1,7.3,8.1,6.0,7.2,8.3,7.4,7.8,7.0,6.4,8.0,...
    3.5,2.9,3.8,3.9,2.6,4.0,2.9,3.2,4.9,3.5,3.3,5.5,5.0,4.4,4.3];

%数据归一化
[x,m_x]=mapminmax(x0);
x=x';
[nn,mm]=size(x);

%% 参数
rng(0)
%学习率
rate1max=0.8;
```

```
rate1min=0.05;
%学习半径
r1max=3;
r1min=0.8;

%% 网络构建
Inum=2;
M=2;
N=2;
K=M*N;              %Kohonen 总节点数
k=1;                %Kohonen 层节点排序
jdpx=zeros(M*N,2);
for i=1:M
    for j=1:N
        jdpx(k,:)=[i,j];
        k=k+1;
    end
end

%权值初始化
w1=rand(Inum,K);  %第一层权值

%% 迭代求解
ITER=200;
for i=1:ITER

    %自适应学习率和相应半径
    rate1=rate1max-i/ITER*(rate1max-rate1min);
    r=r1max-i/ITER*(r1max-r1min);

    %随机抽取一个样本
    k=randi(30);
    xx=x(k,:);

    %计算最优节点
    [mindist,index]=min(dist(xx,w1));

    %计算邻域
    d1=ceil(index/4);
    d2=mod(index,4);
    nodeindex=find(dist([d1,d2],jdpx')<r);

    %内星规则
    for j=1:K
        if sum(nodeindex==j)
            w1(:,j)=w1(:,j)+rate1*(xx'-w1(:,j));
        end
    end
end

%% 测试
Index=zeros(1,30);
for i=1:30
    [mindist,Index(i)]=min(dist(x(i,:),w1));
end

%% 显示
x1=x0(:,Index==1);
x2=x0(:,Index==2);
```

```
x3=x0(:,Index==3);
x4=x0(:,Index==4);
plot(x1(1,:),x1(2,:),'ro');hold on
plot(x2(1,:),x2(2,:),'k*');
plot(x3(1,:),x3(2,:),'b>');
plot(x4(1,:),x4(2,:),'mp');
title('聚类结果')
legend('类别1','类别2','类别3','类别4')
set(gcf,'color','w')
box on
```

执行结果如图 8-28 所示。

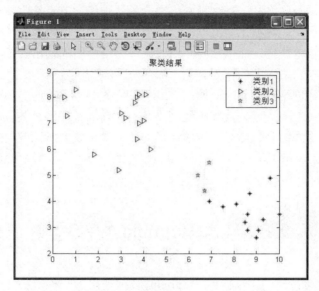

图 8-28　自组织映射网络聚类结果

　　网络建立了一个 2×2 网格，并将输入样本分为 4 类。如果将网格限定为 1×2，则聚类结果如图 8-29 所示。

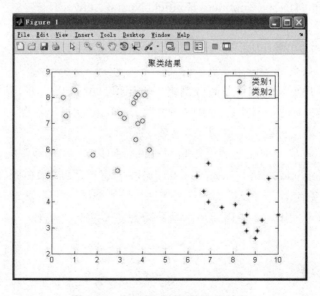

图 8-29　自组织映射网络聚类结果

第 9 章　反馈神经网络

前面几章介绍的单层感知器、线性神经网络、BP 网络与径向基函数网络等都属于前向神经网络（或前馈神经网络）。在这种网络中，各层神经元节点接收前一层输入的数据，经过处理输出到下一层，数据正向流动，没有反馈连接。前向线性神经网络的输出仅由当前的输入和网络的权值决定，而本章要介绍的反馈神经网络的输出除了与当前输入和网络权值有关以外，还与网络之前的输入有关。

典型的反馈神经网络有 Hopfield 网络、Elman 网络、CG 网络模型、盒中脑（BSB）模型和双向联想记忆（BAM）等。反馈神经网络具有比前向神经网络更强的计算能力，其最突出的优点是具有很强的联想记忆和优化计算功能，最重要的研究方向是反馈神经网络的稳定性。本章将重点讲解 Hopfield 网络和 Elman 神经网络，并在最后给出一个关于盒中脑模型的简要介绍。

9.1　离散 Hopfield 神经网络

1982 年，美国加州理工学院的 J.Hopfield 教授提出了一种单层反馈神经网络，称为 Hopfield 网络。Hopfield 网络是一种循环的神经网络，从输出到输入有反馈连接。Hopfield 网络可以作为联想存储器，又称为联想记忆网络。

Hopfield 网络分为离散型和连续型两种网络模型，分别记为 DHNN（Discrete Hopfield Neural Network）和 CHNN（Continues Hopfield Neural Network），本节介绍 DHNN。

9.1.1　Hopfield 网络的结构

最初被提出的 Hopfield 网络是离散网络，输出值只能取 0 或 1，分别表示神经元的抑制和兴奋状态。图 9-1 是 4 个神经元组成的离散 Hopfield 网络结构图。

在图 9-1 中，输出神经元的取值为0/1或 −1/1。对于中间层，任意两个神经元间的连接权值为 ω_{ij}，$\omega_{ij} = \omega_{ji}$，神经元的连接是对称的。如果 $\omega_{ii} = 0$，即神经元自身无连接，则称为无自反馈的 Hopfield 网络，如果 $\omega_{ii} \neq 0$，则称为有自反馈的 Hopfield 网络。但出于稳定性考虑，一般避免使用有自反馈的网络。在这里，第一层 X_i 仅作为输入，没有实际功能，第三层为输出神经元，其功能是用阈值函数对计算结果进行二值化。若输入为 x_i，则第三层的输出为

$$y_i = \begin{cases} 0 & x_i < \theta_i \\ 1 & x_i > \theta_i \end{cases}$$

θ_i 为各神经元的阈值。

仅考虑中间层神经元节点，可以发现，每个神经元的输出都成为其他神经元的输入，每个神经元的输入又都来自其他神经元。神经元输出的数据经过其他神经元之后最终又反馈给自己，可以把 Hopfield 网络画成如图 9-2 所示的网状结构。

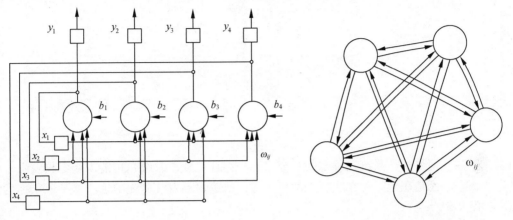

图 9-1　离散 Hopfield 网络　　　　　图 9-2　Hopfield 网络的网状结构

这样，忽略了输入层和输出层，Hopfield 网络就成为单层全互连的网络。假设共有 N 个神经元，每个神经元 t 时刻的输入为 $x_i(t)$，二值化后的输出为 $y_i(t)$，则 t 时刻神经元的输入为

$$x_i(t) = \sum_{\substack{j=1 \\ j \neq i}}^{N} \omega_{ij} y_j(t) + b_i$$

$b_i(t)$ 为第 i 个神经元的阈值。$t+1$ 时刻的输出为

$$y_i(t+1) = f(x_i(t))$$

9.1.2　Hopfield 网络的稳定性

Hopfiled 网络按神经动力学的方式运行，工作过程为状态的演化过程，对于给定的初始状态，按"能量"减小的方式演化，最终达到稳定状态。神经动力学分为确定性神经动力学和统计性神经动力学，前者将神经网络作为确定性行为，用非线性微分方程的集合来描述。后者则采用随机性的非线性微分方程来描述，方程的解以概率的形式给出。

对反馈神经网络来说，稳定性是至关重要的性质，但反馈网络不一定都能稳定收敛。网络从初态 $Y(0)$ 开始，经过有限次递归之后，如果其状态不再发生变化，即 $Y(t+1) = Y(t)$，则称该网络是稳定的。图 9-3 所示的演化过程中，网络状态最终收敛到一个稳定的值，因此是一种稳定的网络。

不稳定系统往往是发散到无穷远的系统。在离散 Hopfield 网络中，由于输出只能取二值化的值，因此不会出现无穷大的情况，此时，网络出现有限幅度的自持振荡，在有限个状态中反复循环，称为有限环网络，如图 9-4 所示。

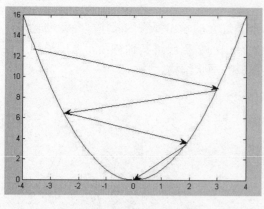

图 9-3 稳定状态示意图

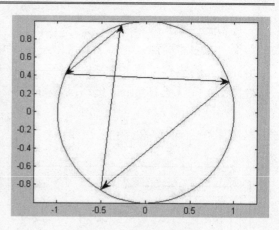

图 9-4 有限环网络

在有限环网络中，系统在确定的几个状态中循环往复。系统也可能不稳定收敛于一个确定的状态，而是在无限多个状态之间变化，但轨迹并不发散到无穷远，这种现象称为混沌，如图 9-5 所示。

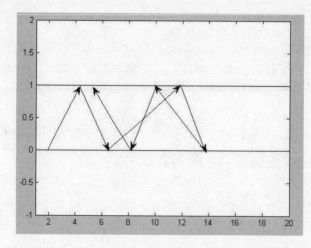

图 9-5 混沌

下面给出稳态和一致稳定的数学定义：Hopfield 网络的输出 $y_i(t)$ 可作为神经元的状态，写为向量的形式：

$$\boldsymbol{Y}(t) = [y_1(t), y_2(t), \cdots, y_N(t)]$$

系统行为用关于状态的微分方程来描述

$$\frac{\mathrm{d}}{\mathrm{d}t}\boldsymbol{Y}(t) = f(\boldsymbol{Y}(t))$$

显然，对于一个处于稳定状态的系统来说，应有 $\dfrac{\mathrm{d}}{\mathrm{d}t}\boldsymbol{Y}(t) = 0$。联系上式，如果下列条件成立，则向量 $\boldsymbol{Y}(t)$ 为系统的平衡态（稳态）。

$$F(\overline{\boldsymbol{Y}}) = 0$$

$\overline{\boldsymbol{Y}}$ 在满足下列条件时是一致稳定的：对任意的正数 ε，总存在正数 δ，当 $\|\boldsymbol{Y}(0) - \overline{\boldsymbol{Y}}\| < \delta$ 时，对所有的 $t > 0$，均有

$$\left\| Y(t) - \overline{Y} \right\| < \varepsilon$$

如果 Hopfield 网络是稳定的，则称一个或若干个稳定的状态为网络的吸引子，能够最终演化为该吸引子的初始状态集合，称为该吸引子的吸引域。吸引子和吸引域的示意图如图 9-6 所示。

网络计算的过程就是初始输入向量经过逐次迭代向吸引子演化的过程。演化的规则是向能量函数减小的方向演化，直到达到稳定状态。这里引入 Lyapunov 函数作为能量函数，其定义为

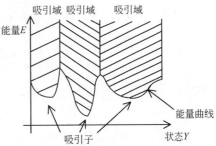

$$E = -\frac{1}{2}\sum_{i=1}^{N}\sum_{j=1}^{N}\omega_{ij}y_iy_j - \sum_{i=1}^{N}b_iy_i$$

图 9-6 吸引子与吸引域

Hopfield 网络有两种向吸引子演化的方式：

（1）串行（异步）运行方式。在网络的运行中，每次只有一个神经元进行状态的调整，其他神经元保持不变。这个神经元可以根据确定的或随机的规则进行选取。

对于离散 Hopfield 网络，如果按串行方式运行，且连接矩阵 ω 为**对称矩阵**，则对于任意初始状态，网络最终收敛到一个吸引子，下面给出证明。

令网络的能量改变为 ΔE，状态该变量为 ΔY，显然有

$$\Delta E = E(t+1) - E(t)$$
$$\Delta Y(t) = Y(t+1) - Y(t)$$

由以上三式，有

$$\Delta E(t) = E(t+1) - E(t)$$
$$= -\frac{1}{2}Y^{\mathrm{T}}(t+1)\omega Y(t+1) - Y^{\mathrm{T}}(t+1)B + \frac{1}{2}Y^{\mathrm{T}}(t)\omega Y(t) + Y^{\mathrm{T}}(t)B$$
$$= -\frac{1}{2}\left[Y(t) + \Delta Y(t)\right]^{\mathrm{T}}\omega\left[Y(t) + \Delta Y(t)\right] - \left[Y(t) + \Delta Y(t)\right]^{\mathrm{T}}B + \frac{1}{2}Y^{\mathrm{T}}(t)\omega Y(t) + Y^{\mathrm{T}}(t)B$$
$$= -\Delta Y^{\mathrm{T}}(t)\omega Y(t) - \frac{1}{2}\Delta Y^{\mathrm{T}}(t)\omega\Delta Y^{\mathrm{T}}(t) - \Delta Y^{\mathrm{T}}(t)B$$
$$= -\Delta Y^{\mathrm{T}}(t)\left[\omega Y(t) + B\right] - \frac{1}{2}\Delta Y^{\mathrm{T}}(t)\omega\Delta Y^{\mathrm{T}}(t)$$

考虑到运行方式为串行，因此状态的改变量为

$$\Delta Y(t) = [0,\cdots,0,\Delta x_j(t),0,\cdots,0]^{\mathrm{T}}$$

代入上式，并考虑到 ω 为对称阵，得

$$\Delta E(t) = -\Delta y_j(t)\left[\sum_{i=1}^{N}\omega_{ij}y_i + B_j\right] - \frac{1}{2}\Delta y_j^2(t)\omega_{jj}$$
$$= -\Delta y_j(t)\left[\sum_{i=1}^{N}\omega_{ij}y_i + B_j\right]$$

$\sum_{i=1}^{N}\omega_{ij}y_i + B_j$ 即为神经元的输入。假设输出层的传输函数为符号函数，则对应的输出为

$$y_i(t+1) = \begin{cases} 1 & \sum_{i=1}^{N} \omega_{ij} y_i + B_j \geq 0 \\ -1 & \sum_{i=1}^{N} \omega_{ij} y_i + B_j < 0 \end{cases}$$

如果 $y_j(t+1) = y_j(t)$，则 $\Delta y_j(t) = 0$，故 $\Delta E(t) = 0$。

如果 $y_i(t) = 1, y_i(t+1) = -1$，则 $\sum_{i=1}^{N} \omega_{ij} y_i + B_j < 0$，又 $\Delta y_j(t) = y_j(t+1) - y_j(t) = -2 < 0$，故

$$\Delta E(t) = -\Delta y_j(t) \left[\sum_{i=1}^{N} \omega_{ij} y_i + B_j \right] < 0。$$

如果 $y_i(t) = -1, y_i(t+1) = 1$，则 $\sum_{i=1}^{N} \omega_{ij} y_i + B_j \geq 0$，又 $\Delta y_j(t) = y_j(t+1) - y_j(t) = 2 > 0$，故

$$\Delta E(t) = -\Delta y_j(t) \left[\sum_{i=1}^{N} \omega_{ij} y_i + B_j \right] \leq 0。$$

以上三种情况的讨论包含了所有可能出现的情况，因此，如果以串行方式调整网络，而连接矩阵为对称阵（没有自反馈，主对角线元素为 0），总有 $\Delta E \leq 0$，即网络总是向能量函数减小的方向演化，而能量函数有下界，因此最终一定能达到某个平衡点。

（2）并行（同步）运行方式。在某时刻 t，所有神经元的状态都产生了变化。对于离散 Hopfield 网络，如果采用并行运行方式，且连接矩阵为非负定对称矩阵，则对于任意一个初态，系统都能稳定收敛到某个吸引子。

这里沿用上文的变量定义，有

$$\Delta E(t) = E(t+1) - E(t)$$

$$= -\frac{1}{2} \left[\boldsymbol{Y}(t) + \Delta \boldsymbol{Y}(t) \right]^{\mathrm{T}} \boldsymbol{\omega} \left[\boldsymbol{Y}(t) + \Delta \boldsymbol{Y}(t) \right] - \left[\boldsymbol{Y}(t) + \Delta \boldsymbol{Y}(t) \right]^{\mathrm{T}} \boldsymbol{B} + \frac{1}{2} \boldsymbol{Y}^{\mathrm{T}}(t) \boldsymbol{\omega} \boldsymbol{Y}(t) + \boldsymbol{Y}^{\mathrm{T}}(t) \boldsymbol{B}$$

$$= -\Delta \boldsymbol{Y}^{\mathrm{T}}(t) \boldsymbol{\omega} \boldsymbol{Y}(t) - \frac{1}{2} \Delta \boldsymbol{Y}^{\mathrm{T}}(t) \boldsymbol{\omega} \Delta \boldsymbol{Y}^{\mathrm{T}}(t) - \Delta \boldsymbol{Y}^{\mathrm{T}}(t) \boldsymbol{B}$$

$$= -\Delta \boldsymbol{Y}^{\mathrm{T}}(t) \left[\boldsymbol{\omega} \boldsymbol{Y}(t) + \boldsymbol{B} \right] - \frac{1}{2} \Delta \boldsymbol{Y}^{\mathrm{T}}(t) \boldsymbol{\omega} \Delta \boldsymbol{Y}^{\mathrm{T}}(t)$$

在上文关于串行运行方式的讨论中，已经证明 $\Delta E(t) = -\Delta y_j(t) \left[\sum_{i=1}^{N} \omega_{ij} y_i + B_j \right] \leq 0$，因此 $-\Delta \boldsymbol{Y}^{\mathrm{T}}(t) \left[\boldsymbol{\omega} \boldsymbol{Y}(t) + \boldsymbol{B} \right] \leq 0$。根据线性代数中矩阵的原理，$-\frac{1}{2} \Delta \boldsymbol{Y}^{\mathrm{T}}(t) \boldsymbol{\omega} \Delta \boldsymbol{Y}^{\mathrm{T}}(t) \leq 0$ 的条件是连接权值矩阵 $\boldsymbol{\omega}$ 为非负定对称矩阵。

9.1.3 设计离散 Hopfield 网络

Hopfield 网络可以用于联想记忆，因此又称联想记忆网络。与人脑的联想记忆功能类似，Hopfield 网络实现联想记忆需要两个阶段：

❑ 记忆阶段。在记忆阶段，外界输入数据，使系统自动调整网络的权值，最终用合适的权值使系统具有若干个稳定状态，即吸引子。其吸引域半径定义为吸引子所能吸引的状态的最大距离。吸引域半径越大，说明联想能力越强。联想记忆网络

的记忆容量定义为吸引子的数量。

❑ 联想阶段。在联想阶段，对于给定的输入模式，系统经过一定的演化过程，最终稳定收敛于某个吸引子。假设待识别的数据为向量 $\boldsymbol{u} = [u_1, u_2, \cdots, u_N]$，则系统将其设为初始状态，即

$$y_i(0) = u_i$$

网络中神经元的个数与输入向量长度相同。初始化完成后，根据下式反复迭代，直到神经元的状态不发生改变为止。此时输出的吸引子就是对应于输入 $\boldsymbol{u}$ 进行联想的返回结果。

$$y_i(t+1) = \mathrm{sgn}\left[\sum_{j=1}^{N} \omega_{ij} x_j(t)\right]$$

完成联想记忆的关键在于用恰当的学习算法得到网络的权值。常见的学习算法有外积法（Outer Product Method）、投影学习法（Production Learning Method）、伪逆法（Pseudo Inverse Method）和特征结构法（Eigen Structure Method）。

外积法：假设网络的训练目标是保存 K 个 N 维的吸引子 $C^k = [c_1^k, c_1^k, \cdots, c_N^k]$，$C^k$ 表示第 k 个吸引子，因此神经元的个数为 N。网络输出只能取 $1/-1$，则网络共有 2^N 个状态。采用外积法设计 Hopfield 网络，只需根据以下公式算出权值即可：

$$\omega_{ij} = \frac{1}{a} \sum_{k=1}^{K} c_i^k c_j^k, \quad i,j = 1, 2, \cdots, N$$

a 用于调节比例，一般取 $a = N$。在 Hopfield 网络中，有 $\omega_{ij} = \omega_{ji}$，$\omega_{ii} = 0$。因此公式修改为

$$\omega_{ij} = \begin{cases} \dfrac{1}{a} \displaystyle\sum_{k=1}^{K} c_i^k c_j^k, & i,j = 1, 2, \cdots, N; i \neq j \\ 0, & i = j \end{cases}$$

写为矩阵的形式：

$$\boldsymbol{\omega} = \frac{1}{N}\left(\sum_{k=1}^{K} \boldsymbol{C}^k (\boldsymbol{C}^k)^{\mathrm{T}} - K\boldsymbol{I}\right)$$

其中 $\boldsymbol{I}$ 为单位矩阵。使用外积法求权值矩阵，要求输入模式是相互正交的，否则就必须在满足一定条件下才能进行正确联想。

伪逆法采用下式求取网络权值：$\boldsymbol{\omega} = \boldsymbol{X}(\boldsymbol{Y}^{\mathrm{T}} \boldsymbol{Y})^{-1} \boldsymbol{Y}^{\mathrm{T}}$。

定义 $\alpha = \dfrac{K}{N}$ 为联想记忆网络的记忆容量。离散 Hopfield 网络用于联想记忆时，要受到记忆容量和样本差异的制约。如果系统只记忆一个模式，该模式能够被准确无误地记住。但随着模式数量的增多，系统很容易混淆。如果系统中储存的两个模式非常相近，甚至可能将模式本身输入系统时都会发生错误。根据 Hopfield 本人的研究，对于一个包含 N 个神经元的离散 Hopfield 网络，适当选择连接权值矩阵，可以达到的吸引子（记住的模式）个数为

$$K \approx 0.15N$$

这是通过大量实验近似确定的。另一些学者则认为最大记忆模式个数满足下式：

$$K \leq \frac{N}{2\log N}$$

另外，离散 Hopfield 网络中还存在伪状态（Spurious State）的问题。伪状态也是稳定状态，但它不是设计者所需要的。由于权值矩阵中往往存在零空间，因此联想记忆网络不可避免地存在伪状态。减小伪状态，是改进离散 Hopfield 网络的一个方向。

9.2　连续 Hopfield 神经网络

1984 年 Hopfield 采用模拟电子线路实现了 Hopfield 网络，该网络的输出层采用连续函数作为传输函数，被称为连续 Hopfield 网络（CHNN）。Hopfield 网络的输入/输出均为模拟量，可以用于优化问题的求解，Hopfield 用它成功解决了 TSP 问题。

连续 Hopfield 网络的结构和离散 Hopfield 网络的结构相同，不同之处在于其传输函数不是阶跃函数或符号函数，而是 S 形的连续函数，如 Sigmoid 函数。用模拟电路实现的连续 Hopfield 网络如图 9-7 所示。

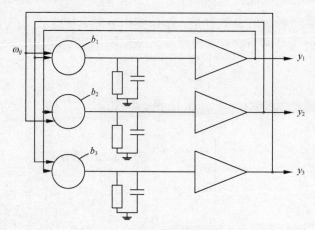

图 9-7　连续 Hopfield 网络

每个神经元由一个运算放大器和相关的元件组成，其输入一方面由输出的反馈形成，另一方面也有以电流形式从外界连接过来的输入，在图 9-7 中以偏置 $b1$、$b2$、$b3$ 的形式表示。根据基尔霍夫电流定律，有

$$C_i \frac{\mathrm{d}u_i}{\mathrm{d}t} + \frac{u_i}{R_{i0}} = \sum_{j=1}^{N} \frac{1}{R_{ij}}(y_j - u_i) + b_i$$

其中，C_i 为运算放大器对应的电容，R_{i0} 为对应的电阻阻值，u_i 为运算放大器的输入电压，y_i 为运算放大器的输出电压，$\omega_{ij} = \frac{1}{R_{ij}}$。令 $\frac{1}{R_i} = \frac{1}{R_{i0}} + \sum_{j=1}^{N} \frac{1}{R_{ij}}$，则上式可以写为

$$C_i \frac{\mathrm{d}u_i}{\mathrm{d}t} = \sum_{j=1}^{N} \omega_{ij} y_j + b_i - \frac{u_i}{R_i}$$

在连续 Hopfield 网络中引入能量函数的概念：

$$E = -\frac{1}{2} \sum_{i=1}^{N} \sum_{j=1}^{N} \omega_{ij} y_i y_j + \sum_{i=1}^{N} \frac{1}{R_i} \int_0^{u_i} f^{-1}(y_i) \mathrm{d}y_i - \sum_{i=1}^{N} b_i y_i$$

右侧第二项，会造成计算上的很多问题。一般的处理方法是，通过控制电路参数，使

得第二项可以忽略:

$$E = -\frac{1}{2}\sum_{i=1}^{N}\sum_{j=1}^{N}\omega_{ij}y_i y_j - \sum_{i=1}^{N}b_i y_i$$

与离散 Hopfield 网络类似,这里的能量函数也是单调下降的。对能量取微分:

$$\frac{\mathrm{d}E}{\mathrm{d}t} = \frac{\mathrm{d}E}{\mathrm{d}y_i}\frac{\mathrm{d}y_i}{\mathrm{d}t} = -\sum_{i=1}^{N}\left(\sum_{j=1}^{N}\omega_{ij}y_j - \frac{u_i}{R_j} + b_i\right)\frac{\mathrm{d}y_i}{\mathrm{d}t}$$

$$= -\sum_{i=1}^{N}C_i\left(\frac{\mathrm{d}u_i}{\mathrm{d}t}\right)\frac{\mathrm{d}y_i}{\mathrm{d}t}$$

$$= -\sum_{i=1}^{N}C_i\left(\frac{\mathrm{d}f^{-1}(y_i)}{\mathrm{d}t}\right)\frac{\mathrm{d}y_i}{\mathrm{d}t}$$

$$= -\sum_{i=1}^{N}C_i\frac{\mathrm{d}f^{-1}(y_i)}{\mathrm{d}y_i}\frac{\mathrm{d}y_i}{\mathrm{d}t}\frac{\mathrm{d}y_i}{\mathrm{d}t}$$

$$= -\sum_{i=1}^{N}C_i\frac{\mathrm{d}f^{-1}(y_i)}{\mathrm{d}y_i}\left(\frac{\mathrm{d}y_i}{\mathrm{d}t}\right)^2$$

在上式中,f 为单调递增的函数,因此有 $\frac{\mathrm{d}y_i}{\mathrm{d}t} \geq 0$,$C_i \geq 0$,$\frac{\mathrm{d}f^{-1}(y_i)}{\mathrm{d}t} \geq 0$,故 $\frac{\mathrm{d}E}{\mathrm{d}t} \leq 0$。

能量单调下降,同时能量又是有界的,所以在理论上保证了网络的收敛性和稳定性。连续 Hopefield 网络适合硬件实现,MATLAB 神经网络工具箱中没有支持连续 Hopfield 网络的函数。

9.3 Elman 神经网络

1990 年 J.L.Elman 针对语音处理问题提出了 Elman 神经网络。与 Hopfield 网络不同,它是一种典型的局部回归网络,与前面几章介绍的前向神经网络非常相似。

基本的 Elman 神经网络由输入层、隐含层、连接层和输出层组成。与 BP 网络相比,在结构上多了一个连接层,用于构成局部反馈。连接层的传输函数为线性函数,但是多了一个延迟单元,因此连接层可以记忆过去的状态,并在下一时刻与网络的输入一起作为隐含层的输入,使网络具有动态记忆功能,非常适合时间序列预测问题。

Elman 网络的结构如图 9-8 所示。

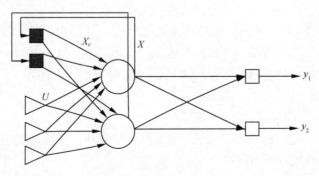

图 9-8 Elman 网络结构

在 Elman 网络中，输出层和连接层的传递函数为线性函数（MATLAB 中的 purelin 函数），隐含层的传递函数则为某种非线性函数，如 Sigmoid 函数。由于隐含层不但接收来自输入层的数据，还要接收连接层中储存的数据，因此对于相同的输入数据，不同时刻产生的输出也可能不同。输入层数据反映了信号的空域信息，而连接层延迟则反映了信号的时域信息，这是 Elman 神经网络可以用于时域和空域模式识别的原因。

9.4　盒中脑模型

盒中脑（Brain-State-in-a-Box，BSB）神经网络模型首先由 Anderson 等人于 1977 年提出。Goldern 等人对该模型进行了深入研究。与 Hopfield 网络没有自反馈不同，BSB 模型是一种节点之间存在横向连接和节点自反馈的单层网络，可以用作自联想最邻近分类器，并可存储任何模拟向量模式。

盒中脑模型是一种神经动力学模型，可以看作一个有幅度限制的正反馈系统。用 ω 表示对称权值矩阵，该矩阵的最大特征值为正实数。用 $x(0)$ 表示模型的初始状态向量，代表输入激活模式。假设模型中有 N 个神经元，则模型的状态向量就是 N 维的，而 ω 为 $N \times N$ 矩阵。盒中脑模型的算法由以下两个方程完全定义：

$$y(n) = x(n) + \alpha \omega x(n)$$
$$x(n+1) = \varphi(y(n))$$

其中，α 是一个正的数值较小的常量，称为反馈因子，$x(n)$ 为时刻 n 时模型的状态向量。$y(n) = [y_1(n), y_2(n), \cdots, y_N(n)]$，激活函数是一个作用在 $y_j(n)$ 上的分段函数：

$$\varphi(y_j(n)) = \begin{cases} +1 & y_j(n) > +1 \\ y_j(n) & -1 \le y_j(n) \le +1 \\ -1 & y_j(n) < -1 \end{cases}$$

激活函数是一个限幅函数，它将网络的状态向量限制在一个 N 维的立方体中。算法运行的步骤如下：

（1）选择某个模式向量 $x(0)$ 作为一个初始的状态向量输入 BSB 模型。

（2）根据当前状态 $x(n)$，以及 α 和 ω 计算出 $y(n)$。

（3）用激活函数截断 $y(n)$，得到 $x(n+1)$。

（4）重复步骤（2）～（3），直到模型达到稳定状态。

随着时间的推移，每个状态的 x_i 值逐渐趋近于 ± 1。实际上，当系统达到某个平衡状态后，状态落在 N 维立方体的某一个角 $(\pm 1, \pm 1, \cdots, \pm 1)$ 上。

盒中脑模型遵守神经动力学原理，其 Lyapunov 函数定义如下：

$$E = -\frac{\beta}{2} \sum_{i=1}^{N} \sum_{j=1}^{N} \omega_{ij} x_j x_i = -\frac{\beta}{2} x^{\mathrm{T}} \omega x$$

BSB 模型实际上是一种梯度下降法，在迭代的过程中，使得能量函数达到最小。BSB 模型假设权值矩阵满足以下条件：

❑　权值矩阵 ω 是对称阵，$\omega^{\mathrm{T}} = \omega$；

❑ 权值矩阵 ω 是半正定的。

平衡状态由单位超立方体的特定顶点及其原点描述。由于模型存在正反馈，在原点上状态向量的任何波动，都会被反馈放大，使模型由原点向稳定状态漂移。

神经网络工具箱中没有为盒中脑模型提供的函数。Hugh Pasika 于 1977 基于 MATLAB 平台开发了 BSB 网络的实现函数。代码如下：

```
function c=bsb(x,beta,multi)
% function C=bsb(x,beta)
% 盒中脑模型的函数
% 输入：
% x     : 输入向量，表示初始位置
% beta  : 反馈系数
% 输出：
% c     : 函数收敛时迭代的次数

hold on
flag=0;
x=x(:);
c=2;
W=[0.035 -.005;
   -.005 .035];
% set axes
set(gca,'YLim',[-1 1]);
set(gca,'XLim',[-1 1]);
% plot first point
plot(x(1),x(2),'ob')
orig=x';
% plot center lines
plot([0,0],[1,-1],'-')
plot([1,-1],[0,0],'-')
% label plot
set(gca,'YTick',[-1 1]);
set(gca,'XTick',[-1 1]);

while flag<1
    y=x+beta*W*x;
    x=(y(:,:)<-1)*(-1)+(y(:,:)>1)+(y(:,:)>-1 & y(:,:)<1).*y;
    u(c,:)=x';
    c=c+1;
    if u(c-1,:)==u(c-2,:),
        flag=10;
        c=c-3;
    end
end
u=u(2:c+1,:);

orig
plot([orig(1,1) u(1,1)],[orig(1,2) u(1,2)],'-b');
plot(u(:,1),u(:,2),'ob')
plot(u(:,1),u(:,2),'-b')
drawnow
fprintf(1,'It took %g iteration for a stable point to be reached.\n\n',c);
set(gca,'Box','on')
hold off
```

保存上述文件为 bsb.m，放置在 MATLAB 当前路径或搜索路径下，即可在 MATLAB 平台中调用 bsb 函数：

```
>> x=[-0.5;-0.4];
>> beta=0.5;
>> c=100;bsb(x,beta,c)
orig =
   -0.5000   -0.4000

It took 65 iteration for a stable point to be reached.

ans =

65
>> text(-0.5,-0.4,'(-0.5,-0.4)')
```

执行结果如图 9-9 所示，任意给定的数字最终稳定于正方形的一个角上。

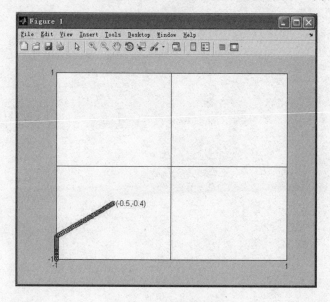

图 9-9　BSB 模型测试

9.5　反馈神经网络相关函数详解

表 9-1 列出了 MATLAB 神经网络工具箱中与反馈神经网络相关的主要函数。其中 nnt2hop 和 newlm 是将被废弃的函数，使用 newhop 和 elmannet 是更好的选择。在 MATLAB R2011b 中，newhop 的功能还可以由更健壮的模式识别函数——patternnet 来实现。

表 9-1　反馈神经网络相关函数

函数名称	功　　能
newhop	生成一个离散 Hopfield 网络
satlin	饱和线性传递函数
satlins	对称饱和线性传递函数
nnt2hop	更新 Hopfield 网络
newelm	创建 Elman 反馈网络
elmannet	创建 Elman 反馈网络（新版本）

9.5.1 newhop——生成一个离散 Hopfield 网络

函数的语法格式如下：

```
net=newhop(T)
```

函数的输入参数 T 是一个 R×Q 矩阵，包含 Q 个长度为 R 的向量，作为离散 Hopfield 网络的记忆模式向量。向量元素的取值为 1 或–1，函数返回创建好的 Hopfield 网络 net，net 在给定的向量上有稳定的平衡点，并使伪平衡点的个数尽可能少。Hopfield 网络除了输入层和输出层以外只有一层，网络的权值函数为 dotprod 函数，网络输入函数为 netsum，传输函数使用 satlins 函数。

【实例 9.1】用 newhop 函数创建一个联想记忆网络，并利用该网络记住向量 [−1,−1,1] 和 [1,−1,1]。

```
>> T = [-1 -1 1; 1 -1 1]'        % 吸引子为向量[-1,-1,1]和[1,-1,1]
T =

    -1     1
    -1    -1
     1     1

>> net = newhop(T);              % 使用 newhop 创建联想记忆网络
>> Ai = T;
>> [Y,Pf,Af] = net(2,[],Ai)      % 使用原输入进行仿真
Y =
    -1     1
    -1    -1
     1     1


Pf =
     []


Af =
    -1     1
    -1    -1
     1     1

>> Ai = {[-0.9; -0.8; 0.7]};     % 使用不同的数据进行仿真
>> [Y,Pf,Af] = net({1 5},{},Ai);
>> Y{1}
ans =

    -1
    -1
     1
```

【实例分析】在实例 9.1 中，给定两个吸引子作为输入，系统返回了正确的结果，给定一个接近 $[−1,−1,1]^T$ 的向量 $[−0.9,−0.8,0.7]^T$ 作为输入，网络经过迭代返回与其距离最近的吸引子。

9.5.2　satlin——饱和线性传递函数

函数的语法格式如下。

1. A=satlin(N)

satlin 函数是神经网络的传输函数，它用神经元的网络输入计算出网络输出。函数只有一个输入参数 N，N 是一个 S×Q 矩阵，包含 Q 个长度为 S 的向量。这些向量在矩阵中按列存放。

函数输出 S×Q 矩阵 A，A 中的元素被限定在区间 [0,1]。具体的计算规则为：

$$a = \begin{cases} 0, & n \le 0 \\ n, & 0 \le n \le 1 \\ 1, & n \ge 1 \end{cases}$$

可以在神经网络变量 net 中指定传输函数为 satlin：

```
net.layers{i}.transferFcn='satlin';
```

2. dA_dN=satlin('dn',N,A,FP)

返回一个 S×Q 矩阵，是 A 关于 N 的导数。如果 A 或 FP 为空，则 FP 使用默认值，A 则从 N 中推导得到。

【实例 9.2】画出 satlin 函数的示意图。

```
>> n=-5:.1:5;
>> a=satlin(n);          % 调用 satlin 函数
>> plot(n,a)             % 画图
>> axis([-5,5,-1,2])     % 指定横纵坐标的范围
>> grid on
>> title('satlin 函数示意图')
```

执行结果如图 9-10 所示。

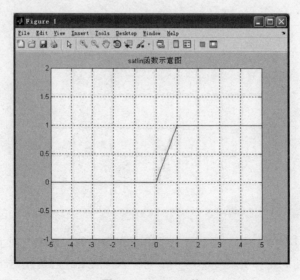

图 9-10　satlin 函数

【实例分析】satlin 函数相当于缓慢过渡的阶跃函数。

9.5.3 satlins——对称饱和线性传递函数

satlins 函数与 satlin 函数非常类似，语法格式如下。

1. A=satlin(N)

satlins 函数是神经网络的传输函数，它用神经元的网络输入计算出网络输出。函数只有一个输入参数 N，N 是一个 S×Q 矩阵，包含 Q 个长度为 S 的向量。这些向量在矩阵中按列存放。

函数输出 S×Q 矩阵 A，A 的计算规则如下：

$$a = \begin{cases} -1, & n \leq -1 \\ n, & -1 \leq n \leq 1 \\ 1, & n \geq 1 \end{cases}$$

2. satlins(code)

code 可取以下值：

❑ 'deriv'，返回导数函数的名称；
❑ 'name'，返回全名；
❑ 'output'，返回输出范围；
❑ 'active'，返回激活输入范围。

【实例 9.3】画出 satlins 函数曲线。

```
>> n=-5:.1:5;
>> a=satlins(n);                % 调用 satlins 函数
>> plot(n,a)                    % 绘图
>> axis([-5,5,-2,2])
>> grid on
>> title('satlins 函数曲线')
```

【实例分析】离散 Hopfield 网络一般采用 satlins 函数作为传输函数。

9.5.4 nnt2hop——更新 Hopfield 网络

nnt2hop 函数在更高的版本中将被废弃，介绍这个函数是为了方便习惯使用 nnt2hop 函数的读者。函数的语法格式如下：

```
net=nnt2hop(w,b)
```

函数的输入参数如下：

❑ w，S×S 权值矩阵；
❑ b，S×1 偏置向量。

【实例 9.4】用 newhop 实现一个 DHNN，再用 nnt2hop 复制出一个相同的网络。

```
>> T = [-1 -1 1; 1 -1 1]'         % 吸引子向量
```

```
T =

   -1     1
   -1    -1
    1     1

>> net = newhop(T);                    % 用 newho 设计网络
>> Ai = T;
>> [Y,Pf,Af] = net(2,[],Ai)            % 仿真
Y =

   -1     1
   -1    -1
    1     1



Pf =
   []



Af =
   -1     1
   -1    -1
    1     1

>> net2=nnt2hop(net.LW{1},net.b{1});    % 将 newho 创建的网络权值和阈值赋给 net2
>> [Y,Pf,Af] = net(2,[],Ai)             % net2 的仿真结果与 net 相同
Y =
   -1     1
   -1    -1
    1     1



Pf =
   []



Af =
   -1     1
   -1    -1
    1     1
```

【实例分析】newhop 接受稳定模式向量作为输入，训练得到离散 Hopfield 网络，nnt2hop 则直接根据输入的权值和阈值构建一个网络。

9.5.5　newelm——创建 Elman 反馈网络

newelm 函数的使用格式为

```
net=newelm(P,T,[S1…SN],[TF1…TFN],BTF,BLF,PF)
```

输入参数如下：
- P，R×Q1 矩阵，包含 Q1 个长度为 R 的典型输入向量。
- T，SN×Q2 矩阵，包含 Q2 个长度为 SN 的典型目标向量，SN 决定了输出向量的长度。

- Si，N-1 个隐含层包含的神经元个数，默认值为[]。
- TFi，第 i 层的传递函数，用字符串表示。对于输出层，默认值为'purelin'，对于隐含层，默认为'ansig'。
- BTF，反向传播网络的训练函数，默认值为'traingdx'，可取值还有'traingd'、'traingdm'和'traingda'，学习步长较大的 trainlm 和 trainrp 等函数是不被推荐的。
- BLF，反向传播权值/阈值学习函数，默认值为'learndm'，可取值还有'learngd'等。
- PF，性能函数，默认值为'mse'，可取值还有'msereg'。

函数返回一个 N 层的 Elman 神经网络。网络由 N 层组成，权值函数用 dotprod，网络输入函数用 netsum，每层的权值和阈值的初始化用 initnw。

【实例 9.5】表 9-2 为某场所 7 天中上午的空调负荷数据。用 Elman 神经网络进行预测，方法是采用前 6 天的数据作为网络的训练样本，每 3 天的负荷作为输入向量，第 4 天的负荷作为目标向量，第 7 天的数据作为网络的测试数据。

表 9-2　空调负荷数据

时间	9 时的空调负荷	10 时的空调负荷	11 时的空调负荷	12 时的空调负荷
第 1 天	0.4413	0.4707	0.6953	0.8133
第 2 天	0.4379	0.4677	0.6981	0.8002
第 3 天	0.4517	0.4725	0.7006	0.8201
第 4 天	0.4557	0.4790	0.7019	0.8211
第 5 天	0.4601	0.4811	0.7101	0.8298
第 6 天	0.4612	0.4845	0.7188	0.8312
第 7 天	0.4615	0.4891	0.7201	0.8330

新建 MATLAB 脚本文件 example9_5.m，内容如下：

```
% example9_5.m
% 清理
close all
clear,clc
% 原始数据
data =[0.4413   0.4707   0.6953   0.8133;...
       0.4379   0.4677   0.6981   0.8002;...
       0.4517   0.4725   0.7006   0.8201;...
       0.4557   0.4790   0.7019   0.8211;...
       0.4601   0.4811   0.7101   0.8298;...
       0.4612   0.4845   0.7188   0.8312;...
       0.4615   0.4891   0.7201   0.8330];


% 训练
net=[];
for i=1:4
   P=[data(1:3,i),data(2:4,i),data(3:5,i)];
   T=[data(4,i),data(5,i),data(6,i)];

   th1=[0,1;0,1;0,1];
   th2=[0,1];
   net{i}=newelm(th1,th2,[20,1]);      % 创建 Elman 网络
   net{i}=init(net{i});                % 初始化
   net{i}=train(net{i},P,T);           % 训练
```

```
  % 测试
  test_P{i}=data(4:6,i);
  y(i)=sim(net{i},test_P{i});            % 仿真
end
fprintf('真实值:\n');
disp(data(7,:));
fprintf('预测值:\n');
disp(y);
fprintf('误差:\n');
disp((y-data(7,:))./y);
```

MATLAB 命令窗口的输出为：

```
真实值:
  0.4615    0.4891    0.7201    0.8330

预测值:
  0.4595    0.4821    0.7135    0.8274

误差:
 -0.0045   -0.0144   -0.0093   -0.0067
```

这里的误差指相对于真实值的误差百分比。最后一列数据训练时的误差性能曲线如图 9-11 所示。

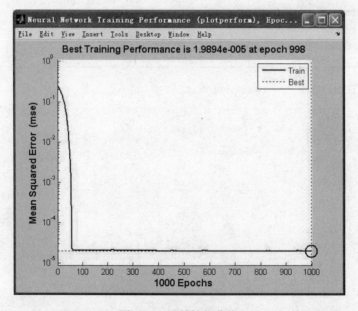

图 9-11　误差性能曲线

【实例分析】Elman 神经网络适合处理时间序列的预测问题，在本例中，对每个时间点的数据单独进行训练、仿真，也可以将数据整合在一起，统一进行训练。

9.5.6　elmannet——创建 Elman 反馈网络（新版本）

elmannet 函数创建的 Elman 神经网络是局部反馈网络，在计算时采用 staticderiv 函数

计算导数，导致性能不够出色。在 MATLAB 最新的神经网络工具箱函数中，纯粹的 Elman 神经网络是不被推荐使用的。对于 Elman 网络所承担的功能，可以用 timedelaynet、layrecnet、narxnet 和 narnet 等函数来代替，以取得更好的性能。

elmannet 函数的格式如下：

```
elmannet (layerdelays,hiddenSizes,trainFcn)
```

输入参数如下：

❑ layerdelays，表示网络层延迟的行向量，可取的值为 0 或正数，默认值为 1:2；

❑ hiddenSizes，隐含层的大小，是一个行向量，默认值为 10；

❑ trainFcn，表示训练函数的字符串，默认值为'trainlm'。

【实例 9.6】用 elmannet 计算实例 9.5 中的问题。

新建 M 脚本 example9_6.m，内容如下：

```
% example9_6.m
% 清理
close all
clear,clc
% 原始数据
data =[0.4413    0.4707    0.6953    0.8133;...
       0.4379    0.4677    0.6981    0.8002;...
       0.4517.   0.4725    0.7006    0.8201;...
       0.4557    0.4790    0.7019    0.8211;...
       0.4601    0.4811    0.7101    0.8298;...
       0.4612    0.4845    0.7188    0.8312;...
       0.4615    0.4891    0.7201    0.8330];

rng(2);

for i=1:4
    P=[data(1:3,i),data(2:4,i),data(3:5,i)];
    T=[data(4,i),data(5,i),data(6,i)];

    net=elmannet(1:3,20);              % 创建 Elman 网络
    net=init(net);                     % 初始化
    net=train(net,P,T);                % 训练

                                       % 测试
    test_P=data(4:6,i);
    y(i)=sim(net,test_P);              % 仿真
end
fprintf('真实值:\n');
disp(data(7,:));
fprintf('预测值:\n');
disp(y);
fprintf('误差:\n');
disp((y-data(7,:))./y);
fprintf('平均误差 mse: \n');
disp(mean(abs(y-data(7,:))))
```

命令窗口输出如下：

```
真实值:
    0.4615    0.4891    0.7201    0.8330
```

```
预测值:
    0.4630    0.4839    0.7208    0.8336

误差:
    0.0032   -0.0107    0.0009    0.0007

平均误差 mse:
    0.0020
```

误差性能曲线如图 9-12 所示。

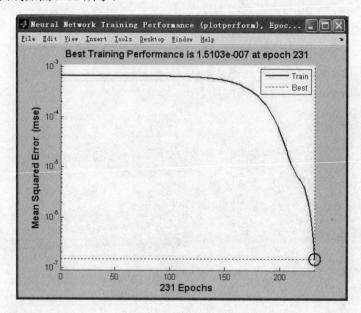

图 9-12　误差性能曲线

【实例分析】elmannet 中第二个参数用于控制神经元个数。适当增大该参数的值可以确保较好的误差性能。

9.6　反馈神经网络应用实例

离散 Hopfield 网络适用于联想记忆，本节安排的例子是二维平面上坐标点的联想记忆问题。Elman 神经网络适合解决时间序列问题，本节安排的例子是股价的预测。

9.6.1　二维平面上的联想记忆网络

【实例 9.7】在二维平面上定义两个平衡点：[1,−1] 与 [−1,1]，使所有的输入向量经过迭代最后都收敛到这两个点。吸引子位置如图 9-13 所示。

1. 手算

输入向量的长度为 2，因此联想记忆网络具有两个神经元，结构如图 9-14 所示。

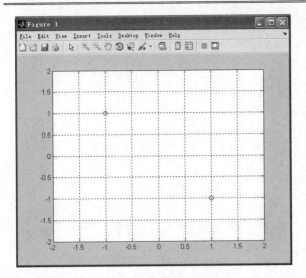

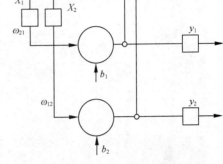

图 9-13　吸引子位置　　　　　　　　　　图 9-14　联想记忆网络的结构

权值矩阵为

$$\boldsymbol{\omega} = \begin{bmatrix} \omega_{11} & \omega_{12} \\ \omega_{21} & \omega_{22} \end{bmatrix}$$

采用串行运行方式，权值矩阵必须为对称阵，且主对角线元素为零，因此

$$\boldsymbol{\omega} = \begin{bmatrix} 0 & \omega_{12} \\ \omega_{12} & 0 \end{bmatrix}$$

权值的训练采用外积法：

$$\omega_{ij} = \frac{1}{N} \sum_{k=1}^{K} c_i^k c_j^k, i, j = 1, 2, \cdots, N$$

其中 c_i^k 为第 k 个平衡中心的第 i 个分量，N 为向量长度，K 为平衡中心的个数。在
MATLAB 中定义平衡点，并计算权值矩阵：

```
>> c1=[-1,1]                          % 第一个平衡点

c1 =

   -1     1

>> c2=[1,-1]                          % 第二个平衡点

c2 =

    1    -1

>> w11=1/2*(c1(1)*c1(1)+c2(1)*c2(1))    % 外积法计算权值

w11 =

    1

>> w12=1/2*(c1(1)*c1(2)+c2(1)*c2(2))

w12 =
```

```
     -1

>> w21=1/2*(c1(2)*c1(1)+c2(2)*c2(1))

w21 =

     -1

>> w22=1/2*(c1(2)*c1(2)+c2(2)*c2(2))

w22 =

     1

>> w=[0,w12;w21,0]                    % 权值矩阵主对角线元素为零

w =

     0    -1
    -1     0
```

因此系统权值矩阵为 $\boldsymbol{\omega} = [0,-1;-1,0]$，阈值 b 取零值。下面将平衡点坐标本身作为输入，观察输出。

（1）初始化系统状态为 $y_1 = [-1,1]$，按照串行运行规则，先调整第一个神经元的状态，用 y_1 与权值矩阵的第一列相乘：

$$y_2(1) = [-1,1] \times \begin{bmatrix} 0 \\ -1 \end{bmatrix} = -1$$

y_2 的第二个分量在这次调整中不变。

（2）调整第二个神经元的状态，用 y_2 与权值矩阵的第二列相乘：

$$y_2(2) = [-1,1] \times \begin{bmatrix} -1 \\ 0 \end{bmatrix} = 1$$

于是 $y_2 = [-1,1] = y_1$，两个神经元更新完成，神经元状态与上一次相等，即

$$y(t+1) = y(t)$$

因此系统达到稳定状态。在 MATLAB 中实现迭代如下：

```
>> b=[0,0]                            % 阈值为零
b =

     0     0

>> y1=[-1,1]                          % 网络的初始状态
y1 =

    -1     1

>> y21=y1*w(:,1)+b(1)                 % 更新第一个神经元
y21 =

    -1

>> y22=[y21,y1(2)]*w(:,2)+b(2)       % 更新第二个神经元
y22 =
```

```
     1
>> y2=[y21,y22]                    % 最终结果
y2 =

   -1     1
```

　　显然，系统记住了这两个平衡点。下面输入随机数据，观察系统能否收敛到平衡点。采用 MATLAB 的 rand 函数产生随机数作为网络的初始状态：

```
>> rng(0)
>> y0=rand(1,2)*2-1      % 随机数

y0 =

   0.6294    0.8116

>> y0(y0>=0)=1           % 二值化，作为网络初始状态

y0 =

   1     1
```

　　因此状态初始值为 $y_1 = [1,1]$，此时能量函数的值为

$$E1 = -\frac{1}{2}\left(\omega_{12} \times y_1(1) \times y_1(2) + \omega_{21} \times y_1(2) \times y_1(2)\right) - \left(b(1) \times y_1(1) + b(2) \times y_1(2)\right)$$

$$= -\frac{1}{2}(-1-1) - 0 = 1$$

第一次迭代，更新第一个神经元的状态：

$$y_2(1) = y_1 \times \begin{bmatrix} \omega_{11} \\ \omega_{21} \end{bmatrix} = [1,1] \times \begin{bmatrix} 0 \\ -1 \end{bmatrix} = -1$$

第一个神经元由 1 变为 −1，$y_2 = [-1,1]$。然后更新第二个神经元的状态：

$$y_2(2) = y_2 \times \begin{bmatrix} \omega_{11} \\ \omega_{21} \end{bmatrix} [-1,1] \times \begin{bmatrix} -1 \\ 0 \end{bmatrix} = 1$$

此时能量函数的值为

$$E2 = -\frac{1}{2}\left((-1) \times (-1) + (-1) \times (-1)\right) = -1$$

　　能量函数下降了。此时神经元的状态已经变为 [−1,1]，达到了事先规定的平衡点。将程序整理为完整的 MATLAB 脚本 hopfield_hand.m 如下：

```
% hopfield_hand.m
%% 清理
close all
clear,clc

%%
disp('吸引子坐标为:');
c1=[-1,1]                         % 第一个平衡点
c2=[1,-1]                         % 第二个平衡点

% 计算权值矩阵
w=zeros(2,2);
```

```
for i=1:2
    for j=1:2
        if (i~=j)
            w(i,j)=1/2*(c1(i)*c1(j) + c2(i)*c2(j));
        end
    end
end

% 阈值向量
b=[0,0];

disp('权值矩阵为');
w
disp('阈值向量为');
b

% 网络初始值
rng(0);
y=rand(1,2)*2-1;
y(y>0)=1;
y(y<=0)=-1;

% 循环迭代
disp('开始迭代');
while 1
    % 保存上一次的网络状态值
    disp('网络状态值:');
    tmp = y;

    % 更新第一个神经元
    y_new1 = y * w(:,1) + b(1);
    fprintf('第一个神经元由 %d 更新为 %d \n', y(1), y_new1);
    y=[y_new1, y(2)];

    % 更新第二个神经元
    y_new2 = y * w(:,2) + b(2);
    fprintf('第二个神经元由 %d 更新为 %d \n', y(2), y_new2);
    y=[y(1), y_new2];

    % 如果状态值不变, 则结束迭代
    if (tmp == y)
        break;
    end
end
```

命令行输出为:

```
吸引子坐标为:
c1 =

    -1     1


c2 =
     1    -1


权值矩阵为

w =
```

```
       0    -1
      -1     0
```

阈值向量为
```
b =

       0     0
```

开始迭代
网络状态值：
```
tmp =

       1     1
```
第一个神经元由 1 更新为 -1
第二个神经元由 1 更新为 1
网络状态值：

```
tmp =
      -1     1
```

第一个神经元由 -1 更新为 -1
第二个神经元由 1 更新为 1

2．使用工具箱函数

上文用手算的方式正确求解了两个二维平衡中心的问题。这里用 newhop 函数实现。新建 M 脚本文件 hopfield_newhop.m，输入代码如下：

```
% hopfield_newhop.m
% 定义吸引子
T = [-1,  1;...
      1,  -1]

% 创建 hopfield 网络
net=newhop(T);

% 用原平衡位置的坐标作为输入进行仿真
Y = sim(net,2,[],T);
fprintf('输入平衡中心得出的结果：');
disp(Y);

% 用新的值作为输入
rng(0);
N=10;
for i=1:N
    y=rand(1,2)*2-1;
    y(y>0) = 1;
    y(y<0) = -1;
    [Y,a,b]=sim(net,{1,5},[],y');
    if (sum(abs(b))<1.0e-1)
        b=[0,0]';
    end
    fprintf('第 %d 组测试数据：',i);
    disp(y);
    fprintf('网络输出：          ');
    disp(b');
end
```

MATLAB 命令窗口输出为:

```
T =

  -1    1
   1   -1

输入平衡中心得出的结果:
  -1    1
   1   -1

第 1 组测试数据:      1       1

网络输出:              0       0

第 2 组测试数据:     -1       1

网络输出:             -1       1

第 3 组测试数据:      1      -1

网络输出:              1      -1

第 4 组测试数据:     -1       1

网络输出:             -1       1

第 5 组测试数据:      1       1

网络输出:              0       0

第 6 组测试数据:     -1       1

网络输出:             -1       1

第 7 组测试数据:      1      -1

网络输出:              1      -1

第 8 组测试数据:      1      -1

网络输出:              1      -1

第 9 组测试数据:     -1       1

网络输出:             -1       1

第 10 组测试数据:     1       1

网络输出:              0       0
```

在这里, 有部分输入没有收敛到平衡中心, 而是在零值附近进入了振荡或混沌状态, 在程序中设置了一个阈值 $1.0e-1$ 用于检测这种状态, 并将其对应的输出赋值为 $[0,0]$ 。 Hopfield 网络存在的主要问题就是稳定性和伪状态的问题, 并不是所有的输入都能正确记忆出正确的平衡点。

9.6.2　Elman 股价预测

【实例 9.8】Elman 神经网络适合处理时间序列问题，因此常常用于一维或多维信号的预测。在电器设备参数、气候变化、经济运行数据等方面都有重要应用。本节用 Elman 神经网络预测股价，原始资料是某股票连续 280 天的股价表。采用前 140 期股价作为训练样本，其中每连续 5 天的价格作为训练输入，第 6 天的价格作为对应的期望输出。

股价的数据存储于 stock1.mat 文件中，使用 load 命令加载，绘图，可以看到股价的涨落情况，如图 9-15 所示。

```
>> load stock1
>> plot(1:280,stock1);
>> title('280 期股价变化图');
>> xlabel('日期')
>> ylabel('股价')
```

图 9-15　股价的 280 期变化图

在 MATLAB 中新建脚本文件 elman_stockTrain.m，内容如下：

```
% elman_stockTrain.m
%% 清理
close all
clear,clc

%% 加载数据
load stock1
%   Name        Size            Bytes  Class      Attributes
%
%   stock1      1x280            2240  double

% 归一化处理
```

```
mi=min(stock1);
ma=max(stock1);
stock1=(stock1-mi)/(ma-mi);

% 划分训练数据与测试数据：前 140 个为训练样本，后 140 个为测试样本
traindata = stock1(1:140);

%% 训练
% 输入
P=[];
for i=1:140-5
    P=[P;traindata(i:i+4)];
end
P=P';

% 期望输出
T=[traindata(6:140)];

% 创建 Elman 网络
threshold=[0 1;0 1;0 1;0 1;0 1];
net=newelm(threshold,[0,1],[20,1],{'tansig','purelin'});

% 开始训练
% 设置迭代次数
net.trainParam.epochs=1000;
% 初始化
net=init(net);
net=train(net,P,T);

% 保存训练好的网络
save stock_net net

%% 使用训练数据测试一次
y=sim(net,P);
error=y-T;
mse(error);

fprintf('error= %f\n', error);

T = T*(ma-mi) + mi;
y = y*(ma-mi) + mi;
plot(6:140,T,'b-',6:140,y,'r-');
title('使用原始数据测试');
legend('真实值','测试结果');
```

　　Elman 神经网络可以使用 newelm 或 elmannet 函数进行创建，这里采用 newelm 函数，并设置迭代次数为 1000 次，为了取得较好的效果，训练前对数据做归一化处理。最后，用训练数据本身做测试，结果如图 9-16 所示。

　　这里的训练数据取自原始数据中的前 140 期，后 140 期则作为测试。训练好的网络保存在 stock_net.mat 文件中。在测试时先加载该文件，引入训练好的 Elman 网络。下面是测试代码：

```
% elman_stockTest.m
%% 清理
close all
clear,clc
```

图 9-16　训练数据的测试结果

```
%% 加载数据
load stock_net
load stock1
% whos
%  Name        Size            Bytes  Class       Attributes
%
%  net         1x1             71177  network
%  stock1      1x280            2240  double

% 归一化处理
mi=min(stock1);
ma=max(stock1);
testdata = stock1(141:280);
testdata=(testdata-mi)/(ma-mi);

%% 用后 140 期数据做测试
% 输入
Pt=[];
for i=1:135
    Pt=[Pt;testdata(i:i+4)];
end
Pt=Pt';
% 测试
Yt=sim(net,Pt);

%根据归一化公式将预测数据还原成股票价格
YYt=Yt*(ma-mi)+mi;

%目标数据-预测数据
figure
plot(146:280, stock1(146:280), 'r',146:280, YYt, 'b');
legend('真实值', '测试结果');
title('股价预测测试');
```

测试结果如图 9-17 所示。

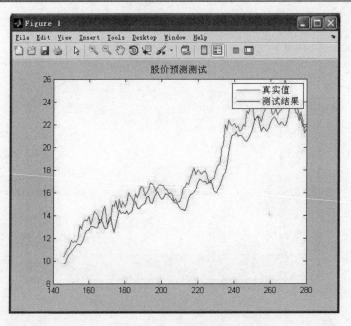

图 9-17 测试结果

也可以采用 elmannet 函数创建 Elman 网络，方法是用

```
net=elmannet;
```

替换训练脚本中的语句：

```
net=newelm(threshold,[0,1],[20,1],{'tansig','purelin'});
```

训练数据本身的仿真结果和测试数据的仿真结果分别如图 9-18 和图 9-19 所示。

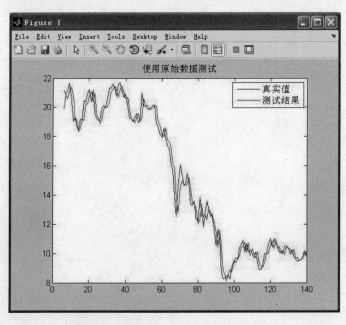

图 9-18 使用 elmannet 的训练数据仿真

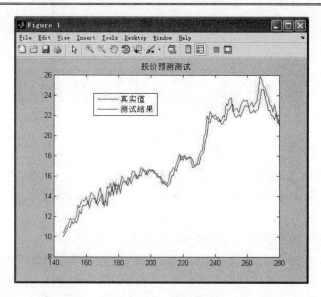

图 9-19　使用 elmannet 的测试数据仿真结果

采用从 stock2.mat 文件导入的另一份股价数据进行测试，将测试脚本中的

```
load stock1
```

改为

```
load stock2
stock1=stock2';
```

测试效果也非常好，如图 9-20 所示。

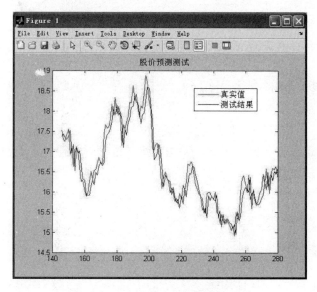

图 9-20　另一份股价数据的测试结果

第 10 章　随机神经网络

上一章介绍的 Hopfield 网络具有最优计算的功能。然而，根据预先设计的或训练得到的权值，网络对特定输入只能严格按照能量函数递减的方式演化，很难避免伪状态的出现，而且容易陷入局部极小值，无法收敛于全局最优点。

如果反馈神经网络的迭代过程不那么"死板"，可以在一定程度上暂时接受能量函数变大的结果，就有可能跳出局部极小值。随机神经网络的核心思想，就是在网络中加入概率因素，网络并不是确定地向能量函数减小的方向演化，而是以一个较大的概率向这个方向演化，以保证迭代的正确方向，同时向能量函数增大的方向运行的概率也存在，以防止陷入局部最优。

本章将首先介绍模拟退火算法，然后讨论基于模拟退火算法的 Boltzmann 机的结构和运行原理，再介绍 Sigmoid 置信度网络。由于在 MATLAB 中没有与 Boltzmann 机对应的函数，而优化工具箱中则有模拟退火算法的实现，因此讲解完理论之后，本章主要就优化工具箱中的模拟退火算法部分加以介绍并给出实例。

10.1　模拟退火算法

模拟退火算法是非凸问题寻优的一种重要工具。

10.1.1　模拟退火算法的引出

考虑如下问题：自变量 x 可取的值为区间 $[0,100]$，在这个区间上定义了一个函数，求其最小值。函数的计算方式比较复杂，无法直接通过微分等符号数学的手段求出，只能通过计算给出一个数值解。

函数曲线如图 10-1 所示。

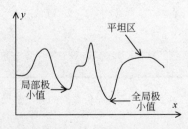

图 10-1　问题定义

对于类似这样的问题，穷举所有可能值的方法很难有用武之地。首先，这可能需要极大的时间代价，从而带来过高的成本，使得问题的解决没有意义（如要求实时性的场合）；其次，如果自变量的取值来自一个连续区间，那么穷举是不可实现的。因此，一般采用搜索的方法解决这个问题。按控制的策略，搜索可分为盲目搜索和启发式搜索。

❑ 盲目搜索：一般只适用于求解比较简单的问题。盲目搜索按照预定的控制策略实行搜索，没有利用搜索过程中的中间信息。它只是将运算附加到每一个遇到的节点上，而没有利用关于该问题的任何推理信息。最常见的盲目搜索算法有广度优先搜索、深度优先搜索及相同代价搜索、迭代加深等。

❑ 启发式搜索：与盲目搜索相反，启发式搜索需要用到启发信息，启发信息是为减小搜索范围而需要利用的已知有关具体问题领域的信息。典型的启发式搜索有遗传算法、蚁群算法、粒子群算法等。模拟退火算法就是一种启发式算法。

较简单的启发式搜索算法有贪心算法和爬山法。在爬山法中，系统从某个初值 x_0 开始搜索，在每一个值附近随机产生一系列新的值 $x_{01}, x_{02}, \cdots, x_{0N}$，然后代入函数进行计算，得出这些值中最优的一个 x_{0i}，如果 $f(x_{0i}) < f(x_0)$，则说明 x_{0i} 优于 x_0，就用 x_{0i} 作为当前最优值，否则维持 x_0 不变。

在一段单调性明显的区间中，这种算法能很快收敛于该区间的最优值。但有两个严重的问题制约了爬山法的性能：

❑ 对初值敏感，不同的初值可能导致完全不同的结果；

❑ 容易陷入局部最优，而且容易停滞在平坦区。

这也是 Hopfield 网络用于优化计算时遇到的问题。模拟退火算法（Simulated Annealing，SA）能有效解决上述问题。1983 年，Kirkpatrick 等提出模拟退火算法，并将其成功应用于组合优化问题。"退火"是物理学术语，指对物体加温后再冷却的过程。模拟退火算法源于晶体冷却的过程，如果固体不处于最低能量状态，给固体加热再冷却，随着温度缓慢下降，固体中的原子按一定形状排列，形成高密度、低能量的有规则晶体，在算法中对应全局最优值。而如果温度下降过快，可能导致原子缺少足够的时间排列成晶体结构，结果产生了具有较高能量的非晶体，这就是局部最优值。

模拟退火算法包含 Metropolis 算法和退火过程两部分。Metropolis 算法又叫 Metropolis 抽样，是模拟退火算法的基础。在早期的科学计算中蒙特卡罗方法（Monte Carlo）是对大量原子在给定温度下的平衡态的随机模拟，但蒙特卡罗方法计算量偏大。

1953 年，Metropolis 提出重要性采样法，即以概率来接受新状态，而不是使用完全确定的规则，称为 Metropolis 准则，可以显著减小计算量。假设前一状态为 $x(n)$，系统受到一定扰动，状态变为 $x(n)$，相应地，系统能量由 $E(n)$ 变为 $E(n+1)$。定义系统由 $x(n)$ 变为 $x(n+1)$ 的接受概率为 P：

$$p = \begin{cases} 1 & E(n+1) < E(n) \\ \mathrm{e}^{\left(-\frac{E(n+1)-E(n)}{T}\right)} & E(n+1) \geq E(n) \end{cases}$$

当状态转移之后，如果能量减小了，那么这种转移就被接受了（以概率 1 发生）。如果能量增大了，就说明系统偏离全局最优位置（能量最低点）更远了，此时算法不会立即将其抛弃，而是进行概率操作：首先在区间 $[0,1]$ 产生一个均匀分布的随机数 ξ，如果 $\xi < p$，这种转移也将被接受，否则拒绝转移，进入下一步，如此反复循环。这就是 Metropolis 算法，其核心思想是当能量增加时以一定概率接受，而不是直接拒绝。

10.1.2　退火算法的参数控制

Metropolis 算法是模拟退火算法的基础，但直接使用 Metropolis 算法可能会导致寻优的速度太慢，以至于无法实用。为了确保算法在有限时间收敛，必须设定控制算法收敛的参数。在上述公式中，可调节的参数是控制退火快慢的参数 T。T 如果过大，就会导致退火太快，达到局部最优即结束迭代。如果取值过小，则会延长不必要的搜索时间。实际应用中采用一个退火温度表，在退火的初期采用较大的 T 值，随着退火的进行，逐步降低。退火温度表包括以下内容：

（1）温度的初始值 $T(0)$，初始温度应选得足够高，使得所有可能的状态转移都能被接受。初始温度越高，获得高质量的解的概率也越大，耗费的时间越长。初始温度可以根据抽样结果计算某些数值参数加以确定，也可以根据经验确定。

（2）退火速率。最简单的速率下降方式是指数式下降：

$$T(n) = \lambda T(0) \quad n = 1, 2, \cdots$$

λ 是一个小于 1 的正数，一般取值在 0.8 和 0.99 之间。使得对每一温度，有足够的转移尝试。指数式下降的收敛速度比较慢，其他下降方式如下所示：

$$T(n) = \frac{T(0)}{\log(1+t)}$$

$$T(n) = \frac{T(0)}{1+t}$$

三种退火方式的比较如图 10-2 所示。

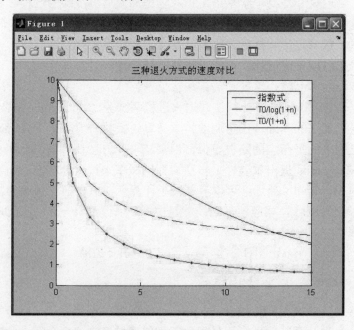

图 10-2　三种退火方式的比较

（3）终止温度。如果在若干次连续的温度下没有可接受的新状态，则算法终止。这实际上是算法停止迭代的准则，除此之外，还可以使用目标函数值，如果目标函数值的变化量连续小于某一阈值，即可终止算法。

模拟退火算法采用了 Metropolis 算法作为基础，可以用来寻找复杂大函数的全局极小点，是一个求解非凸最优化问题的有力工具。算法能避免局部最优的原因很简单，即算法运行时不要求能量每次都下降，只是要求大部分时间在下降，允许小部分回升，从而为跳出局部最优提供了可能。为了保证在有限时间内得出结果，模拟退火算法不再以概率 1 找到全局最优点，但大多数情况下也能找到近似全局最优解，这个妥协在实际应用中是必要的。

模拟退火算法的运行步骤如下：

（1）初始化。第一步是确定问题域，包括变量 x 的个数和维度，以及代价函数 $f(\cdot)$ 的计算方式，这里的代价函数相当于离散 Hopfield 网络中的能量函数，求解的目的是使代价函数最小。随机选择一定的值作为变量的初值 $x(0)$，并设置初始温度 $T(0)$，终止温度 T_{final} 和温度的下降公式及相应的参数。

（2）运行 Metropolis 算法。以一定规则在当前状态 $x(n)$ 附近产生新的状态 $x'(n)$，计算 $f(x(n))$ 与 $f(x'(n))$，得到

$$\Delta f = f(x'(n)) - f(x(n))$$

如果 $\Delta f < 0$，说明 $x'(n)$ 优于 $x(n)$，就用 $x'(n)$ 作为下一状态的值：$x(n+1) = x'(n)$。如果 $\Delta f > 0$，说明能量变大，进行概率操作，计算

$$p = \mathrm{e}^{-\frac{\Delta f}{T}}$$

再从 $0 \sim 1$ 之间产生一个随机数 ξ，如果 $\xi < p$，则接受 $x'(n)$ 为下一个状态值，否则拒绝 $x'(n)$，下一状态值保持不变：$x(n+1) = x(n)$。

（3）根据内循环终止准则，检查是否达到热平衡。在内循环中，系统在一定的温度 T 下迭代，直到满足热平衡条件，此时应修改温度，再开始循环。内循环终止的条件有：代价函数 f 的值是否趋于稳定，按一定步数进行抽样等。如果判断当前已经达到热平衡，则转到第（4）步，否则转到第（2）步继续迭代。

（4）按照公式调整 T，根据外循环终止准则检查退火算法是否收敛。如果新的温度值小于给定的终止温度，则算法结束，此时的状态 $x(n)$ 即所求的最优点。否则转到第（2）步继续迭代。外循环终止的准则也可以设置为固定的迭代次数，达到该次数以后系统即停止计算。如果系统的熵值已经达到最小，此时可以认为已经达到了最低温度。或者连续降温若干次，代价函数都没有改善，也可以作为达到终止温度的判据。

与温度 T 有关的参数对模拟退火算法的运行影响非常大，初始温度足够高，温度下降足够慢，能使系统达到高质量的解，但耗费的时间也是很可观的，这一点需要根据实际需求进行权衡。

10.2　Boltzmann 机

随机神经网络将统计力学的思想引入神经网络领域。统计力学又名统计物理学，是研究大量粒子集合宏观运动规律的学科。在系统中粒子数量巨大，存在大量自由度，表现出来的运动性质无法用经典物理直接描述，而符合概率统计的规律。模拟退火算法中的退火思想，就来自于晶体中粒子的运动规律。Ackley，Hinton 和 Sejnowski 等以模拟退火算法

为基础，在 Hopfield 网络中引入随机机制，提出了 Boltzmann 机。Boltzmann 机是第一个由统计力学导出的多层学习机，可以对给定数据集的固有概率分布进行建模，可以用于模式识别等领域。Boltzmann 机得名的原因是，它将模拟退火算法反复更新网络状态，网络状态出现的概率将服从 Boltzmann 分布，即最小能量状态的概率最高，能量越大，出现的概率越低。

10.2.1 Boltzmann 机基本原理

Boltzmann 机由随机神经元组成，网络结构如图 10-3 所示。Boltzmann 机的神经元分为可见神经元和隐藏神经元，与输入/输出有关的神经元为可见神经元，隐藏神经元需要通过可见神经元才能与外界交换信息。

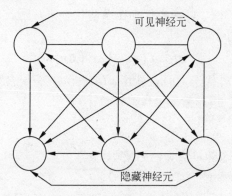

可见神经元

隐藏神经元

图 10-3　Boltzmann 机的结构

与离散 Hopfield 网络类似，Boltzmann 机的神经元只取两个可能的状态：–1 表示"闭"，1 表示"开"，或者用 0/1 表示，状态按照概率分布进行变化。神经元之间是全连接的，但没有神经元到其自身的反馈连接，即 $\omega_{ii}=0$。神经元之间的连接权值是对称的，即 $\omega_{ij}=\omega_{ji}$。在训练时，可见神经元被外界环境约束于某一特定的状态，而隐藏神经元则总是自由运行，不受外界环境的约束。隐藏神经元通过计算分析外界环境约束的高阶统计相关来解释环境输入中所包含的固有约束。

Boltzmann 机学习的主要目的在于产生一个神经网络，根据 Boltzmann 分布对输入模式进行正确建模。训练网络的权值，当其导出的可见神经元状态的概率分布和被约束时完全相同时，训练就完成了。这里隐含的假设是：

❑ 每个环境输入模式都能持续足够长时间，使网络达到"热平衡"；
❑ 环境向量对可见神经元的约束是没有次序的。

Boltzmann 机第 i 个神经元的状态设为 y_i，与离散 Hopefield 网络类似，Boltzmann 机定义了能量函数作为其代价函数：

$$E = -\frac{1}{2}\sum_{j}^{N}\sum_{\substack{j=1\\j\neq i}}^{N}\omega_{ij}y_i y_j$$

当网络状态达到全局最优位置时，能量函数取得最小值，此时系统处于平衡状态。Boltzmann 机运行时，能量函数以概率的形式逐渐下降，由于能量函数有界，因此必存在最小值。

取 Boltzmann 机中的某神经元，假设其输入为 x_i，输出为 y_i，对该神经元，其输入是由其他神经元的状态值叠加形成的：

$$x_i = \sum_{\substack{j=1 \\ j \neq i}}^{N} \omega_{ij} y_j + b_i$$

在离散 Hopfield 网络中，神经元的传输函数为阶跃函数或符号函数，该神经元的输出 y_i 根据 x_i 的值是否大于零或是否大于 0.5 来确定。而在 Boltzmann 机中，神经元的传输函数引入概率机制，采用类似模拟退火算法的随机方式来确定输出值，神经元依以下概率取 0 或取 1：

$$p = \begin{cases} \dfrac{1}{1 + e^{-\frac{x_i}{T}}} & y_i = 1 \\[4mm] 1 - \dfrac{1}{1 + e^{-\frac{x_i}{T}}} & y_i = 0 \end{cases}$$

神经元的输出值并不是完全随机产生的，根据上式，x_i 取值越大，神经元取 1 的概率也就越大，用参数 T 调节，便于实现自适应。输入和 T 值不同，取 1 的概率也不同，如图 10-4 所示。

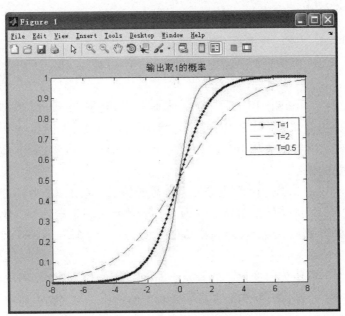

图 10-4　输出取 1 的概率

与模拟退火算法一样，T 参数的取值对算法来说至关重要。T 值越小，曲线在零附近就越陡峭，微小变化都会引起概率值的跳变。当 $T \to 0$ 时，曲线演变为阶跃函数，网络退化为离散 Hopfield 神经网络。T 取较小的值时，网络对能量的增加很不"宽容"，一旦网络达到某个极小值点，跳出的可能性就非常小，需要许多次迭代才能实现。当 T 取较大的值时，能量增加与能量减小的概率相差并不大，网络的状态很容易地在多个较小的值之间切换，但落入全局最小点的概率最大。若 $T \to \infty$，输入对输出几乎没有影响，无论输入值为多少，输出值取 0/1 的概率均为 1/2，相当于随机猜测，Boltzmann 机失去应有的功能。

　　T 的选择可以用以下实例来类比：在起伏的曲面上扔下一个小球，使小球落到整个曲面的最低处，如图 10-5 所示。

　　假设曲面摩擦很大，小球到达底部就不会再向上运动。当 $T = 0$ 时，扔下小球后，小球就沿着斜面向下滚动，停在某个"山谷"处。此时，算法能否找到全局最优点，对迭代的初始值非常敏感。当 T 不为零时，相当于轻轻摇晃整个曲面，位于局部最低点的小球可能发生跳跃，越过"山顶"，最终停在另一个"山谷"处。T 值越大，摇晃得越剧烈，小

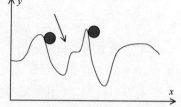

图 10-5　曲面模型

球就在各个"山谷"中跳动，跳到最低的那个"山谷"（全局最优点）的概率最大。如果 T 为无穷大，则相当于重力消失，小球随机跳动，求得的结果也是完全随机的，没有意义。

　　下面证明能量函数在概率作用下向下降的方向运行。Boltzmann 机以串行方式运行，每次只改变一个神经元的状态，假设第 i 个神经元的状态由 y_i 变为 y'_i，则能量函数的变化为

$$\Delta E = E(y_i = y'_i) - E(y_i = y_i)$$

$$= -(y'_i - y_i) \sum_{\substack{j=1 \\ j \neq i}}^{N} \omega_{ij} y_j$$

$$= -(y'_i - y_i) x_i$$

　　（1）如果 $y'_i = y_i$，则能量函数不发生变化。

　　（2）如果 $y'_i \neq y_i$，则下列两种情况必居其一：$0 \to 1$ 或 $1 \to 0$。下面对 x_i 的值进行分类讨论。

　　① 如果 $x_i \geq 0$，由图 10-4 可知，此时输出值取 1 的概率大于 1/2，因此 $p(y'_i = 1) > p(y'_i = 0)$，如果输出从 0 变为 1，则 $\Delta E = -x_i < 0$，即能量函数以大于二分之一的概率减小。反之，若输出值从 1 变为 0，则 $\Delta E = -(-1)x_i = x_i$，能量增加。即能量减小的概率大于能量增加的概率。

　　② 如果 $x_i < 0$，由图 10-4 可知，此时输出值取 1 的概率小于 1/2，因此 $p(y'_i = 1) < p(y'_i = 0)$，如果输出值从 0 变为 1，则 $\Delta E = -(1-0)x_i = -x_i > 0$，即能量函数以小于二分之一的概率增大。反之，若输出值从 1 变为 0，则 $\Delta E = -(0-1)x_i = x_i$，能量以大于二分之一的概率减小。

　　综上，无论 x_i 的取值如何变化，能量减小的概率都大于能量增加的概率，因此能量函数在大部分时间减小，小部分时间允许有一定程度的增加，用来跳出局部最优点。与离散 Hopfield 网络相比，Boltzmann 机采取"以退为进"的策略，以允许能量的小概率增加换取全局寻优能力的提高。

　　从以上讨论中也可以看出，能量函数取值越小，概率越大。可以证明，能量符合 Boltzmann 分布，与统计力学中粒子的状态类似。

10.2.2　Boltzmann 机的学习规则

　　Boltzmann 机训练的结果是使状态符合所给的约束的概率分布，训练过程中使用似然

函数来评价其性能。根据最大似然规则，Boltzmann 机训练的目标是选择适当的权值最大化似然函数或对数似然函数。令 $\Im$ 表示 Boltzmann 机所需要模拟其概率分布的训练样本集合，训练样本允许重复，但必须和它们发生的概率成正比。令网络状态向量为 $\boldsymbol{x}$，其可见神经元部分 $\boldsymbol{x}_a$ 和隐藏神经元部分 $\boldsymbol{x}_b$ 是 $\boldsymbol{x}$ 的子集，即：

$$\boldsymbol{x} = [\boldsymbol{x}_a, \boldsymbol{x}_b]$$

Boltzmann 机训练过程包括以下两个阶段：（1）正向阶段。在正向阶段，网络的可见神经元受到训练样本集 $\Im$ 的约束。（2）反向阶段。此时网络不受外界环境的约束，可见神经元和隐藏神经元多可以自由运行。

令整个网络的权值为矩阵 $\boldsymbol{\omega}$，训练集中的样本是统计独立的，将似然函数定义为以权值为自变量的函数：

$$\mathrm{L}(\boldsymbol{\omega}) = \log \prod_{\boldsymbol{x}_a \in \Im} P(\boldsymbol{X}_a = \boldsymbol{x}_a) = \sum_{\boldsymbol{x}_a \in \Im} \log P(\boldsymbol{X}_a = \boldsymbol{x}_a)$$

同时，已知 $P(\boldsymbol{X}_a = \boldsymbol{x}_a) = \dfrac{\sum\limits_{\boldsymbol{x}_b} \mathrm{e}^{-\frac{E(x)}{T}}}{\sum\limits_{\boldsymbol{x}} \mathrm{e}^{-\frac{E(x)}{T}}}$，代入可得

$$\mathrm{L}(\boldsymbol{\omega}) = \sum_{\boldsymbol{x}_a \in \Im} \left(\log \sum_{\boldsymbol{x}_b} \mathrm{e}^{-\frac{E(x)}{T}} - \log \sum_{\boldsymbol{x}} \mathrm{e}^{-\frac{E(x)}{T}} \right)$$

权值矩阵 $\boldsymbol{\omega}$ 决定能量函数，再由能量函数算出似然函数值。为了最大化似然函数，对其求微分，经过运算可以得到

$$\frac{\partial \mathrm{L}(\boldsymbol{\omega})}{\partial \boldsymbol{\omega}_b} = \frac{1}{T} \sum_{\boldsymbol{x}_a \in \Im} \left(\sum_{\boldsymbol{x}_b} P(\boldsymbol{X}_b = \boldsymbol{x}_b | \boldsymbol{X}_a = \boldsymbol{x}_a) x_j x_i - \sum_{\boldsymbol{x}} P(\boldsymbol{X} = \boldsymbol{x}) x_j x_i \right)$$

这里引入两个定义：

$$\rho_{ij}^{+} = \langle x_j x_i \rangle^{+} = \sum_{\boldsymbol{x}_a \in \Im} \sum_{\boldsymbol{x}_b} P(\boldsymbol{X}_b = \boldsymbol{x}_b | \boldsymbol{X}_a = \boldsymbol{x}_a) x_j x_i$$

$$\rho_{ji}^{+} = \langle x_j x_i \rangle^{-} = \sum_{\boldsymbol{x}_a \in \Im} \sum_{\boldsymbol{x}_b} P(\boldsymbol{X} = \boldsymbol{x}) x_j x_i$$

利用这两个定义和上面对数似然函数的表达式，可以得出网络权值调整的规则：

$$\frac{\partial \mathrm{L}(\boldsymbol{\omega})}{\partial \omega_{ji}} = \frac{1}{T} \left(\rho_{ji}^{+} - \rho_{ji}^{-} \right)$$

$$\omega_{ij}(n+1) = \omega_{ij}(n) + \Delta \omega_{ij} = \omega_{ij}(n) + \eta \frac{\partial \mathrm{L}(\boldsymbol{\omega})}{\partial \omega_{ji}} = \omega_{ij}(n) + \frac{\eta}{T} \left(\rho_{ji}^{+} - \rho_{ji}^{-} \right)$$

η 为学习速率，是事先确定的常数。在这里，每一次权值调整都要经过正向阶段和反向阶段的运行。正向阶段达到热平衡后求得 ρ_{ij}^{+}，负向阶段热平衡后求得 ρ_{ij}^{-}，然后用这两个值进行权值调整，随后进入下一轮的正向阶段。设计反向阶段的原因在于，能量空间的最速下降方向与概率空间的最速下降方向不一致，需要用反向阶段来消除这种差别。Boltzmann 机的两个主要缺点是：

（1）增加计算时间。在正向阶段，神经元为外界环境所约束，而在负向阶段，所有神经元自由运行，导致随机仿真时间增加。

（2）对统计误差敏感。Boltzmann 机的学习规则包含正向阶段和反向阶段相关性之间的差异，如果两个相关性类似，抽样噪声会使差值更加不准确。

10.2.3　Boltzmann 机的运行步骤

运行是训练完成后，根据输入数据得到输出的过程，在运行过程中权值保持不变。Boltzmann 机的运行步骤与模拟退火算法非常类似，不同之处在于模拟退火算法针对不同的问题需要定义不同的代价函数，而 Boltzmann 机的代价函数为能量函数，且具有一定的网络结构。

（1）初始化。Boltzmann 机神经元个数为 N，第 i 个神经元与第 j 个神经元的连接权值为 ω_{ij}，初始温度规定为 $T(0)$，终止温度为 T_{final}，初始化神经元状态。

（2）在温度 $T(n)$ 下，选取某个神经元 i，根据下式计算其输入

$$x_i = \sum_{\substack{j=1 \\ j \neq i}}^{N} \omega_{ij} y_j + b_i$$

其中 y_j 为神经元状态。如果 $x_i > 0$，则能量有减小的趋势，取 1 为神经元 i 的下一状态值。如果 $x_i < 0$，则进行概率操作：计算 $p = \dfrac{1}{1+e^{\frac{x_i}{T(n)}}}$，然后在区间 $[0,1]$ 随机产生一个随机数 ξ，若 $\xi < p$，则接受 1 为神经元的下一状态，否则状态保持不变。

（3）检查小循环的终止条件。在小循环中，使用同一个温度值 $T(n)$，如果判断当前温度下系统已经达到热平衡，则转到第（4）步进行降温，否则转到第（2）步，继续随机选择一个神经元进行迭代。

（4）按指定规律降温，并检查大循环的终止条件：判断温度是否到达终止温度，若达到终止温度，则算法结束，否则转到第二步继续计算。

🔔注意：小循环与大循环的区别：在小循环中，温度保持恒定，算法选择不同的神经元进行状态调整，达到热平衡后进行降温，进入新的温度下的小循环。大循环是指整个降温、计算的过程，当大循环结束后，算法也就结束了。初始温度的选择方法与模拟退火算法类似，可以随机选择网络中的 n 个神经元，取其能量的方差，或随机选择若干神经元，取其能量的最大差值 ΔE_{max}。

10.3　Sigmoid 置信度网络

Boltzmann 机的负向阶段增加了运行时间，又造成系统对误差敏感。Neal 于 1992 年提出了 Sigmoid 置信度网络，又称 logistic 置信度网络。Sigmoid 置信度网络没有 Boltzmann 机需要负向阶段的缺点，同时保留了其学习任何二值概率分布的能力。

Sigmoid 置信度网络采用有向连接构成的无圈图代替 Boltzmann 机的神经元对称连接，这使得它的概率计算非常简单。一个 Sigmoid 置信度网络由多层结构的二值随机神经元组成，如图 10-6 所示。

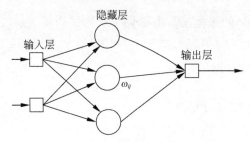

图 10-6　Sigmoid 置信度网络结构

Sigmoid 置信度网络由无圈图构成，没有反馈连接。二值化向量 $\boldsymbol{X} = [X_1, X_2, \cdots, X_N]$ 定义了一个由 N 个神经元构成的 Sigmoid 置信度网络。定义 $\mathrm{pa}(X_i)$ 为网络中前 $i-1$ 个神经元状态的一个子集，即

$$\mathrm{pa}(X_i) \subseteq \{X_1, X_2, \cdots, X_{i-1}\}$$

$$P(X_i = x_i | X_1 = x_1, X_2 = x_2, \cdots, X_i - 1 = x_i - 1) = P(X_i = x_i | \mathrm{pa}(X_i))$$

第 i 个神经元的传输函数由 Sigmoid 函数定义：

$$p(X_i = x_i | \mathrm{pa}(X_i)) = f\left(\frac{x_i}{T} \sum_{j<i} \omega_{ij} x_j\right)$$

其中 ω_{ij} 是第 i 个神经元到第 j 个神经元的权值。条件概率 $p(X_i = x_i | \mathrm{pa}(X_i))$ 仅依赖于 $\mathrm{pa}(X_i)$ 的加权和。在 Sigmoid 置信度网络中计算概率，需要注意两点：

❑　对于所有不属于 $\mathrm{pa}(X_i)$ 的 X_i，　$\omega_{ij} = 0$。

❑　对于所有的 $j \geq i$，　$\omega_{ij} = 0$。

第一点由定义可以得到，第二点成立的原因在于 Sigmoid 置信度网络没有反馈连接。

Sigmoid 置信度网络的训练比 Boltzmann 机更为简单，只需要一个阶段的学习。经过 Sigmoid 函数，网络状态的概率分布在每个神经元的局部水平达到归一化，给定从训练样中抽取的值，就可以正确建模随机向量 $\boldsymbol{X}$ 的条件分布，因此 Boltzmann 机的反向阶段的作用就由加权因子 $f\left(-\dfrac{xi}{T} \sum_{j<i} \omega_{ij} x_j\right)$ 替代，它涉及神经元 i 和神经元 j 的状态间的总体评价相关性 ρ_{ij}。

Sigmoid 置信度网络的权值更新公式为

$$\omega_{ij}(n+1) = \omega_{ij}(n) + \Delta\omega_{ij}$$

这里将阈值归并到了权值中，其中

$$\Delta\omega_{ij} = \eta\rho_{ij}$$

ρ_{ij} 为第 i 个神经元与第 j 个神经元的平均关联，$\omega_{ij}(n)$ 为第 n 步时神经元 i, j 的权值。

$$\rho_{ij} = \sum_{V_x \in \mathfrak{I}} \sum_{V_y} P(V = v | V_x = v_x) f\left(-\frac{v_i}{T} \sum_{j<i} \omega_{ij} v_j\right) v_i v_j$$

10.4　MATLAB 模拟退火算法工具

MATLAB 中没有运行 Boltzmann 机或 Sigmoid 置信度网络的函数，但有与模拟退火算

法相关的函数。MATLAB 的优化工具箱提供了多种智能算法解决寻优问题，如遗传算法
（Genetic Algorithm，GA）与模拟退火算法。本节首先介绍 MATLAB 优化工具箱，再对模
拟退火算法相关函数进行讲解。

10.4.1　MATLAB 优化工具箱

在 MATLAB 命令窗口输入 ver 命令可查看 MATLAB 优化工具箱的版本：

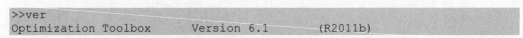

```
>>ver
Optimization Toolbox         Version 6.1         (R2011b)
```

这里忽略了 ver 命令的其他输出。优化工具箱提供了一系列函数供用户调用，可以直
接调用这些函数，也可以在 MATLAB 提供的可视化界面中使用优化工具，这样，函数的
调用对用户来说是透明的。

在 MATLAB 集成开发环境中，单击右下角的"Start"按钮，依次选择"Toolboxes"|
"Optimization"|"Optimization Tool（optimtool）"即可打开 MATLAB 优化工具箱。如
图 10-7 所示。

图 10-7　打开优化工具箱

在命令窗口直接输入以下命令也可以打开优化工具箱：

```
>> optimtool
```

优化工具箱界面如图 10-8 所示。

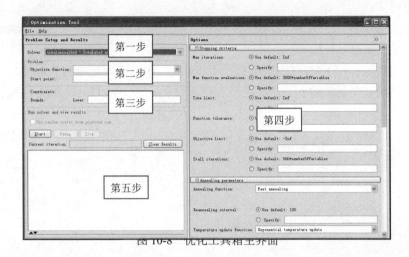

图 10-8 优化工具箱主界面

在主界面的左上方，依次为算法选择、问题描述和约束条件，中间部分为优化选项的详细设置，右方为帮助信息，在界面的左下方为触发计算开始的 Start 按钮和系统信息输出框。

下面以一个具体的优化计算实例来介绍优化工具箱的用法。

【实例 10.1】目标函数是一个二元函数，定义为

$$f\left(x_1, x_2\right) = 5\sin(x_1 x_2) + x_1^2 + x_2^2$$

定义域为 $-4 \leq x_1 \leq 4$，$-4 \leq x_2 \leq 4$。这个函数在此定义域内的最优值在 $x_1 = -1.0768$，$x_2 = 1.0768$（或 $x_1 = 1.0768$，$x_2 = -1.0768$）时取得，最优值为 -2.2640。要求用模拟退火算法求函数的最小值。

在 MATLAB 中画出函数 f 的曲面图，如图 10-9 所示。

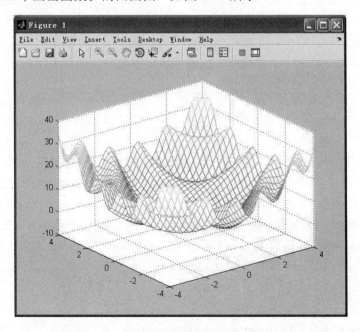

图 10-9 函数曲面图

由图 10-9 可见，二元函数 f 含有多个局部极小值点。按照图 10-8 所示的步骤，用模

拟退火算法求解：

（1）在"Solver"下拉列表中选择最优一项 simulannealbnd – Simulated annealing algorithm，即模拟退火算法。

（2）先要指定目标函数（Objective Function）。优化工具箱中的目标函数有固定的格式，函数应接受一个向量输入 x，并返回一个标量值。在 MATLAB 当前路径新建函数文件 sa_func.m，内容如下：

```
% 函数 y = 5 * sin(x1 * x2) + x1 ^2 + x2 ^2;
% 用于模拟退火算法试验

if length(x)<2,
    return 0;
end

x1= x(1);
x2= x(2);

y = 5*sin(x1.*x2)+x1.^2+x2.^2;
```

接下来指定搜索的起始点，参数设置恰当的模拟退火算法能够根据不同的搜索起点算出函数的全局最优点，因此这里只要设置为定义域内的任一点即可，如图 10-10 所示。

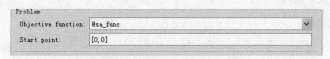

图 10-10 第二步的设置

（3）设置自变量的上下限。在这个函数中，两个自变量是对称的，定义域均为[-4,4]，因此取值下限（Lower Bounds）设为[-4 -4]，取值上限（Upper Bounds）设置为[4 4]。上下限均以向量的形式给出，元素的分隔符可以是逗号，也可以是空格，但逗号必须是半角状态下输入的逗号，否则系统会在下面的输出框中报错，如图 10-11 所示。

Error in lb: Error: The input character is not valid in MATLAB statements or expressions.

图 10-11 系统报错

（4）设置详细的运行选项。第（4）步中的设置，可以不加改动，直接采取默认值。详细设置分为收敛条件（Stopping criteria）、退火参数（Annealing parameters）、显示函数（Plot functions）、输出函数（Output function）和命令行显示（Display to command window）等。

在收敛条件中，系统提供了多种收敛标准结合的方式供用户选择，包括最大迭代次数，最长运行时间等。当目标函数值小于 Objective limit 中指定的值时算法收敛，这个值默认为负无穷大。Stall iterations 和 Function tolerance 一起使用，当迭代次数超过 Stall iterations 时，如果目标函数的平均变化小于 Function tolerance，则算法退出运行。

退火参数的 Annealing Function 选项指定退火函数，有 Fast annealing、Boltzmann annealing 和 Custom 3 个选项。Reannealing interval 指定一定温度下迭代的次数，默认为 100。Temperature update function 指定降温的函数，系统提供 4 种选择：

❑ Exponential temperature update，按 $T(n+1) = \lambda T(n)$ $\lambda = 0.95$ 的方式降温；

❑ Logarithmic temperature update，降温方式服从函数 $\dfrac{1}{\log(n)}$ 温度，指数式下降，n 为迭代的代数；

❑ Linear temperature update，按线性方式降温：$\dfrac{1}{n}$；

❑ Custom，用户自定义。

Initial temperature 指定初始温度，默认为 100。

在 Plot functions 中可以指定需要输出的内容，勾选不同的复选框即可选择要输出的内容，如图 10-12 所示。

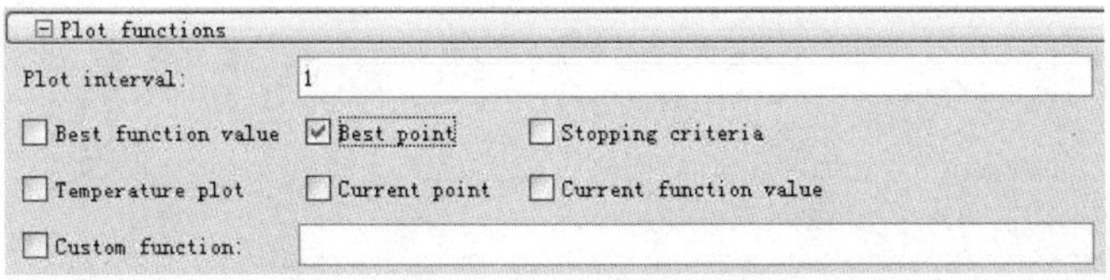

图 10-12　显示函数

Plot interval 指定每 n 次迭代更新一次输出，默认 $n = 1$。

Display to command window 则设置算法在命令窗口的显示级别。选择 Off 表示没有输出。选择 Final 表示只输出算法停止后得出的最终结果。选择 Iterative 则表示按照指定的间隔向命令窗口输出信息。Diagnose 与 Iterative 类似，但同时还会列出问题信息和没有采用默认选项的地方。Display interval 指定两次输出之间的迭代次数。当选择 Diagnose 选项时，命令窗口输出如下所示：

```
Diagnostic information.
    objective function = @sa_func
    X0 = [ 0  0 ]
Modified options:
    options.Display = 'diagnose'
    options.HybridInterval = 'end'
    options.PlotFcns = { @saplotbestx }
    options.OutputFcns = @satooloutput
End of diagnostic information.


                          Best        Current        Mean
Iteration    f-count        f(x)          f(x)      temperature
    0          1             0            0           100
    10         11            0          13.1345       56.88
    20         21            0          13.4382       34.0562
    ...
```

（5）设置好所有参数，就可以开始运行程序了。这里还有最优一个参数需要设置：Use random states from previous run，如果不希望使用 Start point 中指定的初始值，可以将此复选框勾上。单击 Start 按钮，算法就开始了，如果要暂停或停止，可以单击 Pause 和 Stop 按钮，在下方的系统输出框中是算法的输出信息。

对于该问题，这里给出的参数设置如图 10-13 所示。

单击 Start 按钮，算法就开始运行了，由于在 Plot function 中勾选了 4 个函数，因此将会跳出一个 Figure 框，随着迭代的进行，对话框中的数据逐步更新，如图 10-14 所示。

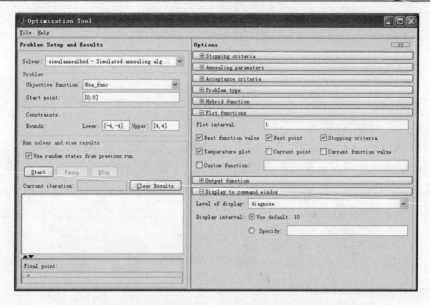

图 10-13　参数设置

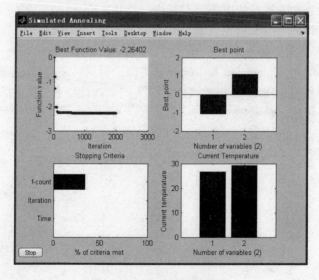

图 10-14　优化计算的结果

系统输出框中的结果如下：

```
Optimization running.
Objective function value: -2.264015884046163
Optimization terminated: change in best function value less than
options.TolFun.
```

最优值为–2.264，这也是函数在区间内的全局最优值。

10.4.2　模拟退火算法相关函数

MATLAB 中与模拟退火算法相关的函数有三个，函数名称及功能见表 10-1。

表 10-1 模拟退火算法相关函数

函 数	功 能
simulannealbnd	用模拟退火算法寻找约束或无约束函数的最小值
saoptimget	返回模拟退火算法选项结构数据
saoptimset	设置模拟退火算法选项结构数据

1. simulannealbnd函数

simulannealbnd 函数用模拟退火算法计算函数的最小值，如果需要求取最大值，只需将目标函数设置为所求函数的相反数即可。Simulannealbnd 函数的调用格式如下：

```
[x,fval,exitflag,output] = simulannealbnd(fun,x0,lb,ub,options)
```

输入参数如下：

fun 是目标函数句柄，函数格式在 10.4.1 节中已有介绍，这里做一个小补充：函数句柄也可以是匿名函数句柄。匿名函数不需要将函数写成一个 M 文件，而是用一行语句实现定义，适合函数表达式简单的场合，如对于 10.4.1 节中的例子，可以将句柄写为：

```
@(x)5*sin(x(1)*x(2))+x(1)^2+x(2)^2
```

x0 是迭代的初始点，如果目标函数的输入包含多个自变量，则 x0 为一个行向量，否则 x0 是一个标量。

lb 和 ub 指定自变量的上下限，如果有多个自变量，则 lb 和 ub 为向量的形式，如目标函数包含 3 个自变量，其中 $-1 < x_1 < 1$， $-\infty < x_2 < 0$， $2 < x_3 < 10$，则 lb 和 ub 的设置为：

```
>> lb=[-1,-Inf,2];
>> ub=[1,0,10];
```

如果 lb 或 ub 留空或设置为空矩阵，则使用默认值： $-Inf$ 和 Inf 。

options 是算法运行的参数，是一个结构体，可以用 saoptimset 函数创建。详细信息见本节关于 saoptimset 函数的介绍。

输出参数如下：

❑ x 为达到最优解时的自变量值；

❑ fval 为对应的最优目标函数值。

exitflag 是一个整数，表示算法退出的原因，表 10-2 列出了不同的值代表的含义。

表 10-2 exitflag取值的含义

exitflag 取值	含 义
1	迭代次数大于 options.StallIterLimit，目标函数的平均变化量小于 options.TolFun 的值
5	达到了 options.ObjectiveLimit 值
0	达到最大迭代次数
-1	算法被输出或显示函数中断
-2	没有找到可行的点
-5	达到运行时间上限

output 是一个结构体，包含了关于目标函数本身的信息及有关算法运行情况的信息。output 中包含了以下字段：

- ❑ problemtype，问题类型，无约束问题或约束问题。
- ❑ iterations，算法终止时迭代的次数。
- ❑ funccount，整个运行期间目标函数算得的函数值的个数。
- ❑ message，算法终止的原因。当函数执行完毕时，会打印 message 中的内容。
- ❑ temperature，算法结束时的温度。
- ❑ totaltime，算法运行消耗的时间。
- ❑ rngstate，算法运行所用的随机数种子。算法运行时需要用到随机数，而随机数的产生与随机数种子有关，通过取得这个种子值，可以在下次运行时获得与此次运行完全相同的运行结果。

同样对 $f(x_1,x_2)=5\sin(x_1x_2)+x_1^2+x_2^2$ 二元函数，用 simulannealbnd 函数进行训练：

```
>> fun=@sa_func          % 函数句柄

fun =

    @sa_func

>> rng(0);
>> x0=rand(1,2)*4;       % 初值
>> lb=[-4,-4];           % 区间下限
>> ub=[4,4]              % 区间上限

ub =

    4    4

                        % 进行训练
>> tic;[X,FVAL,EXITFLAG,OUTPUT] = simulannealbnd(fun,x0,lb,ub);toc
Optimization terminated: change in best function value less than
options.TolFun.
Elapsed time is 0.808968 seconds.
>> X                    % 最优值处的自变量值

X =

  -1.0761    1.0775

>> FVAL                 % 全局最优值

FVAL =

  -2.2640

>> EXITFLAG             % 退出标志位

EXITFLAG =

    1

>> OUTPUT               % output 结构体

OUTPUT =

    iterations: 1211
```

```
      funccount: 1224
       message: 'Optimization terminated: change in best function value less
than options.TolFun.'
      rngstate: [1x1 struct]
   problemtype: 'boundconstraints'
   temperature: [2x1 double]
     totaltime: 0.8594
```

simulannealbnd 函数可以采用不完整的参数形式，其余参数使用默认值：

❑　x= simulannealbnd(fun,x0)

❑　x= simulannealbnd(fun,x0,lb,ub)

❑　x= simulannealbnd(fun,x0,lb,ub,options)

另一种调用形式为 x= simulannealbnd(problem)，problem 是一个结构体，包含关于问题本身及算法参数的所有信息。字段如表 10-3 所示。

表 10-3　problem 的字段

字段	含　　义
x0	迭代初始值
lb	区间下限
ub	区间上限
rngstate	设置随机数种子的可选字段
solver	'simulannealbnd'
options	saoptimset 函创建的结构体

2. saoptimset函数

在 x= simulannealbnd(fun,x0,lb,ub,options) 的调用形式中，options 是一个可以由 saoptimset 函数创建的结构体，用户可以在命令窗口输入 saoptimset，不带输入和输出参数，系统返回所有字段名、属性值的数据类型和可取的值：

```
>> saoptimset
        AnnealingFcn: [ function_handle | @annealingboltz | {@annealingfast} ]
      TemperatureFcn: [ function_handle | @temperatureboltz | @temperaturefast |
                        {@temperatureexp} ]
       AcceptanceFcn: [ function_handle | {@acceptancesa} ]

              TolFun: [ non-negative scalar | {1e-6} ]
       StallIterLimit: [ positive integer    | {'500*numberOfVariables'}]

          MaxFunEvals: [ positive integer    | {'3000*numberOfVariables'} ]
            TimeLimit: [ positive scalar      | {Inf} ]
              MaxIter: [ positive integer     | {Inf} ]
        ObjectiveLimit: [ scalar              | {-Inf} ]

              Display: [ 'off' | 'iter' | 'diagnose' | {'final'} ]
      DisplayInterval: [ positive integer | {10} ]

            HybridFcn: [ function_handle  | @fminsearch | @patternsearch |
                        @fminunc | @fmincon | {[]} ]
        HybridInterval: [ positive integer | 'never'    | {'end'} ]

             PlotFcns: [ function_handle  | @saplotbestf | @saplotbestx |
                        @saplotstopping | @saplottemperature | @saplotx |
                        @saplotf | {[]} ]
```

```
        PlotInterval: [ positive integer | {1} ]

          OutputFcns: [ function_handle | {[]} ]
  InitialTemperature: [ positive scalar  | 100 ]
    ReannealInterval: [ positive integer | {100} ]
            DataType: [ 'custom' | {'double'} ]
```

可以采用有输出参数的形式创建 options 结构体：

❑ options= simulannealbnd，创建一个 options 结构体，每个字段的属性值都被设为[]。

❑ options= simulannealbnd('simulannealbnd')，创建 options 结构体，其中每个字段的属性值都设为默认值。

❑ options= simulannealbnd('param1',value1,'param2',value2,...)：创建 options 结构体，在 param1、param2 等字段使用对应的值作为属性值，即 options.param1=value1，其余字段的属性值为[]。字段名大小写不敏感，但对于字符串类型的属性值，需要写全完整的字符串形式并且大小写敏感。

以上创建 options 结构体方法的弊端是，要么没有被显式赋值的字段会被设为空值，要么整个 options 都采用默认参数。下面的两种调用形式允许用户在已有的 options 结构体基础上做少量修改，形成新的结构体：

❑ options = saoptimset(oldopts,'param1',value1,...)，oldopts 也是一个参数结构体，options.param1=value1，对于没有指定的字段，采用 oldopts 中的值。

❑ options = saoptimset(oldopts,newopts)，oldopts 和 newopts 都是结构体，函数创建一个新的结构体 options，对于 newopts 中的非空字段，options 采用 newopts 中的值，其余字段采用 oldopts 中的值。

【实例 10.2】创建一个采用默认参数的结构体，再修改其中一个字段的属性值。

```
>> options=saoptimset('simulannealbnd')

options =

      AnnealingFcn: @annealingfast
     TemperatureFcn: @temperatureexp
      AcceptanceFcn: @acceptancesa
            TolFun: 1.0000e-006
      StallIterLimit: '500*numberofvariables'
        MaxFunEvals: '3000*numberofvariables'
          TimeLimit: Inf
          …

>> newopt=saoptimset(options,'TimeLimit',100)

newopt =

      AnnealingFcn: @annealingfast
     TemperatureFcn: @temperatureexp
      AcceptanceFcn: @acceptancesa
            TolFun: 1.0000e-006
      StallIterLimit: '500*numberofvariables'
        MaxFunEvals: '3000*numberofvariables'
          TimeLimit: 100
          …
```

3. saoptimget函数

saoptimget 函数用于取得 saoptimget 创建的结构体中的属性值。有如下两种调用形式：

❏ val = saoptimget(options, 'name')，取得 options 结构体中字段为 name 的属性值，如果 name 对应的属性值没有指定，函数就返回空矩阵。如果 options 中不存在这个字段，系统将报错。name 不需要将字段名写全，只需给出字段的前几个字母，使函数能唯一确定该字段即可，如：

```
options=saoptimset('simulannealbnd');
newopt=saoptimset(options,'TimeLimit',100);
>> a=saoptimget(newopt,'I')

a =

   100
```

在 newopt 中只有 InitialTemperature 一个字段是以字母 I 开头的，因此 a=saoptimget(newopt,'I')与 a=saoptimget(newopt,'InitialTemperature')是等效的，在这里，字段名对大小写不敏感。

❏ val = saoptimget(options, 'name', default)：如果 options.name 没有设置任何值，函数返回 default 中指定的默认值。

10.5　模拟退火算法求解 TSP 问题

旅行商问题（Traveling Saleman Problem，TSP）又称货郎担问题，是由爱尔兰数学家 William RowanHamilton 和英国数学家 Thomas Pengngton Kirkman 于 19 世纪提出的数学问题。TSP 问题是指一名推销员要拜访多个城市，所有城市两两连通，推销员需要由其中一个城市出发，走遍每一个城市再回到原点，每个城市经过且只经过一次，要求选择一条合适的路线，使总路径长度最短。这个规则似乎很简单，对于只有几个地点的 TSP 问题，用枚举法即可求出最短路线。但随着地点数量的增多，计算量急剧增大，问题几乎不可解决。它的解是多维、多局部极值的复杂解的空间，对于含有 N 个地点的 TSP 问题，共存在不同路径 $(N-1)!/2$ 条，取 $N=31$，不同路径有 2.6525×10^{32} 条，在计算上几乎不可能实现。TSP 问题是典型的组合优化问题，现已成为启发式搜索、优化算法的间接性能比较标准。如 Hopfield 提出连续 Hopfield 网络，并用它成功解决 TSP 问题，显示了反馈网络强大的计算能力。TSP 问题代表了一类组合优化问题，对物流配送、电气布线、交通管理等领域有着重要的价值。

首先给出 TSP 问题的数学描述：

设旅行商需要走遍 N 座城市，用邻接矩阵 $\boldsymbol{\omega}=\begin{bmatrix} \omega_{11} & \cdots & \omega_{1N} \\ \cdots & \ddots & \\ \omega_{N1} & & \omega_{NN} \end{bmatrix}$ 表示城市之间的距离，矩阵是对称的，$\omega(i,j)=\omega(j,i)$，表示城市 i 与城市 j 之间的距离。问题的可行解 $\boldsymbol{x}=[x_1,x_2,\cdots,x_N]$ 是整数 $1\sim N$ 的一个无重复排列。代价函数 f 定义为路径的总长度：

$$f\left(\boldsymbol{x}\right) = \sum_{i=1}^{N-1} \omega(x_i, x_{i+1}) + \omega(x_N, x_1)$$

使得代价函数 f 最小的解 $\boldsymbol{x_m}$ 就是 TSP 问题的最优解，相应的 $f\left(\boldsymbol{x_m}\right)$ 即最小距离。

（1）初始化。设置初始温度 $T(0)$ 为 100，降温方式采用指数式降温 $T(n+1) = \lambda T(n)$，其中 $\lambda = 0.97$。最大迭代次数 MAX_ITER = 2000，在某一温度下迭代的最大次数 MAX_M = 20。

（2）运行 Metropolis 算法。以一定规则随机产生新样本 $\boldsymbol{x}'$，比较 $f\left(\boldsymbol{x}\right)$ 与 $f\left(\boldsymbol{x}'\right)$，如果 $f\left(\boldsymbol{x}'\right) < f\left(\boldsymbol{x}\right)$，则使用新样本代替 $\boldsymbol{x}$，否则进行概率操作：在 $0\sim1$ 区间产生随机数 ξ，如果 $\xi < \mathrm{e}^{-\frac{f(\boldsymbol{x}')-f(\boldsymbol{x})}{T}}$ 则接受 $\boldsymbol{x}'$ 作为新的解，否则保留 $\boldsymbol{x}$。

（3）检查在温度 T 下是否达到热平衡，这里采用最大迭代次数的检查方式，当在该温度下迭代 MAX_M 次后，转到第（4）步进行降温。否则转到第（2）步继续迭代。

（4）进行降温操作：$T(n+1) = \lambda T(n)$。然后检查算法是否达到最大迭代次数 MAX_ITER，如果达到，则算法结束，否则转到第（2）步进行迭代。

图 10-15 为程序的流程图。

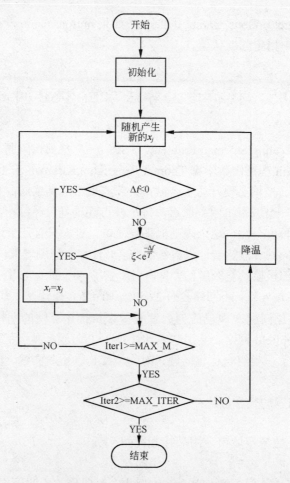

图 10-15　模拟退火算法流程图

【实例 10.3】在 MATLAB 中编程实现模拟退火算法解决 25 个城市的 TSP 问题。程序由三个 M 文件组成：脚本文件 sa_tsp.m 是主程序，函数文件 tsp_len.m 用于求特定路径的路程长度，tsp_new_path.m 对给定的路径随机产生一个处于其邻域的新路径。sa_tsp.m 内容如下：

```matlab
% sa_tsp.m
% 用模拟退火算法求解 TSP 问题

%% 清理
close all
clear,clc

%% 定义数据,position 是 2 行 25 列的矩阵
position =
[1304,2312;3639,1315;4177,2244;3712,1399;3488,1535;3326,1556;...
  3238,1229;4196,1044;4312,790;4386,570;3007,1970;2562,1756;...
  2788,1491;2381,1676;1322,695;3715,1678;3918,2179;4061,2370;...
  3394,2643;3439,3201;2935,3240;3140,3550;2545,2357;2778,2826;2360,
  2975]';
L = length(position);

% 计算邻接矩阵 dist  25*25
dist = zeros(L,L);
for i=1:L
    for j=1:L
        if i==j
            continue;
        end
        dist(i,j) = sqrt((position(1,i)-position(1,j)).^2 + (position(2,i)-
        position(2,j)).^2);
        dist(j,i) = dist(i,j);
    end
end

tic
%% 初始化
MAX_ITER = 2000;
MAX_M = 20;
lambda = 0.97;
T0 = 100;

rng(2);
x0 = randperm(L);

%%
T=T0;
iter = 1;
x=x0;                      % 路径变量
xx=x0;                     % 每个路径
di=tsp_len(dist, x0);      % 每个路径对应的距离
n = 1;                     % 路径计数
% 外循环
while iter <=MAX_ITER,

    % 内循环迭代器
    m = 1;
```

```
    % 内循环
    while m <= MAX_M
        % 产生新路径
        newx = tsp_new_path(x);

        % 计算距离
        oldl = tsp_len(dist,x);
        newl = tsp_len(dist,newx);
        if ( oldl > newl)        % 如果新路径优于原路径，则选择新路径作为下一状态
            x=newx;
            xx(n+1,:)=x;
            di(n+1)=newl;
            n = n+1;

        else                     % 如果新路径比原路径差，则执行概率操作
            tmp = rand;
            if tmp < exp(-(newl - oldl)/T)
                x=newx;
                xx(n+1,:)=x;
                di(n+1)=newl;
                n = n+1;
            end
        end
        m = m+1;                 % 内循环次数加 1
    end                          % 内循环
    iter = iter+1;               % 外循环次数加 1
    T = T*lambda;                % 降温
end
toc

%% 计算最优值
[bestd,index] = min(di);
bestx = xx(index,:);
fprintf('共选择 %d 次路径\n', n);
fprintf('最优解:\n');
disp(bestd);
fprintf('最优路线:\n');
disp(bestx);


%% 显示
% 显示路径图
figure;
plot(position(1,:), position(2,:),'o');
hold on;
for i=1:L-1
    plot(position(1,bestx(i:i+1)), position(2,bestx(i:i+1)));
end
plot([position(1,bestx(L)),position(1,bestx(1))],
[position(2,bestx(L)),position(2,bestx(1))]);
title('TSP 问题选择的最优路径');
hold off;

% 显示所选择的路径变化曲线
figure;
semilogx(1:n,di);
title('路径长度的变化曲线');
```

算法按照图 10-5 所示的过程进行计算，并在最后显示路径图和路程的变化。其中 tsp_len 函数的代码为：

```
function len = tsp_len(dis,path)
% dis:N*N 邻接矩阵
% 长度为 N 的向量，包含 1~N 的整数

N = length(path);
len = 0;
for i=1:N-1
    len = len + dis(path(i), path(i+1));

end

len = len + dis(path(1), path(N));
```

函数 tsp_new_path 的代码为：

```
function new_path = tsp_new_path(old_path)
% 在 oldpath 附近产生新的路径

N=length(old_path);

if rand<0.25          % 产生两个位置，并交换
    chpos = ceil(rand(1,2)*N);
    new_path = old_path;
    new_path(chpos(1)) = old_path(chpos(2));
    new_path(chpos(2)) = old_path(chpos(1));

else              % 产生三个位置，交换 a-b 和 b-c 段
    d=ceil(rand(1,3)*N);
    d=sort(d);
    a=d(1);b=d(2);c=d(3);
    if a~=b && b~=c
        new_path=old_path;
        new_path(a+1:c-1) = [old_path(b:c-1),old_path(a+1:b-1)];
    else
        new_path = tsp_new_path(old_path);
    end

end
```

当初始温度为 100，外循环迭代次数为 2000，内循环迭代次数为 20，降温系数为 0.97 时，使用 rng(2)设置随机数种子，可以在命令窗口得到下列输出：

```
Elapsed time is 2.780035 seconds.
共选择 4159 次路径
最优解：
    1.392347839490450e+004

最优路线：
  Columns 1 through 21

    14    15     1    23    25    24    21    22    20    19    18     3
    17    16     4     2     8     9    10     7     5


  Columns 22 through 25

     6    11    13    12
```

得到的最优路径长度为 13923.4，路径图和路程下降过程如图 10-16 和图 10-17 所示。

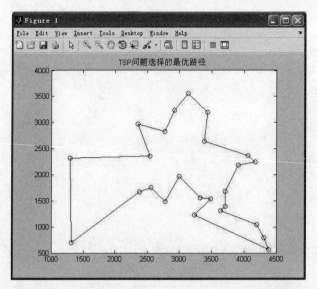

图 10-16　路径图

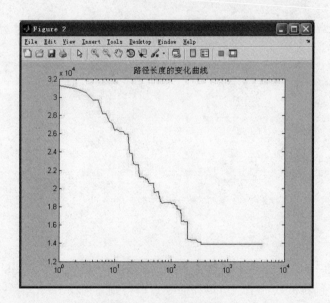

图 10-17　路程变化图

取不同的参数可得到不同的结果，在同一参数下，取不同的随机数种子，结果也会略有差异，但差别不会过大。表 10-4 列出了不同参数运行 10 次的平均结果。

表 10-4　不同参数下的平均性能

T0=100		T0=500		T0=1000	
MAX_ITER = 2000	MAX_ITER = 5000	MAX_ITER = 2000	MAX_ITER = 5000	MAX_ITER = 2000	MAX_ITER = 5000
14335.6	14134.2	14261.7	14176.1	14109.3	14179.6

在进行概率操作时，需要注意，所选择的公式是

$$\xi < e^{-\frac{\Delta f}{T}}$$

对于没有对数据做归一化的情况，Δf 的值是与原始数据有关的，如果将数据值增大 10 倍，那么 T 也需要增大 10 倍才能得到相同的结果。在上面的程序中，修改参数使初始温度为 10000，降温系数为 0.95，其余参数不变，得到最优值 13878.2，路程下降曲线如图 10-18 所示。

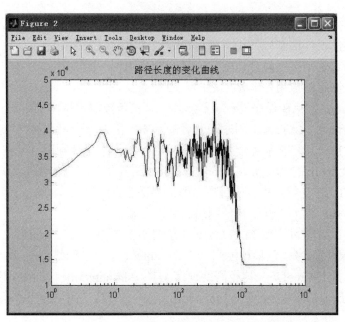

图 10-18 初始温度改变时的路程下降图

可见，当初始温度提高以后，路程的上下波动变得非常剧烈，直到程序运行的后期才出现单调下降的曲线。

第 11 章　用 GUI 设计神经网络

MATLAB 神经网络工具箱为用户提供了丰富的函数接口供用户调用。这些函数是进行神经网络仿真程序设计的基础，用户可以简单地将它们组合使用，也可以按照自己的构想修改神经网络的结构，甚至设计自定义的神经网络。

然而，神经网络的应用是非常广泛的，用户遍及各行各业。在神经网络的用户群中，存在大量不熟悉 MATLAB 程序设计、不熟悉工具箱函数调用规则的用户。对于他们来说，很难迅速地达到一个 MATLAB 程序开发者的水平，因此仅仅利用神经网络工具箱的函数接口，很难让大部分用户都能方便快捷地在学习、工作中有效利用神经网络。

MATLAB R2011b 的 Neural Network Toolbox7.x 提供了强大的图形用户界面（Graphical User Interface，GUI）支持，从而使用户在图形界面上，通过与计算机的交互操作就能使用神经网络进行仿真，大大降低了神经网络的使用门槛。

本章将引导读者学习使用 MATLAB 神经网络工具箱中的几个图形化工具，并给大部分工具附上一个使用实例，包括神经网络工具（nntool）、神经网络分类/聚类工具（nctool）、神经网络拟合工具（nftool）、神经网络训练工具（nntraintool）、神经网络模式识别工具（nprtool）和神经网络时间序列工具（ntstool）。

11.1　神经网络工具（nntool）

nntool 的全称是神经网络/数据管理工具，与神经网络拟合工具、神经网络模式识别工具等其他工具相比，神经网络工具（nntool）功能更为全面和灵活，可以自行选择神经网络的种类并加以训练。

11.1.1　nntool 界面介绍

在 MATLAB 命令窗口输入 nntool 并按 Enter 键，就打开了 Neural Network/Data Manager 窗口，如图 11-1 所示。

Neural Network/Data Manager 窗口包含 7 个显示区域和 7 个按钮。7 个显示区域的功能如下：

❑ 输入数据区（Input Data），存放输入变量。创建网络前需要指定输入数据（训练输入样本），否则无法创建网络。无论是训练样本还是测试样本，其输入数据都存放在这里：对于需要训练的网络，进行训练时需要从这里选择变量作为训练输入；测试仿真时的输入也从这里选择。

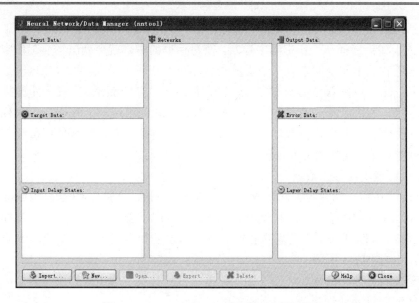

图 11-1　Neural Network/Data Manager 窗口

- 目标数据区（Target Data），存放目标变量。所谓目标数据，就是与输入的训练样本相对应的期望输出。自组织网络没有期望输出，因而不需要这一项。
- 输入延迟状态区（Input Delay States），存放表示输入延迟的变量。
- 网络区（Networks），存放用户定义的网络。用户可以创建多个网络，创建时需要指定一个网络名称，以区分不同的网络。
- 输出数据区（Output Data），存放输出数据。输出数据是测试仿真时的实际输出，如果将训练样本作为测试数据原样输出到网络中，实际输出也不一定与期望输出（目标数据）相等。
- 误差数据区（Error Data），存放误差数据。误差数据=目标数据 – 实际输出数据。
- 层延迟状态区（Layer Delay States），存放表示网络层延迟的变量。

7 个按钮的功能如下：

- Import…按钮，用于从工作空间或数据文件中导入数据变量。单击该按钮，即打开 Import to Network/Data Manager 对话框，如图 11-2 所示。

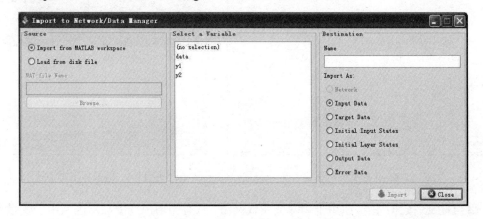

图 11-2　Import to Network/Data Manager 对话框

在对话框的左方，可以选择从工作空间（MATLAB workspace）导入或从磁盘文件（disk file）中导入。如果选择从工作空间中导入，在对话框的中部就会列出当前工作空间中的变量，在这里笔者的工作空间中有三个变量 data、y1、y2 可供导入。可以在这里选择所要导入的变量名，也可以在对话框的右方输入变量名，并指定变量导入到哪一个数据区，默认为输入数据区。如果选择从磁盘文件中导入，对话框就会出现一个 Browse…按钮，单击该按钮可以在资源管理器中定位数据文件。选定数据文件后，在对话框的中部会列出该文件中含有的变量。保存变量的文件推荐使用 MATLAB 中标准的 MAT 文件，如果选中的不是 MAT 文件，可能无法导入数据。

❑ New…按钮：新建神经网络或变量。单击该按钮，会弹出 Create Network or Data 对话框，其中有两个选项卡。第一个选项卡用于创建网络，用户指定神经网络的名称（名称可以在不重复的前提下自由指定）和类型。第二个选项卡用于创建变量，如图 11-3 所示。

指定变量的名称、数值和类型（输入数据、目标数据、输出数据或者其他类型），单击 Create 按钮即可完成创建。

❑ Open…按钮：该按钮只有当用户在 7 个显示区域中选中某个变量或神经网络名称时才可用。双击变量或神经网络名也可以实现相同的功能，作用是显示变量数值或网络属性，以及对网络进行训练、仿真。

❑ Export…按钮：将对话框中的数据导出到工作空间或数据文件。单击该按钮，将会打开 Export from Network/Data Manager 对话框，如图 11-4 所示。对话框将当前的变量和网络变量全部列出，选中变量后单击 Export 可以将其导出到工作空间，单击 Save 再指定相应的文件名，则可以将数据保存到磁盘文件中。

图 11-3　新建变量对话框　　　　　　　　图 11-4　数据导出对话框

❑ Delete 按钮：该按钮用于删除变量或网络，只有当用户选中显示区域中的变量名或网络名时，该按钮才可用。删除时不会弹出对话框询问用户是否确定，而是直接删除，因此应该慎用以免造成误删。

❑ Help 按钮：显示关于 nntool 的帮助信息，包括 7 个显示区域的功能、7 个按钮的功能及创建神经网络的步骤。

❑ Close 按钮：关闭 nntool 工具。

11.1.2　使用 nntool 建立神经网络

本节给出一个用 nntool 解决工程问题的例子。

【实例 11.1】假设有 6 个坐标点，分属不同的两个类别，训练一个神经网络模型，使得出现新的坐标点时，网络可以判断新坐标点的类别。坐标点及所属的类别如表 11-1 所示。

表 11-1　坐标点的位置和所属类别

坐标点	(−9,15)	(1,−8)	(−12, 4)	(−4, 5)	(0, 11)	(5, 9)
类别	0	1	0	0	0	1

（1）在命令窗口输入 nntool 并按 Enter 键，打开 Neural Network/Data Manager 窗口，以下称"主窗口"。

（2）创建输入数据和目标数据。在主窗口中单击 New...按钮，选择 Data 选项卡，输入变量名为 P，选择变量类型为 Inputs，并输入变量值，如图 11-5 所示。

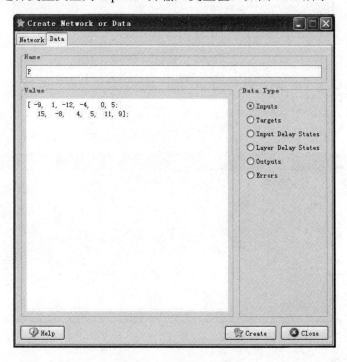

图 11-5　创建输入变量

单击 Create 按钮完成创建。用同样的方法创建目标数据 T，其值为 $[0,1,0,0,0,1]$。

（3）创建网络。在主窗口中单击 New...按钮，选择 Network 选项卡，输入网络名称和网络类型。网络名称这里采用默认值，网络类型选择严格的径向基网络（Radial basis（exact fit）)。此时还需指定输入数据和目标数据才能完成创建，在 Input data 下拉框中选择 P，在 Target data 下拉框中选择 T。Spread constant 为网络的扩散速度值，取默认值即可。创建过程如图 11-6 所示。

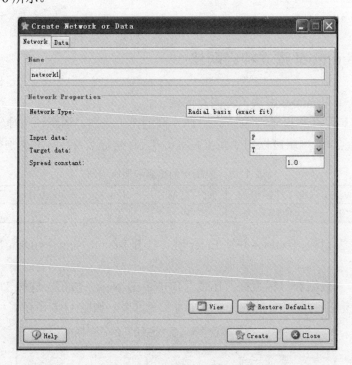

图 11-6　创建径向基网络

（4）网络的训练。径向基网络一经创建即可使用，无需训练。对于需要训练的网络，可以在主窗口中选中创建的网络，单击 Open...按钮，在弹出的 Network 对话框中选择 Train 选项卡。径向基网络不需要训练，因此此处显示为灰色，表示不可用，如图 11-7 所示。

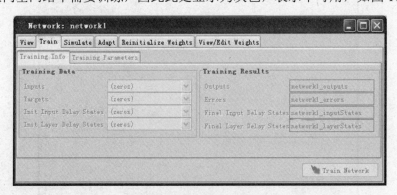

图 11-7　网络的训练

如果需要训练，需要在 Network 对话框中指定输入数据和目标数据，然后单击 Train Network 按钮。

（5）网络的仿真测试。在主窗口中选中创建的网络，单击 Open...按钮，在弹出的 Network 对话框中选择 Simulate 选项卡，然后在 Inputs 下列框中选择输入样本变量 P。由于 P 同时也是训练样本,所以可以观察网络的误差。勾选 Supply Targets 复选框,下方的 Targets 下拉框从灰色变为可用状态,选择目标向量 T,然后单击 Simulate Network 按钮,即可进行仿真测试。在窗口的右侧可以指定输出变量和误差变量的变量名。如图 11-8 所示。

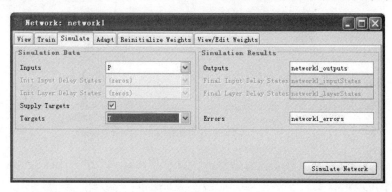

图 11-8　网络仿真

(6)观察仿真结果。可以在主窗口选中变量名,单击 Open... 按钮查看变量值,也可以将变量导出到工作空间观察。单击 Export... 按钮,在弹出的窗口中选择 network1_outputs 和 network1_errors,单击 Export 按钮即可完成导出。在 MATLAB 中查看变量值:

```
>> network1_outputs
network1_outputs =

   0.0000    1.0000        0    0.0000        0    1.0000

>> network1_errors
network1_errors =

 1.0e-015 *

  -0.4441   -0.2220        0   -0.2220        0        0
```

由于设计的是严格的径向基网络,因此用训练输入 P 作为测试样本时,网络的误差为零。下面采用不同于 P 的输入样进行测试:

```
x=[ -8.5,  0.5, -11,5,  -3.5,  1.5,  4.5;…
    15,   -8,    4,   5,   11,   9]
```

测试结果为:

```
>> network1_outputs
network1_outputs =

   0.1591    1.0000    0.1591    0.1591    0.7898    1.0000

>> network1_errors
network1_errors =

  -0.1591   -0.0000   -0.1591   -0.1591   -0.7898    0.0000
```

值得一提的是,选中网络名称,单击 Open... 按钮打开 Network 对话框后,还有其他丰富的功能。选中 View 选项卡可以显示网络结构图,如图 11-9 所示。

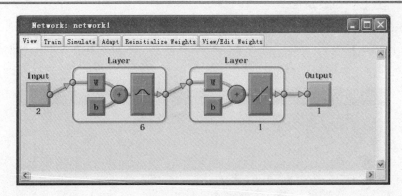

图 11-9　网络结构图

选择 View/Edit Weights 可以查看或修改网络权值和阈值。在 Select the weight or bias to view 下拉框中可以选择要查看的内容。如图 11-10 所示。

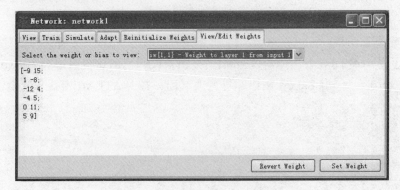

图 11-10　查看网络权值和阈值

结合输入变量 P 的值，读者不难发现，严格的径向基网络中，隐含层神经元节点的中心向量，就等于每个输入的训练样本向量。

11.2　神经网络分类/聚类工具（nctool）

在神经网络的可视化组件中，nntool 是一个通用的工具，可以用来设计各种 MATLAB 所能提供的神经网络。除此之外，还有若干为处理具体类型的问题准备的专业工具，分类聚类工具就是其中的一个。神经网络的聚类工具能用于收集、建立和训练网络，并利用可视化工具来评价网络的效果。在 nctool 工具中所指的分类/聚类更偏向聚类，指只有输入样本，没有期望输出（目标向量）的分类问题。系统进行分类的依据是输入样本数据之间的相似性，用自组织映射（Self-Organizing Map，SOM）网络的形式求解。例如，搜集相关数据，分析大众消费行为的相似性，将消费者划分为不同的人群，以实现细分市场的划分。

MATLAB 使用自组织映射网络进行聚类，SOM 网络包括一个可以将任意维度的数据分成若干类的竞争层，类别的数量的最大值等于竞争层神经元个数。竞争层的神经元按照二维拓扑结构排列，使竞争层能代表与样本数据集的近似的分布。

nctool 内部采用 selforgmap 函数实现聚类，使用 SOM 批训练算法，涉及的函数有

trainbu、learnsomb。

在 MATLAB 命令窗口输入 nctool 并按 Enter 键，可以打开神经网络聚类工具对话框
（Neural Network Clustering Tool），如图 11-11 所示。

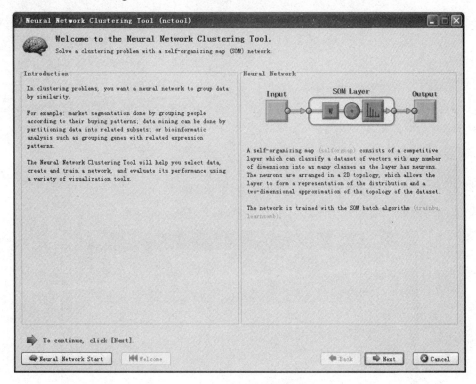

图 11-11　nctool 对话框

也可以在命令窗口输入 nnstart 启动神经网络开始对话框（Neural Network Start），如
图 11-12 所示，神经网络开始对话框中列出了 4 种工具箱，供需解决不同问题的用户选择。
在对话框中选择 Clusstering Tool，即可打开神经网络聚类工具对话框。

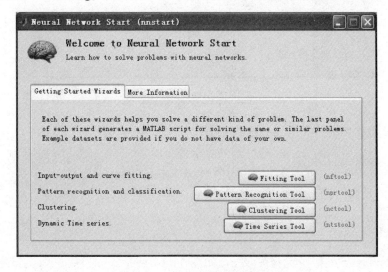

图 11-12　神经网络开始对话框

【实例 11.2】使用聚类工具箱解决一个简单的聚类问题。定义单位圆上的 6 个坐标点，位置如下：

```
>> a=[cos(15*pi/180),sin(15*pi/180);cos(75*pi/180),sin(75*pi/180);cos
(105*pi/180),sin(105*pi/180);...
cos(-15*pi/180),sin(-15*pi/180);cos(195*pi/180),sin(195*pi/180);cos(165*
pi/180),sin(165*pi/180)];
>> a=a'
a =

    0.9659    0.2588   -0.2588    0.9659   -0.9659   -0.9659
    0.2588    0.9659    0.9659   -0.2588   -0.2588    0.2588
>> t=0:.2:2*pi+.2;
>> plot(cos(t),sin(t));
>> axis([-1.2,1.2,-1.2,1.2])
>> axis equal
>> hold on;
>> plot(a(1,:),a(2,:),'o')
```

坐标点的位置如图 11-13 所示。

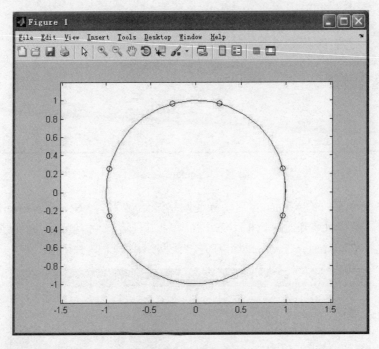

图 11-13　坐标点位置

使用神经网络聚类工具对这 6 个点做分类。

（1）按照上文所述的方法打开神经网络聚类工具。

（2）在聚类工具对话框中单击右下方的 Next 按钮，进入 Select Data 步骤。在 MATLAB 工作空间中准备好输入的数据：

```
>> a= [0.9659    0.2588   -0.2588    0.9659   -0.9659   -0.9659;...
0.2588    0.9659    0.9659   -0.2588   -0.2588    0.2588];
```

然后在 Inputs 下列框中选择变量 a，如图 11-14 所示。如果用户想观看演示，也可以单击对话框下方的 Load Example Data Set 按钮，加载 MATLAB 默认的数据。

（3）单击 Next 按钮，进入 Network Architecture 步骤。自组织映射网络会将输入数据映射到二维平面上的神经元中。这里需要在 Size of two-dimensional Map 编辑框中设定神经元的数量。显然，输入的 6 个数据点分属三个类别，因此这里填写 2，网络会生成 2×2 平面网格。在对话框的下方会显示网络示意图，如图 11-15 所示。

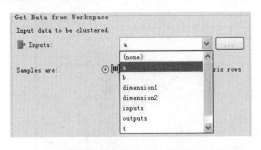

图 11-14　加载输入变量

图 11-15　网络示意图

（4）单击 Next 按钮，进入 Train Network 步骤。单击 Train 按钮，系统就开始训练 SOM 网络，默认迭代次数为 200 次，如图 11-16 所示。

训练完成后，在对话框的右侧，4 个具有显示功能的按钮将被激活。第一个按钮显示 SOM 网络权值大小（Plot SOM Neighbor Distances），如图 11-17 所示。

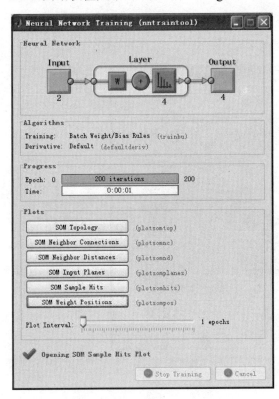

图 11-16　网络训练对话框

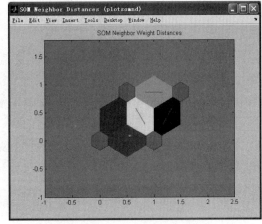

图 11-17　显示权值大小

图中蓝色小六边形表示 4 个神经网络节点，神经元之间的区域表示连接权值。越明亮的区域表示权值越大，黑暗区域则表示权值较小，用黑色区域连接的两个神经元，其特征相差较大。

第二个按钮显示权值平面（Plot SOM Weight Planes），输入训练样本向量有几个维度，就有几张平面图。颜色越深表示联系越强，如图 11-18 所示。

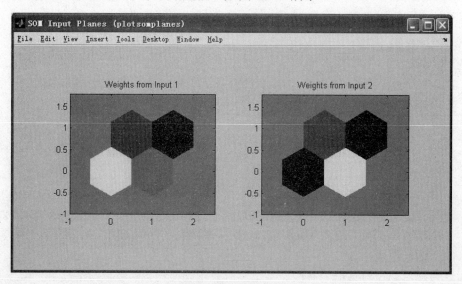

图 11-18　权值平面

第三个按钮显示样本分类结果（Plot SOM Sample Hits），如图 11-19 所示。图中显示了 4 个神经元节点，以及被分到每个神经元的样本个数。

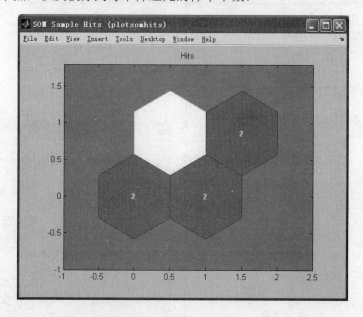

图 11-19　分类结果

网络的分类结果与预期相同，将 6 个点分成了 3 类，每类 2 个点。

第四个按钮显示权值位置（Plot SOM Weight Positions）。这里有 4 个神经元，输入向量为二维向量，因此每个神经元的权值也是二维的，可以在平面上显示出来，如图 11-20 所示。

（5）仿真测试。单击 Next 按钮，进入 Evaluate Network 步骤。在对话框的右侧，用户可以在 Inputs 下拉框中选择输入的测试数据。

先在 MATLAB 命令窗口定义好测试数据：

```
>> t=0:.2:2*pi+.2;
>> b=[cos(t);sin(t)]
```

b 是在单位圆上的一系列点。在 Inputs 下拉框中选择 b，再单击下方的 Test Network 按钮，仿真就完成了，如图 11-21 所示。按钮下方的 4 个按钮从灰色变为激活状态，这 4 个按钮的功能与第 4 步训练完成时 4 个按钮的功能相同。

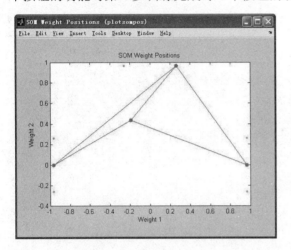

图 11-20　权值位置

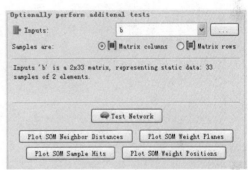

图 11-21　仿真测试

（6）保存网络和数据。单击 Next 按钮，进入 Save Results 步骤，如图 11-22 所示。

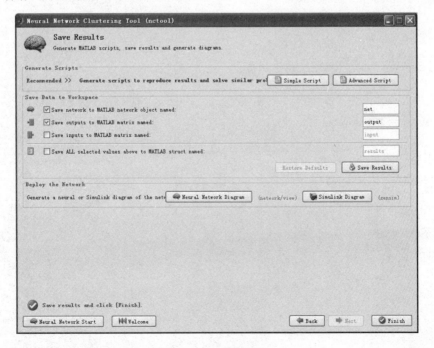

图 11-22　保存结果

单击 Simple Script 和 Advanced Script 按钮可以将网络保存为命令脚本的形式。如果要将网络、输入数据和输入数据导出到工作空间，只需在 Save Data to Workspace 组合框内勾选相应选项，再单击 Save Results 按钮即可。此外，在对话框的下方，还可以单击 Neural Network Diagram 按钮查看网络结构，或单击 Simulink Diagram 按钮将网络保存为 Simulink 模型，如图 11-23 所示。

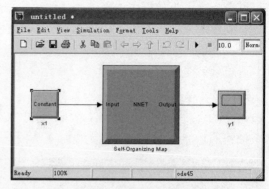

图 11-23　保存为 Simulink 模型

在这里我们将网络保存为 som_test.m 脚本文件，然后在脚本中添加变量 a 的定义语句及测试代码。完整的脚本代码如下：

```matlab
% Solve a Clustering Problem with a Self-Organizing Map
% Script generated by NCTOOL
% Created Sun Mar 11 13:48:36 CST 2012
%
% This script assumes these variables are defined:
%
%   a - input data.

% 自定义语句-------------------------
a= [0.9659    0.2588   -0.2588    0.9659   -0.9659   -0.9659;...
0.2588    0.9659    0.9659   -0.2588   -0.2588    0.2588];
% -------------------------------
inputs = a;

% Create a Self-Organizing Map
dimension1 = 2;
dimension2 = 2;
net = selforgmap([dimension1 dimension2]);

% Train the Network
[net,tr] = train(net,inputs);

% Test the Network
outputs = net(inputs);

% View the Network
view(net)
% 自定义语句----------------------------
t=0:.2:2*pi+.2;
b=[cos(t);sin(t)];
y=sim(net,b);
y=vec2ind(y);
yu=unique(y);
N=length(yu);
fprintf('测试数据共分为 %d 类\n', N);
for i=1:N
    yu_num(i)=sum(y==yu(i));
    fprintf('第 %d 类包含 %d 个点\n', i, yu_num(i));
end
% -------------------------------------------

% Plots
% Uncomment these lines to enable various plots.
```

```
%figure, plotsomtop(net)
%figure, plotsomnc(net)
%figure, plotsomnd(net)
%figure, plotsomplanes(net)
%figure, plotsomhits(net,inputs)
%figure, plotsompos(net,inputs)
```

如果去掉脚本最后 6 行代码的注释符号,运行脚本时会显示与网络训练有关的数据图。保存并运行以上脚本,得到命令窗口的输出为:

```
测试数据共分为 4 类
第 1 类包含 12 个点
第 2 类包含 1 个点
第 3 类包含 8 个点
第 4 类包含 12 个点
```

可知网络将数据分为 4 类,在命令窗口绘图显示:

```
>> plot(b(1,y==yu(1)),b(2,y==yu(1)),'ro');
>> hold on;
>> plot(b(1,y==yu(2)),b(2,y==yu(2)),'b+');
>> plot(b(1,y==yu(3)),b(2,y==yu(3)),'k*');
>> plot(b(1,y==yu(4)),b(2,y==yu(4)),'m^');
>> hold off;
>> legend('第一类','第二类','第三类','第四类');
```

执行结果如图 11-24 所示。

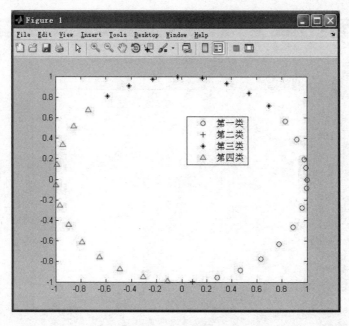

图 11-24　测试分类结果

在训练数据中,第一类样本点在单位圆的零度附近,第二类样本点在单位圆 90°附近,第三类样本点在单位圆 180°附近,测试数据的分类结果与训练数据的分别情况吻合。

（7）完成。单击 Finish 按钮,完成聚类过程。

11.3　神经网络拟合工具（nftool）

神经网络工具箱提供了拟合工具以解决数据拟合问题。在数据拟合中，神经网络需要处理从一个数据集到另一个数据集的映射，如通过原材料价格、地价、银行利率等因素估算房价，原材料、地价和银行利率属于一个数据集，在网络中是输入，房价则属于另一个数据集，在网络中是输出。神经网络的拟合工具可用来收集数据，建立和训练网络，并用均方误差和回归分析来评价网络的效果。

工具箱采用前向神经网络来完成数据拟合，包括两层神经元，隐藏层使用 sigmoid 传输函数，输出层则是线性的。给定足够的训练数据和足够的隐藏层神经元，网络能良好地拟合多维数据。训练时网络采用 Levenberg-Marquardt 算法，即 trainlm 函数，当内存不足时使用 trainscg 函数。

【实例 11.3】在 MATLAB 中生成一段加入了均匀噪声的正弦函数数据，然后用 nftool 进行拟合。数据如下：

```
>> x=0:.2:2*pi+.2;
>> rng(2);y=sin(x)+rand(1,length(x))*0.5;
>> plot(x,y,'o-');
```

数据曲线如图 11-25 所示。

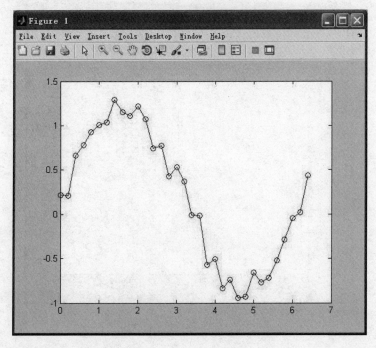

图 11-25　待拟合数据

（1）启动拟合工具。在 MATLAB 命令窗口中输入 nftool 并按 Enter 键，即可启动神经网络拟合工具对话框（Neural Network Fitting Tool）。也可以在命令窗口输入 nnstart 启动神经网络开始对话框，然后在该对话框中选择拟合工具。如图 11-26 所示。

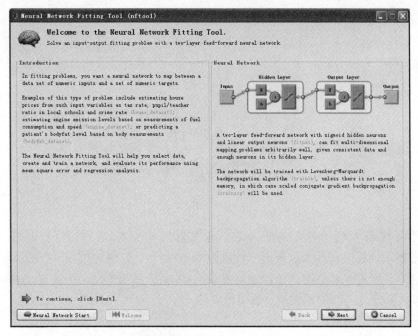

图 11-26　拟合工具对话框

（2）单击 Next 按钮，进入 Select Data 步骤。拟合过程是一个数据集到另一个数据集的映射，因此这里不但要指定输入数据，还要指定目标数据，即输入数据的期望输出。在对话框左方的 Inputs 下列框中选择 x，在 Targets 下拉框中选择 y，如图 11-27 所示。

（3）单击 Next 按钮继续，进入 Validation and Test Data 步骤。系统将把数据分为三部分：训练数据，验证数据和测试数据。三种数据的功能各不相同：

❑ 训练样本，用于网络训练，网络根据训练样本的误差调整网络权值和阈值。

❑ 验证样本，用于验证网络的推广性能，当推广性能停止提高时，表示网络已达到最优状态，此时网络就停止训练。

❑ 测试样本，测试样本用于测试网络的性能。网络不再根据测试样本的结果做任何调整。

一般，训练样本用于调整网络权值和阈值，验证样本则用于调整网络结构，如隐层神经元的个数。在这里，默认随机地将 70%的数据划分为训练样本，15%的数据划分为验证样本，剩下 15%的数据为测试样本。用户也可以自行修改这一比例，但只能在 5%至 35%之间以 5%为步进的值之间选取，这里使用默认设置。如图 11-28 所示。

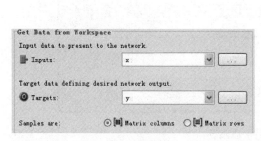

图 11-27　设定数据

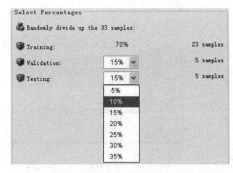

图 11-28　设置样本比例

（4）单击 Next 按钮，进入 Network Architecture 步骤。这一步需要在 Number of Hidden Neurons 编辑框中输入隐含层神经元的个数，默认值为 10。如果设置完成后，发现训练效果不够理想，可以返回到这一步，增大神经元的个数。这里采用默认值，网络结构如图 11-29 所示。

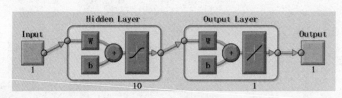

图 11-29　网络结构

（5）单击 Next 按钮，进入 Train Network 步骤。单击 Train 按钮进行训练，系统弹出训练对话框显示训练过程，默认最大迭代次数为 1000 次。训练完成后，在对话框右侧将会显示训练样本、验证样本和测试样本的均方误差（MSE）和 R 值。R 值衡量了目标数据（期望输出）与实际输出之间的相关性，如果相关性为 1，说明两者完全相符，如果相关性为 0，则说明数据完全随机。训练完成后的 MSE 和 R 值如图 11-30 所示。

训练完成时，对话框右侧的三个按钮被激活。第一个按钮显示适应度（Plot Fit），窗口中同时显示训练样本、验证样本和测试样本的目标输出与实际输出，如图 11-31 所示。

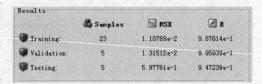

图 11-30　MSE 和相关性

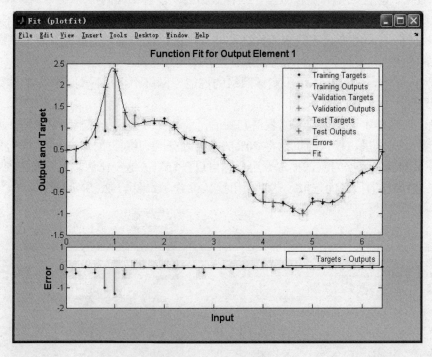

图 11-31　显示适应度

第二个按钮显示误差直方图（Plot Error Histgram）。误差的计算公式是：误差=目标输出－实际输出，如图 11-32 所示。

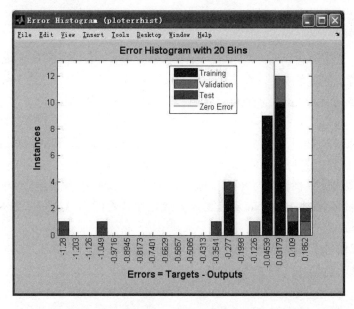

图 11-32　误差直方图

第三个按钮显示回归图（Plot Regression）。回归图窗口被划为 4 个坐标轴，分别显示训练样本、验证样本、测试样本及所有数据的回归图，如图 11-33 所示。

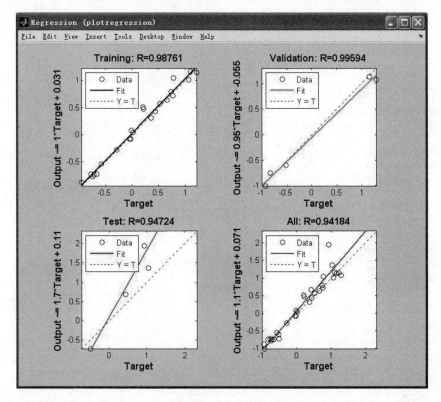

图 11-33　回归图

（6）单击 Next 按钮，进入 Evaluate Network 步骤。在右方的 Inputs 下拉框和 Targets 下拉框中，可以指定测试数据及其期望输出。这里使用正弦函数值作为测试：

```
>> xx=0:.1:2*pi+.2;
>> yy=sin(xx);
```

在 Inputs 下拉框中选择 xx，在 Targets 下拉框中选择 yy，单击 Test Network 按钮，即可进行仿真测试。测试完成后，在 Test Network 按钮下方将会显示 MSE 和 R 值，Plot Fit、Plot Error Histogram 和 Plot Regression 三个按钮被激活，作用与第（5）步中的这三个按钮相同。

（7）单击 Next 按钮，进入 Save Results 步骤。Simple Script 和 Advanced Script 按钮用于生成 MATLAB 脚本文件，该脚本文件可以产生与 nftool 相同的神经网络。可以将网络、输出数据、输入数据、目标数据导出到工作空间，只需勾选相应多选框，并单击 Save Results 按钮即可，也可以单击 Neural Network Diagram 按钮查看网络结构，单击 Simulink 按钮将网络转换为 Simulink 模型。

在这里，我们单击 Simple Script，生成 fit_test.m 脚本文件，并在脚本文件中增加变量定义和仿真测试的语句，代码如下：

```
% Solve an Input-Output Fitting problem with a Neural Network
% Script generated by NFTOOL
% Created Sun Mar 11 15:31:43 CST 2012
%
% This script assumes these variables are defined:
%
%   x - input data.
%   y - target data.

% 自定义语句-------------------------------
plot(x,y,'o-');
rng(2);y=sin(x)+rand(1,length(x))*0.5;
%----------------------------------------

inputs = x;
targets = y;

% Create a Fitting Network
hiddenLayerSize = 10;
net = fitnet(hiddenLayerSize);

% Setup Division of Data for Training, Validation, Testing
net.divideParam.trainRatio = 70/100;
net.divideParam.valRatio = 15/100;
net.divideParam.testRatio = 15/100;

% Train the Network
[net,tr] = train(net,inputs,targets);

% Test the Network
outputs = net(inputs);
errors = gsubtract(targets,outputs);
performance = perform(net,targets,outputs)

% View the Network
view(net)
% 自定义语句-----------------------------
```

```
xx=0:.1:2*pi+.2;
yy=sin(xx);
yx=net(xx);

plot(x,y,'o');
hold on;
plot(xx,yy,'g-');
plot(xx,yx,'r+');
legend('训练样本','实际输出','正弦曲线');
%----------------------------------------
% Plots
% Uncomment these lines to enable various plots.
%figure, plotperform(tr)
%figure, plottrainstate(tr)
%figure, plotfit(net,inputs,targets)
%figure, plotregression(targets,outputs)
%figure, ploterrhist(errors)
```

脚本的执行结果如图 11-34 所示。

（8）完成。单击 Finish 按钮，结束数据的拟合。

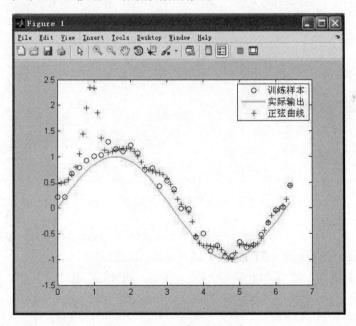

图 11-34　拟合结果

11.4　神经网络模式识别工具（nprtool）

模式识别又称模式分类，广义的模式识别包括有监督的识别和无监督的识别，分别对应有目标数据和无目标数据的训练过程，前者的训练数据所属类别未知，而后者的训练数据所属类别已知。神经网络模式识别工具中所指的模式识别主要是后者，即有监督的分类。对于无监督的分类问题，可以使用神经网络分类/聚类工具加以解决。

在模式识别问题中，输入的数据将被划分为事先规定好的某一个类别。类别的数量是确定的，每个输入样本最终都会被归为预定好的某一个类别中。神经网络模式识别工具可以用来收集数据，创建和训练神经网络，并用均方误差（MSE）和混淆矩阵来评价网络。系统使用一个两层（不包括输入层和输出层）的前向网络，隐含层和输出层都使用 sigmoid 函数，训练时采用量化连接梯度训练函数，就 trainscg 函数。

在 MATLAB 命令窗口输入 nprtool 并按 Enter 键，可以打开神经网络模式识别对话框（Neural Network Pattern Recognition Tool），如图 11-35 所示。

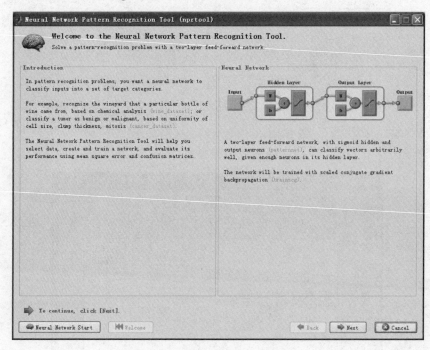

图 11-35　神经网络模式识别对话框

在命令窗口输入 nnstart 启动神经网络开始对话框（Neural Network Start），然后在对话框中选择 Pattern Recognition Tool 也可以打开模式识别工具。

【实例 11.4】定义二维平面上的 14 个点，分别标记为 2 类：

```
>> x=[0.1,4.2;-0.25,2.8;3,1.1;-0.9,1.2;-1.2,1;3.4,1;-2.5,-1.5;3,3.2;...
-2.5,2.7;3.1,-3.2;4,-1.2;3.9,-1;4,3;-4,3.5]'

x =

 Columns 1 through 9

   0.1000   -0.2500    3.0000   -0.9000   -1.2000    3.4000   -2.5000
   3.0000   -2.5000
   4.2000    2.8000    1.1000    1.2000    1.0000    1.0000   -1.5000
   3.2000    2.7000

 Columns 10 through 14

   3.1000    4.0000    3.9000    4.0000   -4.0000
  -3.2000   -1.2000   -1.0000    3.0000    3.5000

>> y=[1,1,1,1,1,2,1,2,1,2,2,2,2,1];
>> plot(x(1,y==2),x(2,y==2),'r>')
```

```
>> hold on;
>> plot(x(1,y==1),x(2,y==1),'bo')
```

x 为坐标点，y 为其类别序号。坐标点的位置和类别如图 11-36 所示，圆形和三角形分别表示两种类别。

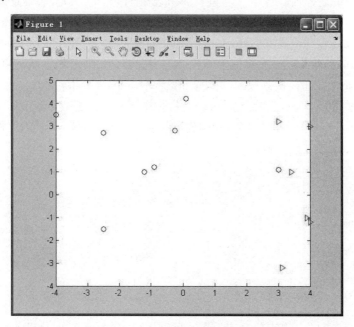

图 11-36　坐标点的位置和类别

使用神经网络模式识别工具对以上样本点做训练，然后识别新的输入数据，步骤如下：

（1）按照上文所述的方法打开神经网络模式识别工具。

（2）在聚类工具对话框中单击右下方的 Next 按钮，进入 Select Data 步骤。模式识别需要目标数据，因此这里需要指定输入和目标样本。值得注意的是，这里的目标样本需要表示为向量的形式，如果某样本属于 N 个类别中的第 i 类，则其对应的目标数据应写为 $[0,0,1,\cdots,0]^{\mathrm{T}}$，其中 1 是向量的第 i 个元素。因此需要对变量 y 做以下转换：

```
>> y0=ind2vec(y);
>> y0
y0 =
   (1,1)        1
   (1,2)        1
   (1,3)        1
   (1,4)        1
   (1,5)        1
   (2,6)        1
   (1,7)        1
   (2,8)        1
   (1,9)        1
   (2,10)       1
   (2,11)       1
   (2,12)       1
   (2,13)       1
   (1,14)       1
```

在 Inputs 下列框中选择变量 x，在 Targets 下拉框中选择 y0，如图 11-37 所示。

可以通过单选按钮 Matrix columns 和 Matrix rows 来指定数据存放的形式，默认均为按列存放，不需要修改。

（3）单击 Next 按钮，进入 Validation and Test Data 步骤。与神经网络拟合工具类似，这里需要对数据集划分训练样本、验证样本和测试样本。采取默认设置即可，此处不再赘述。

（4）单击 Next 按钮，进入 Network Architecture 步骤。此处指定隐含层神经元的个数，在 Number of Hidden Neurons 编辑框中输入 20，表示创建 20 个隐含层节点。

（5）单击 Next 按钮，进入 Train Network 步骤。单击 Train 按钮，系统就开始训练，默认迭代次数为 1000 次，训练完成后将在对话框中显示训练样本、验证样本和测试样本的均方误差与错分率。错分率是指将样本中的数据错误地划分为另一类的比例。训练完成时的 MSE 和错分率如图 11-38 所示。

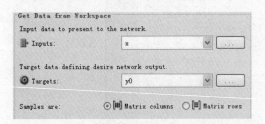

图 11-37　加载输入变量

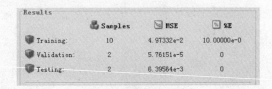

图 11-38　MSE 和错分率

可以看到，三类样本的错分率均为零。此时，Plot Confusion 与 Plot ROC 两个按钮处于激活状态。Plot Confusion 按钮用于显示混淆矩阵。混淆矩阵显示了训练、验证和测试样本中每一个类别含有的样本个数，以及网络输出中每一个类别含有的样本个数，并显示正确划分和错误划分的比例，如图 11-39 所示。

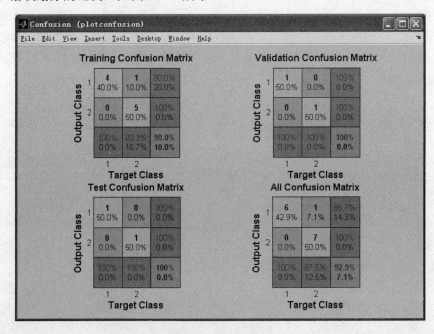

图 11-39　混淆矩阵

（6）单击 Next 按钮，进入 Evaluate Network 步骤。在对话框右侧的 Inputs 和 Targets 下拉框中输入测试数据。

在 MATLAB 命令窗口定义测试数据：

```
>> xx=-4:.4:4;
>> N=length(xx);
>> for i=1:N
for j=1:N
xt(1,(i-1)*N+j)=xx(i);...
xt(2,(i-1)*N+j)=xx(j);...
end
end
```

xt 是包含 529 个样本点的测试样本，与其对应的目标数据是未知的，但系统必须输入目标样本方可进行仿真，这里只要输入一种格式符合要求的目标变量即可：

```
>> yt=ones(1, 529);
>> yt(1)=2;
>> yt=ind2vec(yt);
```

在 Inputs 下拉框中选择 xt，Targets 下拉框中选择 yt，然后单击 Test Network 按钮，即可进行仿真测试。测试完成后将显示 MSE 值和错分率，由于目标数据是随机指定的，因此此处这两个值没有实际意义。

（7）单击 Next 按钮，进入 Save Results 步骤。与拟合工具类似，在这一步可以保存网络和变量，或者将网络导出为脚本文件或 Simulink 模型。

在这里我们将网络保存为 pr_test.m 脚本文件，然后在脚本中添加变量的定义语句及测试代码。完整的脚本代码如下：

```
% This script assumes these variables are defined:
%
%   x - input data.
%   y0 - target data.

% 自定义语句------------------------------------
x=[0.1,4.2;-0.25,2.8;3,1.1;-0.9,1.2;-1.2,1;3.4,1;-2.5,-1.5;3,3.2;...
    -2.5,2.7;3.1,-3.2;4,-1.2;3.9,-1;4,3;-4,3.5]';
y=[1,1,1,1,1,2,1,2,1,2,2,2,2,1];
y0=ind2vec(y);
%------------------------------------------------

inputs = x;
targets = y0;

% Create a Pattern Recognition Network
hiddenLayerSize = 20;
net = patternnet(hiddenLayerSize);


% Setup Division of Data for Training, Validation, Testing
net.divideParam.trainRatio = 70/100;
net.divideParam.valRatio = 15/100;
net.divideParam.testRatio = 15/100;

% Train the Network
[net,tr] = train(net,inputs,targets);
```

```
% Test the Network
outputs = net(inputs);
errors = gsubtract(targets,outputs);
performance = perform(net,targets,outputs)

% View the Network
% view(net)
% 自定义语句-------------------------------------------
 xx=-4.4:.4:4.5;
 N=length(xx);
 for i=1:N
     for j=1:N
         xt(1,(i-1)*N+j)=xx(i);...
             xt(2,(i-1)*N+j)=xx(j);...
     end
 end

yt=sim(net,xt);
yt=vec2ind(yt);
plot(x(1,y==2),x(2,y==2),'r>','Linewidth', 2);
hold on;
plot(x(1,y==1),x(2,y==1),'bo','Linewidth', 2);

plot(xt(1,yt==1),xt(2,yt==1),'bo');
hold on;
plot(xt(1,yt==2),xt(2,yt==2),'r>');
%-------------------------------------------------
```

保存并运行以上脚本，执行结果如图 11-40 所示。

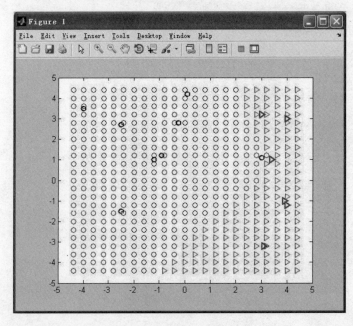

图 11-40　测试分类结果

分类的效果良好，在 $x=3$，$y=1$ 附近有两个比较接近、但分属两个不同之类的点，也被网络准确地区分开来了。

（8）完成。单击 Finish 按钮，完成分类过程。

11.5　神经网络时间序列工具（ntstool）

自然界中的数据往往都会随着时间的推移发生变化。时间序列就是对一组统计数据按发生时间的先后顺序排列而成的序列。时间序列中数据的取值依赖于时间的变化，邻近时刻的数值分布存在一定的规律性，从而在整体上呈现某种趋势或周期性变化的规律，因此可以由已知数据预测未知数据。但每个数据点的取值又伴有随机性，无法完全由历史数据推演得到。

时间序列分析可以借助于许多数学工具。如滑动平局模型，二次滑动平均模型等。在人工智能领域，各种智能算法也可以应用于时间序列分析中。预测可以被视为一种动态滤波问题，在神经网络中，可以用带抽头延迟线的动态神经网络来处理非线性滤波和预测问题。

MATLAB 神经网络工具箱为用户提供了时间序列工具 ntstool，它可以解决三类时间序列问题：有外部输入的非线性自回归；无外部输入的非线性自回归；时间延迟问题。

有外部输入的非线性自回归问题可以用下式进行描述：

$$y(t) = f(x(t-1))(,\cdots, x(t-d), y(t-1), \cdots, y(t-d))$$

示意图如图 11-41 所示。

$x(t)$ 表示外部输入，$y(t)$ 表示要分析的时间序列，是网络的输出。在这一类问题中，时间序列不但决定于自身的历史值，还决定于特定外部输入及其历史值。

无外部输入的非线性自回归问题可以用下式进行描述：

$$y(t) = f(y(t-1), \cdots, y(t-d))$$

示意图如图 11-42 所示。

 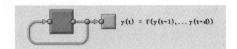

图 11-41　有外部输入的非线性自回归问题　　　图 11-42　无外部输入的非线性自回归问题

在这一类问题中，状态值仅仅决定于自身的历史值，因此不需要输入信号。

时间延迟问题则用下式描述：

$$y(t) = f(x(t-1), \cdots, x(t-d))$$

在时间延迟问题中，输出信号由输入信号及其历史值决定。这种情况在工程实践中遇到较少，一般只有在一个有外部输入的非线性自回归问题中，当 $y(t)$ 的历史数据无法获得时才会使用该模型解决问题。

本节将会通过实例讲解的方式介绍前两种工具的使用方法。

MATLAB 命令窗口输入 ntstool 并按 Enter 键，可以打开神经网络时间序列工具（Neural Network Time Series Tool）如图 11-43 所示。

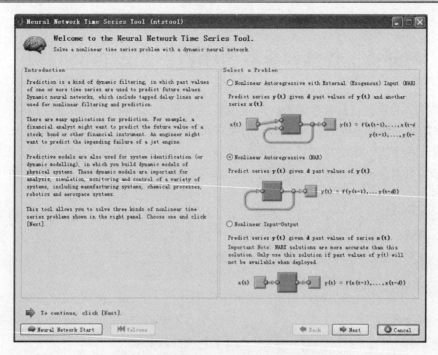

图 11-43　神经网络时间序列工具对话框

在命令窗口输入 nnstart 启动神经网络开始对话框（Neural Network Start），然后在对话框中选择 Time Series Tool 也可以打开时间序列工具。

【实例 11.5】有外部输入的非线性自回归问题。这里采用 MATLAB 自带的实例数据：Fluid Flow in Pipe。数据存放在 valve_dataset.mat 文件中，包含两个变量：

❑ valveInputs，1×1801 细胞数组，细胞数组中的元素时表示阀门打开百分比的标量。

❑ valveTargets，1×1801 细胞数组，细胞数组中的元素表示流体的流速。显然，由于流体的流动性，流体在管道中的流速与前一时刻的流速有关。而阀门打开程度的增大（减小）会促进（抑制）流体的流动。因此这是一个典型的 NARX 问题。

（1）按照上文所述的方法打开神经网络时间序列工具对话框，在对话框右侧中选择 NonLinear Autoregressive with External（Exogenous）Input。

（2）单击 Next 按钮，进入 Select Data 步骤。单击 Load Example Data Set 按钮，弹出 Time SeriesDataSet Chooser 对话框，在左侧的列表中选择最后一项 Fluid Flow in Pipe，单击 Import 按钮导入，如图 11-44 所示。

（3）回到主对话框，单击 Next 按钮，进入 Validation and Test Data 步骤。与神经网络拟合工具类似，这里需要对数据集划分训练样本、验证样本和测试样本。这里采用默认设置即可。

（4）单击 Next 按钮，进入 Network Architecture 步骤。这一步需要指定的是隐含层神经元的个数和延迟，默认值分别为 10 和 2。延迟表示当前输出与之前的多少个数据有关，假设延迟为 m，则输出的表达式为

$$y(t) = f(x(t-1), \cdots, x(t-m), y(t-1), \cdots, y(t-m))$$

输入函数 $x(t)$ 与输出值 $y(t)$ 的延迟是相等的，不需要分别设定。在形成的网络中，输出值由 $x(t)$ 和 $y(t)$ 经过延迟共同决定，如图 11-45 所示。

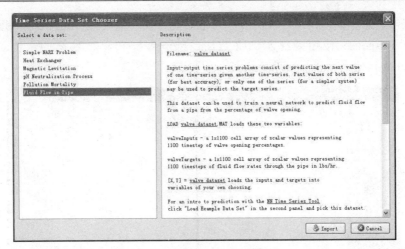

图 11-44　导入系统自带数据

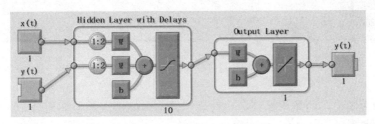

图 11-45　神经网络结构

（5）单击 Next 按钮，进入 Train Network 步骤。单击 Train 按钮，系统就开始训练，默认迭代次数为 1000 次，训练到 38 次时迭代停止，并在对话框中显示训练样本、验证样本和测试样本的均方误差与相关性 R。相关性介于 0～1 之间，指目标输出和实际输出之间的吻合度，取 1 表示完全吻合，取 0 表示不吻合。

训练完成后，对话框右侧的 4 个按钮变为激活状态。Plot Error Histogram 按钮用于显示误差直方图，如图 11-46 所示。

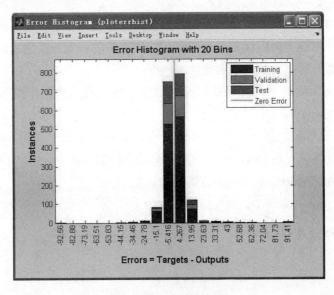

图 11-46　误差直方图

黄色竖线表示零误差，从图 11-46 中可以看到，误差值集中分布在零值附近，且误差较大。Plot Response 按钮则显示训练数据、验证数据和测试数据的走势。Plot Error Autocorrelation 按钮用于显示误差自相关，如图 11-47 所示。

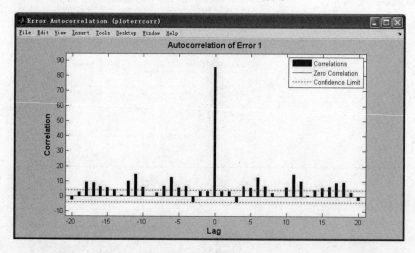

图 11-47　误差自相关

误差自相关图中，两条水平红色虚线表示置信区间，误差值如果分布在区间内，表示可以接受。图 4-53 中多条误差线超过了该区间，表明训练结果并不理想。

（6）单击 Next 按钮，进入 Evaluate Network 步骤。由于使用的是 MATLAB 自带的数据，因此没有恰当的测试数据可以选择，这一步略过。

（7）单击 Next 按钮，进入 Save Results 步骤。与拟合工具类似，在这一步可以保存网络和变量，或者将网络导出为脚本文件或 Simulink 模型。

（8）完成。单击 Finish 按钮，完成时间序列的预测过程。

【实例 11.6】无外部输入的非线性自回归问题。股票的涨落是一个典型的时间序列问题，股价随着时间的推移不断波动，但同时也受企业业绩、国家政策等因素的影响。在这里忽略其他因素，将股票价格视为只与自身历史值有关的、无外部输入的时间序列问题。这个实例中的股价资料取自第 9 章反馈神经网络。

（1）按照上文所述的方法打开神经网络时间序列工具对话框，在对话框右侧中选择 NonLinear Autoregressive。

（2）单击 Next 按钮，进入 Select Data 步骤。由于没有输入，所以这里只需导入目标数据即可。股价数据保存在 stock2.mat 文件中，在 MATLAB 命令窗口中输入 load stock2 导入数据，并将数据按 50% 划分为训练集合测试集：

```
>> load stock2
>> s1=stock1(1:140);
>> s2=stock1(141:280);
>> size(stock2)
ans =

  280     1
```

s1 用作训练集，s2 用作测试集。在 Targets 下拉框中选择 s1，由于 s1 是 140×1 的列向量，因此这里应在下侧的单选按钮中选择 Matrix row，如图 11-48 所示。

（3）单击 Next 按钮，进入 Validation and Test Data 步骤。与神经网络拟合工具类似，这里需要对数据集划分训练样本、验证样本和测试样本。采取默认设置即可，此处不再赘述。

图 11-48　导入数据

（4）单击 Next 按钮，进入 Network Architecture 步骤。这一步需要指定的是隐含层神经元的个数和延迟，默认值分别为 10 和 2。延迟表示当前输出与之前的多少个数据有关，假设延迟为 m，则输出的表达式为

$$y(t) = f(x(t-1), \cdots, x(t-m))$$

修改隐含层神经元个数为 20 个，延迟为 5。在对话框的下方显示了网络的结构图，如图 11-49 所示。

图中的 $1:5$ 表示延迟，指当前输出与之前的 5 个输出值有关。

（5）单击 Next 按钮，进入 Train Network 步骤。单击 Train 按钮，系统就开始训练，默认迭代次数为 1000 次，训练完成后将在对话框中显示训练样本、验证样本和测试样本的均方误差与相关性 R。相关性介于 $0 \sim 1$ 之间，指目标输出和实际输出之间的吻合度，取 1 表示完全吻合，取 0 表示不吻合。

训练完成后，对话框右侧的三个按钮变为激活状态。Plot Error Histogram 按钮用于显示误差直方图，如图 11-50 所示。

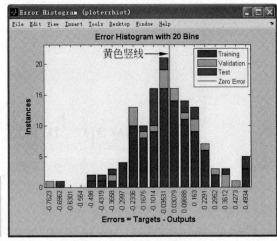

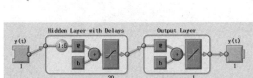

图 11-49　神经网络结构　　　　　　　　图 11-50　误差直方图

误差直方图可以显示误差的分布，如图 11-50 所示，中部的黄色竖线表示零误差，可以看到，误差大致均匀地分布在零的两侧，呈现正态分布的规律。

Plot Response 按钮则显示训练数据、验证数据和测试数据的走势，包括目标输出和实际输出，如图 11-51 所示，预测值能够大致预测股价的走势。

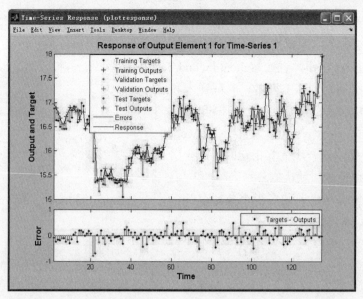

图 11-51　股价走势

Plot Error Autocorrelation 按钮用于显示误差自相关，如图 11-52 所示。最佳的预测结果应该是这样：网络预测到了所有除随机因素以外的成分，此时每个时间序列点的误差之间没有依赖性，是完全独立的。因此，其误差自相关应该是在零点处有一条竖线，表示误差自身的相关，其余位置误差自相关为零或非常小。在图 11-52 中，有一些位置的误差自相关比较大，说明训练得还不够好，或者网络结构不够完善。

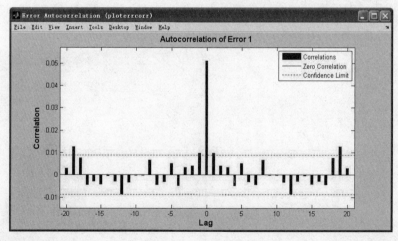

图 11-52　误差自相关

（6）单击 Next 按钮，进入 Evaluate Network 步骤。可以在右边的 Targets 下拉框中选择 s2，下方的单选按钮选择 Matrix row，单击 Test Network 进行测试，下方的 Plot Error Histogram、Plot Response、Plot Error Autocorrelation 三个按钮变为激活状态，单击 Plot Response 按钮查看预测效果，如图 11-53 所示。

图 11-53 中黄色的阴影部分显示，网络在那个区域误差很大。

（7）单击 Next 按钮，进入 Save Results 步骤。与拟合工具类似，在这一步可以保存网络和变量，或者将网络导出为脚本文件或 Simulink 模型。

（8）完成。单击 Finish 按钮，完成时间序列的预测过程。

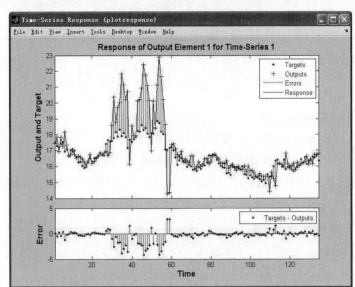

图 11-53　测试效果

11.6　nntraintool 与 view

nntraintool 用于打开或关闭训练窗口，是神经网络工具箱的可视化工具之一，但一般不需要用户显式地调用。除了不需要训练的网络如径向基以外，其他网络在训练时一般都要调用 train 函数，nntraintool 就在 train 函数内部被调用，其作用是显示训练过程和信息。训练完成时的训练窗口如图 11-54 所示。

训练窗口从上到下可分为 4 个部分。第一部分显示该神经网络的结构图，图 11-54 显示的是 Elman 网络的结构图。第二部分显示训练使用的具体函数：数据划分（Data Division）函数、训练（Training）函数、性能（Performance）函数和求导（Derivative）函数。

第三部分随着训练的进行实时更新训练信息：Epoch 表示迭代的次数，Time 表示训练时间，Performance 表示误差性能，Gradient 表示梯度信息，Validation Checks 表示网络连续若干次检验，误差没有下降。一般训练时总是将数据划分为训练样本和验证样本，每训练一次，系统就将验证样本中的数据代入验证，如果连续若干次误差没有下降，则训

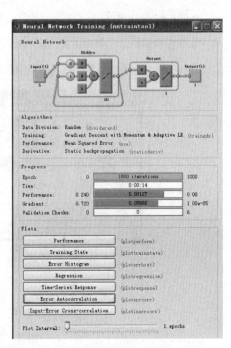

图 11-54　训练窗口

练提前结束，以免出现过学习。

在第四部分的按钮区中，有 7 个按钮用于显示训练信息：

- ❑ Performance 按钮，显示误差性能随着迭代次数增加逐渐下降的曲线。
- ❑ Training State 按钮，显示训练情况。
- ❑ Error Histogram 按钮，显示误差直方图。
- ❑ Regression 按钮，显示回归坐标图。
- ❑ Time-Series Response 按钮，显示时间序列响应。
- ❑ Error Autocorrelation 按钮，显示误差自相关。
- ❑ Input-Error Cross-correlation 按钮，显示输入误差自相关。

用户也可以选择关闭训练窗口的显示，方法是在创建网络之后，调用 train 函数之前加入如下语句：

```
net.trainParam.showWindow = false;
```

除了在 train 函数中由系统自动调用外，用户还可以手动控制训练窗口的显示与关闭：

```
nntraintool
nntraintool('close')
```

类似于训练窗口的显示控制，神经网络训练时也会在命令窗口输出信息。以下语句打开命令窗口输出，并设置显示步长为 35，表示每训练 35 次更新一次命令行信息：

```
net.trainParam.showCommandLine = true;
net.trainParam.show= 35;
```

用以下命令关闭命令行输出：

```
net.trainParam.showCommandLine = false;
```

view 命令用于显示神经网络的结果图，调用方法是：

```
view(net)
```

用该命令显示上述 Elman 网络的网络变量 net，如图 11-55 所示。

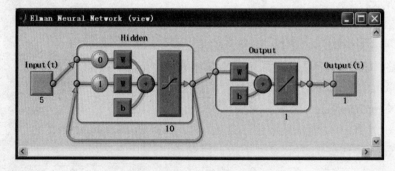

图 11-55　网络结果图

第 3 篇　实战篇

第 12 章　Simulink

Simulink 是 MATLAB 中的一种可视化仿真工具，是一种基于 MATLAB 的框图设计环境，被广泛应用于线性系统、非线性系统、数字控制及数字信号处理的建模和仿真中。在 Simulink 环境中，用户不需要书写大量程序代码，而只需通过简单的鼠标操作即可构造复杂的系统。

MATLAB 神经网络工具箱为用户提供了 Simulink 下的建模工具。在 Simulink 下使用神经网络主要有两种途径：

❑ 在 Simulink 环境下使用模块直接搭建神经网络；

❑ 在 MATLAB 软件中创建好神经网络，再用 gensim 函数导入 Simulink 中。

本章将通过简单的实例分别介绍这两种方法。

12.1　Simulink 中的神经网络模块

在 MATLAB 命令窗口输入 simulink，并按 Enter 键，即可启动 Simulink。Simulink 启动后会打开模块库浏览器，如图 12-1 所示。

用户也可以在 MATLAB 主界面中单击工具栏上的 Simulink 按钮启动 Simulink，Simulink 按钮如图 12-2 所示。

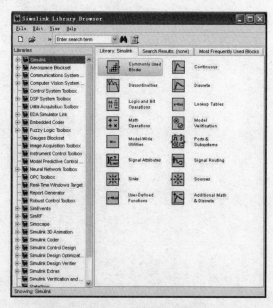

图 12-1　Simulink 模块库浏览器

图 12-2　Simulink 按钮

模块是 Simulink 建模的基本元素，模块对用户是透明的，用户只需知道它的输入/输出和实现的功能，而不需关心功能具体是如何实现的，模块库就是模块的集合。在模块库浏览器中，系统提供了基本的模块和适合各工具箱的专用模块。在"Simulink"条目下存放的主要为通用性模块。如信号源模块库（Sources）能提供正弦信号、常数、扫频信号、阶跃信号等多种信号；数学操作模块库（Math Operations）能提供取数值绝对值、加法、开方等数学运算。Simulink 还为各工具箱提供了专用的模块，如 DSP 系统工具箱（DSP System Toolbox）、计算机视觉系统工具箱（Computer Vision System Toolbox）、鲁棒控制工具箱（Robust Control Toolbox）等。

在模块库浏览器左方的树状列表中选择 Neural Network Toolbox，出现神经网络工具箱的模块库，如图 12-3 所示。也可以在命令窗口输入 neural 并按 Enter 键，同样可以打开神经网络工具箱的模块库。

神经网络工具箱模块库共包括 5 个部分，分别为传输函数、网络输入函数、权值函数、处理函数和控制系统。

（1）传输模块：双击 Transfer Functions 图标，打开 Library：neural/Transfer Functions 对话框，如图 12-4 所示。

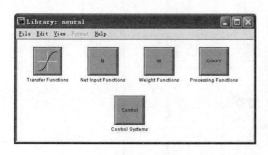

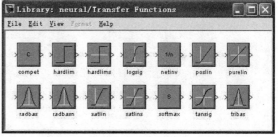

图 12-3　神经网络工具箱模块库　　　　　　　图 12-4　传输函数模块

对话框中列出了神经网络中主要的传输函数类型，如线性神经网络的传输函数 purelin，径向基网络的传输函数 radbas 等。表 12-1 列出了部分传输模块的功能。

表 12-1　传输函数

传 输 函 数	函 数 功 能	对应的网络
compet	竞争函数，找出输入中的最大者	概率神经网络
hardlim	相当于阶跃函数	感知器
hardlims	相当于符号函数	感知器
purelin	线性传输函数，将输入原样输出	线性神经网络
radbas	径向基函数，离中心越远，输出值越小	径向基神经网络
radbasn	径向基函数，同 radbas。对输出做归一化	径向基神经网络
satlin	饱和线性传输函数	反馈神经网络
satlins	对称饱和线性传输函数	反馈神经网络

传输函数模块库中的任意一个模块都能够接受一个网络输入向量，并且相应地产生一个输出向量，这个输出向量的组数和输入向量相同。

（2）网络输入模块：包括 netsum 和 netprod。netsum 将输入和阈值的对应元素相加，netprod 则将输入对应元素分别相乘得到输出。网络输入模块库中的每一个模块都能够接受任意数目的加权输入向量、加权的层输出向量，以及偏值向量，并且返回一个网络输入向量。

（3）权值模块：包括 dotprod、dist、negdist 和 normprod 四个函数模块。

❑ dotprod：内积权函数，计算输入向量之间的内积。

❑ dist：欧几里得权函数，返回输入向量间的欧几里得距离。

❑ negdist：负的欧几里得权函数，返回值是 dist 函数的相反数。

❑ normprod：归一化的内积权函数，主要用于广义回归网络（newgrnn）中。

权值模块库中的每个模块都以一个神经元权值向量作为输入，并将其与一个输入向量（或者是某一层的输出向量）进行运算，得到神经元的加权输入值。

（4）处理函数：双击 Processing Functions 图标，将会弹出 Library：neural/Processing Functions 对话框，对话框中显示了处理模块和相应的逆处理模块，如图 12-5 所示。这些模块可用于对输入数据做预处理，或对输出数据做后处理。

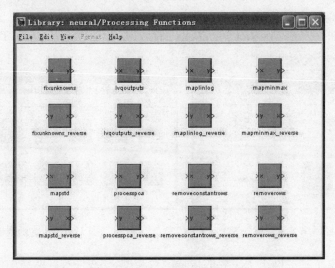

图 12-5　Processing Functions

控制系统模块库：双击 Control Systems 模块库的图标，便可打开如图 12-6 所示的控制系统模块库窗口。神经网络的控制系统模块库中包含三个控制器和一个示波器。控制器分别为神经网络模型预测控制（NN Predictive Controller）、反馈线性化控制（NARMA-L2 Controller）和模型参考控制（Model Reference Controller）。

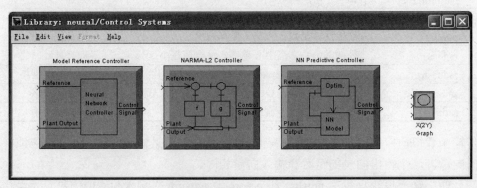

图 12-6　控制系统模块库

注意：上面的这些模块需要的权值向量必须定义为列向量。这是因为 Simulink 中的信号可以为列向量，但是不能为矩阵或者行向量。另外，为了实现一个与 S 个神经元连接的权值矩阵，用户必须创建 S 个权值函数模块，对矩阵的每一列都必须分别创建一个模块。与权值函数模块不同，对于一个神经网络层，只需要一个网络输入模块和一个传输函数模块。

12.2　用 gensim 生成模块

gensim 函数的功能是将工作空间中创建好的神经网络转为 Simulink 模块。

12.2.1　相关函数介绍

本节介绍 gensim、setsiminit/getsiminit、nndata2sim/sim2nndata 函数。

1. gensim函数

在 MATLAB 工作空间中，利用函数 gensim，能够对一个神经网络生成其模块化描述，从而可在 Simulink 中对其进行仿真。gensim 函数的调用格式通常为：

```
gensim(net,st )
```

其中　第一个参数指定了 MATLAB 工作空间中需要生成模块化描述的网络，第二个参数指定了采样时间，通常情况下它为一个正数。如果网络没有与输入权值或者层中权值相关的延迟，则指定第二个参数为-1，那么函数 gensim 将生成一个连续采样的网络。

gensim 还有其他调用格式：

```
[sysname, netname]=gensim(NET,'param1',value1,'param2',value2,...)
```

sysname 为仿真系统名称，netname 为所创建的网络模块名称。NET 为工作空间中已经存在的网络对象。param1、param2 为字段名，value1、value2 为相应的属性值。

函数定义如下几个字段：

❑ Name，新 Simulink 模型名称。
❑ SampleTime，取–1 表示连续信号，否则取一个正值，表示采样时间。
❑ InputMode，可以取'none'、'port'、'workspace'或默认值'constant'，表示数据输入的来源。
❑ OutputMode，可以取'none'、'display'、'port'、'workspace'或默认值'scope'，表示输出数据的去向。
❑ SolverMode，可以取'default'，表示生产的模型采用默认的设置，或取'discrete'，表示离散取值。

【实例 12.1】在工作空间中创建一个 NARX 网络，并用 gensim 将其转换为 Simulink模型。新建脚本文件 narx_sim.m，输入代码如下：

```
% narx_sim.m
%% 清理
close all
clear,clc
```

```
%% 准备数据
% 加载
[x,t] = simplenarx_dataset;

%% 创建并训练网络
% 网络创建
net = narxnet(1:2,1:2,10);
% 准备时间序列数据
[xs,xi,ai,ts] = preparets(net,x,{},t);
view(net)
% 训练
net = train(net,xs,ts,xi,ai);
% 测试
y = net(xs,xi,ai);
% 将反馈设为闭环
net = closeloop(net);
view(net)
% 再次测试
[xs,xi,ai] = preparets(net,x,{},t);
y = net(xs,xi,ai);

%% 转换为 Simulink 模型
[sysName,netName] = gensim(net,'InputMode','Workspace',...
    'OutputMode','WorkSpace','SolverMode','Discrete');
% 初始化
setsiminit(sysName,netName,net,xi,ai,1);
% 将神经网络数据转换为 Simulink 时间序列数据
x1 = nndata2sim(x,1,1);
TS = numtimesteps(x);
% 设置参数
set_param(getActiveConfigSet(sysName),...

'StartTime','0','StopTime',num2str(TS-1),'ReturnWorkspaceOutputs','on')
;
% 进行仿真
simOut = sim(sysName)
% 将 Simulink 时间序列数据转换为神经网络数据
ysim = sim2nndata(simOut.find('y1'))
```

脚本建立一个带输入的时间序列问题，并将其转换为 Simulink 模型。脚本执行后将显示 NARX 网络的结构图，并生成一个神经网络模型，如图 12-7 所示。

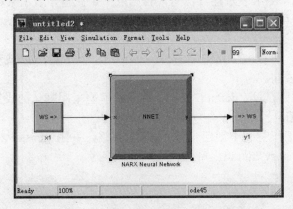

图 12-7　NARX 网络的 Simulink 模型

2. setsiminit/getsiminit函数

这两个函数用于设置或获取神经网络 Simulink 模型的初始化参数。setsiminit 调用格式为：

```
setsiminit(sysName,netName,NET,Xi,Ai,Q)
```

这里的 sysName 由 gensim 函数创建的模型名，netName 则是模型中网络模块的名称。NET 是相应的工作空间中的网络，Xi 与 Ai 分别为网络的输入延迟和层延迟，Q 为可选参数，表示采样率。

相应地，getsiminit 函数用于获取网络模块的参数：

```
[Xi,Ai] = getsiminit(sysName,netName,net)
```

对于不需要延迟的网络，Xi 与 Ai 的值为零：

```
>> p=[0,0,1,1;0,1,0,1];
>> t=[0,1,1,0];
>> net=newrbe(p,t);
>> [sysname,netname]=gensim(net);
>> [xi,ai]=getsiminit(sysname,netname,net)
xi =

  Empty cell array: 1-by-0
ai =

  Empty cell array: 2-by-0
```

3. nndata2sim/sim2nndata函数

在 Simulink 中使用的神经网络所需的数据格式与工作空间中有所不同。这两个函数实现它们之间的相互转换。nndata2sim 函数调用格式如下：

```
nndata2sim(x,i,q)
```

x 是用 nndata 创建的神经网络数据，i、q 分别为数据中的序号。下面的例子创建了两个序列，序列长度为 10，每个元素为 4×3 矩阵：

```
>> x = nndata([4;3],3,10)
x =

 Columns 1 through 5

  [4x3 double]    [4x3 double]    [4x3 double]    [4x3 double]    [4x3
  double]
  [3x3 double]    [3x3 double]    [3x3 double]    [3x3 double]    [3x3
  double]

 Columns 6 through 10

  [4x3 double]    [4x3 double]    [4x3 double]    [4x3 double]    [4x3
  double]
  [3x3 double]    [3x3 double]    [3x3 double]    [3x3 double]    [3x3
  double]

>> nndata2sim(x)
```

```
ans =

      time: [0 1 2 3 4 5 6 7 8 9]
signals: [1x1 struct]
```

上面的命令将第一个序列的第二个信号转换为 Simulink 要求的模式。

用下列命令将其转换回神经网络格式：

```
>> sim2nndata(s)
ans =

 Columns 1 through 5

   [4x1 double]    [4x1 double]    [4x1 double]    [4x1 double]    [4x1
   double]

 Columns 6 through 10

[4x1 double]    [4x1 double]    [4x1 double]    [4x1 double]    [4x1 double]
```

12.2.2　gensim 使用实例

这里使用 MATLAB 官方提供的一个小例子来演示 gensim 函数的用法。设计一个神经网络，并生成其模块化描述。网络的输入为向量 x：

$$x = [1, 2, 3, 4, 5]$$

相应的目标输出为向量 y：

$$y = [1, 3, 5, 7, 9]$$

这是一个将正整数映射为正的奇数的问题，可以用表达式 $y = 2x - 1$ 描述，因此可以很方便地用线性神经网络实现：

```
>> x=[1,2,3,4,5]
x =

    1    2    3    4    5

>> y=[1,3,5,7,9]
y =

    1    3    5    7    9

>> net=newlind(x,y);
>> y1=sim(net,x)
y1 =

   1.0000   3.0000   5.0000   7.0000   9.0000
```

网络能够正确地输出结果。下面调用 gensim 函数创建一个相对应的 Simulink 模型：

```
>> [sysname,netname]=gensim(net,-1)
sysname =
untitled


netname =
Linear Designed
```

该命令创建了一个实现线性神经网络的模块型，如图 12-8 所示。

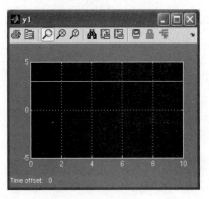

图 12-8　gensim 生成的模型

该模型包含一个与采样输入和示波器输出相连接的线性网络。双击输入模块，输入模块是一个常量模块，其输入值是系统随机给定的。将 Constant value 改为 2，单击 OK 按钮确定。然后单击工具栏上三角形形状的运行按钮或选择 Simulation 菜单下的 Start 命令，运行系统。运行按钮位置如图 12-9 中方框所示。

由于模型的输入为示波器，因此双击示波器可直接观察输出，输出结果如图 12-10 所示，输入为 3 时输出为 3。

图 12-9　运行系统　　　　　　　　　　　图 12-10　系统输出

在 Simulink 中修改神经网络模型：用 gensim 产生神经网络模型后，用户可以在 Simulink 环境中自由修改该模型以满足实际需要。对生成的模型做如下修改：

（1）将常量输入改为正弦信号输入。选中输入模块，在上下文菜单中选中 Delete 命令，或选中后按 Delete 键将其删除。然后在 Simulink 模块库窗口中，依次选择"Simulink"|"Sources"|"Sine Wave"，将正弦输入模块拖动到线性神经网络模型窗口中，如图 12-11 所示。

此时输入端的连线为红色虚线，表示未连接，拖动输入模块，两者会自动连接上。运行系统，双击示波器，网络的输出如图 12-12 所示。

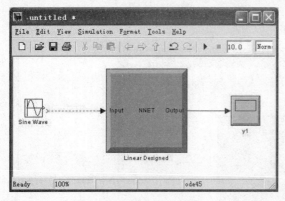

图 12-11　添加正弦输入

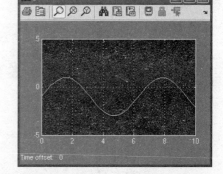

图 12-12　输入正弦时的网络输出

输出值大致在–3～1之间。在 MATLAB 命令窗口验证：

```
>> x=-1:.1:1;
>> y=net(x)
y =

 Columns 1 through 9

 -3.0000   -2.8000   -2.6000   -2.4000   -2.2000   -2.0000   -1.8000
 -1.6000   -1.4000

 Columns 10 through 18

 -1.2000   -1.0000   -0.8000   -0.6000   -0.4000   -0.2000    0.0000
  0.2000    0.4000

 Columns 19 through 21

   0.6000    0.8000    1.0000

>> net(1:5)
ans =

   1.0000    3.0000    5.0000    7.0000    9.0000
```

（2）将采样时间由 –1 改为 1，使用命令 gensim(net,1) 重新产生一个 Simulink 神经网络模型，并将输入常量单元改为正弦单元，此时的模型为正弦输入的离散模型。单击工具栏的运行按钮运行系统，然后双击示波器观看输出，如图 12-13 所示。

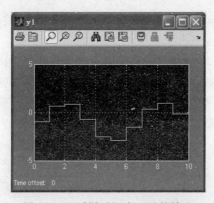

图 12-13　采样时间为 1 时的输出

第 13 章　神经网络应用实例

本书前面的章节重点讲解了 BP 神经网络、径向基神经网络、自组织竞争网络、反馈网络等神经网络的原理，并介绍了 MATLAB 工具箱中的相关函数，通过简单的实例演示函数的用法。本章将给出一些更为完整的实例，这些实例大多有具体的研究背景，或具备一定的研究价值，或贴近实际，生动有趣。案例涉及分类、聚类、预测、压缩等领域。本章尽量采用不同类型的神经网络来解决上述问题，以下为实例内容：

- BP 神经网络实现图像压缩。依赖 BP 网络的非线性映射能力进行数据压缩。
- Elman 网络预测上证股市开盘价。使用了反馈网络——ELman 神经网络来处理时间序列问题。
- 径向基网络预测地下水位。使用径向基网络实现预测，在实例中，给出了一定数量的训练样本，然后求新样本对应的输出值，可以看作一种拟合问题。
- 基于 BP 网络的个人信贷信用评估。使用了误差反向传播的 BP 网络，信贷评估事实上是一种分类问题。
- 基于概率神经网络的手写数字识别。数字识别是一种 10 分类问题。概率神经网络是径向基函数网络的一种，特别适合处理模式分类问题。
- 基于概率神经网络的柴油机故障诊断。不同的故障对应不同的模式，因此该问题也是一种分类问题。
- 基于自组织特征映射网络的亚洲足球水平聚类。使用了自组织特征网络解决了一个聚类问题。

13.1　BP 神经网络实现图像压缩

图像压缩的算法多种多样，如 JPG/JPEG 图像使用 JPEG 压缩标准，JPEG 压缩标准使用了变换编码与熵编码的方式。此外还有基于小波变换的图像压缩算法、分形压缩编码、矢量量化压缩编码等。本小节采用 BP 神经网络对灰度图像进行压缩，在保证较好峰值信噪比（PSNR）的情况下，达到了较高的压缩比。

13.1.1　问题背景

数据压缩技术旨在用更少的信息比特表示相同的内容。数据压缩包括有损压缩和无损压缩。常见的文件压缩软件如 WinZip、WinRAR 等采用的是无损压缩，能够完全恢复原文件内容。多媒体信息具有信息量大、冗余信息多的特点，往往采用有损压缩技术。

图像、音频、视频数据往往非常庞大。以一份分辨率为 640×480 大小的真彩色视频为例，每一帧的比特数为 $640\times480\times24=7.37\text{Mb}$（兆比特）需占用 0.9MB（兆字节）的存储空间。一个 1GB（1000MB）容量的硬盘只能存储这种图像 1000 多幅。电影的帧频一般为 24 帧/秒，则 1 分钟的电影片段大概需要 $640\times480\times24\times60\times24=1327\text{MB}$ 的存储空间。这对于实用来说显然是无法满足要求的，因此多媒体数据的压缩对于相关的应用来说非常关键。

另外，由于多媒体数据一般都可以适当地丢掉一些信息，因此其压缩比例往往远高于普通的数据压缩。以图像为例，首先，根据大面积着色原理，图像必须在一定面积内存在相同或相似的颜色，对于人眼的观察来说才有意义，否则看到的只是杂乱无章的雪花。因此，图像中相邻象素间存在相似性，这样就产生了图像的预测编码。另外，由于存在视觉的掩盖效应，因此人眼对于颜色细节往往并不敏感。图像信息上的微小损失往往是无法感知或可以接受的，这样就提供了广阔的压缩空间。最后，数据都存在统计上的冗余，如在某一幅描绘海洋的图像中，蓝颜色出现的频率可能远高于红颜色，通过去除统计上的冗余同样可以实现压缩。

13.1.2　神经网络建模

BP 神经网络是理论和应用中出现最多的一种人工神经网络模型。它是一种多层前向网络，一般用于数据的分类、拟合等领域。BP 网络接受一个输入向量，在输出端给出另一个向量，内在的映射关系通过神经元间的连接权值来体现和保存。

BP 神经网络用于压缩的原理如下。

BP 网络至少包含一个隐含层，这里只采用一个隐含层，因此整体构成了一个三层的网络。把一组输入模式通过少量的隐含层单元映射到一组输出模式，并使输出模式尽可能等于输入模式。因此，隐含层神经元的值和相应的权值向量可以输出一个与原输入模式相同的向量。当隐含层的神经元个数较少时，就意味着隐含层能用更少的数来表现输入模式，而这实际上就是压缩。这一思想可以由图 13-1 来表示。

第一层为输入层，中间层为隐含层，网络的映射功能依赖隐含层实现。输入层到隐含层的变换相当于压缩的编码过程；而从隐含层到输出层的变换则相当于解码过程，如图 13-2 所示。

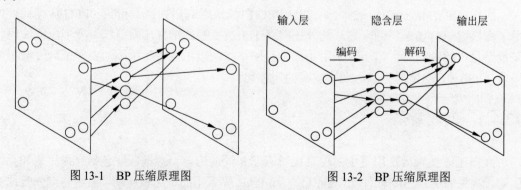

图 13-1　BP 压缩原理图　　　　图 13-2　BP 压缩原理图

假设网络的输入层和输出层均由 M 个神经元组成，隐含层包含 K 个神经元，且

$K < M$。为了解码时能复原原有的数据信号，这里的输入样本与目标响应是相同的，输入模式即为导师信号。由于 $K < M$，输入模式必须经过隐含层才能到达输出层，因此无法通过简单的线性映射将信号传递到网络的输出端，只能对数据进行压缩编码，保存在隐含层，再由隐含层输出到下一层。

这一原理可以由图 13-3 来表示。

假设输入图像为 $N \times N$ 像素大小，被细分为多个 $n \times n$ 的图像块。如果将图像块中每一个像素点与一个输入或输出神经元相对应，便得到了如图 13-4 所示的模型。

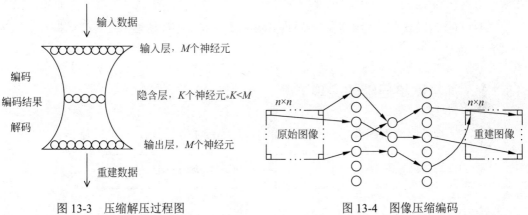

图 13-3　压缩解压过程图　　　　　图 13-4　图像压缩编码

在图像中，每个图像被量化为 m 比特，因此共有 2^m 个可能的值。2^m 个灰度按线性关系转换为 0～1 之间的数值作为网络的输入和期望输出。网络随机地抽取图像中各 $n \times n$ 图像块作为学习模式，使用反向传播算法进行学习，通过调整网络中神经元之间的连接权值，使训练集图像的重建误差 $E = f - g$ 的均值达到最小。训练好的网络隐含层神经元矢量便是数据压缩的结果，而输出层神经元矢量便是重建的数据。BP 网络的计算模型如图 13-5 所示。

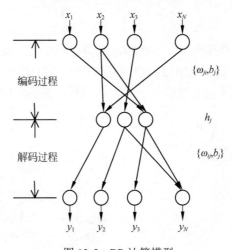

图 13-5　BP 计算模型

至此，我们构建了一个三层 BP 神经网络。输入层与隐含层之间的连接权值矩阵为 ω_{ij}，$1 \le i \le N$，$1 \le j \le K$。隐含层第 j 个神经元的阈值可表示为 b_j，$1 \le j \le K$。

同理，输出层和隐含层之间的连接权值矩阵可表示为 ω_{ji}，$1 \le i \le N$，$1 \le j \le K$。输出

层第 i 个神经元的阈值可表示为 b_i，$1 \leq i \leq N$。通过不断训练网络，调整网络的权重，使得网络的输入与输出的均方差达到最小，最终将 N 维向量压缩为 K 维向量。

根据图 13-5，隐含层第 j 个神经元的输出值为

$$h_j = f\left(\sum_{i=1}^{N} \omega_{ij} x_i + b_j\right), 1 \leq j \leq K$$

输出层第 i 个神经元的输出值为

$$y_i = g\left(\sum_{i=1}^{K} \omega_{ji} h_j + b_i\right), 1 \leq i \leq N$$

其中 $f(\cdot)$ 为隐含层传递函数，一般为 Sigmoid 函数；$g(\cdot)$ 为输出层传递函数，一般采用线性函数。

13.1.3 神经网络压缩的实现

利用 BP 神经网络做图像压缩和解压缩的过程如图 13-6 所示。

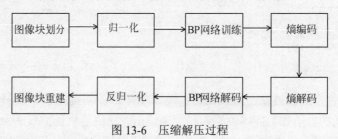

图 13-6 压缩解压过程

其中，熵编码过程针对神经网络压缩的输出进行，进一步去除统计冗余，在这里不涉及。

1. 压缩步骤

（1）图像块划分。为简单起见，这里将所有输入图像大小调整为 128×128 像素大小。为了控制神经网络规模，规定网络输入神经元节点个数为 16 个，即将图像划分为 1024 个 4×4 大小的图像块，将每个图像块作为一个样本向量，保存为 16×1024 大小的样矩阵，如图 13-7 所示。

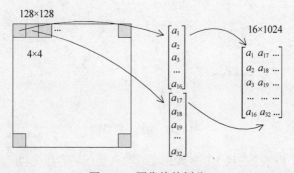

图 13-7 图像块的划分

在 MATLAB 中新建函数文件 block_divide.m，输入代码如下，即可实现图像块的划分：

```
function P = block_divide(I,K)
% P=block_divede(I)
% [row,col]=size(I),row%K==0, and col%K==0
% divide matrix I into K*K block,and reshape to
% a K^2*N matrix
% example:
% I=imread('lena.jpg');
% P=block_divide(I,4);

% 计算块的个数: R*C 个
[row,col]=size(I);
R=row/K;
C=col/K;

% 预分配空间
P=zeros(K*K,R*C);
for i=1:R
    for j=1:C
        % 依次取 K*K 图像块
        I2=I((i-1)*K+1:i*K,(j-1)*K+1:j*K);
        % 将 K*K 块变为列向量
        i3=reshape(I2,K*K,1);
        % 将列向量放入矩阵
        P(:,(i-1)*R+j)=i3;
    end
end
```

这个函数要求输入的图像矩阵为二维矩阵，且图像的行数和列数均是 K 的倍数，取 K=4 时，输出值是一个 $16 \times N$ 矩阵，N 的大小视图像大小而定。

（2）归一化。神经网络的输入样本一般都需要进行归一化处理，这样更能保证性能的稳定性。归一化可以使用 mapminmax 函数进行，考虑到图像数据的特殊性，像素点灰度值为整数，且处于 0～255 之间，因此归一化处理统一将数据除以 255 即可。例如，读入一幅图像后，进行归一化：

```
>> I=imread('lena.bmp');
>> imshow(I)
>> I0=double(I)/255;              % 归一化操作
>> [min(I0(:)),max(I0(:))]

ans =

   0.0745    0.9608
```

可见，归一化后图像的数据处于 0.0745～0.9608 之间，位于 0～1 区间内。这样做还有一个好处，如果使用 mapminmax 函数，需要存储每一行数据的最大值和最小值，这样最终的压缩数据里必须包含这一部分数据，使得压缩率下降。

（3）建立 BP 神经网络。采用 MATLAB 神经网络工具箱的 feedforwardnet 函数创建 BP 网络，并指定训练算法。为了达到较好效果，采用 LM 训练法。同时确定目标误差和最大迭代次数。

```
net=feedforwardnet(N,'trainlm');
T=P;
net.trainParam.goal=0.001;
net.trainParam.epochs=500;
```

然后，就可以调用 train 函数进行训练了：

```
tic
net=train(net,P,T);
toc
```

tic 和 toc 用于记录训练时间。

（4）保存结果。训练完成后，压缩的结果是每个输入模式对应的隐含层神经元向量的值，以及网络的权值和阈值。将输入模式输入网络，与输入层和隐含层之间的权值矩阵相乘，再用 Sigmoid 函数处理，即可得到隐含层神经元的值。

$$y_c = \omega_{ij}x + b$$

此时得到的结果为浮点数，为了提高压缩效率，将其量化为 5～8 比特的整数。方法是先对矩阵进行归一化，使其范围固定在 0～1 之间，再乘以 2^5～2^8，最后取整即可。

在 MATLAB 中使用 save 命令即可将变量保存至文件。

```
save comp com minlw maxlw minb maxb maxd mind
```

2．解压缩步骤

（1）加载文件。使用 load 命令加载数据文件。

（2）数据反归一化。每一个数据除以 2^5～2^8，得到 0～1 之间的小数，再将其映射到数据原区间中去。形式如下：

```
com.lw=double(com.lw)/63;
com.lw=com.lw*(maxlw-minlw)+minlw;
```

（3）重建。此时得到的数据为 BP 神经网络隐含层的神经元输出值，为了重建图像，需要将其输入到网络中，与隐含层和输出层之间的权重矩阵相乘。

（4）图像反归一化。图像反归一化不需要使用自定义的区间范围，只需将每份数据乘以像素峰值 255，并取整即可。

（5）图像块恢复。假设划分图像块时，以 4×4 为单位进行划分，则矩阵应为 16×N 大小。将每一列抽取出来，重新排列为 4×4 矩阵，并对各个 4×4 矩阵按行排列，即可恢复原图像。

在 MATLAB 中新建函数文件 re_divide.m，输入代码如下：

```
function I=re_divide(P,col,K)
% I=re_divide(P)
% P:  K^2*N matrix
% example:
% I=re_divide(P);
% I=uint8(I*255);
% imshow(I)

% 计算大小
[~,N]=size(P);
m=sqrt(N);

% 将向量转为 K*K 矩阵
b44=[];
for k=1:N
    t=reshape(P(:,k),K,K);
```

```
    b44=[b44,t];
end

% 重新排布 K*K 矩阵
I=[];
for k=1:m
    YYchonggou_ceshi1=b44(:,(k-1)*col+1:k*col);
    I=[I;YYchonggou_ceshi1];
end
```

3. 压缩/解压代码与运行结果

至此，利用 BP 神经网络进行压缩和解压的过程就介绍完了。下面给出压缩程序的完整脚本（需要调用 block_divide 函数）：

```
% bp_imageCompress.m
% 基于 BP 神经网络的图像压缩

%% 清理
clc
clear all
rng(0)

%% 压缩率控制
K=4;
N=10;
row=256;
col=256;

%% 数据输入
I=imread('d:\lena.bmp');

% 统一将形状转为 row*col
I=imresize(I,[row,col]);

%% 图像块划分，形成 K^2*N 矩阵
P=block_divide(I,K);

%% 归一化
P=double(P)/255;

%% 建立 BP 神经网络
net=feedforwardnet(N,'trainlm');
T=P;
net.trainParam.goal=0.001;
net.trainParam.epochs=500;
tic
net=train(net,P,T);
toc

%% 保存结果
com.lw=net.lw{2};
com.b=net.b{2};
[~,len]=size(P); % 训练样本的个数
com.d=zeros(N,len);
for i=1:len
    com.d(:,i)=tansig(net.iw{1}*P(:,i)+net.b{1});
end
```

```
minlw= min(com.lw(:));
maxlw= max(com.lw(:));
com.lw=(com.lw-minlw)/(maxlw-minlw);
minb= min(com.b(:));
maxb= max(com.b(:));
com.b=(com.b-minb)/(maxb-minb);
maxd=max(com.d(:));
mind=min(com.d(:));
com.d=(com.d-mind)/(maxd-mind);

com.lw=uint8(com.lw*63);
com.b=uint8(com.b*63);
com.d=uint8(com.d*63);

save comp com minlw maxlw minb maxb maxd mind
```

进行解压的完整脚本如下（需调用 re_divide 函数）：

```
% bp_imageRecon.m

%% 清理
clear,clc
close all

%% 载入数据
col=256;
row=256;
I=imread('d:\lena.bmp');
load comp
com.lw=double(com.lw)/63;
com.b=double(com.b)/63;
com.d=double(com.d)/63;
com.lw=com.lw*(maxlw-minlw)+minlw;
com.b=com.b*(maxb-minb)+minb;
com.d=com.d*(maxd-mind)+mind;

%% 重建
for i=1:4096
    Y(:,i)=com.lw*(com.d(:,i)) +com.b;
end

%% 反归一化
Y=uint8(Y*255);

%% 图像块恢复
I1=re_divide(Y,col,4);

%% 计算性能
fprintf('PSNR :\n ');
psnr=10*log10(255^2*row*col/sum(sum((I-I1).^2)));
disp(psnr)
a=dir();
for i=1:length(a)
    if (strcmp(a(i).name,'comp.mat')==1)
        si=a(i).bytes;
        break;
    end
end
fprintf('rate: \n ');
rate=double(si)/(256*256);
```

```
disp(rate)
figure(1)
imshow(I)
title('原始图像');
figure(2)
imshow(I1)
title('重建图像');
```

运行脚本 bp_imageCompress.m，指定待压缩图像为 d:\lena.bmp，系统构建 BP 网络，并开始训练，如图 13-8 所示。

训练完成后，压缩结果将会报存在 comp.mat 数据文件中。

运行 bp_imageRecon.m 脚本进行解压，脚本读入 comp.mat 文件中的数据，计算网络输出，并显示原始图像和压缩后重建的图像，分别如图 13-9 和图 13-10 所示。

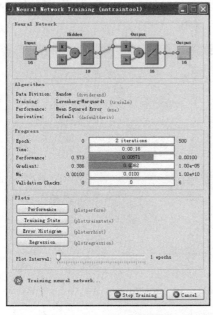

图 13-8　BP 网络的训练

图 13-9　原始图像

图 13-10　重建图像

同时在命令窗口输出重建图像的峰值信噪比和压缩比率：

```
PSNR :
    30.7471

rate:
    0.3158
```

从图 13-9 可以看出，由于算法将图像强行分割为 4×4 的块，并分别进行训练，图像会在某种程度上出现块效应现象，表现为块与块之间差异较大。另外，由于后续没有进行熵编码等原因，算法的压缩比率（31%）并不高。这是基本的 BP 网络用于图像压缩的算法，基于 BP 神经网络的图像压缩还有一些改进算法，如对分块进行分类，采用不同的隐含层节点数进行训练等，可以显著提高效果，在这里就不介绍了。

此外，修改算法的参数可以调节图像压缩的质量。将隐含层神经元个数设为 N=6，可以提高压缩率，但图像的质量会出现一定降低。图 13-11 所示为 N=2 时的重建图像，图 13-12 所示为 N=4 时的重建图像。

图 13-11　N=2

图 13-12　N=4

N=4 时的重建图像，其峰值信噪比为 32.4，压缩率为 14.65%。

取 N=1 时压缩率为 5%，但重建质量最差，如图 13-13 所示。

图 13-13　N=1

13.2 Elman 网络预测上证股市开盘价

股价预测一直是金融领域经久不衰的研究领域。由于影响股价变动的因素很多，至今没有有效的股价预测方法。神经网络具有较强的非线性映射功能，本节采用 Elman 神经网络对上证指数开盘价进行预测，效率良好。

13.2.1 问题背景

在股市中，影响股票交易和股价波动的因素很多。对于单支股票来说，其股价不但受到该企业经营业绩的影响，还受到其他外界因素诸如财政政策、利率变动、经济周期和人为操作的影响。对于整个股市来说，其开盘价的波动情况就更为复杂了。因此，股票市场可以被看作一个复杂的非线性系统，传统的时间序列预测技术难以揭示其内在的规律，必须借助具有非线性映射能力的系统。

本节选择 2005 年 6 月 30 日至 2006 年 12 月 1 日的上证开盘价进行预测分析。数据保存在 elm_stock.mat 文件中，共计 337 条开盘价格，保存为 double 类型的 337×1 向量中。开盘价的走势如图 13-14 所示。

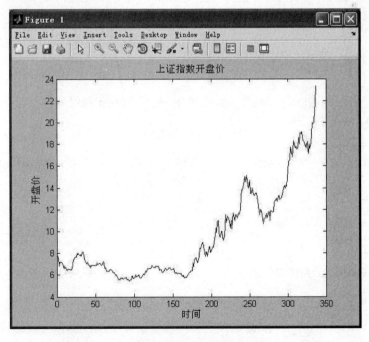

图 13-14 开盘指数

13.2.2 神经网络建模

神经网络具有强大的非线性映射能力，理论上能实现任意复杂的因果关系。Elman 神经网络是一种典型的局部回归网络，与前向神经网络相比，它在结构上多了一个连接层，因此可以记忆过去的状态，特别适合处理时间序列问题。

在本例的股价预测中，没有采用股市的其他经济指标，而是采用过去的股价预测下一期股价，因此相当于一个时间序列问题，可以用 Elman 神经网络求解。假设取前 N 期开盘价预测下一期开盘价，则映射函数可表示为

$$x_n = f(x_{n-1}, x_{n-2}, x_{n-N})$$

对于给定的 337 期开盘价数据，首先将其划分为训练样本和测试样本。以训练样本为例，抽取 $x_1 \sim x_n$ 组成第一个样本，其中 $(x_1, x_2, \cdots, x_{N-1})$ 为自变量，x_N 为目标函数值；抽取 $x_2 \sim x_{N+1}$ 组成第二个样本，其中 $(x_2, x_3, \cdots, x_N)$ 为自变量，x_{N+1} 为函数值，依此类推，最终形成以下训练矩阵：

$$\begin{bmatrix} x_1 & x_2 & x_i \\ x_2 & x_3 & x_{i+1} \\ \cdots & \cdots & \cdots \\ x_{N-1} & x_N & \\ x_N & x_{N+1} & \end{bmatrix}$$

其中每列为一个样本，最后一行为期望输出。Elman 神经网络将训练样本输入 Elman 网络进行训练，即可得到训练完成的网络。Elman 神经网络的结构如图 13-15 所示。

其中深色填充的神经元节点为连接层。Elman 网络中的连接层神经元个数和隐含层神经元个数是可以设置的。

13.2.3　Elman 网络预测股价的实现

股价数据已经保存在 elm_stock.mat 文件中，利用 Elman 神经网络进行股市开盘价预测的步骤如图 13-16 所示。

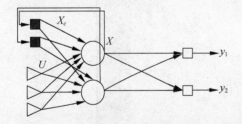

图 13-15　Elman 神经网络的结构

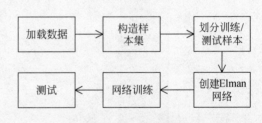

图 13-16　股价预测

其中，"构造样本集"步骤将每期股价的前 N 期提取出来，构成自变量，将当前期的股价作为目标输出。"划分训练/测试样本"步骤将前若干期样本作为训练样本，剩下的样本作为测试样本，使得测试样本在时间上晚于训练样本，与股价的产生顺序相吻合。"训练"与"测试"需要考虑随机性，对同一样本多次训练并测试，取最终结果的平均值作为预测值。

（1）加载数据。加载之前需要首先清除工作空间中的变量和图形。

```
%% 清除工作空间中的变量和图形
clear,clc
```

```
close all

% 加载 337 期上证指数开盘价格
load elm_stock

whos
```

whos 命令列出当前工作空间中的变量：

```
Name        Size              Bytes  Class     Attributes

price      337x1              2696  double
```

（2）构造样本集。抽取 $x_1 \sim x_N$ 组成第一个样本，其中 $(x_1, x_2, \cdots, x_{N-1})$ 为自变量，x_N 为目标函数值，依此类推。

```
%% 2.构造样本集
% 数据个数
n=length(price);

% 确保 price 为列向量
price=price(:);

% x(n) 由 x(n-1),x(n-2),...,x(n-L)共 L 个数预测得到.
L = 6;

% price_n: 每列为一个构造完毕的样本，共 n-L 个样本
price_n = zeros(L+1, n-L);
for i=1:n-L
    price_n(:,i) = price(i:i+L);
end
```

上述代码将 N 设置为 6，即当期的开盘价，应由当期之前 6 期的开盘价计算得到。这一步将最初长度为 337 的向量转化为一个 7×331 矩阵，每列为一个样本，其中列向量的前 6 个元素为自变量的值，最后一个元素为需要预测的值：

$$\begin{bmatrix} x_1 \\ x_2 \\ x_3 \\ x_4 \\ x_5 \\ x_6 \\ x_7 = y \end{bmatrix}$$

（3）划分训练、测试样本。将前 380 份样本作为训练样本，最后 51 分样本作为测试样本。

```
%% 划分训练、测试样本
% 将前 280 份数据划分为训练样本
% 后 51 份数据划分为测试样本

trainx = price_n(1:6, 1:280);
trainy = price_n(7, 1:280);

testx = price_n(1:6, 290:end);
testy = price_n(7, 290:end);
```

（4）创建 Elman 神经网络。MATLAB 神经网络工具箱提供了 newelm 与 elmannet 函数，都可以建立 Elman 反馈网络。这里采用 elmannet 函数，它只需要三个参数，分别指定延迟、隐含层神经元个数和训练函数。

```
%% 创建 Elman 神经网络

% 包含 15 个神经元，训练函数为 traingdx
net=elmannet(1:2,15,'traingdx');

% 设置显示级别
net.trainParam.show=1;

% 最大迭代次数为 2000 次
net.trainParam.epochs=2000;

% 误差容限，达到此误差就可以停止训练
net.trainParam.goal=0.00001;

% 最多验证失败次数
net.trainParam.max_fail=5;

% 对网络进行初始化
net=init(net);
```

这样，一个 Elman 反馈网络就创建完成了。使用 view 命令可以查看创建完成的网络，如图 13-17 所示。

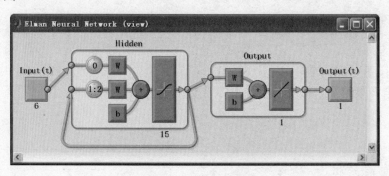

图 13-17　Elman 网络结构

（5）网络训练。Elman 网络创建完毕，下一步就需要对其进行训练。训练之前，需要对数据进行归一化。神经网络的输入样本一般都需要进行归一化处理，这样更能保证网络的性能和稳定性。归一化可以使用 mapminmax 函数进行：

```
%% 网络训练

%训练数据归一化
[trainx1, st1] = mapminmax(trainx);
[trainy1, st2] = mapminmax(trainy);

% 测试数据做与训练数据相同的归一化操作
testx1 = mapminmax('apply',testx,st1);
testy1 = mapminmax('apply',testy,st2);
```

mapminmax 函数默认的归一化区间为 $[-1,1]$。这样，训练样本的输入向量和目标输出都被归一化到了该区间，而测试样本则根据训练样本归一化的规则进行调整，有可能超出该区间范围。

输入样本进行训练：

```
% 输入训练样本进行训练
[net,per] = train(net,trainx1,trainy1);
```

在某次运行中，训练的误差下降曲线如图 13-18 所示。

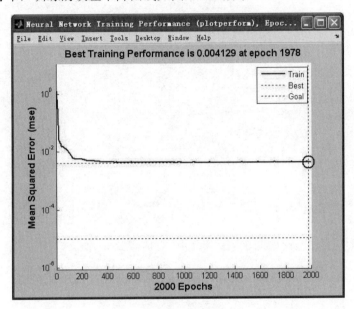

图 13-18　误差下降曲线

（6）测试。进行测试时应使用归一化后的数据，得出实际输出后再将输出结果反归一化为正常的数据。

首先将训练数据输入网络进行测试：

```
%% 测试。输入归一化后的数据，再对实际输出进行反归一化

% 将训练数据输入网络进行测试
train_ty1 = sim(net, trainx1);
train_ty = mapminmax('reverse', train_ty1, st2);
```

将归一化后的训练数据 trainx1 输入网络，得到此时的网络输出 train_ty1，再进行反归一化，得到 train_ty，即训练数据对应的股价值。

将测试数据输入网络：

```
% 将测试数据输入网络进行测试
test_ty1 = sim(net, testx1);
test_ty = mapminmax('reverse', test_ty1, st2);
```

（7）显示结果。

以下代码用于显示训练数据的测试结果：

```
%% 显示结果
```

```
% 显示训练数据的测试结果
figure(1)
x=1:length(train_ty);

% 显示真实值
plot(x,trainy,'b-');
hold on
% 显示神经网络的输出值
plot(x,train_ty,'r--')

legend('股价真实值','Elman 网络输出值')
title('训练数据的测试结果');

% 显示残差
figure(2)
plot(x, train_ty - trainy)
title('训练数据测试结果的残差')

% 显示均方误差
mse1 = mse(train_ty - trainy);
fprintf('    mse = \n    %f\n', mse1)

% 显示相对误差
disp('    相对误差：')
fprintf('%f ', (train_ty - trainy)./trainy );
fprintf('\n')
```

预测值与真实值的比较如图 13-19 所示。

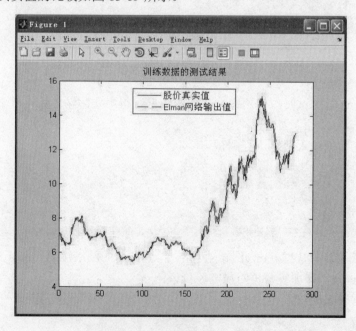

图 13-19　真实值与预测值

可见，训练得到的网络对训练数据本身有着非常好的拟合度。图 13-20 所示为残差。

网络实际输出与真实值之间的均方误差值 $mse = 0.096924$。以下为将测试样本输入网络的代码。

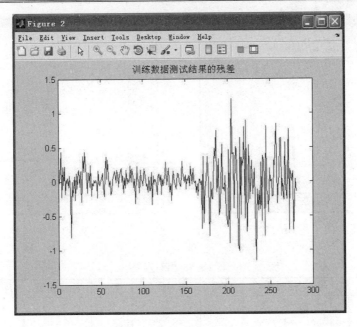

图 13-20 残差

% 2.显示测试数据的测试结果。

```
figure(3)
x=1:length(test_ty);

% 显示真实值
plot(x,testy,'b-');
hold on
% 显示神经网络的输出值
plot(x,test_ty,'r--')

legend('股价真实值','Elman 网络输出值')
title('测试数据的测试结果');

% 显示残差
figure(4)
plot(x, test_ty - testy)
title('测试数据测试结果的残差')

% 显示均方误差
mse2 = mse(test_ty - testy);
fprintf('    mse = \n    %f\n', mse2)

% 显示相对误差
disp('    相对误差：')
fprintf('%f  ', (test_ty - testy)./testy );
fprintf('\n')
```

网络输出与真实值的比较、残差分别如图 13-21 和图 13-22 所示。

均方误差 mse=1.679243。表 13-1 给出了测试样本的相对误差及平均相对误差。

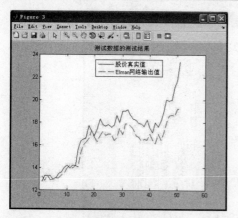

图 13-21 预测结果

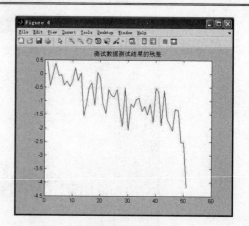

图 13-22 残差

表 13-1 相对误差

序号	相对误差	序号	相对误差	序号	相对误差	序号	相对误差	序号	相对误差
1	3.4%	11	1.56%	21	−6.32%	31	−5.9%	41	−3.82%
2	−3.36%	12	−1.83%	22	−8.02%	32	−6.44%	42	−10.47%
3	−0.24%	13	0.14%	23	−3.19%	33	−5.05%	43	−3.51%
4	2.93%	14	−9.93%	24	−4.52%	34	−4.88%	44	−9.22%
5	−0.5%	15	−6.76%	25	−4.77%	35	−7.54%	45	−9.87%
6	−0.33%	16	−3.05%	26	−3.29%	36	−6.76%	46	−10.44%
7	−3.06%	17	−2.02%	27	−7.51%	37	−8.44%	47	−6.56%
8	−2.11%	18	−6.55%	28	−10.42%	38	−6.33%	48	−6.75%
9	−3.35%	19	0.22%	28	−2.89%	39	−9.83%	49	−11.96%
10	−1.75%	20	−0.91%	30	−10.85%	40	−3.06%	50	−11.67%
51	−17.93%	均值	5.53%	极值	17.93%				

测试样本输入网络后，计算得到的网络输出与真实股价之间的平均相对误差为 5.53%，显示网络性能良好。为了减小随机性带来的干扰，可多次执行，取预测值的平均值。图 13-23 所示为随机数种子取 0 时的测试结果。

图 13-23 随机数种子为零时的结果

对于股价预测来说，长期性的准确预测很难实现，意义不大。对投资具有参考意义的主要是预测股价在未来短期的变化趋势及变化空间。本实例根据股价的历史数据预测下一期数据，取得了较准确的结果。

13.3　径向基网络预测地下水位

地下水系统是一个复杂的非线性、随机系统。影响地下水位的因素包括降水、气温、蒸发等多种因素。地下水的变化有一定的年度周期性，但又逐年波动。径向基函数网络训练速度快，具有很强的非线性映射能力，能够实现较高精度的地下水位预测。

13.3.1　问题背景

地下水水位的变化可以在一定程度上反映地下水系统内部的变化情况。通过对地下水水位的预测，能有效地获取地下漏斗区的发展信息，为合理地利用和管理地下水资源，实现水位调控打下坚实基础。

研究地下水水位预测的一种方法是根据数学原理，获取关于地下水变动的各方面信息，建立微分方程组进行求解。然而，这种方法有两大弊端：

（1）建立微分方程模型需要大量详尽的地下水文地质资料。这些实测数据往往很难获得，或者需要很高的成本才能获得。建立模型所需的一些参数无法直接获得，只能通过间接方法进行计算，而计算的误差也是影响预测准确程度的一大因素。

（2）微分方程模型是一种确定性的数学模型，只考虑了影响地下水变动的主要因素。而事实上，地下水水位的变化存在着较大的时空变化，往往受随机因素的影响。

因此，对于这种类型的问题，越来越多的学者采用了随机性方法。地下水水位的动态变化是一种复杂的非线性过程，人工神经网络在处理非线性模式识别方面表现出了良好的性能。多层感知器是其中应用最广泛的一种。但是多层感知器采用的误差反向传播算法容易陷入局部极小值，且需要较长的训练时间。径向基网络有与多层感知器相媲美的非线性映射能力，且具有较高的效率，因此，本实例采用径向基网络完成地下水水位的预测。

13.3.2　神经网络建模

径向基网络有良好的模式分类和函数拟合能力，是一个三层的前向网络，第一层为输入层，第二层为隐含层，第三层为输出层，结构图如图 13-24 所示。

由于预测的值是地下水的水位，因此输出的结果是一个标量，故输出层的神经元节点个数为 1。隐含层神经元个数与非线性映射能力有关，一般来说，隐含层节点越多，网络的非线性映射能力就越强。当达到"恰当"的节点个数时，增加的神经元节点就对提高网络精度没有太大的帮助了，反而在计算时增加了运算量，因此，隐含层的神经元个数需要通过经验和实验确定。输入神经元节点数与映射模型有关。本例采用了影响水位深度的 5 个因素作为自变量，分别为河道流量、气温、饱和差、降水量与蒸发量，形成函数关系：

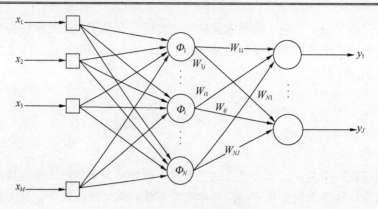

图 13-24　径向基网络结构

$$y = f(x_1, x_2, x_3, x_4, x_5)$$

$x_1 \sim x_5$ 分别表示上述 5 个自变量，y 为水位深度值。在这里，实验滦河某观测站 24 个月的地下水位实测序列值及 5 个影响因子的实测值进行预测，具体数据如表 13-2 所示。

表 13-2　水位实测表

序号	河道流量	气温	饱和差	降水量	蒸发量	水位
1	1.5	−10	1.2	1	1.2	6.92
2	1.8	−10	2	1	0.8	6.97
3	4	−2	2.5	6	2.4	6.84
4	13	10	5	30	4.4	6.5
5	5	17	9	18	6.3	5.75
6	9	22	10	113	6.6	5.54
7	10	23	8	29	5.6	6.63
8	9	21	6	74	4.6	5.62
9	7	15	5	21	2.3	5.96
10	9.5	8.5	5	15	3.5	6.3
11	5.5	0	6.2	14	2.4	6.8
12	12	−8.5	4.5	11	0.8	6.9
13	1.5	−11	2	1	1.3	6.7
14	3	−7	2.5	2	1.3	6.77
15	7	0	3	4	4.1	6.67
16	19	10	7	0	3.2	6.33
17	4.5	18	10	19	6.5	5.82
18	8	21.5	11	81	7.7	5.58
19	57	22	5.5	186	5.5	5.48
20	35	19	5	114	4.6	5.38
21	39	13	5	60	3.6	5.51
22	23	6	3	35	2.6	5.84
23	11	1	2	4	1.7	6.32
24	4.5	−7	1	6	1	6.56

13.3.3　径向基网络预测的实现

径向基函数网络一经创建，不需要训练就可以直接使用。输入样本向量首先与权值向量相乘，再输入到隐含层节点中，计算样本与节点中心的距离。该距离值经过径向基函数（通常为高斯型函数）的映射后形成隐含层的输出，再输入到输出层，各个隐含层节点的线性组合形成了最终的网络输出。

在这个过程中，需要确定的主要是隐含层节点的中心及其标准差 σ，以及隐含层与输出层之间的权值矩阵。通常隐含层节点的中心可以采用聚类方法确定，或直接从输入样本中选择。而标准差则可通过经验公式

$$\sigma = \frac{d_{\max}}{\sqrt{2n}}$$

求得。$d_{\max}$ 是所选取的中心之间的最大距离，n 为隐含节点的个数。隐含层与输出层之间的权值矩阵可以通过求伪逆的方法得到。

MATLAB 自带的神经网络工具箱提供了 newrb 函数，可以创建一个径向基神经网络。在 newrb 函数创建的径向基网络中，隐含层的节点个数是不确定的。函数根据用户设置的误差目标，向网络中不断添加新的隐含层节点，并调整节点中心、标准差及权值，直到所得到的网络达到预期的误差要求。本例就使用 newrb 函数完成地下水水位的预测。

利用径向基网络进行地下水水位预测的步骤如图 13-25 所示。

图 13-25　预测地下水水位步骤

（1）定义样本数据。根据表 13-2 中所给的数据，定义各样本的输入向量及其目标输出值。输入向量定义为 5×24 的矩阵，目标输出值为 1×24 行向量。

```
% rbf_underwater.m

%% 清理工作空间
clear,clc
close all

%% 定义输入数据
% 输入
x = [ 1.5, 1.8, 4.0, 13.0, 5.0, 9.0, 10.0, 9.0, 7.0, 9.5, 5.5, 12.0,...
    1.5, 3.0, 7.0, 19.0, 4.5, 8.0, 57.0, 35.0, 39.0, 23.0, 11.0, 4.5;
    -10.0, -10.0, -2.0, 10.0, 17.0, 22.0, 23.0, 21.0, 15.0, 8.5, 0, -8.5,...
    -11.0, -7.0, 0, 10.0, 18.0, 21.5, 22.0, 19.0, 13.0, 6.0, 1.0, -2.0;
    1.2, 2.0, 2.5, 5.0, 9.0, 10.0, 8.0, 6.0, 5.0, 5.0, 6.2, 4.5,...
    2.0, 2.5, 3.0, 7.0, 10.0, 11.0, 5.5, 5.0, 5.0, 3.0, 2.0, 1.0;
    1.0, 1.0, 6.0, 30.0, 18.0, 13.0, 29.0, 74.0, 21.0, 15.0, 14.0, 11.0,...
```

```
    1.0, 2.0, 4.0, 0, 19.0, 81.0, 186.0, 114.0, 60.0, 35.0, 4.0, 6.0;
    1.2, 0.8, 2.4, 4.4, 6.3, 6.6, 5.6, 4.6, 2.3, 3.5, 2.4, 0.8,...
    1.3, 1.3, 4.1, 3.2, 6.5, 7.7, 5.5, 4.6, 3.6, 2.6, 1.7, 1.0
    ];

y = [6.92, 6.97, 6.84, 6.5, 5.75, 5.54, 5.63, 5.62, 5.96, 6.3, 6.8, 6.9,...
    6.7, 6.77, 6.67, 6.33, 5.82, 5.58, 5.48, 5.38, 5.51, 5.84, 6.32, 6.56];
```

运行以上代码，x 就包含了所有的输入样本，而 y 则包含了对应的目标输出：

```
>> whos
  Name      Size           Bytes  Class     Attributes

  x         5x24             960  double
  y         1x24             192  double
```

（2）划分训练数据与测试数据。使用第 6 号至第 24 号样本训练得出模型，再对第 1 号至第 5 号样本进行检验。

```
%% 划分训练数据与测试数据

% 训练输入向量
trainx = x(:,6:24);
% 训练样本对应的输出
trainy = y(6:24);

% 测试输入向量
testx = x(:,1:5);
% 测试样本对应的输出
testy = y(1:5);
```

（3）为充分利用训练样本，对 19 份训练样本进行二维插值，将样本数量增加到 100 份。这里用到了 MATLAB 的二维插值函数 interp2。先将训练输入向量与对应的目标输出合并为一个 6×19 矩阵，经过插值，得到一个 6×100 矩阵，最后再将其拆分为 5×100 矩阵作为训练输入，1×100 的行向量作为训练样本的输出。

```
%% 对训练样本做插值

% 训练样本的个数
N = size(trainx, 2);
X = [trainx; trainy];

% 网格
[xx0, yy0] = meshgrid(1:N, 1:6);
[xx1,yy1] = meshgrid(linspace(1,N,100), 1:6);

% 使用 interp2 函数做二维三次插值
XX = interp2(xx0, yy0, X, xx1, yy1, 'cubic');

% 形状复原
trainx = XX(1:5, :);
trainy = XX(6, :);
```

（4）使用 newrb 函数创建径向基神经网络。

```
%% 创建网络
% 误差容限
```

```
er = 1e-8;

% 扩散因子
spread = 22;

% 神经元个数
N = 101;
net = newrb(trainx, trainy, er, spread, N);
```

径向基网络需要若干参数，在这里设置误差容限为 1e-8，扩散因子为 22，最大神经元个数为 101。调用这个函数，系统将会逐个增加神经元，使训练误差逐渐减小，直到误差小于容限。误差下降曲线如图 13-26 所示。

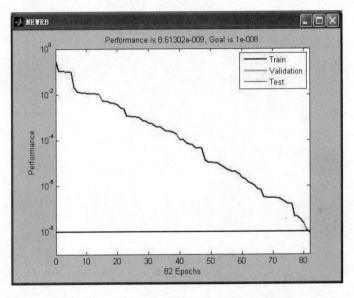

图 13-26 误差下降曲线

同时，在命令窗口显示实际添加的神经元节点的个数及训练误差值，实际最终使用了82 个神经元节点，训练误差为 10^{-9} 数量级。

```
...
NEWRB, neurons = 79, MSE = 3.29047e-008
NEWRB, neurons = 80, MSE = 2.26805e-008
NEWRB, neurons = 81, MSE = 1.17141e-008
NEWRB, neurons = 82, MSE = 8.61302e-009
```

用 view(net)命令可以查看最终的径向基网络结构，如图 13-27 所示，结构图显示隐含层包含 82 个神经元节点。

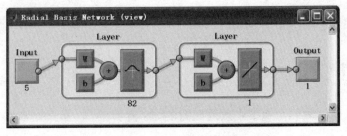

图 13-27 RBF 网络结构图

（5）测试。使用创建完成的径向基网络模型对第 1~5 份样本进行测试。

```
%% 测试
yy = net(testx);
```

（6）显示结果。首先计算预测值与真实值的相对误差，并计算平均相对误差与最大相对误差。显示预测值与真实值的曲线图及残差图。

```
%% 计算、显示相对误差
e = (testy - yy)./testy;
fprintf('相对误差: \n ');
fprintf('%f   ', e);
fprintf('\n\n');
% 平均相对误差
m = mean( abs(e) );
fprintf('平均相对误差: \n %f\n', m);

% 最大相对误差
ma = max(abs(e));
fprintf('最大相对误差: \n %f\n', ma);

% 显示实际值与拟合值
figure(1)
plot(1:5, testy, 'bo-')
hold on
plot(1:5, yy, 'r*-')
title('地下水测试结果')
legend('真实值', '预测值')
axis([1,5,0,8])

% 显示残差
figure(2)
plot(1:5, abs(testy - yy), '-o')
title('残差')
axis([1,5,0,0.3])
```

在 MATLAB 命令窗口显示了相对误差值，最大相对误差为 3.8%。

```
相对误差:
 0.028432   0.032289   0.016994   0.032444   -0.038383

平均相对误差:
 0.029708
最大相对误差:
 0.038383
```

实际地下水水位与预测地下水水位如图 13-28 所示。

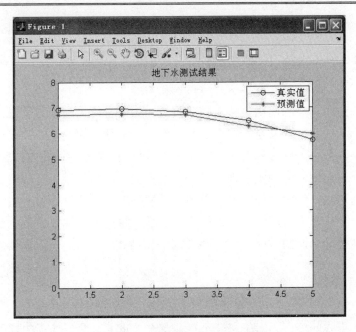

图 13-28 预测值与真实值对比图

预测残差如图 13-29 所示。

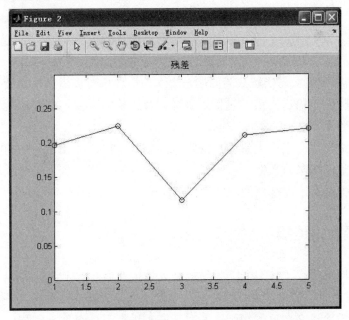

图 13-29 残差

从图 13-28 中可以明显地看出，预测值与真实值是非常接近的，而且预测值与真实值的变化趋势完全一致。从相对误差的角度来说，5 份测试样本，平均相对误差接近 3%，最大相对误差接近 4%，因此，有理由认为，径向基网络准确地预测出了地下水水位的变化及变化趋势。

13.4　基于 BP 网络的个人信贷信用评估

对于银行来说，客户的信用直接影响其收益。如果客户大量违约，银行将面临大量的坏账损失，造成利润的下降甚至亏损。因此，随着金融行业的发展，各银行逐步建立了企业信用评估体系。但也因评级标准不一，结果不尽相同，降低了评估效率。对个人信用的评估方法主要分为定性评估和定量评估两种，前者主要根据信贷人员的主观判断，后者则根据个人客户的资料，利用评分卡和信用评分模型等工具进行分析。本实例采用 BP 神经网络，以已知用户信息及信用情况为训练样本，学习得出一个抽象模型，然后对新样本进行评估。测试结果显示，BP 网络的正确率稳定在 70% 以上。

13.4.1　问题背景

对客户行为模式的分析，对于每一个行业都至关重要。客户信用的评估基于对客户的认知，将银行客户划分为不同的类别，对应不同的需求、市场规模和重要程度。银行可以据此制定差异化的服务策略，从而压缩成本，降低风险，实现利润最大化。

消费信贷在我国银行的贷款总额中所占份额偏低。这主要是由于个人信用制度缺失，导致银行无法有效评估风险。随着金融行业的迅猛发展，银行逐渐累积了大量的客户数据。如何根据累积的数据跟踪个人客户的信用记录，并利用已有客户的数据，分析、判断新客户的信用状况，成为迫切需要解决的问题。个人信用评估对促进消费信贷有极大的帮助：

- ❏ 便于银行做出信贷决策，包括是否贷款及放款的额度、期限，是否需要担保。信用评估数据是这一决策的支撑。
- ❏ 降低信贷风险。根据大量客户的数据的统计规律，能预估预期的收益和风险，最大限度降低坏账的产生。
- ❏ 使银行得以对不同客户做出分类，实现市场细分，便于不同市场营销策略的使用。

13.4.2　神经网络建模

个人客户拥有的个人信息很多，传统的个人信用评估，是对个人发展历史的综合评估。其特点的是考察全面、信息量大。然而，传统的个人信用评估也存在其不足：

- ❏ 无法科学地建立有效的规则，并对新样本进行有效评估。例如，个人存款较多的客户，应该具有更良好的信用，但具体数值以多少为临界值是无法确定的。而且信用状况与多种因素有关，而这些因素往往又不是独立的。这样，就为建立科学的个人信用评估体系带来了困难。
- ❏ 传统信用记录往往事无巨细，甚至将犯错记录追溯到中学时代。这在一定程度上影线了信息的准确性和有效性。

统计学习可以有效地避免上述缺陷。通过对数据的统计分析，由机器学习算法自动建立映射关系。在这个过程中，用户不需要了解具体某个指标为多少时，客户的信用属于良好，而是将其作为一个"黑盒"，只需将数据输入，该系统将给出一个信用良好（或可能违约）的结果。BP 神经网络作为前向神经网络中的杰出代表，凭借其出色的非线性映射能力和学习能力，完全有能力完成这一功能。BP 网络带有较多可控参数，具有很强的灵活性。当用户数据更新之后，只需将新样本输入网络再次训练即可，具有较强的适应性。

　　本实例采用一种简单的个人客户信贷信用评估方法，对所有客户做二分类，只区分好和差两种情况。数据采用德国信用数据库。德国信用数据库由 Hans Hofmann 教授整理，包含 1000 份客户资料，每位客户包含 20 条属性，并给出了信用好或差的标注。数据库可以从以下网址下载得到：

ftp://ftp.ics.uci.edu/pub/machine-learning-databases/statlog/german/

　　除了原始数据，该数据库还给出了数据的说明。原始数据保存在 german.data 文件中，包含 7 个数值属性，13 个类别属性，以及一个分类标签，以下给出粗略的介绍。

- ❑ 经常账户状况，属于类别属性。A11 表示账户余额小于零马克，A12 表示余额介于零到 200 马克之间，A13 表示账户余额大于 200 马克，A14 表示无经常账户记录。
- ❑ 账户持续时间，为数值属性，以月份为单位。
- ❑ 贷款历史状况，为类别属性。A30 表示无贷款记录，或所有贷款均按时归还。A31 表示在本银行的所有贷款均按时归还。A32 表示迄今为止现存贷款均按时归还。A33 表示过去曾延迟贷款，A34 表示存在危账或仍存在非本银行的贷款。
- ❑ 贷款用途，为类别属性。A40，购车；A41，购买二手车；A42，购买家具；A43，购买收音机或电视机；A44，购买家庭用品；A45，维修；A46，教育；A47，度假；A48，接受再培训；A49，经商；A410，其他用途。
- ❑ 贷款数额，为数值属性。
- ❑ 存款情况，为类别属性。A61，账户余额小于 100 马克；A62，余额介于 100 马克与 500 马克之间；A63，余额介于 500 马克与 1000 马克之间；A64，余额大于 1000 马克；A65，未知或无存款。
- ❑ 工作时间，为类别属性。A71，失业；A72，就业时间小于一年；A73，就业时间介于 1 年与 4 年之间；A74，就业时间介于 4 年与 7 年之间；A75，就业时间大于 7 年。
- ❑ 分期付款占月收入的比重，为数值属性。
- ❑ 个人状况，为类别属性。A91，男性离异或分居；A92，女性离异、分居或结婚；A93，男性单身；A94，男性结婚或鳏居；A95，女性单身。
- ❑ 保证金，为类别属性。A101，无；A102，联合申请人；A103，保证人。
- ❑ 目前居住年限，为数值属性。
- ❑ 财产，为类别属性。A1201，拥有房产；A1202，不拥有房产，但有社保储蓄协议或养老保险；A1203，不拥有房产，也没有养老保险，但有汽车或其他；A1204，未知或无财产。
- ❑ 年龄，为数值属性。
- ❑ 其他分期付款计划，为类别属性。A141，银行；A142，商店，A143，无。
- ❑ 房屋状况，为类别属性。A151，租住；A152，自由；A153，免费使用。
- ❑ 银行存款，为数值属性。
- ❑ 工作状况，为类别属性。A171，失业，无技能或非本地居民；A172，无技能的本地居民；A173，技术工人或公务员；A174，经理、自由职业者、高级雇员或官员。
- ❑ 应抚养人数，为数值属性。
- ❑ 电话，为类别属性。A191，无；A192，有或已注册。
- ❑ 是否外籍劳工，为类别属性。A201，是；A202，否。

最后，文件中给出了分类标签：

信用状况评价。1：好；2：差。

部分样本如表 13-3 所示。

表 13-3　个人信用样本数据

序号（信用状况）	1(11)	2(12)	3(13)	4(14)	5(15)	6(16)	7(17)	8(18)	9(19)	10(20)
1（1：好）	A11	6	A34	A43	1169	A65	A75	4	A93	A101
	4	A121	67	A143	A152	2	A173	1	A192	A201
2（2：差）	A12	48	A32	A43	5951	A61	A73	2	A92	A101
	1	A121	22	A143	A152	1	A173	1	A191	A201
3（1：好）	A14	12	A34	A46	2096	A61	A74	2	A93	A101
	3	A121	49	A143	A152	1	A172	2	A191	A201
...										
1000（1：好）	A12	45	A34	A41	4576	A62	A71	3	A93	A101
	4	A123	27	A143	A152	1	A173	1	A191	A201

其中的数值属性可以直接使用，类别属性经过整数编码后可以使用。观察上文给出的20 种个人用户属性，可以发现不少信息发生了部分重叠，然而，在神经网络中，用户可以忽略这些细节，由网络来完成映射关系。

此外，该数据库还给出了另一个处理过的文件 german.data-numeric，将原始文件的类别属性进行整数编码，形成 24 个数值属性，可以直接使用。本实例将主要使用原书数据进行评估，最后也给出结果。

使用 MATLAB 实现一个三层的 BP 神经网络。由于每个个人用户拥有 24 个属性，因此输入层包含 24 个神经元节点。该问题为针对信用好/差的二分类问题，因此输出层只包含一个神经元。隐含层的神经元个数与网络性能有关，需要通过实验确定，建立的神经网络结构如图 13-30所示。

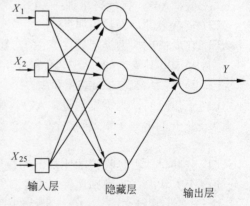

图 13-30　BP 网络结构

13.4.3　个人信贷信用评估的实现

使用文件 german.data 提供的 1000×20 属性及分类标签作为数据构建 BP 神经网络，完成个人信贷的信用评估。具体流程如图 13-31 所示。

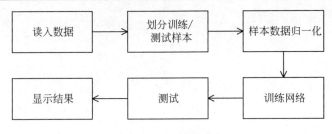

图 13-31　系统流程图

（1）读入数据。由于数据保存在二进制文件 german.data 中，需要使用 MATLAB 的读取函数 textscan。调用方式如下：

```
C = textscan(FID,'FORMAT')
```

其中 FID 为打开的文件句柄，字符串 FORMAT 表示读取时的格式。读取数据的代码如下：

```
% credit_class.m
% 信贷信用的评估
% 数据取自德国信用数据库

%% 清理工作空间
clear,clc

% 关闭图形窗口
close all

%% 读入数据
% 打开文件
fid = fopen('german.data', 'r');

% 按格式读取每一行
% 每行包括 21 项，包括字符串和数字
C                                              = textscan(fid,
'%s %d %s %s %d %s %s %d %s %s %d %s %d %s %s %d %s %d %s %s %d\n');

% 关闭文件
fclose(fid);
```

执行上述代码，二进制文件中的数据就被读到变量 C 中。C 是一个 1×21 的细胞数组，对应 20 个属性和信用状况。细胞数组的每一个元素均包含了 1000 个样本的数据，如果该属性为数值属性，则该元素为 1000×1 列向量，否则元素本身又是一个包含 1000 个字符串的细胞数组：

```
>> C
C =

  Columns 1 through 6
    {1000x1 cell}    [1000x1 int32]    {1000x1 cell}    {1000x1 cell}
    [1000x1 int32]   {1000x1 cell}

  Columns 7 through 12
    {1000x1 cell}    [1000x1 int32]    {1000x1 cell}    {1000x1 cell}
    [1000x1 int32]   {1000x1 cell}
```

```
  Columns 13 through 18
    [1000x1 int32]    {1000x1 cell}    {1000x1 cell}    [1000x1 int32]
    {1000x1 cell}    [1000x1 int32]

  Columns 19 through 21
    {1000x1 cell}    {1000x1 cell}    [1000x1 int32]

>> c1=C{1};
>> c1{1:4}

ans =
A11

ans =
A12

ans =
A14

ans =
A11
>> c2=C{2};
>> c2(1:4)

ans =
         6
        48
        12
        42
>> whos
  Name        Size             Bytes  Class      Attributes

  C           1x21            905284  cell
  ans         4x1                 16  int32
  c1          1000x1           66000  cell
  c2          1000x1            4000  int32
  fid         1x1                  8  double
```

　　为了便于计算，必须使用数值来表示数据中的类别属性。最简单的方式就是使用整数进行编码，如第一个属性的类别字符串"A12"，"A1"表示该属性为第一个属性，"2"表示属性值为第 2 个类别。因此，采用数字"2"编码字符串"A12"，具体实现如下：

```
% 将字符串转换为整数
N = 20;
% 存放整数编码后的数值矩阵
C1=zeros(N+1,1000);
for i=1:N+1
    % 类别属性
    if iscell(C{i})
        for j=1:1000
            % eg: 'A12' -> 2
            if i<10
                d = textscan(C{i}{j}, '%c%c%d');
            % eg: 'A103'  -> 3
            else
                d = textscan(C{i}{j}, '%c%c%c%d');
            end
            C1(i,j) = d{end};
        end
    % 数值属性
```

```
    else
        C1(i,:) = C{i};
    end
end
```

得到的矩阵 C1 为 21×1000 数值矩阵。

（2）划分训练样本与测试样本。在全部 1000 份样本中，共有 700 份正例（信誉好），300 份负例（信誉差）。划分时取前 350 份正例和前 150 份负例作为训练样本，后 350 份正例和后 150 份负例作为测试样本。

```
%% 划分训练样本与测试样本

% 输入向量
x = C1(1:N, :);
% 目标输出
y = C1(N+1, :);

% 正例
posx = x(:,y==1);
% 负例
negx = x(:,y==2);

% 训练样本
trainx = [ posx(:,1:350), negx(:,1:150)];
trainy = [ones(1,350), ones(1,150)*2];

% 测试样本
testx = [ posx(:,351:700), negx(:,151:300)];
testy = trainy;
```

（3）样本归一化。使用 mapminmax 函数对输入样本进行归一化，由于输出样本只取 1 和 2 两个值，因此目标输出不做归一化。

```
%% 样本归一化
% 训练样本归一化
[trainx, s1] = mapminmax(trainx);

% 测试样本归一化
testx = mapminmax('apply', testx, s1);
```

（4）创建 BP 神经网络，并完成训练。

```
%% 创建网络，训练

% 创建 BP 网络
net = newff(trainx, trainy);
% 设置最大训练次数
net.trainParam.epochs = 1500;
% 目标误差
net.trainParam.goal = 1e-13;
% 显示级别
net.trainParam.show = 1;

% 训练
net = train(net,trainx, trainy);
```

在这里，采用 newff 函数创建一个 BP 神经网络，隐含层节点个数及传递函数均采用默认值，训练函数采用默认的 trainlm 函数，设定最大迭代次数为 1500 次，然后调用 train 函数进行训练。旧版本的 newff 函数通常需要较长的训练时间，在新版的 newff 函数中，由于使用了速度较快的 trainlm 函数，且采用了提前结束、防止过训练的策略，通常能在较小的迭代次数后收敛。训练 10 次，收敛平均所需的迭代次数为 3 次，与动辄上千次的 BP 网络传统训练方法相比，有质的飞跃。图 13-32 所示为误差下降曲线，由横坐标可以看出，网络进行了 0～2 共 3 次迭代即收敛了。

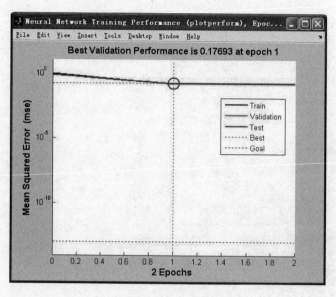

图 13-32　误差下降曲线

（5）测试。BP 网络输出值并不限定为 1 或 2，而是一个实数，因此还需要将输出转换为整数。取 1.5 为阈值，小于该阈值的输出判为 1（信用好），否则判为 2（信用差）。

```
%% 测试
y0 = net(testx);

% y0 为浮点数输出。将 y0 量化为 1 或 2
y00 = y0;
% 以 1.5 为临界点，小于 1.5 为 1，大于 1.5 为 2
y00(y00<1.5)=1;
y00(y00>1.5)=2;

% 显示正确率
fprintf('正确率: \n');
disp(sum(y00==testy)/length(y00));
```

BP 神经网络取得了较理想的正确率，某次测试的输出为：

```
正确率:
    0.7520
```

（6）显示结果。为了抵消随机因素的影响，取相同的训练和测试样本运算 20 次，统计正确率与迭代次数。将第（4）步和第（5）步的代码改为：

```matlab
%% 训练、测试
M = 20;
rat = zeros(1,M);
trr = rat;
for i=1:M
    % 创建网络，训练

    % 创建 BP 网络
    net = newff(trainx, trainy);
    % 设置最大训练次数
    net.trainParam.epochs = 1500;
    % 目标误差
    net.trainParam.goal = 1e-13;
    % 显示级别
    net.trainParam.show = 1;

    % 训练
    [net,tr] = train(net,trainx, trainy);

    % 测试
    y0 = net(testx);

    % y0 为浮点数输出。将 y0 量化为 1 或 2
    y00 = y0;
    % 以 1.5 为临界点，小于 1.5 为 1，大于 1.5 为 2
    y00(y00<1.5)=1;
    y00(y00>1.5)=2;

    rat(i) = sum(y00==testy)/length(y00);
    trr(i) = length(tr.epoch);
end

% 显示正确率
fprintf('正确率: \n');
disp(rat);
fprintf('平均正确率:\n')
disp(mean(rat))
fprintf('最低争取率:\n')
disp(min(rat))

% 显示训练次数
fprintf('迭代次数:\n')
disp(trr)

% 绘制双坐标图
[AX,H1,H2] = plotyy(1:M, rat, 1:M, trr, 'plot', 'plot');

% 设置 Y 轴的范围
set(AX(1), 'YLim', [0.70,0.80])
set(AX(2), 'YLim', [0,5])

% 设置线型
set(H1,'LineStyle','--')
set(H2,'LineStyle',':')

% 设置 Y 轴标签
set(get(AX(1),'Ylabel'),'String','正确率')
set(get(AX(2),'Ylabel'),'String','训练次数')
```

```
title('BP 网络的正确率与训练次数')
```

运算 20 次，可得到每一次测试的正确率及迭代次数：

```
正确率:
  Columns 1 through 11
    0.7500    0.7540    0.7560    0.7580    0.7440    0.7380    0.7540
    0.7560    0.7540    0.7440    0.7380
  Columns 12 through 20
    0.7340    0.7620    0.7500    0.7360    0.7560    0.7420    0.7560
    0.7520    0.7600

平均正确率:
    0.7497

最低争取率:
    0.7340

迭代次数:
  Columns 1 through 18
    3    3    3    3    3    3    3    3    3    3    3    3
    3    3    3    3    3
  Columns 19 through 20

    3    3
```

测试 20 次的平均正确率为 74.97%，最低正确率为 73.4%，迭代次数均为 3 次。绘制为双坐标图，如图 13-33 所示。

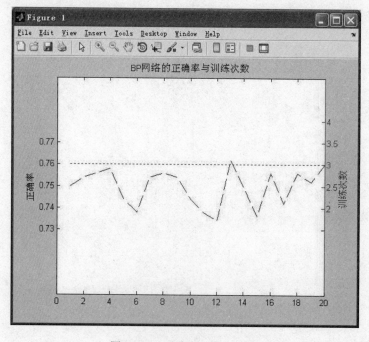

图 13-33　正确率与迭代次数

如图 13-33 所示，正确率曲线大致稳定在 0.74～0.76 之间，迭代次数则稳定在 3 次。使用 BP 神经网络对实际信用数据实现了较好的预测。在采用 350 份正例和 150 份负例作为训练样本的情况下，以 75% 左右的正确率成功预测了新客户的信贷信用情况。

13.5　基于概率神经网络的手写体数字识别

手写体数字属于光学字符识别（Optical Character Recognition，OCR）的范畴，但分类的类别比光学字符识别少得多，主要只需识别 0～9 共 10 个字符。近年来，随着计算机技术和数字图像处理技术的飞速发展，手写体数字识别在电子商务、机器自动输入等场合逐步获得推广。与其他字符的识别相比，手写体数字识别的研究较为成熟，尽管就目前来说，机器自动识别的性能依然无法与人类的识别性能相比，但在许多自动录入、识别领域已经发挥了重要的作用。

本节使用概率神经网络作为分类器，对 64×64 二值图像表示的手写数字进行分类，所得的分类器对训练样本能够取得100%的正确率，训练时间短，比 BP 神经网络快若干个数量级。

13.5.1　问题背景

手写体数字识别一直是字符识别中的一个研究热点。数字识别可分为印刷体数字识别和手写体数字识别。由于不同的人往往拥有不同的手写笔迹，因此后者的识别难度远高于前者。尽管手写体数字识别仅需要区分 10 个类别，但由于其应用领域往往对识别率和可靠性具有较高的要求，因此这个领域一直是研究热点之一，处于不断的发展过程中。典型的应用领域有邮政编码自动识别系统，税表和银行支票自动处理系统等。对于与金额相关的手写数字自动识别，如支票、发票中的金额填写部分，要求系统具有极高的识别准确率。近年来随着模式识别技术的发展，新的分类器不断提出，但依然没有算法能够达到完美的效果。支持向量机、人工神经网络等算法具有较强的非线性映射能力，在分类中往往能取得较好的性能。

识别时，手写体数字一般是以图像的形式提供的。原始图像是通过光电扫描仪、电子传真机等设备获得的图像信号。手写体数字识别的完整处理过程如图 13-34 所示。

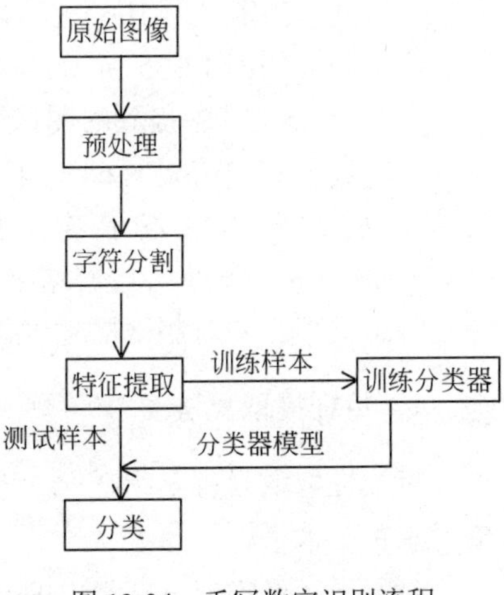

（1）与大多数图像处理算法类似，数字识别的第一步是对图像进行预处理。由于获得的原始图像往往包含各种各样的噪声，为了防止造成干扰，第一步应对图像进行去噪、滤波等处理。常见的噪声有椒盐噪声、高斯噪声等。此外，在数字识别中，使用的是二值图像。因此，如果输入的是灰度图像，应首先选取恰当的阈值进行二值化，如果输入的是彩色图像，则还需要先进行灰度化。

（2）随后需要将整张图像分割为单个数字图像，这也是数字识别的难点之一。粘连的图像、连笔、打印机的随机墨点都有可能造成分割不正确，

图 13-34　手写数字识别流程

后续的正确识别也就无从谈起了。

（3）得到了数字的单个图像后还不能直接用于分类，还需要对其进行特征提取。图像为二维信号，使用全部图像数据进行直接分类是不可取的，必须将其表示为一个低维的向量。原因如下：

①　图像信号本身千差万别，同一类事物的图像的像素值也可能相差很大。直接使用像素值很难正确的表现不同图像的本质差别。

②　图像信号量非常庞大，直接运算需要很大的计算量，必须进行降维。

因此，一般都通过某种特征提取算法，将图像表示为一个长度为 n 的向量 $\{x_1, x_2, \cdots, x_n\}$，对应于 n 维空间中的一个点。特征提取之前需要将分割得到的不同子图像规格化为相同的大小。数字识别领域的特征提取方法可分为两种：基于统计的特征提取与基于结构的特征提取。基于统计的特征提取包括点密度、矩和特征区域等，结构特征指的则是与轮廓相关的信息，如圆形、端点、拐点等，体现了数字的几何结构，但抗干扰能力不强。

（4）最后一步需要选择一个有效的分类器模型。最简单的分类器是最近邻分类器，它计算待分类样本 x 与其他已知样本 $\{x_i\}$ 之间的距离，求得与之距离最近的一个样本 x_j，则将 x 归为与 x_j 同一类别。最近邻分类器在一定条件下能获得令人较满意的效果，但也存在计算开销大、性能不够稳定等缺陷。

其他分类器还有朴素贝叶斯分类器，是各分量统计独立时的最佳分类器；支持向量机，是近几年来发展很快、性能优异的一种分类器；人工神经网络，具有很强的并行性和自适应能力，具有实现任意非线性映射的能力。本小节采用概率神经网络作为分类器，具有分类准确、速度快的优点。

13.5.2　神经网络建模

本实例没有完成图 13-34 中的完整流程，而是以分割好、规格化的二值数字图像为输入进行识别。样本采用 1000 幅 64×64 二值图像，数字包括数字 0～9，每个数字各 100 张。部分样本图片如图 13-35 所示。

因此，13.5.1 节中提到的图像预处理和分割部分可以略过。首先需要对 64×64 二值图像做特征提取，用一个向量表示该图像，随后使用 MATLAB 提供的概率神经网络函数 newpnn 构建神经网络模型，并对测试样本进行分类。

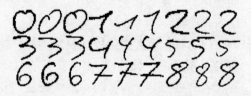

图 13-35　部分样本图像

1.　特征提取算法

特征提取的目标是得出一个长度为 n 的向量 $\{x_1, x_2, \cdots, x_n\}$，用来表示原始图像。该向量应满足以下条件：

（1）当图像类似时，得出的特征向量也比较类似；当图像差距很大时，得出的特征向量也有可观的距离。即该特征向量必须能够代表这一图像模式。

（2）向量的长度 n 尽量小，尽量不包含对分类来说没有作用的分量，以有效地进行分类并减小计算量。

特征提取的好坏会直接影响其识别的分类效果，进而影响识别率，因此特征选择是模式识别的关键。在本例中，采取了结构特征与统计特征相结合的方式，共抽取了 14 维特征。其中，结构特征有 8 个。包括竖直中线交点数、竖直 1/4 处交点数、竖直 3/4 交点数、水平中线交点数、水平 1/3 处交点数、水平 2/3 处交点数及主对角线与次对角线交点数。其中，竖直 1/4 处交点数是指，在图像宽的 1/4 处沿着竖直方向绘制一条直线，然后计算图中等于 1 的像素与该直线的交点个数。数字 8 的结构特征提取模式如图 13-36 所示。

统计图 13-36 中每条直线与数字的交点个数，可以得到 6 维结构特征。此外，还要统计两条对角线与数字的交点，共计 8 维结构特征向量，如图 13-37 所示。

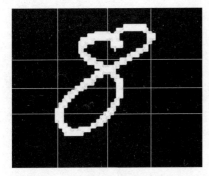
图 13-36　水平和垂直结构特征

图 13-37　对角线结构特征

此外，还需要计算 6 维统计特征。首先，将 64×64 二值图像分为 4 个 32×32 小块，分别统计各个小块中值为 1 的点的个数，如图 13-38 所示。

还需要统计图像垂直方向 1/3～2/3 部分、水平方向 1/3~2/3 部分区域中等于 1 的像素个数，如图 13-39 所示。

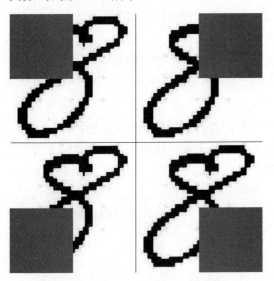
图 13-38　统计小方块中的点的个数

图 13-39　水平和垂直方向上 1/3～2/3 部分等于 1 的像素点个数

这样，就获得了 6 维统计特征，与 8 维结构特征一起构成了一个长度为 14 的特征向量，用该特征向量代表每一幅数字图像，如图 13-40 所示，后续的分类均在特征向量的基础上进行：

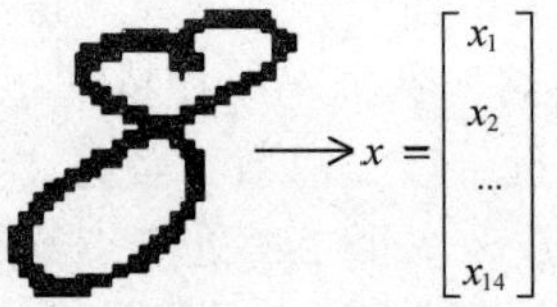

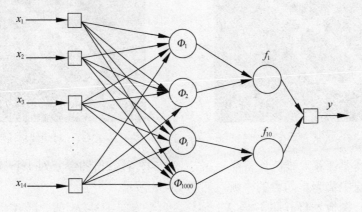

图 13-40　用特征向量表示图像

2．构造分类器——概率神经网络

概率神经网络属于径向基神经网络的一种，特别适用用于分类问题。在本例中，构造的概率神经网络结构如图 13-41 所示。

图 13-41　概率神经网络

网络的第一层为输入层，神经炎节点数与输入向量维数相同，因此包含 14 个神经元。第二层为径向基层，神经元节点数等于样本个数 1000。第三层为隐含层，神经元节点个数为分类的类别数，因此等于 10。输出层只包含一个神经元，对应分类的类别。在 MATLAB 的工具箱函数 newpnn 中，输出的类别是以向量的形式给出的。例如共有 10 个类别，则第 4 类的向量表示形式为 $[0,0,0,1,0,0,0,0,0,0]^{\mathrm{T}}$。

概率神经网络的径向基层采用了高斯函数作为传递函数，每个径向基层神经元对应一个训练样本。输入的新样本与每个神经元做计算，相当于求出新样本属于该神经元对应样本的概率。径向基层中的同类神经元输入到隐含层神经元中，得出新样本属于某一类别的概率。最终，网络将概率值最大的那个类别作为判定类别输出。

概率神经网络的判定边界接近于贝叶斯最佳判定面，网络的计算流程与最大后验概率准则极为类似。

13.5.3　手写体数字识别的实现

手写体数字保存在 1000 张 64×64 二值图像中。本例将所有图片数据读入，做一个简单的中值滤波，然后对每一幅图像提取特征向量，最后通过概率神经网络建模，对数据实现分类。将训练数据本身输入到网络中，分类正确率可达100%，表明该特征提取的方法所得的特征向量能有效地表示图像，使得不同类型的图像能够被区分出来，不存在不同类型数据样本的交错重叠现象。

计算流程包含数据输入、特征提取、模型训练、测试等几个部分，如图 13-42 所示。

图 13-42　数字识别流程

（1）数据输入。1000 章图像被放在名为 digital_pic 的子目录中，其中数字 i 的第 j 张图像文件名为 i_j.bmp，j 为三位宽度的整数。在 MATLAB 中定义函数 I = getPicData()，用于读取 digital_pic 子目录中的所有图像，并保存于 I 中，I 为 $64 \times 64 \times 1000$ 数组。

```
function I = getPicData()
% getPicData.m
% 读取 digital_pic 目录下的所有图像
% output:
% I : 64 * 64 * 1000, 包含 1000 张 64*64 二值图像

I = zeros(64,64,1000);
k = 1;

% 外层循环：读取不同数字的图像
for i=1:10
    % 内层循环： 读取同一数字的 100 张图
    for j=1:100
        file = sprintf('digital_pic\\%d_%03d.bmp', i-1, j);
        I(:,:,k) = imread(file);

        % 图像计数器
        k = k + 1;
    end
end
```

（2）特征提取。进行特征提取前进行去噪处理。特征提取的函数为[Feature,bmp,flag]=getFeature(A)，该函数接受一个 64×64 二值矩阵输入，返回的 Feature 为长度为 14 的特征向量，bmp 为图像中的数字部分，flag 为表示宽高比的变量。具体内容如下：

```
function [Feature,bmp,flag]=getFeature(A)
% getFeature.m
% 提取 64*64 二值图像的特征向量
% input:
% A: 64*64 矩阵
% output:
% Feature: 长度为 14 的特征向量
% bmp    : 图像中的数字部分
% flag   : 标志位，表示数字部分的宽高比

% 反色
A = ones(64) - A;

% 提取数字部分
[x, y] = find(A == 1);

% 截取图像中的数字部分
```

```
A = A(min(x):max(x),min(y):max(y));

% 计算宽高比和标志位
flag = (max(y)-min(y)+1)/(max(x)-min(x)+1);
if flag < 0.5
    flag = 0;
elseif flag >=0.5 && flag <0.75
    flag = 1;
elseif flag >=0.75 && flag <1
    flag = 2;
else
    flag = 3;
end

% 重新放大，将长或宽调整为 64
rate = 64 / max(size(A));
% 调整尺寸
A = imresize(A,rate);
[x,y] = size(A);

% 不足 64 的部分用零填充
if x ~= 64
    A = [zeros(ceil((64-x)/2)-1,y);A;zeros(floor((64-x)/2)+1,y)];
end;
if y ~= 64
    A = [zeros(64,ceil((64-y)/2)-1),A,zeros(64,floor((64-y)/2)+1)];
end

%% 三条竖线与数字字符的交点个数   F(1)~F(3)
% 1/2 竖线交点数量
Vc = 32;
F(1) = sum(A(:,Vc));

% 1/4 竖线交点数量
Vc = round(64/4);
F(2) = sum(A(:,Vc));

% 3/4 竖线交点数量
Vc = round(64*3/4);
F(3) = sum(A(:,Vc));

%% 三条横线与数字字符的交点个数 F(4)~F(6)
% 1/2 水平线交点数量
Hc = 32;
F(4) = sum(A(Hc,:));

% 1/3 水平线处交点数量,
Hc = round(64/3);
F(5) = sum(A(Hc,:));

% 2/3 水平线处交点数量
Hc = round(2*64/3);
F(6) = sum(A(Hc,:));

%% 两条对角线的交点数量
% 主对角线交点数,
F(7) = sum(diag(A));

% 次对角线交点数
```

```
F(8) = sum(diag(rot90(A)));

%% 小方块

% 右下角 1/2 小方块中的所有点
t = A(33:64,33:64);
F(9) = sum(t(:))/10;

% 左上角 1/2 小方块中的所有点
t = A(1:32,1:32);
F(10) = sum(t(:))/10;

% 左下角方块中的所有点
t = A(1:32,33:64);
F(11) = sum(t(:))/10;

% 右上角方块中的所有点
t = A(33:64,1:32);
F(12) = sum(t(:))/10;

% 垂直方向 1/3~2/3 部分的所有像素点
t = A(1:64,17:48);
F(13) = sum(t(:))/20;

% 水平方向 1/3~2/3 部分的所有像素点
t = A(17:48,1:64);
F(14) = sum(t(:))/20;

Feature = F';
bmp = A;
```

（3）模型训练。使用 newpnn 函数创建概率神经网络，代码见脚本 digital_rec.m。

（4）测试部分。测试时，首先使用原有训练数据进行测试，再对读入的图像添加一定强度的噪声，观察算法的抗干扰性能。

本实例的完整代码由以下脚本 digital_rec.m 给出，其中调用了上文所述的 getPicData 函数和 getFeature 函数。

```
% digital_rec.m  手写体数字的识别

%% 清理工作空间
clear,clc
close all

%% 读取数据
disp('开始读取图片...');
I = getPicData();
disp('图片读取完毕')

%% 特征提取
x0 = zeros(14, 1000);
disp('开始特征提取...')
for i=1:1000
    % 先进行中值滤波
    tmp = medfilt2(I(:,:,i),[3,3]);

    % 得到特征向量
    t= getFeature(tmp);
    x0(:,i) = t(:);
```

```
end

% 标签 label 为长度为 1000 的列向量
label = 1:10;
label = repmat(label,100,1);
label = label(:);
disp('特征提取完毕')

%% 神经网络模型的建立
tic
spread = .1;
% 归一化
[x, se] = mapminmax(x0);
% 创建概率神经网络
net = newpnn(x, ind2vec(label'), spread);
ti = toc;
fprintf('建立网络模型共耗时 %f sec\n', ti);

%% 测试
% 输入原数据样本进行测试
lab0 = net(x);
% 将向量化的类别 lab0 转化为标量类别 lab
lab = vec2ind(lab0);
% 计算正确率
rate = sum(label == lab') / length(label);
fprintf('训练样本的测试正确率为\n  %d%%\n', round(rate*100));

%% 带噪声的图片测试
I1 = I;
% 椒盐噪声的强度
nois = 0.4;
fea0 = zeros(14, 1000);
for i=1:1000
    tmp = I1(:,:,i);
    % 添加噪声
    tmp = imnoise(double(tmp),'salt & pepper',nois);
    %tmp = imnoise(double(tmp),'gaussian',0, 0.15);
    % 中值滤波
    tmp = medfilt2(tmp,[3,3]);
    % 提取特征向量
    t = getFeature(tmp);
    fea0(:,i) = t(:);
end

% 归一化
fea = mapminmax('apply',fea0, se);
% 测试
tlab0 = net(fea);
tlab = vec2ind(tlab0);

% 计算噪声干扰下的正确率
rat = sum(tlab' == label) / length(tlab);
fprintf('带噪声的训练样本测试正确率为\n  %d%%\n', round(rat*100));
```

执行脚本，在命令窗口得到输出结果：

```
开始读取图片...
图片读取完毕
```

```
开始特征提取...
特征提取完毕
建立网络模型共耗时 0.142280 sec
训练样本的测试正确率为
    100%
带噪声的训练样本测试正确率为
    96%
```

概率神经网络构成的分类器能完全区分训练样本（正确率100%），且在强度为 0.4 的椒盐噪声下能获得 98%的识别正确率。修改 nois 变量的值，对不同强度的椒盐噪声做测试，得如图 13-43 所示的噪声-正确率曲线。

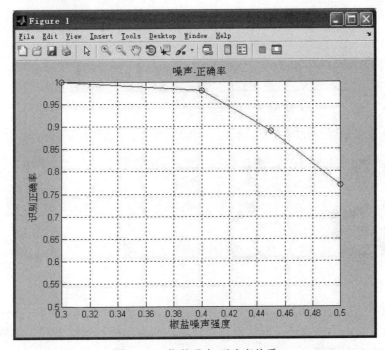

图 13-43　椒盐噪声-正确率关系

椒盐噪声强度为 0.3、0.4、0.45 和 0.5 时的图像如图 13-44 所示。

图 13-44　椒盐噪声

对图像添加高斯噪声：

```
tmp = imnoise(double(tmp),'gaussian',0, 0.15);
```

分别给图像添加强度为 0.05、0.1、0.15 和 0.2 的高斯噪声，测试的正确率如图 13-45 所示。

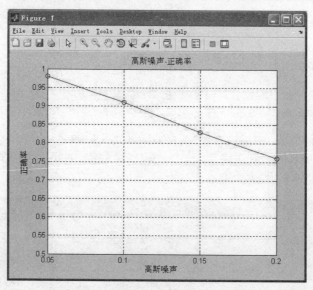

图 13-45　高斯噪声强度与正确率曲线

高斯噪声强度分别为 0.05、0.1、0.15 和 0.2 时的图像如图 13-46 所示。

图 13-46　高斯噪声

　　概率神经网络形成的分类器具有较高准确程度，能够在一定噪声情况下获得令人满意的准确度。另外，由于概率神经网络没有类似 BP 网络那样的训练过程，只需要建立网络的时间，故效率大大提高。

13.6　基于概率神经网络的柴油机故障诊断

　　柴油机是在现代化生产中最常见的设备之一，在农业机械、石油钻井、船舶动力等领域应用广泛。作为机械动力设备，柴油机是整个系统的心脏，其运行状况直接影响设备的工作状态。然而，柴油机的结构较为复杂，工作状况非常恶劣，因此发生故障的可能性较大。本例采用概率神经网络建立分类模型，采集柴油机振动信号作为输入，成功实现了故障有无的判断和故障类型的判断。

13.6.1　问题背景

　　对柴油机进行状态检测，可以及时发现并有效预测和排除故障，增强柴油机工作的安全性，提高使用年限，对降低维护费用，避免重要事故有着重要的经济意义。

机械设备的诊断技术有 30 多年的发展历史。最初由于设备简单，主要依赖专家凭借感官和简单仪表获得的信息，根据经验进行故障的判断。随着传感器技术的发展，故障信号的采集逐渐规范化、精确化。近年来，随着设备仪器的复杂化，对所采集信号的正确分析成为故障诊断的关键。人工智能技术的兴起，使智能诊断得以模拟人类的思维过程，大大提高了诊断的准确度。

柴油机故障诊断可以抽象对一种分类问题，有无故障的判断，是一种二分类问题，而具体故障类型的判断，为多类分类问题。正确判断的关键在于选择合适的特征来描述柴油机的工作状况，以及选用合适的分类器将不同类别的样本分开。

1. 特征选择

柴油机运行时包含丰富的特征信息，可以选择气压、油压、热力性能参数、振动参数等。选择特征的标准，除了能够很好地表示柴油机的工作状况以外，这些特征必须能够比较容易、准确地获得，否则故障判断的性能和准确率都将大打折扣。例如柴油机曲轴的瞬时转速波动信号可以反映机器的运行状态。在正常状况下，柴油机平稳运行，各缸的转速波动大致稳定在一定范围内，且波动的情况服从一定的分布。当柴油机出现故障时，转速波动信号将产生严重变形，可以作为检测故障的依据。然而，转速的测量对设备的精度要求较高，实现起来并不容易。

柴油机工作时的振动信号也可以反映系统的状态，是柴油机诊断最常用的信号之一。振动信号的分析又包括时域分析和频域分析两种。时域信号参数是振动波形的统计信息，包括均值、方差、均方值、峰值、峰度、裕度因子、脉冲因子等。频域分析需要将振动信号变换到频域，主要基于 FFT 变换。由于时域信号分析具有更强的实时性，因此本例采用振动时域信号作为特征信号。

2. 分类器设计

分类器所需要完成的工作是将特征信号映射为某个类别。常用的分类器有贝叶斯分类器、支持向量机、决策树等。在这里采用概率神经网络来完成，其模型原理类似于贝叶斯准则，分类面也与贝叶斯分类面非常类似，在 MATLAB 中可以直接使用工具箱函数实现。

13.6.2　神经网络建模

首先定义柴油机故障类型。定义 5 种柴油机故障模式：第一缸喷油压力过大、第一缸喷油压力过小、第一缸喷油器针阀磨损、油路堵塞、供油提前角提前 5′～6′。加上正常状态，共 6 种分类模式，编号如表 13-4 所示。

表 13-4　柴油机分类模式

编号	1	2	3	4	5	6
分类模式	第一缸喷油压力过大	第一缸喷油压力过小	第一缸喷油器针阀磨损	油路堵塞	供油提前角提前 5′～6′	正常状态

采集柴油机正常运转和 5 种故障模式下的振动信号，再对振动波形做统计学处理，得到能量参数、峰度参数、波形参数、裕度参数、脉冲参数和峰值参数，形成一个 6 维向量

$x = [x_1, x_2, x_3, x_4, x_5, x_6]$。收集 2 份每种分类模式的样本，共计 12 份训练样本，如表 13-5 所示。

表 13-5　故障判断训练样本

	样本序号	能量参数	峰度参数	波形参数	裕度参数	脉冲参数	峰值参数
故障 1	1	1.97	9.5332	1.534	16.7413	12.741	8.3052
	2	1.234	9.8209	1.531	18.3907	13.988	9.1336
故障 2	1	0.7682	9.5489	1.497	14.7612	11.497	7.68
	2	0.7053	9.5317	1.508	14.3161	11.094	7.3552
故障 3	1	0.8116	8.1302	1.482	14.3171	11.1105	7.4967
	2	0.816	9.0388	1.497	15.0079	11.6242	7.7604
故障 4	1	1.4311	8.9071	1.521	15.746	12.0088	7.8909
	2	1.4136	8.6747	1.53	15.3114	11.6297	7.5984
故障 5	1	1.167	8.3504	1.51	12.8119	9.8258	6.506
	2	1.3392	9.0865	1.493	15.0798	11.6764	7.8209
正常状态	1	1.1803	10.4502	1.513	20.0887	15.465	10.2193
	2	1.2016	12.4476	1.555	20.6162	15.755	10.1285

因此，用于柴油机故障诊断的概率神经网络模型包含 12 份输入样本，每个样本为 6 维向量，分类模式为 6 种，建立的概率神经网络结构如图 13-47 所示。

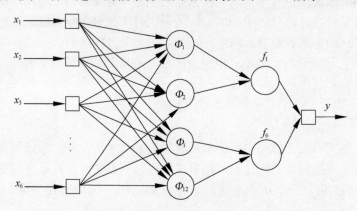

图 13-47　概率神经网络模型

如图 13-47 所示，神经网络的输入层包含 6 个神经元，与输入特征向量的维数一致。径向基层包含 12 个神经元节点，每个节点对应一个输入的训练样本。隐含层包含 6 个神经元，对应 6 种分类模式。径向基层中属于该模式的训练样本对应的节点与之相连，不属于该模式的样本对应的节点则不相连。隐含层对输入求和后，找出隐含层神经元的最大值，输出对应的类别序号。

13.6.3　柴油机故障诊断的实现

用 6 维向量表示柴油机的工作状态，对该向量进行处理，进而实现模式分类。定义 6 份测试样本，如表 13-6 所示。

表 13-6 测试样本

序号	能量参数	峰度参数	波形参数	裕度参数	脉冲参数	峰值参数	模式
1	1.2394	9.6018	1.5366	18.219	13.851	9.0142	故障 1
2	0.661	8.8735	1.508	13.598	10.5171	6.9744	故障 2
3	0.7854	8.7568	1.4915	14.4547	11.1971	7.5071	故障 3
4	1.2448	8.3654	1.5413	15.2558	11.5643	7.503	故障 4
5	1.3111	7.9501	1.4915	14.9174	10.7511	7.7127	故障 5
6	1.1833	11.8189	1.5481	20.2626	15.5814	10.0646	正常状态

进行诊断的流程包括样本定义、样本归一化、创建网络模型、测试及结果的显示，如图 13-48 所示。

图 13-48 故障诊断的流程

（1）定义样本。每列为一个样本，训练样本为 6×12 矩阵，测试样本为 6×6 矩阵。

```
% diagnose.m
% 柴油机故障诊断

%% 清空工作空间
clear,clc
close all

%% 定义训练样本和测试样本
% 故障 1
pro1 = [1.97,9.5332,1.534,16.7413,12.741,8.3052;
    1.234,9.8209,1.531,18.3907,13.988,9.1336]';
% 故障 2
pro2 = [0.7682,9.5489,1.497,14.7612,11.497,7.68;
    0.7053,9.5317,1.508,14.3161,11.094,7.3552]';
% 故障 3
pro3 = [0.8116,8.1302,1.482,14.3171,11.1105,7.4967;
    0.816,9.0388,1.497,15.0079,11.6242,7.7604]';
% 故障 4
pro4 = [1.4311,8.9071,1.521,15.746,12.0088,7.8909;
    1.4136,8.6747,1.53,15.3114,11.6297,7.5984]';
% 故障 5
pro5 = [1.167,8.3504,1.51,12.8119,9.8258,6.506;
    1.3392,9.0865,1.493,15.0798,11.6764,7.8209]';
% 正常运转
normal = [1.1803,10.4502,1.513,20.0887,15.465,10.2193;
    1.2016,12.4476,1.555,20.6162,15.755,10.1285]';

% 训练样本
trainx = [pro1, pro2, pro3, pro4, pro5, normal];
% 训练样本的标签
trlab = 1:6;
trlab = repmat(trlab, 2, 1);
trlab = trlab(:)';
```

以上代码不但定义了输入训练样本，还定义了训练样本的分类模式标签为

$trlab = [1,1,2,2,3,3,4,4,5,5,6,6]$，是一个 1×12 的行向量。用 whos 命令可以查看工作空间中的变量及其维度：

```
>> whos
  Name        Size            Bytes  Class     Attributes

  normal      6x2                96  double
  pro1        6x2                96  double
  pro2        6x2                96  double
  pro3        6x2                96  double
  pro4        6x2                96  double
  pro5        6x2                96  double
  trainx      6x12              576  double
  trlab       1x12               96  double
```

（2）样本归一化。使用 mapminmax 函数完成训练样本的归一化，分类标签则不必进行归一化。

```
%% 样本的归一化,s 为归一化设置
[x0,s] = mapminmax(trainx);
```

（3）创建网络模型。newpnn 函数唯一的可调参数为平滑因子 spread，在这里将其设置为 1。使用 tic/toc 命令记录创建模型所需的时间。

```
tic;
spread = 1;
net = newpnn(x0, ind2vec(trlab), spread);
toc
```

（4）测试。首先需要定义测试样本及其正确分类模式标签，然后将测试样本按与训练样本相同的方式进行归一化，最后将其输入到上一步创建的网络模型中。newpnn 产生的分类输出为向量形式，还需要使用 vec2ind 函数将其转为标量。

```
%% 测试
% 测试样本
testx = [0.7854,8.7568,1.4915,14.4547,11.1971,7.5071;
         1.1833,11.8189,1.5481,20.2626,15.5814,10.0646;
         0.661,8.8735,1.508,13.598,10.5171,6.9744;
         1.3111,7.9501,1.4915,14.9174,10.7511,7.7127;
         1.2394,9.6018,1.5366,18.219,13.851,9.0142;
         1.2448,8.3654,1.5413,15.2558,11.5643,7.503]';

% 测试样本标签（正确类别）
testlab = [3,6,2,5,1,4];

% 测试样本归一化
xx = mapminmax('apply',testx,s);

% 将测试样本输入模型
s = sim(net,xx);

% 将向量形式的分类结果表示为标量
res = vec2ind(s);
```

（5）显示结果。显示 6 个测试样本的诊断结果，这 6 个样本分别属于一种分类模式。

```
%% 显示结果
```

```
strr = cell(1,6);
for i=1:6
    if res(i) == testlab(i)
        strr{i} = '正确';
    else
        strr{i} = '错误';
    end
end

diagnose_ = {'第一缸喷油压力过大','第一缸喷油压力过小','第一缸喷油器针阀磨损',...
    '油路堵塞','供油提前角提前 ','正常'};

fprintf('诊断结果: \n');
fprintf(' 样本序号    实际类别    判断类别        正/误        故障类型 \n');
for i =1:6
    fprintf('    %d         %d         %d        %s       %s\n',...
        i, testlab(i), res(i), strr{i}, diagnose_{res(i)});
end
```

以上各步骤的代码均在脚本文件 diagnose.m 中，执行该脚本，可完成网络的创建和仿真，并在命令窗口得到以下输出结果。

```
Elapsed time is 0.138898 seconds.
诊断结果:
```

样本序号	实际类别	判断类别	正/误	故障类型
1	3	3	正确	第一缸喷油器针阀磨损
2	6	6	正确	正常
3	2	2	正确	第一缸喷油压力过小
4	5	5	正确	供油提前角提前
5	1	1	正确	第一缸喷油压力过大
6	4	4	正确	油路堵塞

显然，概率神经网络所做的诊断完全正确。

13.7　基于自组织特征映射网络的亚洲足球水平聚类

中国男子足球是人们茶余饭后经常讨论的话题。足球作为一项风靡世界的运动，在中国也具有良好的普及度和接受度。不管是国内联赛，还是国际赛事，都会吸引大批观众观看。在部分城市还兴起了球迷文化，如在当今中国足坛，北京队和天津队之间的比赛被称为京津德比，两队成为宿敌已有十几年的时间，每次相遇都要火花四溅，最后往往以冲突收场。

在国际比赛中，球队失利往往会被认为是"国耻"，而进球的功臣则成为球迷爱戴的英雄。中国男子足球在 20 世纪 70、80 年代具有较好的实力，但近年来一直呈现逐年下滑的趋势，曾经在亚洲杯和亚运会中取得过不错的成绩，但在世界级的顶级赛事——世界杯中斩获甚少。近年来甚至在亚洲杯中也表现不佳。舆论纷纷认为男足已经沦为亚洲末流，但也有不同意见，认为中国男足大致处于亚洲二流水平。本例将使用最近 4 次高级别的赛事中中国队及亚洲各队的表现作为原始数据，使用自组织特征映射网络实现聚类，进而判断中国队究竟与哪些国家的实力比较接近。

13.7.1 问题背景

中国男子足球队的比赛成绩一直牵动着广大球迷的心。中国男足首次参加国际比赛是在 1913 年,在 20 世纪 70 至 80 年代有过辉煌的时代,但进入 20 世纪 90 年代后迎来了将近 10 年的低迷期。进入新世纪后,男足的水平一直处于波动状态,未能取得实质性的明显进步。最近一次大赛是在 2011 年的卡塔尔亚洲杯中,中国队未能小组出线,交出了一张并不好看的成绩单。

因此,广大观众对中国男足的期望逐渐下降,更多的人认定中国队已处于亚洲三流甚至末流水平。在世界杯中,中国队的成绩确实一直不理想。唯一一次打进世界杯是在 2002 年的韩日世界杯中,参加了三场比赛,三场全负,且全部比赛中没能打进一粒进球,在 32 支参赛队伍中位列第 31 名。其他如 2006 年德国世界杯、2020 年南非世界杯,中国队在预选赛中均未小组出线,失去了参加世界杯的入场券。

在亚洲地区的比赛中,中国队曾经有过不错的表现,但近年来接连遭遇惨败。中国队 1976 年开始参加亚洲杯的比赛,曾经获得两次季军、两次第四名、两次亚军。其中在 2004 年的亚洲杯中打入决赛,与日本争夺冠军。但在最近的 2007 年和 2011 年的亚洲杯比赛中均未小组出线,刷新了史上最差成绩。

在这样的背景下,有必要科学地统计亚洲各队的比赛数据,有说服力地给出各个国家男子足球的水平和实力。

13.7.2 神经网络建模

对于中国足球究竟为亚洲几流水平的问题,可以使用不同的方法得到。

机器学习的典型方法就是分类,它将样本划分到预先规定好的类别中去。但这在足球水平评价中并不容易实现,因为分类需要有监督的学习,也就是必须给定训练样本。体现在足球水平中,就是必须给定某些国家的足球队,将其标定为一流或二流,再以它为标准,去评价其他足球队。然而这种方法有一个明显的缺陷。在现实中,很难找到"典型"的一流或二流球队。即使是顶级的球队,也会有发挥不够好的时候,这时候如果将其作为标准,就会产生偏差。而挑选不同的训练样本,也会对最终结果产生较大的影响。

因此,在本例中使用无监督学习的聚类方式。聚类不需要预先知道部分球队的水平和实力,只需要给定分类的类别数量 N,算法就会将所有样本按照相似性的原则划分成 N 类。

自组织特征映射网络就是这样一种聚类算法,它接受一个 n 维向量作为输入,对应一个包含 n 个节点的输入层。输入层节点与竞争层通过权值向量,每个输入的样本都对应一个竞争层节点。当训练结束时,对应同一个竞争层节点的输入样本就被归为同一类别,网络结构如图 13-49

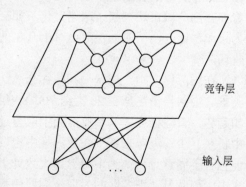

图 13-49 自组织映射网络模型

所示。

在本例中，要获得较准确的聚类结果，关键在于以下两点：

（1）选择恰当的样本特征。它回答了究竟选取什么样的指标才能正确反映球队的实力和水平的问题。要比较各国足球的发展水平，自然不能选择该国国内联赛的成绩，而应该将国际正式比赛中各球队的表现纳入考虑范围。如果只选取世界杯参赛成绩作为样本特征，那么没有打入世界杯的球队都会被视为完全相同。这样的特征固然可以将强队与弱队区分出来，但弱队与弱队之间的差别却被忽视了。如果选取从 1980 年代开始的国际各类大赛成绩，则时效性不强。几十年的时间，各国实力此消彼长，已经发生了很大的变化。因此，本例选取了近年来的四场大赛——2006 年世界杯、2010 年世界杯、2007 年亚洲杯和 2011 年亚洲杯的参赛成绩作为衡量实际水平的依据。

选择 16 支亚洲球队（包括澳大利亚）进行聚类，分别为中国、日本、韩国、伊朗、沙特阿拉伯、伊拉克、卡塔尔、阿联酋、乌兹别克斯坦、泰国、越南、阿曼、巴林、朝鲜、印度尼西亚和澳大利亚。每一个球队用一个四维向量 $\boldsymbol{x}=[x_1,x_2,x_3,x_4]$，向量的各分量分别表示 2006 年世界杯成绩、2010 年世界杯成绩、2007 年亚洲杯成绩和 2011 年亚洲杯成绩。成绩的具体编码方法如下：

- 对于世界杯，如果打入决赛圈，则取其最终排名（1~32）；没有进入决赛圈的，如果打入预选赛十强则编码为 33，如果预选赛小组未出线则编码为 43。
- 对于亚洲杯，如果取得四强，则取其最终排名（1~4）；如果进入八强，则编码为 5，如果进入 16 强则编码为 9，如果预选赛未出线，则编码为 17。

因此，对这 16 支球队，求得其特征向量如表 13-7 所示，数字越小表示成绩越好。

表 13-7　各球队成绩一览表

球队	2006 年世界杯	2010 年世界杯	2007 年亚洲杯	2011 年亚洲杯
中国	43	43	9	9
日本	28	9	4	1
韩国	17	15	3	3
伊朗	25	33	2	9
沙特阿拉伯	28	33	2	9
伊拉克	43	43	1	5
卡塔尔	43	33	9	5
阿联酋	43	33	9	9
乌兹别克斯坦	33	33	5	4
泰国	43	43	9	17
越南	43	43	5	17
阿曼	43	43	9	17
巴林	33	33	9	9
朝鲜	33	32	17	9
印度尼西亚	43	43	9	17
澳大利亚	16	21	4	2

（2）选择恰当的聚类参数，这里的参数主要是聚类的类别个数。采用自组织特征映射网络进行聚类时，设置竞争层为 2×2 的六边形结构，即聚类的类别数为 4 类。过细的类别

分类可能将很多球队单独分为一类，从而失去意义，而粗线条的二分类意义也并不大。

由于输入向量维数为 4，因此，网络的输入层包含 4 个神经元节点。竞争层也包含 4 个节点，训练完毕后，每一个输入向量属于一个竞争层节点。

13.7.3　足球水平聚类的实现

上一节已经将足球队水平抽象为对 16 个 4 维向量聚类的问题。使用自组织特征映射网络的 MATLAB 工具箱函数 selforgmap 创建网络，计算流程如图 13-50 所示。

图 13-50　计算流程

（1）定义样本。聚类共涉及 16 个国家，每个国家的球队成绩用一个四维向量表示。

```
% football.m
% 亚洲足球水平聚类

%% 清空工作空间
clear,clc
close all;
rng('default')

%% 定义输入样本
N = 16;
strr = {'中国','日本','韩国','伊朗','沙特','伊拉克','卡塔尔','阿联酋',
'乌兹别克','泰国',...
    '越南','阿曼','巴林','朝鲜','印尼','澳大利亚'};
data = [43,43,9,9;         % 中国
    28,9,4,1;              % 日本
    17,15,3,3;             % 韩国
    25,33,5,5;             % 伊朗
    28,33,2,9;             % 沙特
    43,43,1,5;             % 伊拉克
    43,33,9,5;             % 卡塔尔
    43,33,9,9;             % 阿联酋
    33,33,5,4;             % 乌兹别克
    43,43,9,17;            % 泰国
    43,43,5,17;            % 越南
    43,43,9,17;            % 阿曼
    33,33,9,9;             % 巴林
    33,32,17,9;            % 朝鲜
    43,43,9,17;            % 印尼
    16,21,5,2]';           % 澳大利亚
```

执行上述代码，生成一个 4×16 数据矩阵，矩阵的每一列是一个样本。可以使用 whos 命令显示变量的维数：

```
>> whos
  Name        Size              Bytes  Class      Attributes
```

```
N           1x1                  8  double
data        4x16               512  double
strr        1x16              1038  cell
```

（2）创建网络。使用 MATLAB 神经网络工具箱中的 selforgmap 函数进行创建，输入参数只需指定竞争层的大小即可：

```
%% 创建网络
% 2*2 自组织映射网络
net = selforgmap([2,2]);
```

（3）网络训练。使用 train 函数对输入样本进行训练：

```
%% 网络训练
% data = mapminmax(data);
tic
net = init(net);

net = train(net, data([1,2,3,4],:));
toc
```

（4）测试。自组织网络的测试与有监督学习中的测试不同，在这里，训练数据与测试数据是一样的。将用于训练的矩阵输入到网络中，可以得出每一个样本的分类标签：

```
%% 测试
y = net(data([1,2,3,4],:));

% 将向量表示的类别转为标量
result = vec2ind(y);
```

（5）显示聚类结果。聚类完成时，分为同一类的样本被赋予相同的分类标签，但不同类别使用什么数字作为分类标签则是随机的。为了得到正确的显示结果，统计每一个聚类类别的特征向量数值之和，由于数值越低表示水平越高，因此根据统计结果就可以判断不同类别孰优孰劣了：

```
%% 输出结果
% 将分类标签按实力排序
score = zeros(1,4);
for i=1:4
   t = data(:, result==i);
   score(i) = mean(t(:));
end
[~,ind] = sort(score);

result_ = zeros(1,16);
for i=1:4
   result_(result == ind(i)) = i;
end

fprintf(' 足球队            实力水平\n');
for i = 1:N
   fprintf('   %-8s      第 %d 流\n', strr{i}, result_(i)) ;
end
```

以上代码在脚本文件 football.m 中，执行该脚本，可得聚类结果。使用 view 命令显示网络结构，如图 13-51 所示。

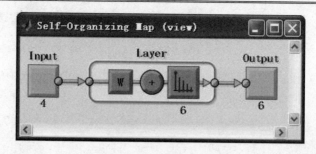

图 13-51 自组织网络的结构

命令窗口显示以下结果：

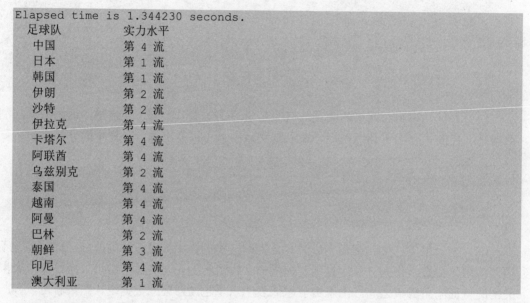

```
Elapsed time is 1.344230 seconds.
    足球队          实力水平
    中国           第 4 流
    日本           第 1 流
    韩国           第 1 流
    伊朗           第 2 流
    沙特           第 2 流
    伊拉克          第 4 流
    卡塔尔          第 4 流
    阿联酋          第 4 流
    乌兹别克         第 2 流
    泰国           第 4 流
    越南           第 4 流
    阿曼           第 4 流
    巴林           第 2 流
    朝鲜           第 3 流
    印尼           第 4 流
    澳大利亚         第 1 流
```

算法将所有球队分为 4 个类别：

❑ 亚洲一流。包含日本，韩国、澳大利亚。这一点可以从世界杯成绩中看出来，这三支球队两次世界杯均打入决赛，且取得不差的成绩。最好成绩来自日本，世界杯第 9 名，最差的成绩同样来自日本，为世界杯第 28 名。

❑ 亚洲二流。包含伊朗、沙特阿拉伯、乌兹别克斯坦和巴林。这几个或者在世界杯中有所斩获（伊朗、沙特），或者在亚洲杯中排名靠前（除巴林外），因此被划归为二流强队。

❑ 三流，只有朝鲜一个国家。朝鲜曾打入南非世界杯，但在亚洲杯中表现平平，或未在预选赛中出现，或在小组赛中未出线。

❑ 四流。其余所有国家，包括中国、伊拉克、卡塔尔、阿联酋、泰国、越南、阿曼和印尼。

🔔提示：一般来说，selforgmap 函数倾向于将元素数量更多的类别差分成更细的分类，因此，数量较少的类别可能因此与其他类别合并，使得每个类别倾向于拥有相同数量的元素。在第一流类别中只有 3 个元素，却没有被其他类别合并，显示日韩澳三国的实力与其他国家拉开了明显的差距。朝鲜位列三流，显示了其实力状况与其他球队都不太相似，从战绩上可以看出，朝鲜在世界杯中有所斩获，在亚洲杯中却表现得非常差，实力波动比较大。

由于神经网络包含一定的随机性，而且，多个样本向量都非常接近，因此，多次运行，可能产生不太的聚类结果。另外，以上结果是在没有对输入矩阵做归一化时得到的，用mapminmax 函数归一化后结果也可能变化。以下为归一化后某次运行的结果：

```
Elapsed time is 1.529456 seconds.
足球队          实力水平
中国            第 3 流
日本            第 1 流
韩国            第 1 流
伊朗            第 2 流
沙特            第 2 流
伊拉克          第 2 流
卡塔尔          第 3 流
阿联酋          第 3 流
乌兹别克        第 2 流
泰国            第 4 流
越南            第 4 流
阿曼            第 4 流
巴林            第 3 流
朝鲜            第 3 流
印尼            第 4 流
澳大利亚        第 1 流
```

与上一次运行相比，日韩澳三国依然为一流强队。伊朗、沙特、乌兹别克斯坦依然为二流强队，说明其实力比较强，这一点基本没有什么疑问。另外，上一次列为四流的伊拉克这一次被归为二流强队，这与其 2007 年亚洲杯夺冠有关。伊拉克在世界杯中表现平平，但在亚洲杯中有着不错的表现。上一次归为二流强队的巴林落到了三流中，说明其与伊朗、沙特等国还是有一定的差距。

这一次聚类将上一次的四流做了拆分，卡塔尔、阿联酋、中国等国被分到了第三流。泰国、越南、阿曼、印尼则稳居四流。

对此，我们可以总结如下。

聚类中较为稳定的球队：

❑　一流：日本、韩国、澳大利亚；

❑　二流：伊朗、沙特阿拉伯、乌兹别克斯坦；

❑　四流：泰国、越南、阿曼、印尼。

其余国家基本都有上下浮动的趋势。卡塔尔、中国、阿联酋大致介于三流与四流之间；巴林介于二流与三流之间；朝鲜约为三流水平。伊拉克是一个特例，世界杯成绩较差，而亚洲杯成绩相当不错，其排名取决于世界杯与亚洲杯成绩的权重。归一化后，世界杯成绩压缩，亚洲杯成绩的权重提高，因此从四流强队升为二流强队。

通过以上分析可以看出，中国队大致位于亚洲三流与四流之间，仅比越南、印度尼西亚等国高一个档次，这与在近年来的国家大赛中的糟糕表现有关。要振兴足球，依然任重道远。